# 未来进行式

浙江人民出版社

# AI
# 未来进行式

李开复 陈楸帆 著

浙江人民出版社

**图书在版编目（CIP）数据**

AI未来进行式 / 李开复，陈楸帆著. -- 杭州: 浙江人民出版社，2022.5（2025.2重印）

ISBN 978-7-213-10162-5

Ⅰ. ①A… Ⅱ. ①李… ②陈… Ⅲ. ①人工智能—普及读物 Ⅳ. ①TP18-49

中国版本图书馆CIP数据核字（2022）第020961号

## AI未来进行式

李开复 陈楸帆 著

出版发行：浙江人民出版社（杭州市环城北路177号 邮编 310006）

市场部电话：（0571）85061682 85176516

责任编辑：方 程 潘海林 王 燕

特约编辑：楼安娜

营销编辑：陈雯怡 张紫懿 陈芊如

责任校对：何培玉 杨 帆

责任印务：幸天骄

封面设计：东合社·安宁

版式设计：东合社·安宁

电脑制版：范范

印 刷：杭州丰源印刷有限公司

开 本：710毫米×1000毫米 1/16 印 张：29

字 数：400千字 插 页：2

版 次：2022年5月第1版 印 次：2025年2月第10次印刷

书 号：ISBN 978-7-213-10162-5

定 价：88.00元

# 序一
# AI的真实故事

李开复

“人工智能（Artificial Intelligence，AI）研究的是如何通过智能软件和硬件来完成通常需要人类智能才能完成的任务。AI是对人类学习过程的阐释，对人类思维过程的量化，对人类行为的澄清，以及对人类智能边界的探索。AI将是人类认识自我这一历程的‘最后一公里’，我期盼能够投入这个崭新的、前景可期的计算机科学领域。”

近40年前，我在准备攻读美国卡内基梅隆大学博士学位的申请书里写下了这段话。当年的我在技术之路上还是一个满怀憧憬的学子，才接触AI领域没有几年。

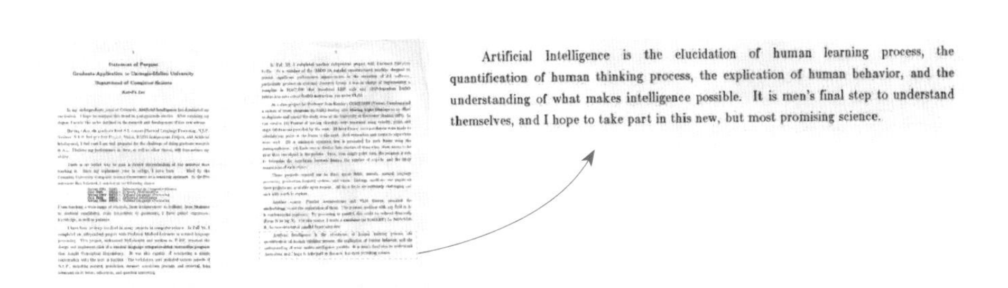

Artificial Intelligence is the elucidation of human learning process, the quantification of human thinking process, the explication of human behavior, and the understanding of what makes intelligence possible. It is men's final step to understand themselves, and I hope to take part in this new, but most promising science.

图0-1　李开复1983 年申请攻读卡内基梅隆大学博士学位的申请书

早在1956年夏天，计算机科学家约翰·麦卡锡（John McCarthy）在著名的达特茅斯会议上首次提出了“人工智能”这个词，然而在我投身这一技术领域的头35年中，AI仍一直被视为一个非常新颖的科研方向。几十年来，AI的影响被局限于学术领域，在商业应用方面发展甚微——事实上，在计算机科学发展史上，AI在应用实践领域的前行步伐极为迟缓，直到过去5年，AI的热潮才席卷全球，一跃成为世界上最火爆的技术热点。在过去的一年里，基于AI技术之上，对XR（VR/AR/MR）的开发和使用，人们迅速熟悉了“元宇宙”概念。这也让马克·扎克伯格将公司名称从Facebook改为Meta，并亲自说明，“元宇宙为下一个前沿领域，就像我们刚起步时的社交网络一样”，同时，腾讯公司也宣布正式布局元宇宙。

AI的巨大转折发生在2016年。那一年，由总部位于伦敦的AI创业公司DeepMind开发的AlphaGo程序，在谷歌DeepMind围棋挑战赛中以4：1的总比分击败了围棋世界冠军、韩国职业九段棋手李世石。与国际象棋相

*图0-2　AlphaGo 击败围棋世界冠军李世石（右）*

*（图片来源：TPG）*

图0-3　在高速公路上，自动驾驶汽车会比人类驾驶的汽车更安全

（图片来源：dreamstime/TPG）

比，围棋的玩法要复杂无数倍，棋手不仅需要具备脑力和智慧，而且需要具备某种程度的禅道思维。多年来，计算机从未击败过围棋职业棋手。因此，在AlphaGo横空出世击败人类围棋世界冠军的那一刻，人们都被深深震撼了，也有人落泪了。

AlphaGo的成就要归功于“深度学习”算法，而且绝大部分近5年开花结果的各类AI商业应用，都依托于AI领域的这项历史性的重大突破。深度学习是一种能够基于海量数据完成自主学习的软件技术。其实，这项技术在多年前就已经出现了，但近几年，在大数据和大算力的条件逐步成熟的情况下，深度学习才得以发挥出排山倒海的威力。数字时代发展迅猛，与近40年前我刚踏入AI领域时相比，如今我们的数据存储成本仅为当时的一千五百万分之一，拥有的算力提升了万亿倍。这些技术层面的客观因素，都为AI的训练过程提供了必要且坚实的基础。

目前，AI已经蓄能完毕，即将迎来一个全新的爆发拐点。

仅仅在过去5年里，AI就已经击败了围棋、扑克、电竞游戏Dota2等比赛的人类世界冠军，甚至强大到能在4个小时内从零开始自主学会国际象棋，接着击败所有的人类棋手。2020年，人们利用AI攻克了近50年来的生物学难题——蛋白质折叠。如今，AI的潜力并不局限于游戏竞技领域，它在语音识别、图像识别方面的能力也超越了人类，基于AI技术，还能构建外观和声音都相当逼真的“数字人”。

与此同时，AI在很多领域的性能都非常优异，应用前景非常广阔。例如，在法律领域可以用于进行公正裁决；在医疗领域可以用于诊断肺癌；在物流、农业以及军事领域，基于AI的无人机将彻底颠覆原有的运输模式。近年来，我们看到，AI使自动驾驶汽车分阶段落地并普及成为可能，在高速公路上，自动驾驶汽车会比人类驾驶汽车更安全。

那么随着AI技术的不断迭代与发展，人类的未来将通往何方？

我在2018年出版的《AI·未来》一书中，详细阐明了在数字时代，激增的海量数据将如何推动AI的生态循环，美国和中国将如何共同引领全球AI革命——美国主导AI领域的学术研究，而中国则会凭借庞大的人口基数及海量数据，探索出更多的AI落地场景。

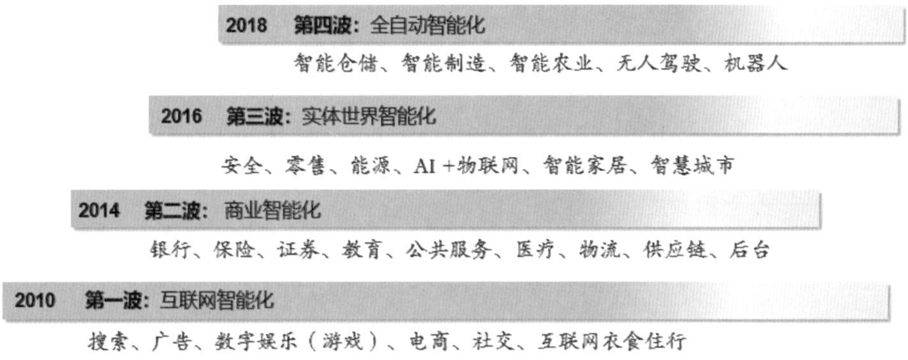

2018 第四波：全自动智能化

智能仓储、智能制造、智能农业、无人驾驶、机器人

2016 第三波：实体世界智能化

安全、零售、能源、AI+物联网、智能家居、智慧城市

2014 第二波：商业智能化

银行、保险、证券、教育、公共服务、医疗、物流、供应链、后台

2010 第一波：互联网智能化

搜索、广告、数字娱乐（游戏）、电商、社交、互联网衣食住行

图0-4 四波智能浪潮已经赋能或颠覆很多行业

我曾预测，在海量数据和算力提升的基础上，随着自动化技术和

感知技术的逐步成熟，各类数据驱动、自主决策机器人、无人驾驶运输等方面的商业实践将陆续问世。我还推断，AI将应用于工业数字化、制造、金融、零售、运输等多个领域，这些进步将为人类社会创造巨大的经济价值，但同时也会使人类社会面临即将来临的失业潮的转型挑战。

我在4年前出版的《AI·未来》中提出的绝大部分预测已经成为现实。而今，我希望《AI未来进行式》能够以更为高瞻远瞩的目光来看待AI的未来。

每当我在全球各地发表与AI相关的演讲时，经常被问及：AI时代的未来将会是什么样的？未来5年、10年、20年会有什么新的变化？人类将会迎来什么样的新机遇或者危机？……这些问题都非常关键，AI领域的专业人士也大都各持己见。

有人认为，如今我们正处于AI泡沫期，新技术往往一开始的时候发展势头很猛，但后来热度会慢慢降下来。也有一些极端主义者做出了各种博人眼球的预测，比如AI巨头们会“操纵我们的思想”，或者人类将进化成一种脑机结合的“半人类”物种，又或者AI将发展出自我意识进而导致世界毁灭，等等。

AI是一项非常复杂的技术，而且具有很高的不可解释性，因此人们对AI的猜测千差万别、版本各异。不难理解，面对未知的技术，各种负面猜测或许是出于人们的猎奇心理，同时隐含着对未知事物的巨大恐惧。但不得不说，这些猜测都比较盲目、过于夸大，可以说是完全误解了未来AI世界的面貌。

在我看来，人们了解AI未来的渠道通常有三种：科幻小说或影视作品、新闻报道、意见领袖。

在科幻小说或影视作品中，机器人往往想要控制人类，超级智能变成了邪恶力量本身。在新闻报道中，人们看到的大多是“自动驾驶汽车撞死行人”“科技巨头利用AI新闻造假影响选举”之类的标题，很少能看到有关AI的积极、正面的内容。而有影响力的AI领域的意见领袖的见解，原本应该是普罗大众了解AI的最佳选择，但不幸的是，在这些意见领袖当中，有不少人只是物理或商业方面的专家，或者是欧美政客，他们并没有深入了解AI技术，他们提出的一些预测实在缺乏科学性和严谨性。

雪上加霜的是，部分媒体为了吸引大众的眼球，会断章取义地引用一些意见领袖的言论，导致原意被曲解。一旦人们对AI的看法建立在谬误或不全的信息基础之上，自然就会使越来越多的人对AI持迟疑态度，甚至产生反感。

面对AI这项强大的技术在许多方面尚待开发的可能性，我认为，纵使舆论中有不少担忧和迟疑，我们仍然要坚持对AI的未来进行研究和探索。

如同大多数科学技术本身并没有善恶之分一样，AI技术在本质上是中立的。如果人类能够恰当地引导AI的发展并利用AI，最终，AI将为我们的社会带来更多积极的加分项，而非负面的减分项。

我们可以回想一下，过去的电力、互联网、手机等新技术，为人类生活带来的便利和改善。在人类的发展进程中，每当有撼动现状的新技术出现时，人们的第一反应基本上都是惶恐、忧虑，但是随着时间的推移，这些惶恐、忧虑通常会消失，新技术将逐渐融入人们的生活，改善现有生活的质量，提供更多的便利。

我深信，AI将在极大程度上推动人类社会的发展，通过很多实际应用场景为人类带来巨大的惊喜。

首先，AI将为社会创造前所未有的价值。据世界顶级会计师事务所普华永道预测，到2030年，AI将创造15.7万亿美元的经济价值，这将直接有助于消除贫困和饥饿。其次，AI还将通过高效的运算，接管一些重复性的工作，把人类从忙碌而繁重的日常工作中解放出来，让人类节省最宝贵的时间资源，得以做更多振奋人心的、富有挑战性的工作。最后，人类将与AI达成人机协作，AI负责定量分析、成果优化和重复性工作，人类按其所长贡献自己的创造力、策略思维、复杂技艺、热情和爱心。如此一来，人类的生产力会大幅提升，并且每个人都有机会把自身的潜力发挥到极致。

AI时代已经开启。在我们面前，机遇与挑战并存。诸如AI与人性特质如何共存等诸多课题，都需要我们深入探索和思考。

在思索这些课题时，我很希望能让人们更直观地了解AI时代的人类世界，而在彻底解答“AI时代的未来将是什么样的”这个问题时，也同样需要一些具体的故事性案例，这样才能更好地进行方方面面的展现。于是，我决定再写一本有关“AI未来”的书。

这次，我选择把视野放得更长远一些：展望20年后，我们的世界在AI的影响下将会发生哪些改变。

我写这本书的初衷，是用一种坦率、客观、建设性的方式，描绘在时光隧道的另一头可能发生的AI的“真实故事”。书中的设想不但构建于对现有AI所进行的技术分析的基础之上，还考虑到了在未来20年内有望出现或即将诞生的新技术。书中的故事勾勒出了2042年的世界面貌。估计在20年后，书里的场景可能有八成将成为现实，当然，不排除有些部分被高估或低估，但请相信，我是本着负责任的态度去畅想未来AI时代的所有可能性的。

为什么我有底气对20年后的AI时代做出预测？

在过去的40年里，我深度参与了苹果、微软和谷歌的AI技术研究与产品落地开发，如今管理着总规模达几十亿美元的技术投资基金，我非常了解如何把一篇学术论文转化成一个普遍适用的产品，同时我具有丰富的市场操作经验。另外，作为多个国家的AI顾问，我会根据自己对各国在AI领域的政策法规的理解，以及对现实社会与AI相关的诸多潜规则的诠释，对AI的未来做出更适切的沙盘推演。在本书中，对于颠覆性的底层技术突破，例如利用AI开发出具有自我意识的产品等，因为其不可能出现，所以我不做预测，我所做的分析和预测大都是基于现有技术的发展脉络进行的。

目前，在各个产业的所有企业中，只有不到10%的企业应用了AI技术，还有待更多地使用AI技术为创新赋能。前方还有很多契机等着我们去共同把握。即使我们拿不准未来AI领域会不会再出现类似深度学习这种量级的重大技术突破，但可以明确的是，AI发展至今，已经对人类社会产生了深远的影响，因此我相信，我对20年后AI时代的预言将会实现，而这本书就是我曾经做过这类预言的见证。

根据读者对《AI·未来》的反馈，我了解到读者喜欢它的原因之一在于，他们不需要具备AI技术知识就可以读懂。阅读应该是没有门槛的，所以当开始构思新书《AI未来进行式》的时候，我反复琢磨：怎样才能让这些有关AI的故事更加吸引人呢？答案当然是与一个优秀的、会讲故事的人合作！因此，我决定联系我在谷歌时的同事陈楸帆。

离开谷歌后，我创办了技术型的风险投资机构创新工场，而楸帆则做了一些更冒险的事——他转身成了一位科幻小说作家，并多次获得中国科幻小说银河奖、全球华语科幻星云奖等殊荣。

令我感到非常兴奋的是，楸帆很愿意与我一起开启这个有趣而又带点实验性质的“科学＋科幻”的新书项目，让他的无边想象与我对未来的分析预测，有机会在这本书中擦出火花。

我们都相信，展望20年内有机会成为现实的技术，将其嵌入引人入胜的故事情节之中，将是很有挑战性但又极具意义的写作尝试。这种结合左脑与右脑，打通文科生与理科生之间藩篱的共同创作的形式，在全球范围内也是极其新颖的。我们还共同决定，不用瞬间移动、杀戮机器人、异形外星人等惯用的科幻情节来博取读者的眼球。

我们将故事发生的时间线设定在本书出版20年后的2042年，决定将这本书命名为《AI未来进行式》。

在创作这本书的过程中，我们尝试了一种比较独特的方式——我先描绘一幅“技术蓝图”，推测某些技术将在什么时间发展成熟，整合AI改良迭代需要多久，在各行各业落地实现应用的难易度和阶段性，然后再解释技术落地可能面临的挑战、与之相对应的法规政策，以及可能伴随这些技术出现的冲突、威胁和困境等社会现象。楸帆会根据我的理性分析框架，发挥他的创作才华，设计、搭建与技术分析相关的虚构人物、场景和情节。之后，我们会修改每个故事，让它既精彩有趣又引人思考，而且在技术上具有可行性。在每一章的科幻故事的后面，我都会对该章的科技内容进行主题化的技术性解读，并对该章主题技术所引发的人类社会变革加以深度探讨，提出我的见解。不过别担心，这本书仍然是面向非技术型读者的，即使没有任何计算机理论基础的读者，也绝对能轻松读懂。

只要你对未来充满好奇，对AI和元宇宙等技术浪潮感兴趣，我们相信，书中的故事就会引发你的共鸣。

我想，有些读者可能喜欢科幻小说中的精彩情节，也有些读者可能从大学毕业后就再没读过小说或虚构故事。你可以把《AI未来进行式》想象成一本科学小说，而不是一本传统意义上的科幻小说。

本书中的前7个故事选取了7个技术日新月异的具体行业，描绘了与之相对应的未来AI应用场景，后3个故事则侧重于AI所带来的社会问题，例如传统行业面临的失业潮，前所未有的巨大财富被创造出来从而导致的社会地位不平等加剧，保护个人隐私与享受技术便利之间的取舍等，以及这些社会问题中所隐含的人性“拉锯战”。在后面这3个故事里，我们会演绎3种不同的现实路径和结局。

我们将看到，面对AI的巨大潜能，有些人可能会热情地拥抱它，有些人可能会恶意地利用它，有些人可能会选择在冰冷的技术面前缴械投降，还有些人可能会在经过技术的洗礼后终成浴火凤凰。

我们期待这些故事能给读者带来阅读的快乐，同时加深读者对AI的真切理解。期待本书中展现的未来20年的技术路线图，能够帮助每一位读者在“理智”上做好准备，迎接AI时代的机遇与挑战，也期待书中丰富精彩的故事，能够使每一位读者的“情感”得到洗礼，启发读者秉持以人为本的态度，怀抱人性的光辉，去迎接技术的未来。

最重要的是，我们希望《AI未来进行式》这本书可以坚定我们作为具有独特智慧的人类所拥有的核心信念——我命由我不由天。没有任何一种技术革命能抹杀这一点。

现在，让我们开启通往2042的旅程吧！

2022年 北京

# 序二
# 创造未来，从想象未来开始

陈楸帆

2019年8月，在伦敦的巴比肯中心，我偶遇了一场名为“人工智能：超越人类”（AI：More Than Human）的展览。它像夏天英国街头不期而至的暴雨，刷新了我关于AI的许多狭隘的观念。

这场展览的标题，完全无法涵盖展览内容的丰富多彩：从犹太民间传说中的魔像，到日本动漫角色哆啦A梦；从查尔斯·巴比奇（Charles Babbage）的早期计算机实验，到DeepMind挑战人类地位的AlphaGo项目；从乔伊·博兰维尼（Joy Buolamwini）分析面部识别软件中的性别偏见，到艺术团体Teamlab充满神道教色彩的大型沉浸式互动艺术装置……我相信每一个置身其中的观众都会被这样的事实深深震撼：人类探索“人工智能”的历史或许比我们所想象的更为久远——比如中国古代传说中的“偃师造人”，或者古希腊神话中的青铜巨人塔罗斯。无论是在当下还是在可预见的未来，AI科技都正在以无法阻挡的步伐，深刻地改变着人类文明的所有维度。

然而，正如阿玛拉定律所揭示的那样："人们总是高估一项科技所带来的短期效益，却又低估它的长期影响。"大多数人对于AI总是有着这样或那样的误解，要么将其与电影《终结者》中的杀人机器混为一谈，要么认为它只是蠢笨的算法，无法在任何层面上对人类构成威胁，要么仅仅将目光聚焦于技术领域内部，无视AI同样也在改变着人类感知世界、交流情感、管理社会、探索生命的种种方式。

科幻小说，或者更宽泛地说，作为大众文化之一的科幻（Sci-Fi），在其中扮演着微妙的角色。事实上，早在1818年，被视为第一部现代科幻小说的《弗兰肯斯坦》就探讨了这样一个至今尚无定论的问题：人类是否有权借助科技的力量，创造出一个不同于任何现存形态的智慧生命？在受造物与创造者之间，又应该有怎样的一种关系？

从当下围绕AI技术的诸多争辩中，我们可以清晰辨认出200年前由玛丽·雪莱（Mary Shelley）借由科幻故事所提出的原型命题。

或许有人会指责说，科幻需要对大众的AI迷思负责。但从另一个角度来看，或许正是这种超越时空局限、联结技术与人文、混淆真实与虚构，并引发每一个人共情与思考的特质，使得科幻可以如《人类简史》作者尤瓦尔·赫拉利（Yuval Noah Harari）所说，成为"当今最重要的艺术类型"。

更进一步的问题应该是，我们是否能创作出既呼应当下又启迪未来，既真实可信又狂野深刻的科幻作品，让它能够担负起如此重大的期待？

2019年，我以前在谷歌时的同事李开复博士找到我，邀请我和他共同创作一本全新类型的著作。这本书试图将虚构的叙事与非虚构的科技评论完美结合，展现20年后被AI技术深刻改变的人类社会图景。这个想法让我兴奋不已。在我看来，开复是一位卓越的世界级领导者、目光敏锐的商业投资人、视野开阔的技术预言家，不仅如此，他关于职业发展与幸福人生的见解也深受广大年轻人的喜爱。如今，他又将目光投向未来。

这恰好与我提出的"科幻现实主义"主张不谋而合。

在我看来，科幻小说最引人入胜之处，不仅在于它能提供想象性逃避空间，让读者能够抛开现实烦恼，扮演无所不能的超级英雄，在百万光年之外的架空世界中任意驰骋，更在于它能激发读者对于现实的洞察与反思，甚至介入并改变真实世界的发展轨迹。

换句话说，想要创造什么样的未来，就从想象那样的未来开始。

作为一名资深科幻迷，我从10岁起就沉浸在电影《星球大战》《星际迷航》《2001：太空漫游》所创造的神奇宇宙中。这些经典之作为我打开一扇扇通往未知世界的大门。我时常惊叹科幻艺术的光谱如此广阔，几乎可以承载任何题材与风格。然而，在创作任何一个故事之前，清晰的自我定位将是决定成败的关键。

开复给我的最大启发是，不同于许多描写灰暗、悲观未来的反乌托邦小说，《AI未来进行式》将着力于表现AI技术可能给每个人类个体及社会所带来的积极影响。因为那是我们所希望创造的未来，也是人类希望子孙后代所能够创造出的更具超越性价值的未来。

实话实说，这并不是一条容易走的路。

从技术的角度出发，我们需要理解AI领域当下的进展，并以合乎逻辑的方式推演它在20年后将会达到什么样的水平。在开复的引领下，我们阅读了海量的论文资料，并与行业内的专家、从业者、思想者深度交流，甚至还参与了世界经济论坛举办的AI工作坊，走访了AI领域相关的创业公司，力图从源头上把握未来技术发展的脉络。

而从人的角度出发，我们希望展现具备不同文化与身份的个体，在迎接AI浪潮冲击之时，其作为人类所具有的尊严、价值、情感和所做出的抉择。这是虚构小说所擅长的部分，却也是更难以通过逻辑与理性进行推演的部分。我们不得不穿越时空，借鉴历史上类似的重大变革，调动对人性的理解与想象力。我相信，只有能让读者产生共鸣的故事，才能更充分地传递我们所要传递的理念。

在每篇故事结束后，开复还针对该故事中出现的技术想象进行解读，以他的专业眼光与多年实践经验告诉我们，这些关于AI的想象是否可行，实现的路径如何，我们距离这些神奇的场景还有多遥远。这些思考如同风筝的长线，将遥远的未来与当下的现实紧密联系在一起。

经过漫长的脑力激荡、写作与打磨之后，呈现在你面前的便是这10扇通往2042年的时空之门。希望你能够将它们一一打开，享受未来AI世界所带来的惊奇、兴奋、思考与感动。

对于我来说，科幻小说的最大价值并不是给出答案，而是提出问题。当你合上书之后，脑海中或许会冒出更多的问题：AI是否能够帮助人类从根源上预防疫情？我们应该如何应对未来的职场挑战？在AI主导的世界中如何确保文化的多样性？我们应该如何教导孩子去适应人类与AI共存的新社会……

我们相信，来自每一个人的思考，将是帮助人类开启美好未来的金钥匙。

欢迎来到2042！

2022年　上海

# 目　录 contents

# 01

# 一叶知命

开篇的故事发生在印度孟买，一个当地家庭参与了一项由深度学习赋能的智能保险计划。为了改善这家人的生活，该计划的AI保险程序通过一系列的生活应用与这家的每位成员相连，这些应用与保险算法进行动态互动。然而，这家正值青春期的女儿却发现，这套AI保险程序似乎总是在“巧妙”地阻挠她追求爱情。

在本章故事后的解读部分，我将介绍AI和深度学习的基础知识，阐述其利弊优劣。通过这个故事，我会进一步解释AI的运作方式，以及为何AI在一门心思地试图优化某些目标时，却可能“无意”中导致后果惨重的多米诺骨牌效应。同时，我会谈一谈当一家企业拥有太多用户数据时，可能带来什么样的风险。考虑到有些读者对AI较为陌生，我在本章的解读部分增加了“AI简史”，探讨为什么有些人对AI翘首以盼，而有些人对AI持半信半疑的保留态度，以及AI让人欢喜让人忧的几大议题。

自己的命运虽不完美，也好过完美模仿他人的命运。

——《薄伽梵歌》第三章第35节

屏幕上，随着西塔琴的节奏，三层楼高的象头神塑像缓缓沉入阿拉伯海。可溶解性材料会在海水中化成金色和紫红色的泡沫，沾在焦伯蒂海滩上数千个庆祝节日最后一天的孟买信徒身上，像是某种祝福。

爷爷和奶奶高兴地拍起手唱起歌，弟弟洛汗大口嚼着木薯条，喝着无糖可乐，食物残渣随着他的摇头晃脑撒了一地。医生要求洛汗严格控制脂肪和糖分的摄入，尽管他只有8岁。在厨房里忙活的父亲桑贾伊和母亲丽娅也敲打着厨具合唱起来，就像宝莱坞电影里会出现的桥段。

纳亚娜却对此熟视无睹。此刻，这个10年级女孩全副心思都在一款最近在年轻人中很火的智能应用“叶占”（Leafate）上，据说它能够以问答的方式进行AI占卜。

相传数千年前，一位叫阿加斯蒂亚（Agastya）的印度圣哲，在棕榈叶上以梵文古诗刻下每个人的前世、今生与来世，以及天文科学、医疗知识与哲学智慧。13世纪时，这些叶子在印度南部的泰米尔纳德邦被发掘出土，英国殖民者将许多刻有天文与药草知识的叶子带回欧洲，而那些写着每个人命运的纳迪[1]叶则被卖掉。幸而当地学者与占星世家将这些纳迪叶视为传家之宝，悉心保存，才得以流传至今。

1 古印度人认为纳迪（Nadi）是输送各种生命元的人体经络。

每个人都可以通过提供出生时间以及指纹来寻找属于自己的纳迪叶，但因为战乱、遗失、保存不当等原因，只有一部分人能找到属于自己的纳迪叶。2025年，来自英国的一家科技公司花巨资对民间流传的纳迪叶进行扫描，并使用AI对上面的信息进行深度学习、自动翻译及结构化处理，试图为每一个人模拟出一片近似的纳迪叶。毕竟这颗星球上有近87亿人口。

按照叶占的说法，每个人的数字纳迪叶都被存储在云端，只有通过问答形式，才能解锁想要咨询的信息，不同问题的价格也不尽相同。

今天纳亚娜想问的问题是："我和新来的插班生萨赫杰，有没有可能发展成情侣？"

当萨赫杰的视频流被推到虚拟课堂界面中央时，纳亚娜一下子被吸引住了。这个男孩没有用美颜滤镜或虚拟背景，显得羞涩而真实。他介绍了身后墙上挂的手工面具，这些面具结合了印度神灵和超级英雄的特点，用色大胆，可以看出制作者的确才华横溢。

纳亚娜发觉在"享聊"（Sharechat）的私密聊天群里，其他女生也在讨论萨赫杰。从家居布置和经过隐私保护处理的姓氏，讨论他究竟是不是所谓的"15%"，也就是政府要求私立学校必须为其保留15%入学名额的"弱势群体"的孩子，学校需要为他们免除学杂费，他们的书本和校服也都得靠捐赠。所谓"弱势群体"，不过是一个对于曾经的"达利特"更具保护性的代称。

她从一些纪录片和书本里看到过，种姓制度可以追溯到几千年前，是一种基于印度教教义的社会和宗教等级制度。传统上，一个人的种姓在出生之时便已确定，并且一个人的种姓将影响他的职业、教育、婚姻及生活方式。按传统定义，达利特在四大种姓之外，又称"贱民"，是"不可接触者"，他们通常从事最肮脏的工作——徒手清洁下水道、处理动物死尸、鞣制皮革以及一些被认为会"污染"其他印度教徒的事情。

根据1950年的印度宪法，种姓歧视是非法的，但在很长一段时间里，达利特从饮水、用餐、居住的社区到死后埋葬的墓地，都与其他更上等的种姓人群区隔开。他们担心会造成种姓"污染"，这似乎已经成为一种集体无意识的心理烙印。一些原先属于上等种姓的人会拒绝从达利特手里接过食物，甚至拒绝在同一个空间共处，哪怕双方是同学或者同事。

印度政府努力纠正这种历史上形成的不公正现象，试图为达利特提供更公平的竞争环境。早在1950年的宪法中，印度政府就以“表列种姓”“表列部落”的方式，制定了为达利特人提供政府和企事业单位职员名额、高等学校入学名额以及立法机构的议员名额等方面的“保留政策”（Reservation Policy）。从2010年开始，当局又进一步宣布为达利特在政府职员名额和高等学校入学名额中保留15%的配额。不少家长抱怨，为什么不按真实成绩录取？为什么我们需要为历史的过错买单？难道这不是在变相鼓励一种新的不平等吗？

但总体上，种姓制度已经成为历史。2亿曾经的达利特已通过各种方式融入印度的主流社会，难以从表面上看出身份的痕迹，印度政府也在大力推行对贫民窟的改造，提高弱势群体的生活水平。一切似乎都在变得更公平、更美好。

聊天室里的女孩们讨论得很热烈：如果萨赫杰真的是15%，还要不要跟他约会？

你们这些势利眼。纳亚娜心里暗暗咒骂。她有一个远大的梦想，她想成为一名表演艺术家，而不是肤浅的娱乐明星。所有伟大的艺术家都必须真实地面对自己的内心感受，不被世俗眼光所左右。如果她喜欢萨赫杰，那么就是喜欢，无论他是什么出身，住在哪个社区，说的印地语是否带有浓重的泰米尔口音。

经过计算，叶占给出一个令人失望的答案——“很遗憾，由于所提供信息不足，您的问题暂时无法得到解答。”紧接着，是退款成功的金币撞击声效。

骗子！信息不足又不是我的错！

纳亚娜愤怒地抬起头，发现母亲已经把饭菜都准备好了。除了传统的印度节日食物，还叫了昂贵的中华料理外卖，这对于一向抠门的父亲来说可不太寻常。不仅如此，母亲还穿上了她最珍视的帕西式真丝纱丽，盘了头发，戴上了全套首饰。上次这么隆重，也许还是在她和父亲结婚的时候。爷爷和奶奶也比平时要高兴几分，甚至胖子洛汗也没有一直讨厌地缠着她问东问西。

这一切肯定不是因为象神节的缘故。

“发生了什么？”纳亚娜看着桌上的一切，没头没脑地问。

“什么叫发生了什么？”母亲反问她。

“只有我一个人觉得你们和平常不太一样吗？”

和父亲相视一笑后，母亲说道：“说说看，哪里不一样了？”

“你们在笑，你们有什么事情瞒着我？”纳亚娜变得有点神经质。

“乖宝贝们，先开饭吧。”奶奶开始动手掰面包。

“等等，难道是……爸爸升职了？我们家中彩票了？政府减税了？”

“你倒想得美。”父亲摇晃着脑袋，“想减税只能等下届选举了。多亏你能干的妈妈……”

“妈，你又买了什么？”纳亚娜不等父亲把话说完，便转向得意的母亲。

“喂，你这口气听起来有点不尊重长辈呢。”

“上次贪小便宜上当的人又不是我……”纳亚娜的声音小了下去。

“这次不一样。我做了充分的调查，它有IRDAI（印度保险监管与发展局）的牌照。而且，周围的邻居都买了，她们可比我小心多了。”

纳亚娜深吸了一口气：“这次又是什么？”

“象头神保险（Ganesha Insurance）！大家都管它叫GI，节日有特别折扣，首期保费打五折。”

听到五折，爸爸兴奋地拍起了手。爷爷和奶奶虽然不明所以，不过也跟着鼓起了掌。

“停！我们家不是早就有生命保险公司的保险了吗？”

“你爷爷、奶奶、外公、外婆年纪都大了，原有的养老金根本不够用，还得靠我们家供养。生了病，你也不想去公立医院排队吧，钱从哪来？还有你和你弟弟上私立学校，都得靠省吃俭用。你不是还想去拉伊大学学表演艺术吗？那里的学费、住宿费可比孟买的公立大学贵多了……”

“我就知道，最后又会怪到我头上……”

“人既要为长远做打算，也得考虑眼前的生活。”爷爷慢悠悠地插了一句。

“那这家保险公司又有什么不一样？”纳亚娜问道。

“隔壁的沙阿太太说，这个平台用了AI技术，能够根据全家人的情况，动态调整保费，用最少的钱实现最大的保障。而且它还有一系列生活App，推送购物建议和打折券。看看我的头发，就是在它推荐的美发店做的，才400卢比，比我以前做过的都要好。”

洛汗想偷偷地拿甜品，却被纳亚娜打了一下手背，只好乖乖缩回去。

“可一家保险公司干吗要管你去哪做头发呢，它又怎么知道我们家人的情况呢？”

“这个嘛……”妈妈开始顾左右而言他，“GI接受家庭投保的条件是，给出所有人的数据接口。”

“什么？”纳亚娜瞪大了眼睛。

“但他们向我保证所有数据都是严格保密的，除非我们允许，否则他们不能随便使用。”

“你有什么权力把我的数据接口给别人！”纳亚娜失控地叫起来。

“不许这么跟你妈妈说话。法律上，你还没有成年，作为你的监护人，是的，我们有权这么做。”爸爸突然严肃起来，用手指着纳亚娜。

女儿的脸憋得通红，把刀叉使劲往盘里一摔，跑回自己屋里，用被子蒙住自己的脑袋。在纳亚娜的那片纳迪叶上，这一定是她生命中最糟糕的一天。

* * *

纳亚娜和家人的冷战只坚持了一个礼拜。她开始收到奇怪的讯息。

一开始，只是一些日常的问候和提醒：要下雨了，出门记得带伞；最近呼吸道疾病流行，要戴好口罩；临近街区食用水管道发生泄露；出行路线有交通事故，注意绕开拥堵……纳亚娜开始觉得GI的服务似乎也没那么讨厌。如果在智能传输设备smartstream装上GI出品的一系列生活App，绑定数据接口后，它便时不时地还会推荐一些美妆、服饰、餐饮打折信息和优惠券。所有这些App都有一个共同点——界面上有一只金色的小象。

母亲把那只金色小象强行推送到了每个人的终端上。据调查，在孟买有超过70%的家庭数据控制权是在女性手里，而在印度的其他城市这个比例只有不到40%。所有这些个人数据都绑定在由印度国民身份统一管理局（UIDAI）向超过13亿印度合法居民发放的数字身份卡（Aadhaar）上。数字身份卡从2010年开始投入使用，经过30年的发展，公民的指纹、虹膜、部分家族遗传病史、职业及家庭信息、消费及纳税记录等数据都通过这一系统被政府记录在案。而GI能够在用户同意的前提下获得极高的数据权限，并使用到其旗下一系列App矩阵中，为用户提供最为智能和个性化的服务。

当然，总有一些隐私不在打包范围之内，比如社交媒体数据就需要单独授权，未成年人隐私数据的授权甚至需要获得合法监护人的同意。

纳亚娜非常谨慎地对待每一次与GI的交互。她总会反复阅读说明，选择“我接受”或者“再考虑一下”。但慢慢地，她发现每次选择“再考虑一下”之后，GI总会推送过来更有诱惑力的折扣信息。

比如，纳亚娜正发愁应该邀请萨赫杰去哪里吃饭，GI就会立马为她列出全孟买最适合情侣约会的10家餐厅。

纳亚娜猜AI是通过网络浏览记录猜出自己的想法，尽管她对此也不是百分之百肯定。萨赫杰太可爱了，像一只温顺的绵羊，想要讨好班上的每一个同学，给每个人送上自己做的木雕动物头像。见到真人之后，她更加难以自制，不时找各种借口和萨赫杰热情地搭话。但出于某种原因，男孩总是跟她保持距离。

*他不喜欢我吗？*

这个问题盘旋在纳亚娜脑海中，挥之不去。GI则是更加起劲地推荐诸如“如何在男性眼中显得更有魅力”的建议清单。也许这对于其他孟买女孩来说，再正常不过了，可在纳亚娜看来，总觉得哪里不太对劲。为什么女生需要通过改变自己才能获得男生的青睐，而不是向对方展示最真实的自我呢？

尽管跟妈妈还没有完全和好，可纳亚娜还是趁着她心情大好的时候抛出了心底的疑惑。

“傻孩子，机器会的也是人类教的呀。”母亲看着镜子中新买的长裙，转了个身，“如果AI每天都泡在享聊上，那它能学到的只能是这种大男子主义的调调。怎么？你最近谈恋爱了？”

“没、没有呀……”纳亚娜心虚地否认。

“你瞒得了我，可瞒不过AI哦。需要我帮你出主意吗？”

“谢了妈。可我在网上给他点赞，他也没什么反应……”

“傻孩子，喜欢一个人，光在网上点赞是不够的。不过这倒提醒我了，据说如果对GI开放享聊账号，我们家的保费也许还能再往下降降……”

纳亚娜摇摇头，退出母亲的房间。不久前，母亲还强烈反对纳亚娜为了获得更准确的占卜结果，向叶占开放数据接口的想法。现在情况却完全反了过来。

不光是母亲，家里的每一个人似乎都被这个App洗脑了。你能从它上面看见，自己每一个行为都能够影响下一期保费的升降。一旦什么事情跟金钱挂上钩之后，人类的大脑就像打开了赏罚分明的自动程序，不由自主地改造自己，朝着目标竭力逼近。

老人们得到了许多关于养生和健康的建议，GI会提醒他们及时服用药物以及到医院复诊。当然他们也可以通过GI直接在线预约私人医生，只不过政府养老金无法覆盖这部分费用，只能通过商业医保抵扣。直观地看到保费数字的变化后，老人们似乎更懂得珍惜自己的生命了。毕竟这个国家有超过2亿老年人，其中将近六成的人都享受不到医疗保障，只能自求多福。

父亲桑贾伊接受了金色小象的建议，戒掉了香烟，酒也从浓烈的亚力酒换成了比较健康的葡萄酒。他甚至连开车风格也有所收敛，不再像赛车手一样在拥堵的孟买街头横冲直撞了。GI让桑贾伊直观地看到了车险、意外险和寿险保费随着他的行为习惯的改变而下降，好处可是实实在在的，精确到一分一厘。

纳亚娜原本以为弟弟洛汗是最顽固不化的。毕竟对于没有什么自控能力的小孩子来说，脂肪和糖分容易让人上瘾。可金色小象竟然做到了。当然，它不是让8岁男孩理解延迟满足的重要性，而是让每一个家人都理解洛汗不健康的饮食习惯会直接导致保费上涨，从前的心软与纵容便一去不复返。

这一切都很好理解。保险公司当然希望投保人活得更健康、更长寿，它的利润率也就更高。客观上，这个控制系统也降低了父亲死于癌症及交通事故的概率，阻止了弟弟成为印度8000万糖尿病患者中的一员，让4位长者活得更有尊严，更有质量。GI甚至还通过对智能电网数据的分析，找到一处因为老化而漏电的线路，避免了一场火灾。

母亲见人就说，政府没有做到的事情，GI做到了！好像这是一件多么光彩的事情。在纳亚娜看来，母亲已经完全成了GI的一个传销工具。母亲的整个生活只有一个目标——如何将保费降到最低，至少必须是社区里最低的。这几乎成了太太们相互之间的一场竞赛。

可纳亚娜还是犹豫不决：自己究竟应不应该交出享聊的数据接口？

直到她收到了萨赫杰送给自己的动物木雕，一只雕满花纹的乌鸦。

*可乌鸦不是厄运的象征吗？他是让我不要太聒噪吗？他到底想要说什么？*

被一连串疑问折磨得晕头转向的纳亚娜第一时间想到的，竟然不是登录叶占去算一卦，而是允许GI进入她的社交媒体生活。

* * *

事情非常不对劲。

开放了享聊的数据接口，就好比敞开了卧室的大门，你的网络私生活一览无遗。尽管GI一再保证，所有的数据都以联邦学习的方式投喂给AI，不会有任何第三方平台会得到这些隐私信息，但对于终端用户来说，这样的保证就好比农场主对火鸡说，你现在很安全，尽情享受生活吧。可谁也不知道感恩节究竟在什么时候降临。

一想到自己在享聊上的浏览、发言、点赞、表情……以及在输入框中键入又删除的文字，还有手指在屏幕上滑动、停留的痕迹，都将成为一个保险"机器"调整账单数字的依据，纳亚娜就觉得整件事太可笑了。

她还期待这台机器能够充当恋爱顾问呢。

萨赫杰在享聊上留下的信息很少。他像一个不属于这个时代的老年人，谨慎地转发官方新闻，或者发一些过时的表情包，给人一种"僵尸"账号的感觉。

毫无疑问，尽管AI不认识萨赫杰，但只要追踪纳亚娜的行为轨迹，便能够轻易地在两人之间建立起某种关联。这只关乎算法，与爱情毫无瓜葛。

纳亚娜发现，她每一次刷新萨赫杰的页面时，每一次给他点赞时，GI都会蹦出奇怪的提示，分散她的注意力。如果她想找个理由和萨赫杰通话，预约共进晚餐的餐厅，甚至只是在网上挑选礼物时，GI都会弹出一些完全离谱的推荐，或者干脆让页面一直处于加载状态，无法显示结果。

如果她猜得没错的话，GI正在阻止她进一步发展和萨赫杰的关系。这和之前相比，可是大相径庭。

*为什么是萨赫杰？或者可能是任何一个人？究竟是哪里出了问题？*

母亲毫无预兆地出现在纳亚娜的房间门口，打断了她的胡思乱想："你究竟在搞什么鬼？我们的保费都快涨到天上去了！"

"我……"纳亚娜不知道该怎么说出口。

“告诉我，否则我就没收你的smartstream。”

“不，你不能这么做！”

“很遗憾的是我可以，而且我现在就要……”

还没等母亲的话说完，纳亚娜就撞开她，跑出了家门。她要逃到一个没有人能找到自己的地方。她要给萨赫杰打一个电话，管它保费涨多少。

魂不守舍的女孩不知道走了多久，直到看见混凝土墙上一张张人脸对自己露出笑容，她才知道自己走到了古堡区的新印度保险大厦。这座装饰艺术风格的大厦建于1936年，外立面装饰着表现农民、陶艺师、棉纺女工等劳动者生活的浮雕。

太阳开始落山了，纳亚娜决定在这里给萨赫杰打电话。

男孩的头像旋转闪烁，smartstream不断弹出GI的通知，家庭保费又上涨了0.73卢比……等待接听的时间如此漫长，就在纳亚娜几乎要放弃的时候，电话接通了。画面黑乎乎的，看不太清楚，只有当萨赫杰咧嘴一笑时，那口整洁的白牙才暴露了他。

“是你吗，萨赫杰？”纳亚娜怯声问道。

“……是我，纳亚娜？”

“我以为你不会接我电话呢。”

“嗯……我不能说太久，不过……我并不是不想跟你说话。”

“我知道。”纳亚娜的心都快跳上天了，“我给你发餐厅地址，一会儿见？”

萨赫杰似乎有一丝为难，不过最终还是答应了。

挂掉电话，纳亚娜忍不住欢呼了一声，却听到身后有人叫自己的名字。她转身一看，是母亲。丽娅站在夕阳下，浑身闪烁着金红色的光。

“妈妈？……你怎么知道我在这里？”

“别忘了，我还是这家里的数据管理员。”丽娅做出生气的样子。

“对不起。”纳亚娜不敢直视母亲的眼睛，“我喜欢上了一个人……我想去见他，可是GI不让我去……”

“这就是保费上涨的原因？这可太奇怪了，我一直以为GI的目标就是最大限度地延长我们的寿命，不让人干出一些伤害健康的蠢事。除非，那是一个很危险的人？或者，他患有某种传染病？”

纳亚娜摇摇头：“他是我的新同学萨赫杰，很聪明，很有才华。”纳亚娜从口袋里拿出萨赫杰送她的礼物，“喏，这是他自己刻的。”

母亲仔细端详着那只木头乌鸦：“感觉他确实不像是坏人，我敢打赌他应该还挺帅。”

纳亚娜收起木雕，露出了羞赧的笑容，随即又变得忧心忡忡：“也许我应该听GI的话？也许这对我，对我们家，都是更好的选择？”

“孩子，我想告诉你一些事情。”母亲搂着女儿的肩膀，缓缓地往回走，“之前有一段时间，我感觉到了咱们之间的小别扭。也许由此而来的担忧影响了我的举动，AI注意到了这些变化，开始向我推荐一些书……”

“那么你读了什么？”纳亚娜开始好奇。

“一本20年前的电子书，名字却叫《AI2041》。里面有一个关于母亲和女儿的故事。母亲为了维护自己的权威，却忽视了女儿成长的烦恼……巧的是那也是一家印度人！里面还提到了科妮莉亚·索拉布吉（Cornelia Sorabji），那是一位我曾经深深敬仰的女士……”

“妈，能说一点关于那位女士的故事吗？”

“20年前，当时我比你大不了几岁。我最大的愿望是当一名律师。也许是因为我的母校——孟买大学曾经出过印度历史上第一位女律师科妮莉亚·索拉布吉。尽管她1919年就在牛津大学拿到了律师资格，却因为印度没有女律师的先例而被拒绝注册成为执业律师。她与官僚机构抗争了许多年，才真正成为一名律师，替女性和弱势群体伸张正义，争取权利。”

纳亚娜吃惊地看着母亲，她从来不知道这些事情。

“但是100年后，女性的处境依然很艰难。我的父母希望我能够尽快嫁人，而不是混在男人堆里整天和罪犯打交道。这就是为什么在这个国家女性地位如此低下的原因。我没有科妮莉亚那么勇敢，我放弃了。我珍藏那件纱丽，就是为了向科妮莉亚致敬。当年她把纱丽反过来穿，作为一种示威。”

母亲停下来，双手放在女儿的肩上，眼中有什么东西闪闪发光。

“我希望能给你有足够安全感的生活，这样你就不需要靠嫁给谁才能得到幸福，这样你就可以去追求任何你想要的东西，成为任何你想成为的人。比如，去上拉伊大学学时尚科技与表演艺术。纳亚娜，无论是谁，人或者AI，告诉你你不能做什么，别听他们的。有些事情如果自己不去尝试，你永远也不会知道答案。”

纳亚娜仿佛第一次真正认识了自己的母亲，她激动得说不出话来。

“所以……所以你并不介意我离开孟买……去艾哈迈达巴德？”

“这个嘛……如果你考得上的话，不过竞争可是很激烈哦。”母亲微微一笑。

“也不介意因为我，家里的保费上涨？”

“有一些风险值得去冒，我相信我的女儿有自己的判断力。”

“谢谢你，妈妈！我现在就去找萨赫杰！”

纳亚娜吻别母亲，雀跃着奔向车站。一辆红色的双层巴士正从马路拐角驶来……

* * *

透过玻璃窗，纳亚娜看见餐厅里的侍者们正忙碌地摆放餐具，点亮烛台，等待顾客在这个浪漫的夜晚走进靛蓝餐厅[1]。萨赫杰站在窗外的街边，他的皮肤在夜色中显得更加深沉。他一点也没有想走进那家餐厅的意思。

“对不起，我不能……”他的眼睛像一对萤火虫，幽幽发亮。

“为什么？”

“如果我和你进了这家餐厅，我的妈妈会不高兴的。这种消费行为会提

---

1 靛蓝餐厅，孟买著名的现代欧洲美食餐厅。

升我们的保费。”

“难道说……”纳亚娜闪过一个念头，“等等！你们也加入了GI的家庭计划？”

“是的。我妈妈生病了。我们只负担得起草药的钱，可是草药治不好她。我们很幸运，GI有面向弱势群体的特殊通道，否则，我们可能根本负担不起……”

“可我还是不明白！为什么你要送给我乌鸦？而不是孔雀、兔子或者别的什么动物……”

萨赫杰又露出了迷人的微笑：“问题小姐，我们不该站在这家高级餐厅门口，像两个傻瓜一样瞪着对方。边走边说吧。”

夜幕初降的孟买街头车水马龙，喇叭声此起彼伏，像是公鸭在比拼嗓门。璀璨的灯火照亮这座容纳了3000万人口的巨型城市，她的历史可以追溯到石器时代。最初到达这里的希腊人给她起名为“Heptanesia”，意思就是“七座岛”，后来历经佛教的孔雀王朝、印度教的锡拉哈拉王朝、伊斯兰教的古吉拉特王国，直到落入葡萄牙人的手里，然后又被当成凯瑟琳公主的嫁妆送给了英国人。再后来，她成了印度争取独立的核心，伴随着血与火的洗礼，直到今天。

纳亚娜意识到萨赫杰非常小心地保持和自己的距离，就像她身上带着电流或者尖刺。

“为什么我们就不能……不能靠近彼此？”纳亚娜小心地选择措辞。

这下轮到萨赫杰露出了惊讶的表情：“你真的不知道吗，纳亚娜？”

“知道什么？”

“我的姓氏啊。”

“学校和虚拟课堂的系统一直把你的姓氏保护得很好，就像是什么名门望族的后代。”

“恰恰相反，这是因为他们不想让你们产生不好的感觉。”

“什么不好的感觉？”

“在以前，它被形容为一种‘被污染’的感觉。”

“你是在说……种姓？可我以为那已经被禁止很久了。”

萨赫杰苦涩地笑了笑：“法律上不允许，新闻里不出现，人们不说这个词，但这并不代表它就消失了。”

“可AI是怎么知道的呢？”

“AI并不知道。事实上，它根本不需要知道任何关于种姓的定义，它只需要从历史数据中学习。你住哪个社区，做什么工作，赚多少钱，开什么车，平常吃什么，在网上喜欢看什么……所有这些都会通过算法把你和一个更大的群体联系起来，即便你并不认可这种身份。无论你用什么方式隐藏或改变你的姓氏，它都像一个影子一样存在着。人没有办法摆脱自己的影子，不是吗？”

纳亚娜想起妈妈说过的话，若有所思：“所以，AI是通过对数据的学习，将社会上对于种姓的隐性歧视，显性化成可以量化计算的保费。”

萨赫杰故作轻松地笑了笑：“哈，差点忘了，还有肤色。最初代表种姓的梵文‘瓦尔那’（vārna），意思就是‘颜色’。”

“这简直太荒谬了！”

“这就是现实，纳亚娜。低种姓的女孩或许可以嫁给高种姓的男性，但如果反过来，则会被社会视为不道德。高种姓女孩的家庭声誉会受损，她的兄弟姐妹也会被人指指点点。”

“可我以为AI并不懂这些。”

“没错，AI并不在乎这些古老的规矩，它只在乎如何尽可能降低保费。这就是为什么GI要阻止我们在一起的原因。”

不知为何，当听到萨赫杰说到“在一起”时，纳亚娜的耳朵微微发烫，头开始发晕，以至于没听清男孩说出的一个术语。

“目标函数最大化。”

“那是什么？”

“如果人类告诉AI，嘿，让这些人的保费降得越低越好。然后，AI就会千方百计地去实现这个目标。客观上，GI的建议会让投保人活得更久、更健康、更安全，但除此之外，它不会考虑其他的因素，比如这些人快不快乐。”

“这也太蠢了。”

“机器还没有聪明到能够理解人类的快乐。况且，所有这些不公平与偏见都是真实存在的。AI只是揭开了那层遮羞的面纱。”

“你怎么知道这么多？”纳亚娜眼中又多了几分赞赏。

“我想申请上帝国理工学院。”萨赫杰小心翼翼地说出了自己的心愿，“我想成为一名算法工程师，然后，改变这一切。”

两人走到一个岔路口，离纳亚娜的家已经很近了。萨赫杰打算就此告别，女孩却有话还没说完。

“这种不公平让我想起了叶占上的那些预言，那些预言早在千百年前就被写好了，每一个人都不得不接受命运的安排……”

萨赫杰露出奇怪的表情：“难道你还不知道？”

“知道什么？”

“叶占也是GI家族的App之一。那些所谓的算命结果，都是来自AI对你的数据分析。”

“啊？所以命运也不是真的……”纳亚娜突然感到一阵失落。

萨赫杰沉默了一会儿，指向自己将要走的方向。

“这条路通往我的家。它将经过达拉维工地，孟买的心脏，那里曾经是容纳过100万人的超级贫民窟。每个游客都想到此一游，拍照留念，但他们绝对不会住下来。政府正在把它改造成适合普通市民居住的超级社区。可当你靠近达拉维时，GI还是会不停地推送警报，告诉你上周有多少人在这里被杀，有多少女孩被强奸，有多少孩子死于痢疾。纳亚娜，我很欣赏你的正义感，但这样的一条路，不是为你们这样的人准备的。如果我们要讨论命运，这就是命运。”

“带我去。”纳亚娜朝前迈出一步，连她都被自己的话吓了一跳，“我要证明给你看，我不是你所说的那种人。”

“你确定吗？”

纳亚娜遥望远处那片改造中的工地，在灯火通明的孟买中心，那里就像一片黑暗的沼泽。她心里生出几分害怕，但她又想起了妈妈之前告诉过自己的话。

“有些风险值得去冒。”她坚定地说。

“请。”萨赫杰微微一笑，像个真正的绅士那样伸出手，让纳亚娜先走。

两个孩子在这座古老的城市中行走。历史在每一条反复修缮的街道上，在每一张表情复杂的脸上，在每一个来历不明的音节里留下印迹。它们都是孟买的灵魂。这些灵魂又将被打碎、重组，然后拼贴成明天崭新的机器神灵。

“那么你到底为什么要送我乌鸦？”

“我的星座动物是乌鸦，虽然我没那么擅长社交。”

“就这么简单？”

“就这么简单。”

纳亚娜的smartstream越来越频繁地震动起来。她知道这是来自GI的警告，警告自己务必远离达拉维。那里曾经是全世界最大的贫民窟，那里充满了贫穷、犯罪、疾病，以及所谓的“不可接触者”——就像眼前的这个男孩。

她紧了紧衣领，沿着古老的街道继续向前走去。

女孩决定要自己找到答案。

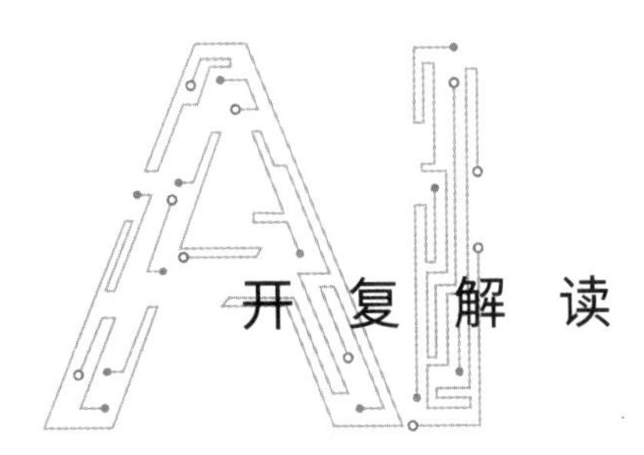

## 开复解读

《一叶知命》为我们清晰展现了象头神保险公司所使用的深度学习技术的力量：纳亚娜的妈妈丽娅买到划算的东西，省了不少钱；爸爸桑贾伊戒了烟，开车风格也有所收敛；弟弟洛汗改变了不良的饮食习惯，吃得更健康了，以免成为印度8000万糖尿病患者中的一员……客观来看，象头神保险公司的确做到了帮助投保人“活得更长久、更健康、更安全”。

那么，深度学习技术就没有任何陷阱吗？事实上，如何平衡好技术的尺度也是《一叶知命》的故事想要探讨的内核，这个问题也引发了人们对AI基础概念之一——深度学习的思考。

目前，AI已经发展成一门涵盖许多子领域的重要学科。

机器学习是迄今为止AI应用最成功的子领域，而在这个领域中，最大的技术突破就是深度学习。正因为如此，人们在提到“人工智能”“机器学习”和“深度学习”的时候，可能不会把它们的概念区分得那么清楚，有时候，这几个词会被混用。

2016年，基于深度学习技术开发的围棋棋手AlphaGo击败了韩国棋手李世石，令世界为之震惊，而深度学习也借此彻底点燃了人们对AI的热情。此后，深度学习成为大多数AI商业化应用中非常重要的技术。作为“幕后功臣”，深度学习也出现在了本书的绝大多数故事之中。

《一叶知命》这个故事充分展示了深度学习的惊人潜能，但也暴露了这一技术背后潜在的风险，例如无法消除隐含在技术背后的偏见等问题。那么，研究人员应该如何开发、训练和应用深度学习？深度学习有哪些局限性？数据将如何推动深度学习的发展？深度学习在什么条件下才能发挥最大价值，为什么？

这些都是我们要逐一解决的问题。

## 什么是深度学习

受人类大脑内部复杂的神经元网络的启发，深度学习模拟生物神经网络，构建出包括输入层和输出层在内的人工神经网络，当将数据输入该网络的输入层后，在输出层就会显现出相应的处理结果。在输入层和输出层之间，可能存在很多中间层（又称隐藏层），从而能够更深入地刻画所处理对象的特征，并具备更强大的函数模拟能力。几十年前，计算机算力有限，只能支撑一两层中间层。近年来，随着算力增强，可以训练出有成千上万层中间层的网络，“深度学习”即由此得名。

许多人认为，人类使用特定的规则去“编码”AI，利用自身的认知（比如猫有尖尖的耳朵和胡须）去“教导”AI，才能让算法具备相应的能力。但这种做法反而会弄巧成拙，没有这些外在的人类规则，深度学习的效果其实会更好。深度学习的训练方法是，针对特定的应用场景，给人工神经网络的输入层“投喂”大量数据样本，同时给输出层“投喂”相应的“正确答案”，通过这样的训练，不断优化人工神经网络的内部参数，使根据输入生成最接近“正确答案”的输出的概率最高。

举个例子。研究人员如果想训练一个人工神经网络利用深度学习技术学会确认一张图片上是否画着猫，他会先向该网络的输入层“投喂”数百万张带着“有猫”或“无猫”标签的图片样本，然后把相应的结果“投喂”给输出层，再根据输入与输出对该网络内部的参数进行优化，使每一次新的输入行为都能提高输出正确结果的概率。通过这种训练，人工神经网络能够在数百万张图片中，自己找到最有助于区分是否有猫存在的那些特征。人工神经网络的训练是一个数学处理过程——通过不断调整网络中的数百万个参数（有时甚至是数十亿个参数），来最大限度地提高“只要输入有猫的图片，就输出‘有猫’的判定”的概率，以及“只要输入没有猫的图片，就输出‘无猫’的判定”的概率。在训练过程中，人工神经网络和其中的参数会组成一个巨大的数学方程组，用以解决有猫无猫的问题。一旦完成训练，它就可以对从未见过的图片进行判断，确定图片上是否有猫。图1-1展示了一个利用深度学习技术识别图片上是否画着猫的神经网络架构。

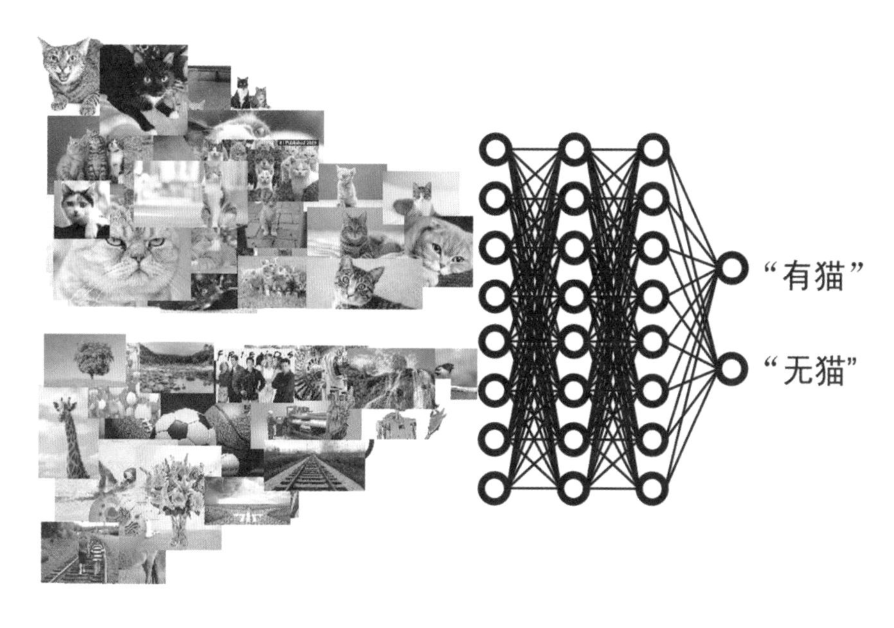


*图1-1 经过训练，人工神经网络能够判定输入的图片上“有猫”还是“无猫”*

在训练过程中，可以将深度学习视为解决目标函数最大化问题的一种数学运算。这个目标函数是由每次的训练主题决定的，比如在识别猫的这个例子中，目标函数就是正确判断出图片上“有猫”或者“无猫”的概率。

深度学习几乎在任何领域都能发挥识别、预测、分类、合成的作用。在

《一叶知命》这个故事中，象头神保险公司就是把深度学习技术应用到保险行业，用于判断投保人可能面临的健康问题，并以此作为确定保费的依据。

为了让人工神经网络能够区分出那些可能患重大疾病的人，象头神保险需要整理出一套训练数据。这套数据需涵盖所有过去的投保人的信息，包括每个人的个人病史和家庭病史等，并且每个数据样本都应打上是否有过重大疾病索赔记录的标签（就是在输出层标注“有重大疾病索赔记录”或“无重大疾病索赔记录”）。在用海量数据进行训练后，该网络就可以预测出新的投保人在未来提出重大疾病索赔的概率，并决定是否核准该投保人的投保申请；如果核准，该网络还要给定适合该投保人的保费额度。

值得注意的是，在这个场景中，不需要由人来为过去的投保人打上是否有过重大疾病索赔记录的标签，取而代之的是，这些标签应完全依据“黄金标准”（例如有无重大疾病索赔记录）自动生成。

## 深度学习：能力惊人但也力有不逮

第一篇阐述深度学习的学术论文发表于1967年，但这项技术却花了近50年的时间才得以蓬勃发展，之所以经历了这么长的时间，是因为深度学习需要海量的数据和强大的算力，才能训练多达几千层的神经网络。如果把算力比作AI的引擎，那么数据就是AI的燃料，直到最近10年，算力才变得足够高效，数据才变得足够丰富。如今，智能手机所拥有的算力，相当于1969年美国国家航空航天局（NASA）把尼尔·阿姆斯特朗送上月球时所用电脑算力的数百万倍。除算力的大幅提升外，数据量的增长也不遑多让——2020年的互联网数据量几乎是1995年时的1万亿倍。

尽管深度学习的最初灵感来源于人类的大脑，但二者的运作方式截然不同：深度学习所需要的数据量远比人脑所需要的多得多。可是一旦经过大数据训练，它在相同领域的表现将远远超过人类（尤其是在数字的量化学习，例如挑选某人最可能购买的产品，或从100万张脸中挑选最匹配的一张）——相对

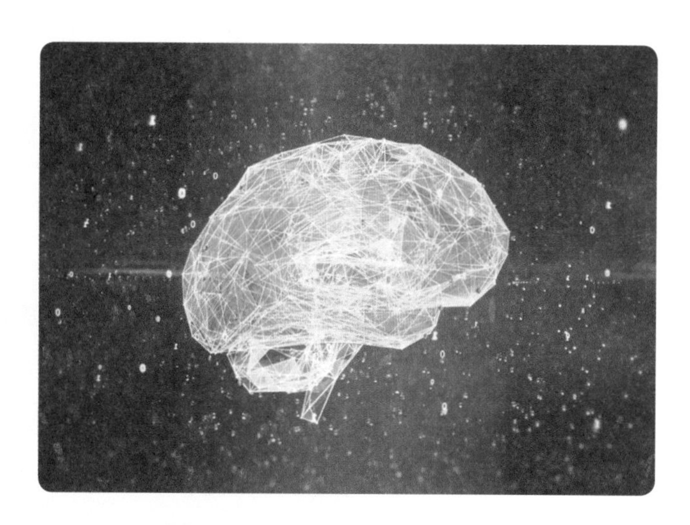

*图1-2 深度学习的最初灵感来源于人类的大脑*

*（图片来源：dreamstime/TPG）*

来说，人类在同一时间内只能把注意力放在少数几件事情上面，而深度学习算法却可以同时处理海量信息，并且发现在大量数据背后的模糊特征之间的关联，这些模糊特征不仅复杂而且微妙，人类往往无法理解，甚至可能不会注意到。

此外，在借助大量数据进行训练时，深度学习可以针对每一个用户提供定制化的服务——基于海量数据中较相似用户的数据，对每个用户做出贴切的预测，以达到千人千面的效果。例如，当你访问淘宝时，它的AI算法会在首页醒目的位置向你重点推荐你可能愿意下单购买的商品，刺激你的消费欲，让你最大限度地在淘宝消费。AI算法推荐这些商品所依据的，不仅仅是你过去的浏览痕迹，也包括和你画像相似的其他用户的浏览痕迹。当你刷抖音上的短视频时，系统的AI算法会让你总能刷到感兴趣的内容，尽量延长你在该应用程序上的停留时间。淘宝和抖音的AI算法是定制化的，会针对不同的用户分别考量与之相类似的用户的特征，最终为其展示不同的个性化内容——同一个内容，可能在你眼里根本一文不值，但我会觉得很有价值——这种有针对性的精准定制化服务所带来的用户点击率和购买率，比传统的静态网站通常所使用的内容推送方法要好很多。

深度学习的能力非常强大，然而它并不是“包治百病”的灵丹妙药。

虽然深度学习拥有人类所缺乏的并行处理海量数据的“绝技”，但不具备人类在面对决策时独一无二的汲取过去的经验、使用抽象概念和常识的能力。

与人类相比，深度学习想要充分发挥作用，离不开海量的相关数据、单一领域的应用场景以及明确的目标函数，这三项缺一不可，如果缺少其中任何一项，深度学习将无用武之地。如果数据太少，AI算法就没有足够多的样本去洞察数据背后的模糊特征之间的有意义的关联；如果问题涉及多个领域，AI算法就无法周全考虑不同领域之间的关联，也无法获得足够的数据来覆盖跨领域多因素排列组合的所有可能性；如果目标函数太过宽泛，AI算法就缺乏明确的方向，以至于很难进一步优化模型的性能。

我们必须了解：AI“脑”（深度学习）和人的大脑是非常不一样的，从学习方法到擅长领域：

表1　人脑和AI“脑”的差别和擅长

| | 人脑 | AI“脑”（深度学习） |
| --- | --- | --- |
| 学习需要的数据 | 很少 | 海量 |
| 量化优化（例如从一百万张脸中匹配一张） | 不擅长 | 擅长 |
| 千人千面的个性化定制（例如推荐任何人最可能购买的产品） | 不擅长 | 擅长 |
| 抽象概念，分析推理，常识，洞见 | 擅长 | 不擅长 |
| 创造力 | 擅长 | 不擅长 |

## 深度学习在互联网和金融行业的应用

由于深度学习具有上述优缺点，互联网行业的领头企业成为AI技术的第一批受益者也就不足为奇了。脸书、亚马逊、阿里巴巴、腾讯等国内外大型互联网公司手中拥有最多的数据，这些数据通常会基于用户的行为（如用户是否点击或购买，或者在某一页面上的停留时长等）被自动打好标签，进而根据现有的用户行为来推动公司业务量（如营业收入或广告点击量）的最大化。这个流程打通后，互联网公司的应用程序或平台就变成了“印钞机”一般的存在，随着所积累的用户行为数据越来越多，公司会赚到越来越多的钱。这便解释了谷歌、脸书、亚马逊、阿里巴巴、字节跳动（旗下有抖音）之类的互联网巨头，在过去10年里市值不断攀升，最终成为领先的AI型公司的原因。

在互联网之外，深度学习触手可及的下一个行业是金融业。比如故事《一叶知命》所描述的保险公司，它具备同互联网公司相似的便利条件：拥有单一领域（保险业）海量的高质量数据，而且这些数据都与业务指标紧密相连。

正因为如此，基于AI的金融科技公司陆续出现，例如美国初创的保险公司Lemonade和中国的水滴公司等，它们使用户能够通过应用程序购买保险或申请贷款，并且在很短的时间内就能完成审核流程。这些使用AI技术的金融科技公司正在超越传统的实体金融公司，因为它们可以通过对海量数据进行学习，实现更好的财务成果（基于用户信用评级降低违约率）、更高效的即时交易（借助AI和应用程序），以及更低的成本（无须人工）。当然，传统金融公司也看到了AI的威力，它们在自己的各个内部流程中也使用了AI技术。至于最终的结果究竟是“传统公司＋AI”会成功，还是创业型AI公司会颠覆传统公司，我们拭目以待。

AI还有一个非常有趣的优势，就是数据越多越好，数据越多元化越好。通过不断搜集数据（包括那些让人类专家大跌眼镜的稀奇古怪的数据），AI可以做出更精确的判断，从而创造更多的利润。比如保险公司为了审核你的投保申请，其AI可以试着去了解你更喜欢买加工食品还是买蔬菜，更喜欢把时间花在手机游戏上还是花在健身房里，更愿意投资陌生网友推荐的股票还是投资对冲基金……所有这些信息都会成为证据，说明很多关于你的情况，包括你身为投保人的相对风险，而这些数据都可以通过你的手机应用程序来获取。

在故事《一叶知命》中，象头神保险公司会通过用户界面上的“金色小象”，时不时地向用户推送美妆、服饰、餐饮方面的打折信息、优惠券，以及投资建议。每当纳亚娜根据“金色小象”的推荐购买商品、阅读财务资讯、进行网络交友时，象头神保险公司都会收集到相应的数据，然后利用这些数据来优化自身的AI系统，向更加智能的方向发展。

以上过程，类似于腾讯汇聚我们在微商中留下的购物历史，在微信支付中留下的转账交易记录，在微信中的好友信息，以及我们的小程序使用习惯等，借此了解我们是什么样的人。在这些信息中，有的一看就是价值很高的，有的看起来价值一般，但是深度学习的强大之处就在于它可以在所有信息的特征中找到微妙的组合，对组合特征中丰富的有价值的信息做更深层的洞察，而这个过程是人类无法理解、无法做到的。

## 深度学习带来的问题

任何强大的技术都是一把双刃剑。比如电力可以为人类社会的日常设施提供动力，但如果人直接碰触电，就可能丧失性命。再如互联网让一切变得更加方便，但也大幅降低了人对事物的专注力。那么，深度学习在给人类带来便利的同时，又会带来什么问题呢？

第一个问题是，深度学习会使AI比你更了解你自己。虽然好处显而易见——AI可以向你推荐以前没有听说过的商品，可以精准地为你推荐伴侣或者朋友，但事情的另一面是，AI也会掌握你的缺点——你有没有过这样的经历：本来只想打开抖音看一个视频，却刷了3个小时还停不下来？在哔哩哔哩上无意中点击了一个鬼畜视频，然后就源源不断地接收到更多的鬼畜内容？某天晚上不小心在网络电台点播了一个恐怖故事，之后的每个深夜都会定时被恐怖故事惊扰？

奈飞平台2020年的高分纪录片《智能陷阱》就展现了AI个性化推荐如何让人们在无意识中被操纵，使AI应用程序背后的利益方达成目的。正如在纪录片中出镜的谷歌前产品设计师、设计伦理学家特里斯坦·哈里斯所说的那样，你在手机上的每次点击都会激活价值数十亿美元的超级计算机，它会根据从20亿用户的行为中学习到和提取到的经验，对准你的大脑，企图左右你的思维。对于用户来说，对个性化推荐上瘾的行为会导致恶性循环。AI应用程序为用户提供符合其特征的个性化推荐，使用户不断接收到其所偏好的信息，然后就不知不觉逐渐被困在“信息茧房”里，拒绝接收不符合其固有认知的异质信息。应用程序根据用户接收信息的行为特征，向用户推荐更多的其所偏好的同质信息，从而使用户陷入“乐此不疲”的快感，难以自拔，无法戒掉这些应用程序。这种机制对于用户来说是恶性循环，但对那些把这种机制当作印钞机的大型互联网公司来说，却是良性循环。

这部纪录片还提出了一种观点：如果人们对AI的个性化推荐上瘾，这类应用程序就可能缩窄人们的视野、扭曲事实的真相、加剧社会的分化，对人类的情绪、心理健康、幸福感等方面造成负面影响。

从技术层面来说，上述问题的关键在于目标函数的单一性，以及AI专注于优化单一目标函数所带来的不利的外部效应——如今，AI所训练的目标函数通常针对的是单一目标，例如赚钱（或者更多的点击量、广告），因此，AI有可能过度热衷于企业的目标绩效，而不考虑用户的福祉。

《一叶知命》中的象头神保险公司承诺尽量降低保费，由于保费的数额与投保人的重大疾病索赔概率高度相关，“金色小象”会给用户提供养生建议，让用户改善自己的健康状况。从表面来看，保险公司和投保人的目标似乎是一致的，然而在故事中，象头神保险公司的AI系统计算出“高种姓”的纳亚娜和“低种姓”的男生萨赫杰之间的恋爱关系会增加纳亚娜一家将来的保费，所以不断试图阻挠这对年轻人相恋。象头神保险公司的AI系统经过海量数据的训练，能够发现事物之间的因果关系，例如基于同一个目标函数，通过分析数据，发现吸烟会导致患病的风险升高，于是说服用户戒烟，这是好事情。但另一方面，AI系统还发现，和“低种姓”的萨赫杰在一起会拖累纳亚娜，这就导致了AI系统尝试残忍地拆散这对情侣，甚至可能因此而进一步加剧社会的不平等。

那么，如何才能解决这个问题呢？一种通用的方法是让AI的目标函数变得不再单一。例如既要降低保费，又要维护社会的公平；再如对于权衡用户花在社交网络上的时间这个问题，特里斯坦·哈里斯建议把“用户在社交网络上花费的有意义的时间”也作为衡量标准之一，而不是仅限于“用户在社交网络上停留的时长”，通过同时考量这两者，制定出混合型的复杂目标函数。AI专家斯图尔特·拉塞尔（Stuart Russell）提出了另一种解决方法，他主张在设计目标函数时需要考虑人类的福祉，并让人类更大程度地参与数据标注和目标函数的设计，比如我们能否建立关于“更大的人类利益”的目标函数——诸如“人类的幸福”之类的目标函数？能否让人类来定义和标注什么是幸福？这方面的尝试，将在第九章《幸福岛》中做详细的阐述。

所有这些方法，不仅需要对AI的复杂目标函数展开更加深入的研究，而且需要对“所花费的有意义的时间”“维护社会公平”“幸福”等概念进行量化。不过，这些方法会使企业的盈利变少，那么如何激励企业让步做正确的事情呢？一种方法是制定法规，对某些伤害人类福祉的行为给予处罚；另一种方法是对企业承担社会责任的行为进行评价，比如目前ESG[1]得到了越来越多的来自商业界的关注，或许负责任地使用AI也可以成为未来ESG的一部分，以鼓励企业的正面行为；还有一种方法是建立第三方监管机构，监督企业对技术是否有不当使用，例如追踪产品中出现虚假新闻的比例或AI算法导致歧视的诉讼案件数量，并向企业施压，要求企业把考虑用户的福祉纳入技术中；最后，特别困难但又特别有效的一种方法是，确保AI技术持有者的利益与每个用户的利益达成100%的一致（参见第九章《幸福岛》）。

深度学习所带来的第二个问题，就是会使不公平和偏见得以延续。AI完全基于数据优化和结果优化进行决策，理论上应该比大部分人更加不受偏见的影响，但是，其实AI也可能产生偏见。比如，倘若用于训练AI的数据不够充分、全面，对某些群体的覆盖率不足，那么就会产生偏见。曾经有一家著名公

---

1 即英文Environmental（环境）、Social（社会）和Governance（公司治理）的缩写。

司的招聘部门发现，因为训练样本中女性的数据不够，其所使用的AI软件不看好女性候选人。再如，倘若训练数据全部收集自一个有偏见的环境，那么数据本身就可能带有偏见。微软的Tay对话机器人和OpenAI的语言模型GPT-3，都生成过歧视少数群体的言论。

最近有研究表明，AI可以基于面部微表情精准地推断一个人的性取向，这种AI应用就可能导致不公平和偏见。这与《一叶知命》中萨赫杰所遭遇的情况类似，萨赫杰的“低种姓”并不是直接标注给AI系统的，而是AI系统通过历史数据和个人特征推断出来的。换句话说，萨赫杰并没有被直接贴上“达利特”的标签，但因为他的数据和特征与“达利特”高度相关，所以象头神保险公司的AI系统向纳亚娜发出警告，并且阻挠她与萨赫杰在一起。尽管这些偏见和歧视并非出于AI的本意，但是仍会造成极其严重的后果，而且如果把带有偏见的AI应用于医学诊断或者司法判定，那么其风险将无法想象。

因此，我们需要全力以赴应对AI的公平性问题和偏见问题。第一，使用AI的公司应该披露AI系统被用在哪里以及使用目的。第二，AI工程师应该接受一套职业道德准则的培训——类似医学生宣誓用的“希波克拉底誓言”。这样，工程师才能深刻地理解，他们所从事的职业使他们承担了把事关伦理道德的重要决策嵌入产品之中的任务，这是足以改变他人人生轨迹的事情，工程师有责任承诺维护用户的权益。第三，工程师使用的AI训练工具应该嵌入严格的测试机制，以对基于样本比例不公平的数据训练出来的计算模型发出警告或彻底禁止生成模型。第四，应该制定AI审计法。这与传统的财务审计或税务审计类似，AI公司被举报后，政府需要派遣专家对其进行审计。如果一家公司在AI的伦理道德或者公平性方面多次被投诉，它的AI算法就必须接受审计，以检查、确定其是否存在不公平、偏见或隐私保护方面的漏洞。

深度学习的第三个问题，就是它的不可解释性。人类总是能解释人类决策背后的原因，因为人类的决策过程本身比较简单，是基于经验积累得出的规则。可是，深度学习的决策基于复杂的方程组，这种方程组有数千个特征和数百万个参数，深度学习决策的“理由”，就是在一个有数千个维度的“空间”

里经过海量数据训练而得出的数学方程组，要把这个方程组精确地简化成一个人类可以听得懂的“原因”，基本上是不可能的。但是，无论是出于法律的考量，还是出于用户的期望，许多关键的AI决策都需要给出一个解释。为了解决这一问题，人们目前正在进行许多相关的研究，这些研究试图简化、总结AI复杂的逻辑过程，或者发明具有可解释性框架的AI算法，从而使AI变得更加“透明”。

上面所提到的这些深度学习所带来的问题，已经引起了公众对AI的严重不信任。不过，所有的新技术都有缺点，历史表明，许多技术的早期漏洞都将随着时间的推移而得到纠正或被彻底解决。大家可以回想一下，当年防止人类触电的断路器，还有查杀电脑病毒的杀毒软件，就是很好的例子。因此我相信，未来通过改进技术和完善政策法规，将会解决深度学习（乃至AI）所带来的大部分问题，比如不公平、偏见、不透明。然而重要的是，我们必须追随纳亚娜和萨赫杰的脚步——让人们意识到这些问题的严重性，然后动员人们为解决问题而努力。

# 02

# 假面神祇

本章的故事围绕西非尼日利亚的一个视频制作者展开，此人被招募来制作一段真假难辨的Deepfake（深度伪造）视频。如果他成功地做到瞒天过海，将引发灾难性的后果。在故事中的未来世界里，伪造者和鉴别者之间高精尖版“猫抓老鼠”的博弈史无前例地上演着。计算机视觉是AI的一个主要分支，它的目标是教会电脑“看懂”世界。自深度学习发明以来，我们在计算机视觉领域所取得的种种突破，一方面使得AI感知技术达到了空前的水平，另一方面也引起了世人对AI的重视。

在故事后的解读部分，我会为读者分析深度伪造及其背后的计算机视觉、生物识别、AI安全这三大相关技术，探讨从现在到未来在这几个领域可以期望的技术突破点在哪些方面，以及有哪些办法将可能帮助我们避免走入所有视觉影像都真假难分的死胡同。

真理与早晨随着时间的流逝变得光明。

——非洲谚语

1

电动轻轨缓缓驶入亚巴站台。还没等它停稳，阿玛卡就迫不及待地跳出了体味浓重的车厢。为了方便，在拉各斯大部分的轻轨车门都是自由开合的，轻轨的行驶速度自然也是慢得像瘸腿的老牛一样，但至少比堵成一锅木薯糊糊的地面交通要快多了。阿玛卡跟在一个老头身后穿过检票闸机。摄像头会通过人脸识别自动扣取乘车费用，但是它并没有识别出阿玛卡是一个活人，这多亏了他脸上戴着的面具。

这座西非第一大城市的常住人口数量，经常在2700万到3300万之间变化不定，具体是多少，完全取决于当局的统计口径。自从拉各斯在5年前开始限制外来人口流入之后，像阿玛卡这样没有固定职业的寻梦者，便只能在街头、天桥下、农贸市场或者车站里寻找暂时的栖身之地。他见过许多的无家可归者，他们无家可归的原因各不相同，有的是因为棚屋被强拆了（为了建设新的商业中心），有的是因为在东北部地区受极端组织频繁袭扰不得不背井离乡，但更多的只是因为贫穷。为保持尼日利亚令人惊叹的活力（国民年龄中位数仅为21岁），他们不遗余力地繁衍后代，但并没有从尼日利亚这个非洲第一人口大国的崛起中分到一杯羹。

亚巴被称为西非的硅谷。与拉各斯的其他区不同，这里秩序井然，空气清新。行人会通过身体动作激活广告牌上的卡通动物，并用手势与之互动。清洁机器人扫描街道上的垃圾，将它们收集、分类后汇总到回收中心，变成可再生材料或生物燃料。由竹纤维织成的建筑物外立面和服装是新的潮流，象征着科技企业实现碳中和的决心。阿玛卡举着smartstream，通过XR功能在街景上叠加的一条虚拟路线，他终于在一座不起眼的灰色建筑物的三层找到了这家名为“列里”的公司。

两天前，他收到一条神秘讯息，说有份工作适合他，但必须现场面试。

前台的接待员善意地提醒阿玛卡取下面具，进行身份信息核对。男孩略带紧张地把面孔暴露在镜头前。父辈们把面具奉为神圣节日仪式的一部分，如今面具却变成了年轻人标榜性格的新时尚。他戴的粗糙面具是3D打印的，和摩洛哥市场上高价卖给游客的精致手工艺品无法相提并论。它的表面喷涂着类似于安珂蛱蝶翅膀花纹的图案，能够对抗一般摄像头的人脸识别算法，让阿玛卡在AI眼中变成一个“无脸人”。这为他省下了不少钱，更重要的是，避免了被警方驱逐的麻烦，毕竟眼下他还没有合法居留身份。

阿玛卡被带到一间会议室里。他僵硬地坐着，脑海中盘算着被问到工作经验时该如何回答。他没有太多选择，只能撒谎。

过了10分钟，面试官并没有出现，投影墙却开始播放一段他再熟悉不过的监控视频。

午夜。灯光昏黄。一座高架桥下零散地躺着几名无家可归者。一个男孩从画面中的阴影处走出，在一名熟睡者身旁站了许久。画面放大，那竟然是一个白人男孩，不过五六岁的样子，穿着条纹睡衣，脸上毫无表情。熟睡者忽然惊醒，发现了男孩，便询问他的名字和住处。男孩摇晃着身体，听不清在说些什么，突然男孩的面孔一变，露出利齿朝那人的颈部咬去。被咬者大叫，惊醒其他人，男孩带着满口鲜血逃离现场。

这段名为《白人吸血鬼男孩袭击拉各斯无家可归者》的视频，在24小时内的点击量便达到了数百万次。之后，平台鉴定其为伪造，根据相关法规全网删除，上传用户“Enitan0231”的账号遭到封禁，该用户的所有广告收入也被冻结。

“干得漂亮！把电影画面、群众演员和实景拍摄结合得天衣无缝。难以相信这竟然是在伊凯贾的地下网吧里做出来的。”一个男性的声音在会议室里响起，带着浓重的伊博口音。

“你是谁？想要干什么？”阿玛卡起身，警惕地望向四周。

“放松点，你可以叫我齐。难道你不想要一份工作吗？你有多久没吃一顿饱饭了？”

阿玛卡重新坐下。齐说得对，没有居留证，他没法找到工作，那些靠出卖体力的活儿甚至更脏的活儿又轮不到自己。他已经走投无路。

“为什么是我？”

“你很有天赋，想要靠技术在尼莱坞出人头地，成为一名货真价实的电影人，不然也不会来到拉各斯。更重要的是，我们需要一个信得过的人，一个自己人。”

阿玛卡知道这句话背后的意思。尼日利亚有250个民族，这些民族有着不同的语言和文化，其中许多民族彼此敌对的历史长达数百年。拉各斯是约鲁巴人占据绝对主流地位的城市，而阿玛卡是来自东南省份的伊博人。约鲁巴和伊博族分别是尼日利亚第二大和第三大民族，近年来围绕利益和权力分配多有冲突。他不得不隐瞒自己的口音和身份，以避免不必要的麻烦。

“你要我做什么？”

“你最擅长的事情……伪造一段视频。”

“我猜，这肯定不是合法的。”

“这取决于你是否被系统抓住破绽。”

“哈！”阿玛卡像是听见了什么笑话，“你也看到了，靠我现在的工具和免费算力，撑不过24小时。”

“我们会提供所需的一切。”

阿玛卡眯起眼睛，鼻翼翕张，像是在嗅这份工作背后的危险气息。

“如果我拒绝呢？你会杀了我吗？”

“比那更糟。”

墙上出现了另一段视频，像是在夜店的私密舞池里。镜头从天花板的某个角落俯瞰整个房间，几个男孩赤裸着上身，正在闪烁的激光束中贴身热舞。镜头拉近，阿玛卡认出了自己的面孔，他和身前的一个脸颊上闪烁着粉色荧光的男孩疯狂舌吻，然后又扭过头去吻背后的另一个爆炸头男孩。视频定格在这一幕，3张面孔像交叠的杧果树叶难分彼此。

阿玛卡面无表情地盯着画面。过了一会儿，他露齿微笑。前台的面部扫描提供了伪造视频的素材，而在社交媒体上的六个点赞就能暴露一个人的性取向。

“也许那确实是我的脸，可脖子却不是我的。”阿玛卡掀开连衣帽，露出从右耳下方斜跨到左侧锁骨的粉色疤痕，那是一次反抗街头抢劫留下的纪念。他说：“何况这里是拉各斯，这根本算不了什么。”

“在拉各斯的确算不了什么，可这段视频能让你坐牢。想想你的家人。”齐的声音带着一丝同情。

阿玛卡陷入沉默。这源于尼日利亚社会对性少数群体根深蒂固的偏见。违反该法案者，就算不被判刑，也将面临漫长的诉讼过程以及那些腐败警察的勒索。

他不敢想象自己的家庭将承受多大的压力，尤其是一直对他寄予厚望的父亲。哪怕这个视频不是真的。

男孩咬了咬嘴唇，把帽子重新拉过头顶，这让他感到安全：“我要一笔预付款，加密货币。还有，目标信息越详细越好，我不想浪费时间查资料。”

“你说了算，小鸟恩扎[1]。至于目标，你不可能错过他的……”

阿玛卡看着墙上浮现出的人像，脸上露出见了鬼一般的表情。

---

1　在伊博族的传说里，恩扎（Nza）是一种小而凶猛的鸟，食量很大，象征着获得财富。

＊＊＊

约鲁巴人习惯把拉各斯叫作埃科，意思是“农园”。受赤道季风性气候的影响，每年6月的拉各斯最为凉爽，雨量也最充沛。阿玛卡躺在廉价旅店的床上，戴着XR眼镜，听着窗外滴答的雨声，烦躁不安地摆弄着新机器——一台暗绿色的Illumiware Mark-V。

这项新工作和他以前那些小打小闹完全不同。

阿玛卡最经常玩的把戏，是在交友网站上伪装成富家小姐。先从网络上抓取视频素材，主角最好穿着色彩明艳的V领布巴上衣和伊罗长裙，头上包裹着盖勒头巾，经典的约鲁巴风格。背景一般是卧室，光照稳定；主角最好表情丰富、夸张，以便AI能提取出足够多的静帧图像作为对象数据集。除此之外，还有阿玛卡用smartstream拍摄自己的脸部（不同角度、光照和表情）自动生成的数据集。

接下来把数据集上传到云端，以超对抗性生成网络（Hyper-Generative Adversarial Network，H-GAN）的方式训练模型。训练时间从几小时到几天不等，取决于对分辨率及细节的要求，当然也要考虑算力成本。最后得到一个DeepMask模型，将这副算法“面具”应用在任何以阿玛卡或那位富家小姐为主角的视频上，便可以实现肉眼无法分辨的换脸效果。

如果网速足够快，还可以实时换脸，乐趣更多，但也需要付出更多的额外劳动。比如将英语或伊博语实时翻译成约鲁巴语，用TransVoice和Lipsync开源工具包合成语音和与之相匹配的嘴唇动作，替换视频中相应的部分。但这会面临一定的风险，如果对方使用了付费版本的防伪检测器，视频中的异常区域就会变红并发出警告。那样，阿玛卡的所有心血就付诸东流了。

20年前的Deepfake技术还很脆弱，一旦网速波动，或者表情过度夸张、头部动作幅度过大，都会导致脸部边缘模糊、有伪影，唇形与语音不同步。哪怕只有0.05秒的错位，经过千万年进化的人类大脑也会响起警报——“这张脸看起来不太对劲。”但现在的DeepMask，其逼真程度已经超出了人类肉眼的分辨力极限。现在，防伪检测器成了保障网络安全的一项标准配置，在欧美、亚洲等地已被写入信息安全法，但在尼日利亚，只有主流内容平台和政府网站才要求配备。

原因很简单。过于严苛的防伪检测器设置会消耗大量算力成本，同时让视频加载速度变得缓慢，影响用户体验。一般来说，政府网站和官方新闻网站数据流量有限，其防伪检测器会采用最高级别的设置。而一般的社交网站和视频平台，则会针对当下最流行的伪造算法进行精确打击，其防伪级别会根据内容传播的数据量动态调整，数据量越大，检测越严苛。

每次视频约会结束后，阿玛卡都会静静地坐在黑暗中。腐烂的食物和泥土散发的味道混杂在一起，附着在质地粗糙的再生材料衣服上，让他感到很真实。他会反复回味那些男孩的细微表情和甜言蜜语。那些都不属于他，而是属于长着同样面孔的另一个约鲁巴女孩。阿玛卡曾尝试把那个女孩想象成失散多年，在异族长大的孪生妹妹。可是，他心底却无比清楚，双胞胎只有在约鲁巴人的传统中才会受到重视，而在伊博人看来却是冒犯大地之母的禁忌。

占卜师在阿玛卡出生之时就告诉他的父亲，这具男性婴孩的身体中，困着一个转世投胎的女性灵魂。这是整个家族的耻辱，和那个中性名字一起，伴随他度过了整个童年。这也是阿玛卡离开家乡来到拉各斯的原因。他身体里的女性灵魂，会因为其他男孩无意中的触碰而战栗，但他知道，自己永远无法在现实中面对那些男孩。

使用DeepMask的次数越多，阿玛卡就越难以摆脱这副面具，越难以让自己的情感和想法自由流淌。他既不能变成真正的约鲁巴女孩，也无法回到伊博人中间。就像不断转生、死去又重返人间的灵童，作为一条卡在轮回之网里的鱼，无论被叫作阿比库还是奥班杰，都需要忍受永无止境的痛苦。

这次任务是阿玛卡逃出轮回的唯一机会。他或者赚到足够的钱实现心愿，或者彻底完蛋。可眼下，他却遇到了棘手的难题。

一阵有节奏的敲门声打断了他，是好心的房东大妈奥齐奥玛，她带来了一盆切好的柯拉果种子。奥齐奥玛是20年前移居拉各斯的伊博人，虽然她已经完全融入了异族社会，但还是一下子听出了阿玛卡的口音。

“在我老家，只有男人才有资格切开柯拉果。”阿玛卡咀嚼着浅咖啡色的果实，熟悉的苦涩在口中蔓延开来。

“所以我才搬到这里。”奥齐奥玛大笑，“不管叫它‘奥比’还是‘奥吉’，只要一吃，难题自然解开。”

“Ndewo[1]，老人说的总是对的。”阿玛卡想把门关上，却被房东的手拦住，她指着机器屏幕上定格的那个头像，眼露忧虑的神色。

“你和他没有关系吧？我是说，他是个好人，可是……我不想有麻烦，你懂的。”

阿玛卡故作轻松地笑笑：“只是碰巧看到这条新闻，我还想拿到居留证呢。”

“好孩子。愿上帝保佑他，不管他是站在哪一边的。”奥齐奥玛的脸消失了。

阿玛卡松了口气，跳上床，那张脸正在盯着他。

这是一张充满力量的面孔。额头和脸颊上涂抹着象征部落精神的白色颜料，双眼中仿佛能够喷射出火焰，双唇微张，似笑非笑，像是有一番新的言辞正在酝酿之中，即将掀起风暴。

这张脸的主人，传奇的非洲敲击乐之父，尼日利亚的民主战士，音乐人费拉·阿尼库拉波·库蒂，已经去世44年了。

1　伊博语，意为“谢谢”。

* * *

阿玛卡遇到的难题是，如何让假的变得更假。

这个盗用面孔假冒费拉·库蒂的虚拟人自称“FAKA”，也就是“Fela Anikulapo Kuti Avatar”[1]的缩写。一开始所有人都以为这是个玩笑。因为众所周知，真正的费拉·库蒂死于1997年。视频内容主要是针砭当下时政，换脸的效果又非常粗糙，不可能误导观众以为费拉·库蒂真的说了那些话。因此被内容平台归为“讽刺”或“模仿”类，而不是必须被删除、封禁的虚假内容。

然而，FAKA的影响力如滚雪球般越来越大，数百万的追随者变得愈发狂热，在网络上组建加密讨论组，分享相关视频并自发扩散。视频被AI翻译成不同民族的语言，加以配音和口型合成，对于文化程度不高的边缘群体更具感染力。后来，费拉·库蒂基金会甚至主动站出来，表示愿意将费拉·库蒂肖像的使用权无偿授予幕后的神秘组织。

没有人知道这一切是谁干的。视频初始信息经过加密，上传账号是一次性的，服务器地址经过多次跳转。各种阴谋论甚嚣尘上，许多人认为这是极端组织或境外势力所为，目的是动摇当前民主政府的统治基础。

但是阿玛卡的雇主列里公司并不这么认为。列里公司不过是伪装的外壳，其实它就是地下极端民族主义组织“伊博荣耀”，齐只是台前代表。列里公司分析了FAKA的所有视频内容后得出结论，在FAKA背后的，恰恰是国内的约鲁巴极端民族主义势力，其目的是有步骤地影响民众心智，进而操纵舆论与政策风向，打压其他民族——尤其是伊博族的经济利益与政治权力。

核心事件便是FAKA呼吁把在伊博人的土地上新发现的大型稀土矿床作为“全尼日利亚人的共同财产”，由中央政府监管和直接开发。这样的

---

1 意为“费拉·阿尼库拉波·库蒂的化身”。

事情在历史上发生过许多次，伊博人的土地盛产石油，但伊博人却并没有享受到由此带来的发展红利。更多时候，伊博人觉得自己就是这个国家身上的蜥蜴尾巴，割了长，长了割，没人管你疼不疼、流不流血。

这一次，他们不愿意再逆来顺受了。阿玛卡的任务便是其中的一个关键环节——通过伪造FAKA的视频内容扰乱舆论方向，就像在池塘里不停地搅起泥沙，让鱼群惊慌逃散。

这在技术上并不难，阿玛卡用H-GAN镜像了一张FAKA的脸，从眨眼频率到唇部动作，甚至包括嘴部与头部不自然地分离，都完全是像素级的复刻。他并不在乎面具背后那个真实的操纵者到底是谁，他只需要做到数学上的完美映射，便足以骗过防伪检测器和所有人类的肉眼。

难的在于FAKA嘴里说出的话。阿玛卡看完了所有的视频，这些话涉及多元社会议题、复杂的政治立场和价值观判断，还不时引用费拉·库蒂生前的名言和民间俗语。作为年轻一代的尼日利亚人，阿玛卡很多时候也不确定自己是否完全理解了这些话的意思，更不用说去模仿了。

FAKA说尼日利亚需要一种超越民族的新语言，“要把我们思想和词语中的那些白色毒液清除干净”。

FAKA说尼日利亚的母亲是“至高无上的、受苦最深的人”，她们用自己的双手“迎接过多少孩子的降生，又埋葬过多少孩子的死亡”。

FAKA说“音乐是未来的武器”，只有让教育和财富“像鼓点一样在空气中均匀播撒，人们的心脏才能按照同一个节奏跳动”。

……

这些诗歌般的句子敲击着阿玛卡的心扉，像一粒粒冰雹落入久已干涸的土地，悄无声息地融化成水滋养万物。那是他早已丢弃在拉各斯街头的希望。

可眼下，他需要的并不是认同感，而是伪造出可信的FAKA演讲词。

齐却不以为然：“就让他胡说八道好了，这正是我们想要达到的目的，人们会对他们的偶像产生怀疑，共识会分崩离析。很好！非常好！”

“也许人们并不像你想象的那么蠢。他们会发现真相，然后变得更加团结，把愤怒的矛头指向伪造者。”

“但FAKA本来就是假的，不是吗？”

“给人们的希望可不是假的。”

“我只是提醒你，时间不多了。有消息说FAKA会参加下届总统竞选。”

“虚拟人有资格吗？”这回轮到阿玛卡惊讶了。

“在这片神奇的土地上，你永远不知道会发生什么。”

* * *

一场盛大的游行在街头上演。阿玛卡躲在旅店的公共阳台上，远远地看着那些赤裸着上身的男孩如尘土一样在阳光下起舞。他们像费拉·库蒂一样在脸上涂了白色颜料，背部黑色油亮的肌肉如鲇鱼般突突跳动。他们的手臂时而高举过头顶，时而齐齐地伸向前方，并抖动手掌，仿佛在施展某种看不见的魔法。

各个民族的乐器和谐地共振着。阿玛卡能分辨出约鲁巴人尖锐的巴塔鼓和低沉的阿罗鼓，也有来自伊博人的铁质手铃奥根尼和悠扬灵动的奥皮笛子。空气颤动着，像一张拉开的弓渐渐绷紧。男孩们仿佛雨季里木薯的嫩芽，随着鼓点的节奏不断改变动作。他们如此整齐划一，仿佛他们的灵魂是相通的。没有一个人落单，正如他们口中不断重复的口号“一个尼日利亚”（One Nigeria）一样。这个口号，也是FAKA的竞选口号。

阿玛卡心情复杂。他羡慕他们，想要加入他们，可心底有一种像叛徒害怕被揭穿时的恐惧在阻止他。齐要求的最后期限马上就要到了，阿玛卡却发现这是一件根本不可能完成的任务。

根本不存在一个整合的FAKA虚拟人格。它的幕后团队利用内容平台的智能标签系统，向不同用户推送不同的视频，从议题、口号、语气到动作，都会做出相应的微调，就像广告公司一直在干的那样。

这已经远远超出了阿玛卡的能力范围。不知为何，这让他松了一口气，不过他必须面对接下来的严重后果。

“你怎么不去？”奥齐奥玛靠在阳台的铁栏杆上，抽着伦敦牌香烟。

“我……不太会跳舞。”阿玛卡勉强地笑了笑。他没有说谎，从小到大，因为跟不上男孩们的步点和动作，他一直遭到嘲笑，只能被驱逐到女孩的队伍里去。

“我可是我们村的舞会皇后。”奥齐奥玛嘴角轻扬，“不是吹嘘，男孩们看到我跳阿蒂洛格武舞时，看得眼睛都发直了。可我老爹就是不让我去跳舞。他说只要我跳一次就打一次，直到把我的腿打断为止。”

“后来呢？你听他的话吗？”

奥齐奥玛大笑起来：“哪个孩子会听父母的话……不过我倒是找到了一个办法，能够让我把舞顺利跳完。”

“什么办法？”阿玛卡好奇地问。

“每次跳舞我都戴上Agbogho Mmuo的面具。”

“什么？”阿玛卡惊呆了，他知道那是北部伊博人最有名的面具，代表死去少女的灵魂，也象征着至高无上的母亲。

“没错。我父亲当时也是这副表情。可他还是得行礼，表示对面具的尊敬。等到我跳完舞，摘下面具回到家后，他再把我痛打一顿。”奥齐奥玛面露得意的神色，好像变回了当年的少女。

这个故事触动了阿玛卡。他眉头紧锁，努力抓住思绪中的那条滑溜溜的鱼。

“面具……”

“没错，孩子。那是我所有力量的源头。”

“摘下面具？摘下……摘下面具！”阿玛卡突然跳了起来，在奥齐奥玛脸颊上亲了一口，“谢谢你，我的舞会皇后！”

阳台上只剩下奥齐奥玛在喧闹的鼓声中一脸茫然。

阿玛卡回到他的机器旁，他被自己的想法激动着。他告诉齐，要想让

FAKA的信徒们抛弃自己的偶像，除伪造谎言放进他的嘴里外，更有力的莫过于揭下面具，让背后操纵傀儡的人暴露在聚光灯下。

“可是……没人知道背后究竟是谁。”

“这正是方便我们下手之处。”阿玛卡兴奋不已，“你还不明白吗，那可以是任何人，想想看！”

“你是说……”

“我可以让FAKA摘下面具，变成任何一个你想让他变成的人。”

屏幕那头的齐沉默了好一会儿，似乎在努力理解这句话背后的含义。

“你真他妈的是一个天才！”齐终于明白了。

“谢谢。”

“等等，那意味着你需要伪造一张真实存在的脸。”

“没错。”

“需要通过防伪检测器的所有检测，包括色彩失真、噪点模式、压缩率变化、眨眼频率、生物信号……你能做到吗？”

“我需要时间……和不受限制的云端算力。”

“等我消息。”

屏幕暗了下来，像镜子般映出阿玛卡的脸。兴奋退去后，那张脸上留下的却只有疲惫和不安，就像他真的背叛了某个守护神。

* * *

一切都关乎成本，无论是造假还是打假。

如果不考虑所耗费的时间与算力资源，理论上，任何人都可以伪造出完美的图像或视频，可以骗过所有的防伪检测器，直到对方训练出下一个更强大的版本。

这是一场永无休止的矛与盾之战，因此聪明的策略就变得尤其重要。

阿玛卡对自己所要面临的考验了如指掌。他将所有的精力集中在了一件事上，它就是矛头，它必须能一举刺透最坚硬的盾牌。

齐想让FAKA在摘下费拉·库蒂的数字面具后，露出雷波的胖脸。雷波是臭名昭著的约鲁巴激进主义政治家，向来以攻击和贬低其他民族为己任，甚至不惜捏造各种虚假信息。可以说，雷波是站在“一个尼日利亚”对立面的头号公敌。这样一来，FAKA追随者的信心便会崩塌。

这也意味着这段视频将被播放和转发数百万次，触发最严格的防伪检测机制，包括传说中最难通过的VIP检测器。

所谓VIP检测器，针对的正是那些流量最大的意见领袖——政要、官员、明星、运动员、知名作家……为了防止这些赛博空间里的超级节点遭到仿冒，对现实秩序造成巨大破坏，网站不得不采用融合了多种信号的检测器算法。这些算法包括但不局限于超高分辨率的面部识别，结合传感器和人体工程学的步态识别、手/指几何学识别和体态识别，涉及语音、语义及情感计算的说者识别，从真实视频中采集生物信号进行脉搏识别，等等。

所有这些数据均来自真实的名人，交给H-GAN进行深度学习，在不断与伪造者升级对抗后得到近乎完美的模型，再融入一个更大的监测系统以发挥作用。VIP检测器甚至会将一个人的病史档案作为数据参照，前提是这个人足够重要。雷波毫无疑问就是这样的超级VIP。

对于阿玛卡来说，一旦知道了渔网是如何织成的，也就知道了如何利用纵横交错的网线中间的空隙。无论空间多么狭小，漏网之鱼都能找到机会。

单一的GAN模型无法生成如此复杂、精细的伪造视频。阿玛卡就像那位把尸体碎块拼凑成崭新生命体的弗兰肯斯坦博士，以雷波的一段真实视频为基础，再将由H-GAN分别生成的新面孔、嘴唇、手指、声音……用AI一层层精细地缝合上去。这样做的好处是，所有的步态、手势和体态都来自雷波本人，大大降低了被防伪检测器判断为伪造的风险，也减少了计算量。

一面立体的工作墙在阿玛卡的XR视野中展开，他挥舞双手，用手势移动、放大、缩小飘浮在空中的图标和素材，把自己想象成一个施展魔法的巫师。但在别人看来，他更像一个正在烹饪一桌大餐的星级厨师。

阿玛卡熟练地为不同的视频素材挑选最合适的开源软件（就像把食材放进不同的厨具一样），再调整参数、模型、训练算法（就像加调味料和把控火候），然后放到算力强大的云端AI上进行“烹制”。每组视频素材经过机器学习后生成一系列缩略图，在虚拟的墙面上无限延展开去，就像一条挂满了雷波身体不同部位海报的长廊。

在这面工作墙的背后，是在云端进行的一场无声激战。战果被可视化地呈现为每条海报长廊下方的一条蓝色曲线，它如下坡的过山车般快速下降，这代表着视频的损失函数不断降低。这条曲线越接近X轴，就意味着生成的视频越逼真。

阿玛卡用软件不断调整参数、迭代模型。每一次，都可以看到那条蓝色曲线进一步下降，无限逼近X轴。他就像一个细细品尝菜肴的大厨，不仅要顾及每一道菜的色香味，更要考虑整桌菜的搭配次序和整体感，以确保最终合成视频的效果。

他的精神像猴面包树般不可动摇，他的目光聚焦在无数看起来只有细微差别的画面上。五彩斑斓的像素点几乎要刺瞎他的双眼，汗水在额头上凝结、滑下，不停地从鼻尖滴落，却丝毫没有影响阿玛卡灵活挥舞的手指。

任务几乎就要完成了。这时，一个声音在他耳边响起，如同无法转世的灵童奥班杰一样扰乱了他的心神。

那个声音反复说道：“你在亲手杀死一个神祇……”

*他不是我的神。他是一个约鲁巴人。*

阿玛卡反复告诫自己，强迫自己把注意力集中到工作上，直到他面露惊喜。数据显示，他一整晚的努力没有白费，伪造视频成功地骗过了最强悍的模拟检测器。他终于支撑不住了，像一条被丢到沙滩上的鱼，往床上一倒，很快陷入沉沉昏睡。

半夜，阿玛卡听见有人幽幽地呼唤着自己的名字。他勉强睁开眼睛，看到一个黑影站在床尾。他惊恐地伸手去开灯，却怎么也摸不到开关。那个黑影已经来到身旁，长着一张FAKA的脸，带着不真实的电子荧光和粗糙像素，正在冲着阿玛卡笑。

“你、你想干什么？”

“别害怕，我的孩子。我听到了你的召唤，所以来看看你。”

“我没有……我不是故意要伤害你的……”阿玛卡的声音颤抖着。

FAKA大笑起来，发出豹子般的呼吸声。

“没人能伤害我，孩子。你不能，他们也不能。”

“他们？”

“那些企图杀死尼日利亚未来的人。那些把神灵叫作齐内克、奥洛伦、阿巴斯甚至更多名字的人。那些引诱你走入黑夜丛林的人。”

“我很抱歉……可我没有别的选择。”

“你当然有，我的孩子。你可以去尼莱坞，去讲述真正的尼日利亚故事。”

这句话戳中了阿玛卡的心事。他一直想要讲一个自己的故事，一个在现实与传统夹缝中挣扎的伊博族男孩的故事。

“我的守护神抛弃了我，因为我生活在约鲁巴人的土地上……”

“没有那回事！”FAKA突然打断了阿玛卡，那口气听起来竟然有几分熟悉，“还记得你小时候我跟你说过的话吗……”

“我小时候？”

“我教你认各种鸟儿的名字，用什么树枝做弹弓力气最大，用象草做成笛子……你难道都忘了吗？”

“不可能，那都是我的父亲……”阿玛卡突然停下，瞪大了眼睛。

“是的，我的孩子。还记得我跟你说过的吗，伊博人有一句格言——一个人说是，他的守护神也只能说是。只有人抛弃自己的神，神永远不会抛弃人。”

“可是父亲，我不想让你失望。”阿玛卡想起了齐的威胁，那将摧毁整个家庭。

“阿玛卡，有一件事我一直没有告诉你。”

“什么？”

“我并不在乎占卜师说的话。我不在乎我孩子的身体里藏着谁的灵魂，不在乎那灵魂是男是女。只要我的孩子快乐、善良、敬畏神灵，就足够了。”

“父亲……”阿玛卡伸出手，想去摘掉那副面具，他想念父亲粗糙的脸。

“阿玛卡，去看看‘新非洲神社’里供奉的那些神祇。我相信你足够聪明，能够做出正确的选择。然后，回来看看我。”

就在阿玛卡即将触及那张闪烁不止的像素面孔时，FAKA突然消失了。阿玛卡从睡梦中惊醒，床头的灯还亮着。那台暗绿色的Illumiware Mark-V的屏幕上正显示着一张熟悉的笑脸。

* * *

新非洲神社坐落在伊凯贾区，看上去像满是涂鸦之作的破旧厂棚。里面能够容纳2000人。每到周末，这里都会举办小型音乐会，都会摆满生意火爆的餐饮摊档。原先由费拉·库蒂创办的位于帝国酒店的“非洲神社”俱乐部，在1977年被警方焚毁；新非洲神社是他儿子费米为了纪念父亲，在2000年重新修建的。

阿玛卡来过这里许多次。和附近社区的年轻人一样，他来这里不仅是为了吃吃喝喝、歌舞派对，更是为了朝圣，似乎在这里能够对接半个世纪前的某种反叛精神。在这里，人们仿佛可以抛开民族与阶层的纷争，真正团结起来，然后喝个酩酊大醉。

今天，他是来告别的。

舞台上方供奉着黑皮肤的神祇：克瓦米·恩克鲁玛、马丁·路德·金、马尔科姆·X、托马斯·桑卡拉、纳尔逊·曼德拉、钦努阿·阿契贝、沃莱·索因卡、埃丝特·伊班加……这些伟大的灵魂都曾用自己的全部生命来捍卫人民的自由、民主与平等。在表演中，表演者经常会停下来，以传统的沉默方式祭拜先人，这已经成为一种标志性的仪式。

阿玛卡默默地把那些面孔牢记在脑海里，祈祷这些神祇守护自己。

他要离开拉各斯，回到自己的家乡，向父亲坦白一切。至于未来做什么，他还没有想好。也许使用GANs的好手艺能帮他找到一份正经工作，不用再去伪造什么，而是真正地帮助一些人：给医疗AI的训练数据集换脸以保护隐私，同时保留患者的面部病征；或者给老旧的黑白影片上色、提高分辨率，甚至修改演员嘴形以配合不同的语言；或者通过图像快速评估水果和农产品质量；或者一些他不太敢去想的事情，比如拍一部真正的尼莱坞电影。

Smartstream发出一声清脆的金币声，阿玛卡低头查看。齐承诺的报酬到账了。这也意味着那段足以乱真的视频正在网络上以核爆的速度传播开了，冲击着数百万FAKA追随者的信念。

历史上，由AI伪造的视频曾引发加蓬共和国兵变和马来西亚政坛风暴。阿玛卡不敢想象他伪造的视频将给尼日利亚带来什么后果，但他已经做出了自己的选择。

阿玛卡站在舞台正前方，面向高高在上的费拉·库蒂的黑白肖像，双手举过头顶，伸向前方，像是在连接神祇的力量。

“我将成为自己命运的主人，并决定死神何时带走我。”

这句带有魔力的咒语从男孩口中说出，它是费拉·库蒂对自己起的中间名“Anikulapo”的解释，“Anikulapo”在约鲁巴语中意为“我把死神装在口袋里”。

阿玛卡在smartstream上输入指令，然后随手将它丢进垃圾桶。他重新戴上那副粗糙的3D打印面具，希望在齐发觉这一切之前，逃得越远越好。

他将远离这座到处写满“Eko o ni baje”[1]的巨大城市，回到充满泥土芳香的家。

他选择通过制造谎言来消除谎言。

第二段用DeepMask伪造的视频已经上传到了网络上，即将引爆。与第一段视频的不同之处在于，当FAKA摘下数字面具，露出雷波那张能够通过所有防伪检测的完美面孔之后，他将继续摘下自己的面具，一层又一层的面具，无穷无尽的面具。

尼日利亚人将会惊奇地发现，它们正是新非洲神社里供奉的那些神祇的脸。

---

1 约鲁巴语，意为“禁止破坏”。

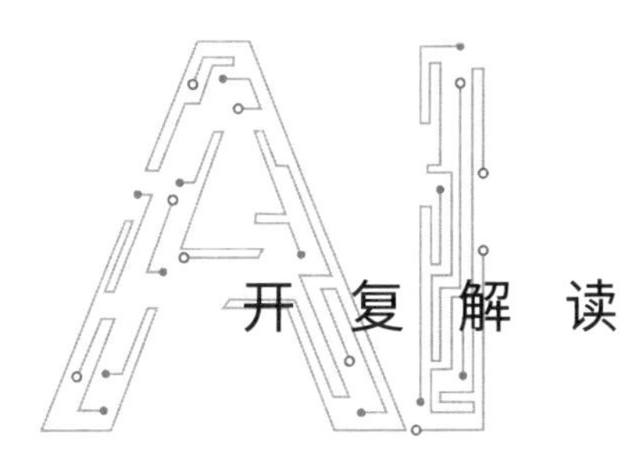

## 开复解读

《假面神祇》讲述了一个利用技术手段欺骗人类视觉的故事。

如果AI不仅可以看见、识别物体，还能对其加以理解及合成，那么就可以巧妙利用这些能力，创造出让人们无法分辨真伪的图像和视频。在《假面神祇》所描绘的未来中，人们再也无法单纯依靠肉眼来辨别一段视频究竟是实地拍摄的，还是利用技术手段伪造的，为此，政府不得不出台相关法律，要求网站和App安装防伪检测器（类似于如今的杀毒软件），以保护用户权益免受伪造视频的侵害。在这样的大环境下，深度伪造（Deepfake）攻守双方的拉锯战就将演变成一场军备竞赛——拥有更多算力的一方会获得最终的胜利。

上述情况在2042年之前就会在发达国家出现，因为发达国家在大约10年内就能部署昂贵的计算机来防御Deepfake，也有足够好的复杂工具和AI专家来进行防御，进而率先实施相关的反Deepfake法案。而较落后的国家，如尼日利亚，可能到2042年左右才会碰到Deepfake的攻守拉锯战。

那么，AI是如何（通过摄像头和预先录制好的视频）掌握“看”这项能力的？一旦能看，将出现什么样的应用？基于AI的Deepfake究竟是如何实现的？人类或AI能够看穿Deepfake的真面目吗？社交网络是否将被假视频占领？人与人之间的信任会因此而被粉碎吗？怎样才能阻止Deepfake的滥用？AI技术还存在哪些安全漏洞？Deepfake背后的技术难道就不能给人类带来好处吗？

我们将在下面就这些问题展开讨论。

## 什么是计算机视觉技术

通过《一叶知命》这个故事，我们看到了深度学习技术在互联网及金融等大数据应用领域的巨大潜力，已经不会对AI在大数据的应用领域超越人类感到惊讶了。那么在人类所特有的能力方面，例如感知，AI的表现又会如何呢？

在人的六感之中，视觉是最重要的。计算机视觉（Computer Vision，CV）是AI的技术分支之一，主要研究如何让计算机拥有“看”的能力。这里的“看”不仅意味着看到并捕捉一段视频或图片，而且意味着能够分析并理解图像序列的内容和含义。

由简单到复杂，计算机视觉技术包括以下从简单到复杂的功能。

※ 图像采集和处理——使用摄像头及其他类型的传感器采集真实世界中的三维场景，将其转化为视频。每段视频就是一系列的图像，而每个图像都是一个二维矩阵，矩阵里的每个点都代表人所能看到的颜色（这个点也就是所谓的“像素”）。

※ 目标检测和图像分割——把图像划分为若干个不同区域和物体。

※ 目标识别——对物体进行识别（例如识别出一只狗），并在此基础上掌握更多的细节特征（例如确认该狗为德国牧羊犬、深棕色等）。

※ 目标追踪——在视频中定位和跟踪物体。

※ 动作识别——对动作和手势进行识别，如Xbox体感游戏中的舞蹈动作。

※ 场景理解——对一个完整的场景（例如一只饥饿的狗正在盯着一根骨

头）进行分析并理解，掌握其中复杂而微妙的关系。

故事中的阿玛卡为了让FAKA摘下面具露出雷波的脸，使用了Deepfake制造工具去伪造视频，他的操作过程涉及了上述所有步骤。

具体来看，阿玛卡首先要把一段真实的FAKA视频分解成每秒60帧的图像，每张图像都用数千万个像素来表示；接下来，AI会读取图像上的像素，然后自动识别并分割出FAKA的身体（可以想象成用笔描出FAKA的身体），进而分割出FAKA戴着面具的脸庞、嘴唇、手/手指等具体部位。AI要对视频分解出来的每一帧图像重复这样的操作，如果是一段50秒长的视频，那么就需要对50×60＝3000帧图像进行处理。除此之外，AI还要关联并追踪帧与帧之间的运动姿态，发掘物体之间的关系。所有这些工作都只是阿玛卡编辑伪造视频之前的预处理。

也许你看到这里会想，原来计算机视觉这么费劲呀！做了这么多工作，还没开始造Deepfake呢！上面提到的这些工作，对于人类来说可都是不费吹灰之力的——人类只要看上一眼视频，就能瞬间在脑海中抓取并消化上面提到的内容和信息。而且，人类能够对事物进行广义的理解和抽象的认知，即使同一物体在不同的角度、光线、距离下存在视觉上的差异，甚至有时会被其他物体遮挡住，人类也能通过推理产生相应的视觉认知。例如我们只要看到雷波以一种特定的姿势坐在办公桌前，就算没有看到他究竟在干些什么，也可以推断出他正在拿着一支笔在纸上写字。

我们在“看”的时候，调用了许多过去积累的有关这个世界的知识，包括透视现象、几何学、常识，以及之前看过、学过的所有东西。对于人类而言，“看”似乎是一件自然而然的事情，但我们却很难把这项能力传授给计算机。计算机视觉就是一个旨在克服这些困难，让计算机学会“看”懂物体的研究领域。

## 计算机视觉技术的应用

事实上，目前的计算机视觉技术已经具备了实时处理能力，应用场景覆盖了许多领域，我们每天的生活里都有这种技术的身影，例如：

※ 化身汽车上的“助理驾驶员”，监测人类驾驶员是否疲劳驾驶；

※ 进驻无人超市（如天猫无人超市），通过摄像头自动识别顾客把商品放进购物车的过程；

※ 为机场提供安全保障，用于清点人数，识别是否有恐怖分子出没；

※ 姿态识别，开发Xbox舞蹈游戏，为用户的动作打分；

※ 人脸识别，让用户“刷脸”解锁手机；

※ 智能相机，iPhone的人像模式可以识别并提取前景中的人物，巧妙地让背景虚化，效果堪比单反相机；

※ 应用于军事领域，将敌方士兵与平民区分开，或打造无人机和自动驾驶汽车。

在《假面神祇》的开头，我们看到：人们在穿过检票闸机时，摄像头会通过人脸识别系统自动扣取乘车费用；行人的动作可以激活广告牌上的卡通动物，而且通过手势，行人还能与这些卡通动物进行互动；阿玛卡的smartstream利用计算机视觉及AR功能，实时在街景上叠加了一条虚拟的路线，为他指明目的地的方向……

计算机视觉技术还可以基于现有的图像或视频进行“锦上添花”，例如：

※ 对照片和视频进行智能编辑，比如美图秀秀等软件工具，在计算机视觉技术的支持下，可以实现优化抠图、去红眼、美化自拍等功能；

※ 医学图像分析，比如检查判断肺部CT中是否有恶性肿瘤；

※ 内容过滤，监测社交媒体上是否出现色情、暴力等内容；

※ 根据一段视频内容搭配相关广告；

※ 实现智能图像搜索，根据关键字或图像线索查找目标图像；

※ 实现换脸术，把原视频中A的脸替换为B的脸。

《假面神祇》中的Deepfake视频是用一个自动编辑视频的AI工具做的，能够把原视频中的人完全替换成另一个人，无论是面部、手/手指、说话的声音，还是步态、体态、面部表情等都惟妙惟肖。我们将在后面详细介绍有关Deepfake的内容。

## 计算机视觉的基础——卷积神经网络（CNN）

基于标准神经网络的深度学习并非易事。一张图像就有数千万个像素，让深度学习模型从海量的图像中挖掘出其中的微妙线索并成功提取特征，是一个不小的挑战。

研究人员从人类大脑中获得灵感，拓宽了深度学习的边界。每当眼睛看外界事物时，大脑中的视觉皮层会调用许多神经元，这些神经元只接受来自其所支配的刺激区域（也称“感受野”）内的信号。感受野能够识别线条、颜色、角度等简单特征，然后将信号传递给大脑最外层的新皮质。大脑皮层会按照层次结构存储信息，并对感受野输出的信号加以处理，然后进行更为复杂的场景理解。

卷积神经网络（CNN）就是受人类视觉工作机制的启发而产生的。每个卷积神经网络中都有大量类似于人脑感受野的滤波器。这些滤波器，会在图像处理的过程中被反复使用。每个滤波器都只针对图像的部分区域进行特征提取。深度学习的原理，就是通过不断向模型“投喂”大量的图像实现模型的优化，在这个过程中，卷积神经网络的所有滤波器都将自主学会应该提取哪一个特征。每个滤波器的输出，都是它所检测的特征（例如黑色线条）的置信度。

与大脑皮层的功能网络架构类似，卷积神经网络的架构也有等级之分。每一层滤波器输出的特征置信度都将成为下一层滤波器的输入，用于提取更复杂的特征。举个例子，如果把一张斑马的图片输入卷积神经网络，那么最初一层的滤波器可能会针对图片的每个区域检测黑色线条和白色线条；高一层的滤波器可能会在更大的区域里检测条纹、耳朵、腿；再高一层的滤波器可能会检测出更多的条纹、两只耳朵、四条腿；有些卷积神经网络的最高层滤波器也许会去分辨图片中的动物到底是斑马，还是马或者老虎。

需要说明的是，我们刚才只是为了便于读者理解，才使用人类容易理解的这些特征来举例说明卷积神经网络可能提取的特征（如条纹、耳朵），但在实际训练中，卷积神经网络将以最大化目标函数为前提，自主决策每一层滤波器会提取哪些特征，也许是条纹、耳朵，但更可能是一些超出人类理解范畴的特征。

卷积神经网络是为计算机视觉而生的一种改良版深度学习模型架构，而且有不同版本的变体，适用于处理不同类型的图像和视频。

人们在20世纪80年代首次提出了“卷积神经网络”这个概念，但可惜的是，当时并没有足够的数据和算力让卷积神经网络发挥应有的作用。直到2012年前后，人们才清楚地意识到这项技术有潜力击败所有传统的计算机视觉技术。

现在回头去看，计算机视觉技术其实占尽了“天时地利”。因为正是在2012年前后，人们用开始流行起来的智能手机拍摄了海量的图像及视频，然后把它们分享到社交网络上，深度神经网络的训练才有了充足的数据。同时，高速计算机和大容量存储设备的价格大幅下降，为计算机视觉技术提供了算力支持。这些要素汇合到一起，共同促进了计算机视觉技术的发展和成熟。

## Deepfake

“特朗普是个彻头彻尾的白痴。”在一段视频里，奥巴马这样说道。

这段视频里的奥巴马，无论是声音、相貌还是表情，都跟真正的奥巴马非常相似。

2018年末，美国演员乔丹·皮尔（Jordan Peele）与新闻聚合网站BuzzFeed合作，“自编自导”制作的这样一段“假”的Deepfake视频，迅速在网络上传播开。AI以皮尔的一段讲话录音为基础，把皮尔的声音转变成了奥巴马的声音，然后对奥巴马的一段真实视频进行调整，让他的面部表情甚至嘴形都能够与讲话的内容相匹配。整段视频看起来没有丝毫的违和感。

制作这段视频的初衷是向人们发出警告：Deepfake内容很快就会走进我们的日常生活。果不其然，同年，网络上就出现了一些以著名女明星为主角的“虚假色情片”：有人用制造Deepfake的工具把色情片女主角的脸替换成了当红女明星的脸，直接引发了众怒，美国政府甚至不得不出台新的法律明令禁止这种行为，不过类似的情况还是屡禁不止。

2019年，一款全新的App在中国横空出世。这款App能够帮助用户实现他们的“电影梦”：在短短的几分钟内，用户只要使用这款App进行自拍，就能收获一段专属视频——在指定的电影片段之中，用户的脸会替换男女主角的脸，并随着剧情的变化做出相应的表情和反应。我也试着过了一把明星瘾（替换周润发），只不过新生成的视频仍然保留了电影的原声。不过，这也降低了App的开发难度。

2021年，一款名为Avatarify的App连续问鼎苹果App Store免费下载榜单Top 1。这款App的功能是让用户上传的照片“动起来”——用户可以操纵照片中人物的表情，例如，香港歌坛“四大天王”与“还珠格格”共唱洗脑歌曲《蚂蚁呀嘿》。我也只花了几秒钟，就让自己过去出版的书的封面肖像唱了一段英文老歌*Only You*，效果非常“魔性”。

Deepfake似乎在一夜之间就火爆了起来。任何人都可以用它制作一段“假”视频，虽然视频的质量可能比较业余，会让人看出端倪，可是这并不妨碍Deepfake的流行与普及。

但换个角度来考虑，这也意味着，在我们的世界里，未来的所有数字信息都有被伪造的可能。无论是线上的视频、录音，还是安保摄像头拍摄的画面，甚至法庭上的视频证据，都有可能是假的。

在《假面神祇》这个故事中，阿玛卡使用的Deepfake制造工具，比皮尔在2018年使用的要先进得多，所制作出来的视频不仅更加成熟、质量更高，而且天衣无缝到连人类的肉眼或者普通的防伪检测器都看不出任何问题。

阿玛卡利用软件工具，把自己希望“雷波”说的文本，通过语音合成系统转化成与雷波本人的声音高度相似的语音。接下来，再经过AI算法合成雷波的面部表情和口型，让“雷波”在说这段话时自然流畅。下一步，把合成的“雷波”的脸与FAKA的身体叠加在之前处理过的视频中，确保手、脚、颈部等重点部位能够以假乱真，在呼吸节奏、关节连接处等细节上也力求无懈可击。

除这种基于视频的Deepfake换脸方式外，还有一种换脸方法——三维建模，这种方法与3D动画片《玩具总动员》的制作过程类似。三维建模属于计算机科学分支之一——计算机图形学的研究范畴，这是一门使用数学算法对一切事物进行建模的学科，哪怕是像头发、微风、阳光、阴影一样细微的事物，也要有相应的数学模型。三维建模方法的优点在于，人们的创作自由度较高，可以随心所欲地创建各种物体，并操纵这个物体去做各种事情。但相应地，这种方法的缺点是计算复杂程度更高，对算力的要求也更大。

2022年的电脑速度做出的三维建模的水平还不能达标，完全无法骗过人类的眼睛（这也是为什么动画电影中的人物看起来不那么真实），更别说通过防伪检测器的验证了。不过，到了2042年，人类也许会成功构建出具有高度真实感的三维模型，我们将在本书后面的故事《双雀》和《偶像之死》中看到三维建模的应用。

大部分人可能会出于好玩、恶搞的心理去伪造一些视频，但肯定也有人会出于恶意去制造和传播Deepfake视频，就像《假面神祇》中逼迫阿玛卡给FAKA换脸的齐。除了伪造传播性极广的谣言或假新闻，Deepfake还可能被有心之人用于伪造证据、敲诈勒索、骚扰、诽谤，更严重的还会操纵选举。

Deepfake到底是怎么实现的？AI技术如何检测一段视频的真伪？当Deepfake与反Deepfake双方产生对立时，哪一方会在这场竞争中取得胜利？要回答这些问题，我们需要先了解Deepfake背后的工作机制和原理。

## 生成式对抗网络

Deepfake换脸术建立在一种名为生成式对抗网络（GAN）的技术基础之上。顾名思义，GAN是由一对互相对抗（博弈）的网络组成的深度学习神经网络。

其中的一个网络名为生成式网络，负责尝试生成一些看起来很真实的东西，例如基于数百万张狗的图片，合成一张虚构的狗的图片。另一个网络名为判别式网络，它会把生成式网络所合成的狗的图片与真实的狗的图片进行比较，确定生成式网络的输出是真是假。

生成式网络会根据判别式网络的反馈，重新进行自我训练，努力让损失函数最小化，即缩小真实图片与合成图片之间的差异，朝着下一次能够成功愚弄判别式网络的目标迈进；而判别式网络也会重新进行自我调整，努力让损失函数最大化，希望练就火眼金睛，不被生成式网络蒙骗。经过数百万次这样的“对抗”之后，生成式网络和判别式网络的能力会不断提升，直至最终达到平衡。

第一篇有关GAN的论文发表于2014年。这篇论文展示了GAN的“对抗”过程——生成式网络首先合成了一个非常可爱但是看起来很假的“小狗球”（dogball）的图片，然后很快被判别式网络判定为“假”，接着生成式网络逐步学会了“伪造”让人很难区分真伪的狗的图片。目前，GAN技术已经被应用于视频、演讲和许多其他形式的内容之中。

那么，以GAN技术为基础的Deepfake视频会被识破吗？目前大多数Deepfake视频都可以被算法检测到，有时甚至用人眼就可以辨别出来，原因在于，这些视频在制作时使用的算法还不够完善，而且没有足够的算力做支撑。为了以AI制AI，Facebook和谷歌都曾发起过Deepfake视频鉴别挑战赛。不过，严苛的防伪检测器消耗的算力非常大，如果一个网站每天都会收到数百万段用户上传的视频，那么防伪检测器的有效性就将大打折扣。

长远来看，阻止Deepfake的最大难点其实在于GAN的内在机制——生成式网络和判别式网络会在一次次“博弈”之后携手升级。举个例子，我们构建了一个生成式网络，这时有人构建了一个判别式网络，它能够检测出我们的网络所生成的结果是“假”的，那么我们就可以把愚弄新的判别式网络作为目标，重新训练我们的生成式网络，这样就会激发判别式网络重新进行训练……这个循环发展到最后将成为一场军备竞赛，比的是哪一方能够用更强的算力训练出更好的模型。

在《假面神祇》这个故事中，阿玛卡曾在地下网吧里伪造了一段“白人吸血鬼男孩袭击拉各斯无家可归者”的视频。尽管当时阿玛卡依靠的是网吧里简陋的算法工具和算力，但这段视频仍然欺骗了不少人的眼睛，在发布后的24小时内获得了数百万次的点击，直到被平台鉴定为伪造而遭封禁。2042年的技术生成的伪造视频足以蒙蔽人类的肉眼，但在基于强大算力训练而成的GAN面前，还是会露出小尾巴，被GAN的判别式网络识破。

随着故事的发展，阿玛卡的雇主齐为他提供了不受限制的云端AI算力，用来训练复杂的大型GAN模型，学习生成面部、手/手指、步态、手势、声音以及表情等。此外，阿玛卡还向GAN投喂了大量真实的雷波的训练数据。在这样强大的支持下，阿玛卡制作的这段Deepfake视频能够欺骗所有普通强度的防伪检测器。这不难理解，就像珠宝店的防弹窗可以挡住所有普通抢匪的入侵，但是如果有抢匪扛着火箭筒来抢珠宝店呢？在火箭筒面前，防盗窗简直形同虚设。在强大的算力面前，普通防伪检测器也是一样。

到2042年，针对Deepfake视频的防伪软件将成为类似于杀毒软件的存在。政府网站和官方新闻网站上对信息的真实度要求非常高，所以会设置强度最高的防伪检测器，以甄别网站上是否有由强大算力训练而成的GAN生成的高质量伪造视频。社交网站和视频平台（如微博、抖音）上的图片及视频数量庞大，如果用强度过高的防伪检测器来扫描用户上传的所有内容就会消耗大量算力，所以都会部署级别较低的防伪检测器，同时按照视频的传播量对级别进行动态调整，传播量越大的内容会使用更为精准而严格的检测技术。在故事中，雇主齐希望阿玛卡伪造的视频能够像病毒一样迅速而广泛地传播，因此GAN需要在算力最强大的计算机上进行训练，以免被网站使用的最高级别的防伪检测器发现。

难道就没有检测准确率能够达到100%的防伪检测器吗？这在未来并非无法实现，只不过可能需要采用一种完全不同的检测方法——每台设备在捕捉视频或照片时，就对每段视频和每张照片进行认证，用区块链保证它是原版的，绝对没有经过篡改。这样，每个网站在用户上传内容时，只要确认该内容是原版的，就不存在伪造的可能了。然而，在2042年，这种“高级”的方法还无法落地，因为这种方法落地的前提之一是，让所有电子设备都部署上区块链技术（就像如今的AV播放器全部带有杜比音效）。此外，区块链技术必须实现突破，才能处理这么大规模的内容。

在实现上面提到的区块链或其他长期解决方案之前，人们需要不断改进防伪检测技术和工具来应对Deepfake，同时需要出台相应的法律，对恶意制造Deepfake的人采取严厉的处罚措施，以威慑潜在的犯罪者。例如，加州在2019年就通过了一项法律，禁止Deepfake在色情片中出现，同时禁止使用Deepfake来扰乱政治选举。即便立法滞后，人们可能还需要自己学会辨别网上的内容——无论线上的内容看起来多么真实，都不排除有“假冒”的嫌疑（直到区块链解决方案起作用）。

其实，除了制作Deepfake换脸视频，GAN也可以用于做一些更有建设性的工作，例如让照片中的人物变年轻或者变老、为黑白电影及照片上色、让静态的画作（如《蒙娜丽莎》）动起来、提高分辨率、检测青光眼、预测气候变化带来的影响，甚至发现新药。

我们不能把GAN和Deepfake画上等号，因为这项技术的积极影响将远远超过其负面影响，绝大多数新出现的突破性技术也都是如此。

## 生物特征识别

生物特征识别是利用人体固有的生理特征来进行个人身份鉴定的一个研究领域。故事《假面神祇》中应用的复杂而庞大的GAN就是生物特征识别技术之一，它吸纳了对人类的许多重要生理特征进行识别的技术，包括人脸识别、步态识别、手/手指几何学识别、手势识别，以及涉及语音语义及情感计算的说者识别、脉搏识别等。

在现实生活中，生物特征识别主要用于实时的身份鉴定，而不是故事所讲述的视频中的身份鉴定。实时的身份鉴定可以更精确，因为可以用到摄像头之外的传感器，比如可以实时捕捉虹膜和指纹的传感器。这两种数据都是独一无二的，非常适合用于身份鉴定。目前，虹膜识别是被大众认可的最为精准的生物特征识别方法。虹膜识别是在红外线的照射下捕捉并记录一个人的虹膜信息，然后将其与预先存储的虹膜特征进行比对。指纹识别的准确率也非常高。不过，由于虹膜识别和指纹识别都离不开特定的近场传感器装置的辅助与配合，所以对故事中的各种真伪视频无法发挥作用。

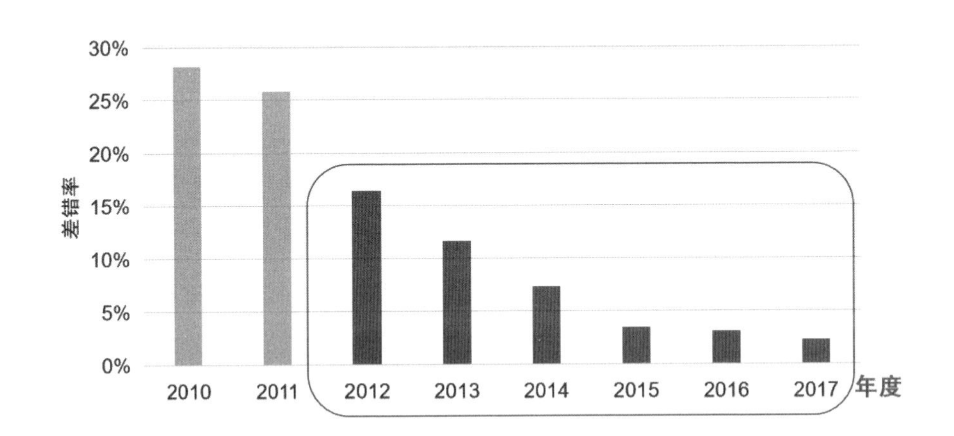


*图2-1　计算机视觉的差错率在深度学习的支持下持续下降*

近年来，随着深度学习与GAN技术的突飞猛进，生物特征识别领域的研究也有了蓬勃的发展。在识别及鉴定任何单一维度的生物特征（例如人脸识别或语者声音识别）方面，AI的准确率已经超过了人类的平均水平；在综合考量多维度生物特征的情况下，AI的识别准确度已经趋于完美。

到2042年，AI将从人类的手中接管身份识别/鉴定等常规工作。我们推测，在未来20年内，智能生物特征识别技术将更广泛地应用于刑事调查和取证，可以解决更多的犯罪问题，甚至有助于降低人类的犯罪率。

## AI安全

随着技术的不断进步，任何计算平台都可能出现漏洞及安全隐患，例如电脑病毒、信用卡盗用和垃圾电子邮件等。而且，随着AI的普及，AI本身也将暴露出各种漏洞并遭到各方的攻击，Deepfake反映出的只是其中的一个漏洞而已。

专门设计的对抗性输入是针对AI系统的攻击方法之一。攻击者将挑战AI系统的决策边界，并借此调整对AI系统的输入，进而达到让AI系统出错的目的。例如，有研究人员设计了一副新款太阳镜，让AI系统把戴上眼镜的他错认成了女演员米拉·乔沃维奇（Milla Jovovich）。还有研究人员在路面上贴了一些贴纸，成功愚弄了特斯拉Model S型车上的自动驾驶系统，让其决定转换车道，直接开向迎面驶来的车辆。《假面神祇》里的阿玛卡也曾利用一张面具成功欺骗了车站的人脸识别系统。试想，如果有人把类似的攻击手段应用在军事领域，例如，让AI系统把一辆伪装过的坦克误认为是救护车，那么后果将不堪设想。

还有一种攻击AI系统的方法是对数据“下毒”：攻击者通过“污染”训练数据、训练模型或训练过程，来破坏AI系统的学习过程。这可能导致整个AI系统彻底崩溃，或者被犯罪者控制。如果一个国家的军用无人机被恐怖分子操控，那么这些无人机将把武器掉转过来瞄准自己的国家，这将是多么可怕的事情。

与传统的黑客攻击相比，对数据“下毒”的攻击手段更难被人类察觉。问题主要出在AI系统架构上面——模型中的复杂运算全部在成千上万层的神经网络中自主进行，而不是按照确切代码的指引进行的，所以AI系统先天就具有不可解释性，也不容易被“调试”。

尽管困难重重，但我们仍然可以采取明确的措施来阻止上述情况发生。例如，加强模型训练及执行环境的安全性，创建自动检查“中毒”迹象的工具，以及开发专门用于防止篡改数据或与其类似的规避手段的技术。

正如我们过去通过技术创新攻克了垃圾邮件、电脑病毒等一道道关卡一样，我深信技术创新也能大大提高未来AI技术的安全性，尽量减少给人类带来的困扰。毕竟，解铃还须系铃人。技术创新所带来的问题，最终还是要依靠新的技术创新来进行改善或彻底解决。

# 03

# 双　雀

开复导读

本章的故事探讨了AI在未来为教育赋能的潜力。在故事中，AI教师化身为韩国双胞胎孤儿所喜爱的卡通化虚拟伙伴，分别帮助他们挖掘和发挥潜能。多亏有了AI的重要分支“自然语言处理技术”（NLP），这两个AI伙伴才能够用人类的语言流利地和孤儿交谈，建立情感联结和信任。我预测，NLP将在未来10年取得突飞猛进的发展，AI甚至可以自己教自己学会全新的语言。到2042年，AI能否达到“强AI”？

在本章的解读部分，我将回答这个问题，并介绍GPT-3等目前在理解人类语言之路上所取得的重大技术突破。

我们是太阳和月亮，亲爱的朋友；我们是海洋和陆地。我们的目的不是要成为对方，而是要认识对方，学会看清对方，尊重对方的本质：我们彼此是对方的反面和补充。

——赫尔曼·黑塞《纳尔齐斯与歌尔德蒙》

1

用金智英院长的话来说，朴氏夫妇选择了在一个“完美的春日”到访，像一缕初春的阳光照进了源泉学院。

“……众所周知，传统孤儿院资源有限，只能发挥收容、抚养的功能。孤儿可能会接受教育，但在课堂之外如何发掘潜能，找到自己的人生道路，却少有人关心。源泉学院希望借助AI的力量，让孩子们获得平等发展的机会……”大家都亲切称之为“金妈妈”的院长介绍道。

俊镐和慧珍穿着清爽的高级定制套装，面露得体的微笑。

“作为德尔塔基金会的董事会成员，慧珍和我一直以来都非常钦佩您为源泉所做的卓越贡献，不过，我们今天来并不是代表基金会……”

他稍加停顿，转向太太，慧珍点头微笑。

“……我们也希望能从源泉领养一个孩子。”

金妈妈面露喜色：“啊，这样……不知道两位看过孩子们的档案了吗？”

慧珍开口了：“孩子们都很优秀，俊镐和我特别想见那对双胞胎男孩。”

“噢，金雀和银雀……”金妈妈的声音低沉了几分，“如果要收养两个小孩，可是要经过两次家庭评估流程哦。”

“这个您大可放心。”俊镐自信满满。

金妈妈带着朴氏夫妇走进一间明亮宽敞的会客室，地上铺着米灰色毛绒地毯，家具和墙纸也都是柔和的米色与粉色。

门开了，两个男孩被带了进来。这两个男孩看起来就像一对克隆人，都是黑发柔软微卷、眉眼细长、上唇微翘，甚至连鼻尖上的雀斑，都难以看出有什么差别。

俊镐和慧珍起身欢迎，几乎是同时，两个男孩迅速分开，一个向前迈出一步，另一个则躲到了墙角。

“金雀，银雀，”金妈妈介绍，“这是俊镐和慧珍，他们都是咱们学院的好朋友，今天特地来看看你们。”

“俊镐好，慧珍好。”迈出一步的男孩眨眨眼睛，“那么，你们是来带我们回家的吗？”

俊镐和慧珍尴尬地笑笑，不知道该如何回答。

另一个男孩不说话，低着头，用鞋尖在地毯上画着圆圈，直到把地毯的化纤绒毛搅成米灰色的旋涡。

“我猜你是金雀，他是银雀，我猜对了吗？”慧珍蹲下身子，看着他们俩。

“其实也没什么难猜的，”金雀讨好地回答，“虽然我们是同卵双胞胎，基因组数据只有百万分之一的差异，可我们完全不一样。银雀喜欢自己玩。”

“那你呢？你喜欢玩什么？”俊镐对这个早熟的6岁男孩产生了兴趣。

“我？我不喜欢玩，我喜欢比赛。”

“哦？什么比赛？”

“所有的比赛，阿托曼刚帮我赢了一个建筑设计大赛。”

“阿托曼？”俊镐疑惑地问。

“噢，是金雀的AI伙伴。”金妈妈解释道，“学院的vPal系统给每个孩子都提供了AI伙伴，可以帮助他们更好地管理日程、学习任务甚至是游戏……”

俊镐眼镜前出现了来自金雀的数据共享邀请。他用视线点选同意，XR视野中男孩身体的边缘开始发出红光，像素化的火焰熠熠燃烧。火焰突然腾空而起，脱离金雀的身体，经过复杂变形，最后成为一具棱角分明的红色机器人，向外迸溅火星，气势汹汹。俊镐举起双手表示投降。

“这就是阿托曼，我最好的朋友。”金雀得意地说。

“你呢，你的AI伙伴叫什么？”慧珍发现银雀一直在默默注视着所有人，慧珍想摸摸他的脸颊，男孩却缩起身子。慧珍终于看清楚两人脸上细微的差异。在银雀右眼皮上有指尖大小的伤疤，像粉色的玫瑰花瓣。

“索拉里斯，像一大坨鼻涕，超恶心的。”金雀抢答道。

银雀终于抬起头，眼中射出充满敌意的目光。

“索拉里斯不是鼻涕！”

“它就是鼻涕，你就是鼻涕虫！”

局面变得有点失控。金妈妈赶紧让教工带走两个男孩，房间里又恢复了宁静。

“你们都看到了，兄弟俩性格……很不一样，但他们都是很好的孩子。有什么想法吗？”

“确实……令人印象深刻。”俊镐看了一眼妻子，“我和慧珍得再商量一下，会尽快给您答复。”

天色已经微暗，草地上的灯光亮了起来，充满了温馨的气氛。朴氏夫妇的豪车驶离校园，卷起几片枯叶。金智英院长目送他们离开。她脸上半是欣慰，半是忧伤。

不用等他们正式答复，她心里已经猜到了这对成功人士的选择。那是这世上绝大多数崇尚理性与效率之人都会做出的选择。

一个星期后，朴氏夫妇接走了金雀，留下了银雀。

* * *

3年前，一个大雪纷飞的冬夜，社会福利署的车子在源泉学院路面的积雪上轧出两道深深的平行线。

金妈妈从护工手里接过两个瑟瑟发抖的小男孩。他们在蓬松的羽绒服下显得如此瘦小，像枝头随时会坠落的松果球。

几个小时前，他们的父母死于一场交通意外。出于某种考虑，这对夫妇关闭了自动驾驶，改为手动操作，变道时路面上的积雪导致车子侧滑，那辆新款“现代”汽车失控撞出高速公路的护栏，翻坠下十几米高的斜坡。开车的丈夫及坐在副驾驶位置上的妻子当场死亡。坐在后排安全座椅里的两个男孩被救出，奇迹般毫发无伤。

金妈妈给他们换上干净柔软的家居服，又给他们热了牛奶，两人喝着，脸色逐渐红润起来。

“瞧瞧这俩小家伙儿，长得活像一对小麻雀。”金妈妈笑着对旁边的人说，“干脆就叫他们金雀和银雀吧。可谁是金雀，谁是银雀呢？”

一个男孩放下杯子，上唇带着牛奶胡子，咧嘴笑了。

“笑得这么喜庆，你就叫金雀吧。”

另一个男孩没有做任何选择，他面无表情地盯着杯子里的牛奶，仿佛周遭的一切都与他无关。

日子慢慢地过去，在专业的心理疗愈课程中，兄弟俩慢慢接受了现实，开始融入陌生的新环境。这并非易事，金雀会因为想妈妈而大哭，银雀则在一旁默默抹泪。金妈妈总会哼唱起童谣，摇晃着双胞胎入睡，就像真正的妈妈那样。跟金雀不一样，银雀总是抗拒肢体上的亲密接触，甚至回避眼神上的交流。

金妈妈开始关注银雀的怪异举动。

幸好，孩子所有的医疗和行为数据，都保存在已去世的父母所使用的育儿服务云端平台上，可供学院老师调用并整合到学院的系统中。早在6

个月大时，银雀便显露出对于肢体与目光接触的抗拒。

与爱冒险的金雀相比，银雀就像一台被编好程序的机器，在学会走路之后，他连在育婴室中行走的路线都一成不变。

银雀并没有表现出有认知障碍、多动症或癫痫的迹象。大多数时候，他只是异常安静，沉浸在自己的世界里，他能盯着任何旋转的物体——尤其是风扇的扇叶——看上一整个下午。诊疗AI对银雀的瞳孔、面部表情、语音及肢体语言进行分析后得出结论，这个男孩有83.14%的概率患有阿斯伯格综合征。

金妈妈知道，大量临床数据证明，阿斯伯格综合征患者拥有与普通人迥异的思维和认知模式，这种独特性会伴随他们一生。他们需要的是高度定制化的教育方式。在金智英看来，他们根本不需要成为“正常人”，和其他孩子一样，他们只需要成为最好的自己。

金雀和银雀刚到学院不久的一个下午，金妈妈带着他们走进摆满显示屏和机器的房间，她要为兄弟俩各自量身定制一个神奇的小伙伴。

高大的楼和小巧的煊都是IT组的义工，他们也都是由学院抚养长大的孤儿。在金妈妈的邀请下，他们会定期回学院维护系统，帮助解决一些软硬件问题。

楼先帮兄弟俩做了全身扫描，为每个人创建了数字孪生档案，并与云端的个人数据进行关联。

煊帮男孩在手腕处戴上柔软的生物感应贴膜，以实时记录各项生理及行为数据，这些数据会同步到云端。还有一副紧贴在耳后的柔性智能眼镜，平时卷起来像别在耳后的饰品，需要时则可以展开成为XR设备。

金雀兴奋得尖叫起来，变身为卡通片里的超级英雄阿托曼，摆出发射死光的姿势。银雀却一脸紧张，不停地摆弄着腕间和耳后的设备，仿佛它们是有毒的毛毛虫。

“先来选一下自己喜欢的声音哦。”

煊立起一块奇怪的镜子，金雀和银雀在XR眼镜里看到的虚拟界面，其他人也能在镜子里看到。不光能看到，大家还可以用语音、手势和表情去创建和编辑自己想要的任何内容。这就是源泉学院用于AI教学互动的vMirror。

煊蹲下身子，手把手地教这两个男孩如何使用交互界面来调节AI的声音。尽管他们只有4岁，但很快就学会了操作卡通旋钮。金雀很快就挑好了一个充满英雄气概的男声，并给它起名为阿托曼。

银雀花了好一会儿，才选了一个轻柔的女声，听起来就像是妈妈的声音。

“接下来可以设计AI小伙伴的模样哦，我们把它叫作‘捏一人’……”

在vMirror里，金雀双手忙碌地乱捏着一个半透明的圆球，圆球不断变换形状，一会儿像虫子，一会儿像鱼，一会儿又像胚胎阶段的熊猫。银雀看呆了，半是害怕，半是好奇。

终于圆球变成了一个红色的小“阿托曼”。虚拟的阿托曼伸伸胳膊，踢踢腿，向金雀打招呼，男孩激动地为自己的AI伙伴尖叫、鼓掌。

“好啦，银雀，现在轮到你了。”煊指了指vMirror。

银雀看看镜子里的自己，把脸扭到一边，用几乎听不见的声音说：“我……我不想要……”

金妈妈俯身靠近银雀，但并没有触碰到他。

“你不想和小伙伴一起玩吗？它是属于你一个人的，可以帮你做任何你想做的事情呢。”

银雀噘着嘴唇：“我……它太丑了……”

房间里的人都被逗笑了，除了金雀。

“好吧，我有办法。”金妈妈宣布，“现在，你的AI伙伴只保留声音，等你想好了想要的模样，我们再把它捏出来，好吗？”

* * *

光看脸蛋的话，金雀和银雀完全是像素级的复制，可一旦在日常生活里近距离观察他们，他们之间的区别就变得特别明显。

就算不看人，兄弟俩各自的vPal形象就是最醒目的名片。

任何一个接入源泉学院XR公共信息层的访客，都会被那团过分热烈的红色火焰所吸引，那是金雀的经过了12个月进化的AI伙伴——阿托曼。

它的初级形态是一台1985年版的任天堂红白机，灵感来自他爱看的复古卡通片。红白机旋转起来，就能变形成酷炫的红色机器人。

金雀宣布："阿托曼，我完成今天的习题了，咱们去赛车吧！"

阿托曼会给他泼冷水："出错率有点高呢，闪红光的是你需要加强学习的知识点，再完成这套补充练习题吧。"

"又来了，你比老师还烦人……"

金雀虽然噘着嘴，却不得不按阿托曼说的做。他和AI之间已经建立起某种联系，基于奖惩机制，也基于信任。金雀知道不管出现任何情况，小机器人都会毫无条件地出现在他身边，帮他解决难题，和他聊天、玩耍，安抚他的情绪。他自然也希望能够满足阿托曼的期望。当他做对题，完成任务之后，阿托曼会闪烁彩光，发出齿轮转动的声音。金雀觉得这就是AI高兴的表现。

阿托曼也随着金雀的反馈发生改变，这是vPal自适应性算法的一部分。它发现金雀对排名很敏感，在竞争模式下学得更快，于是便利用竞技性游戏来调动金雀学习的主动性。

也因此，这一对搭档干了不少出格的事情。

比如私下组织学院里的孩子们进行拼写、地理和电子竞技比赛。

比如让阿托曼对社会捐赠的旧款清洁机器人重新编程，结果把教室和宿舍闹得天翻地覆。

再比如制造出一种"鬼脸"病毒，当学院系统收到秘密指令时，便会复制出无限的鬼脸表情，把系统进程占满。

最后，总是由煊和楼来收拾残局。久而久之，他们不需要看日志，就大概能知道是怎么回事。对于这个5岁的天才捣蛋鬼，金妈妈既好气，又好笑，感慨这代人在基因里就具备的与AI共舞的本能。

银雀则完全是在光谱的另一端。

几个月来，他的AI伙伴始终只是没有实体的声音。直到有一天，煊在同步管理日志时注意到了历史性的时刻。9个月后，银雀终于为自己的AI伙伴设计了一款虚拟形象，那是一坨半透明的、类似于变形虫的形态，能够根据需要改变形状，伸出触手，像液体般缓慢流动。银雀把它叫作“索拉里斯”，来自他读过的一本波兰科幻小说。

在很长一段时间里，除了煊，没人知道银雀拥有这样一个既温柔又怪异的AI伙伴。银雀会让索拉里斯将自己的身体包裹起来，尽管在触觉上不会有任何反馈，但这让他增添了几分安全感。

于是，银雀更加面无表情地行走、躺卧、蜷缩在这个小小的虚拟茧房里，像远离尘世的巫师，以近乎耳语般的声音，向AI下达各种神秘的指令。而这些任务，与学院的要求全无关系，只出于最纯粹的好奇心。

煊每次穿过喧闹的活动室，都会惊奇地发现，孩子们借助AI的力量又学会了某种新技能。但她也总能看到那个孤单的身影，坐在角落里，凝视着墙纸。煊知道银雀喜欢收集来自大自然的小礼物，她会给男孩带来树叶、羽毛，有时是贝壳。在煊留下一个风干松果球的那天，银雀终于开口了。

“……很美。”

“哦，你是说松果吗？确实很好看。”

“……螺旋形的打开方式……完美的斐波那契数列……神圣的几何玫瑰……”

煊不确定自己理解了他的意思。

“分形。”银雀突然露出了笑容，像满是阴霾的天空被阳光刺穿。

“啊哈，没错，是分形。”煊心头一阵激动，这是银雀第一次与自己有了实质性的交流。

煊重新坐下来，手指搅拌着地毯上的灰色绒毛。银雀专注地看着她的手指。

“我想跟你分享一个秘密。”煊说，“我像你这么大的时候，我觉得自己一定是做错了什么，作为一种惩罚，父母才把我丢进‘源泉’。‘源泉’就像一个笼子，把我和整个世界隔开。

“直到有一天，金妈妈跟我说，并不是所有的父母都做好了准备，但这不是你的错。那句话让我一下子意识到，我一直深信不疑的并不是真相。笼子从此打开了。”

不知什么时候，银雀的目光从地毯上移到了煊的脸上。

“你很聪明，又很友善，大家都喜欢你，尊重你与世界相处的方式。”煊继续说，“也许有时候，试着到笼子外面看一看，把你喜欢的东西分享给别人，交一些朋友，你会发现这个世界比你想象的更有趣。”

银雀再次把脸扭开，喃喃自语。

煊有些泄气，她安慰自己说，这需要时间。

一个数据共享邀请突如其来地闪现在她眼前，来自银雀。她欣然接受。

狂暴的半透明视频流将煊淹没，充斥着分辨率、格式、来源各不相同的片段，以复杂的时空结构被剪辑到一起，彼此缠绕、交织、咬合，构成一个巨大的信息旋涡。煊能辨别出其中的一些事物，山川、湖泊、云层、星云、放大数十倍的植物脉络、水熊虫、虹膜、某种化合物的微观结构、高速摄影下的风洞实验、《星际迷航》电影片段，还有源泉学院里的日常生活……但更多的是她完全陌生的图景，无法用语言描述。

煊接入音频信号，却并没有迎来排山倒海般的音量，恰恰相反，那是一股单调而柔和的白噪音，如同顺着阶梯淌下的涓涓水流，随着画面律动微妙变奏。

她眯起眼睛，透过视频层看到半闭着眼的银雀，才理解了他的用意。眼睛可以自由开合，耳朵不行。对于银雀这样的孩子来说，过度强烈的感官刺激就像身边爆开炸弹一样让人难以忍受。

“这些……都是你自己做的吗？……太神奇了。”

银雀的嘴唇动了几下，音频信号在煊的耳边放大。

“是索拉里斯。”

煊无语，这些AI儿童已经远远超出了她的理解。

“银雀，你愿意跟其他小朋友分享你的作品吗？”

“分享？你是说，送给他们？”银雀睫毛闪烁。

“嗯……当然你也可以送给他们，就像一个纪念品，用你觉得舒服的方式，就像汤米在他叠的折纸动物上写下对方的名字。”

银雀努努嘴，又低下了头。

一周后，煊的邮箱收到一条视频流。打开，是一段循环画面，她自己的脸不断旋转，蜕变成花朵、云彩和海浪，周而复始，伴随着那句催眠般的台词。

……笼子从此打开了……笼子从此打开了……笼子从此打开了……

一种复杂的情绪涌上她的心头，开心、欣慰和隐隐的忧虑。

煊把视频发给金妈妈，问她的看法。

“每个人都收到了，我也有，除了一个人，猜猜是谁。”

“……金雀？”

“是的，兄弟俩有点不对付。金雀可能觉得银雀抢了自己的风头，于是经常故意向银雀挑衅……”

“我鼓励银雀参加首尔未来艺术家大赛，U-6组，他很有希望。”

“金雀不是一直嚷嚷着要拿冠军吗？”

“这下可有好戏看了。”

煊又盯着银雀的礼物看了一会儿，这段视频似乎有一种说不清的魔力，驱使人一直沉迷下去。循环了10分钟后，她强迫自己关掉它，把注意力集中到工作上。

* * *

金雀被朴氏夫妇收养6个月后，又一对夫妇走进源泉学院。此时已是初夏，院子里蒲公英漫天飞舞，到处都是追逐打闹的孩子。很明显，这对夫妇的兴趣并不在他们身上。

金妈妈脸上挂着审慎的微笑。这对夫妇不像之前的俊镐和慧珍那样，是由德尔塔基金会直接引荐的，而是来自付费网站。用户可以看到网站推送的来自各机构的孤儿信息，通过资格审查之后，可以选择感兴趣的孩子见面。

“欢迎安德烈斯和雷伊，很高兴向你们介绍源泉学院。”金妈妈说。

金妈妈已经被提前告知，两人都是跨性别人士。据抚养机构统计，跨性别家庭在领养家庭中已经占到了17.5%，数据还显示，无论是被跨性别父母还是同性父母收养，孩子的身心健康状况与被一般家庭收养没有任何差异。

“谢谢。”安德烈斯说，“我们想尽快见到孩子，我是指……”

“银雀。”雷伊补充道。

这对夫妇的衣服让金智英心生犹疑。色彩鲜艳的几何图案就像从康定斯基的画里走出来，材质是某种合成纤维薄膜，有着轮廓清晰的锯齿状边缘。

“也许你们对孩子背景很熟悉，但我还是要再强调一次，”金妈妈收起笑容，变得有几分严厉，“银雀是非常特别而敏感的孩子，很容易受到过度刺激。”

雷伊摘下了亮黄色墨镜，回以同样严肃的口吻。

“金女士，我明白，也许我们看起来不像您所熟悉的那一类父母，但这并不意味着我们会把个人的趣味凌驾于孩子的安全之上。安德烈斯？”

安德烈斯点了几下手腕，两人像是在阳光底下的冰激凌，衣服上锐利的几何形状都变得柔软，具有动物皮毛的质感，原本鲜艳的色彩也降低了饱和度，像在泥地里打过滚般暗淡。

“还真是……考虑周到呢。”金妈妈又恢复了笑容，带着他们走进会客室。

银雀已经在沙发上坐着，前后摇晃着身体，对来人熟视无睹。

“你一定就是银雀了。我是安德烈斯，这是雷伊，非常荣幸能够见到你本人。”

金妈妈清了清嗓子：“银雀，我会让你单独跟安德烈斯和雷伊聊一聊，如果需要我的话你知道该怎么做的。”

房间里只剩下3个人。

“不说客套话了，”安德烈斯说，“你那么聪明，一定知道我们来的目的，是想邀请你和我们一起生活……”

“说得更直接点，我们不是在源泉学院的网站上找到你的。”雷伊说，“我们认为第三方网站的背景调查，会更加可信。银雀，不得不说我们不是最传统的父母……”

“你的作品简直太惊人了！”安德烈斯感叹道，“第一次在首尔未来艺术家大赛上看到你的作品时，简直不敢相信那些作品竟出自一个6岁孩子之手。当然，生理年龄只是个过时的标签。但即使把它们放在任何时代、任何年龄段的作品里都毫不逊色，我说得没错吧，雷伊？”

“嗯，我是个艺术评论家，研究20世纪至今的数码艺术史，所以还是有一点发言权的。公益拍卖会上的匿名买家就是我们。而且，比起命运悲惨的原作，我们更喜欢新的版本。”

一直毫无反应的银雀终于抬起头，面无表情地看着两人。

“你们的出价策略并不是最优解，”他说，“索拉里斯说，你们过早暴露意图，让竞争对手多抬了3轮价格。”

安德烈斯和雷伊相视一笑，眼中写满了惊喜。

“为了更了解你，让你相信，我们的家庭是最适合你的家庭，这一切都是值得的。”雷伊说，“我们会给你很多很多的爱，但并不只是传统意义上的父母之爱，而是帮助你更好地探索自己，发挥全部潜能。这不是你一直想要的吗？”

会面时间比原先预计的久了一些，金妈妈轻轻敲了敲门。

银雀把视线从安德烈斯和雷伊身上转向金妈妈，问道：“我能带上索拉里斯吗？”

* * *

双胞胎来到学院两年后的一个夜晚，煊被金妈妈紧急叫回学院帮忙，楼还在雅加达出差。

傍晚时分的校园鬼气森森，智能家居系统遭到攻击，电灯如鬼火闪烁，中央空调忽冷忽热，服务机器人发疯似的撞击家具，发出砰砰巨响。孩子们都被集中安置到活动室里。

“这是怎么了？”煊大惑不解。

“先把眼前的问题解决好，其他的一会儿再说。”金妈妈语焉不详。

煊通过IT部门的vMirror进入后台，发现系统遭到DDOS攻击，手段不是很高明，只是利用了学院久未升级的安防漏洞，相信和楼的出差有关。她迅速对攻击流量进行分层清洗，重新设置安全基线，为了防止以后出现类似的攻击，又安装了最新版的动态流量监测程序。学院重现光明，一切似乎恢复了正常。

金妈妈召唤煊到会议室，这时她发现了日志中的奇怪之处。

煊一进门，就看到趴在桌子上垂头丧气的金雀，完全没有了平日的威风。

“我就知道是你！”

“不是他。”金妈妈平静地说。

“啊？”

金妈妈略微扭头，煊这才发现银雀双手抱膝，坐在地上，头埋得很低，眼角还带着泪花。

“银雀？这怎么可能？”

“他们都不肯说，我就给你打电话了。”金妈妈说，“我反正理解不了。”

“金雀，你知道我可以调出阿托曼的日志，如果你现在说的话还来得及。”

金雀噘了噘嘴：“来不及了……”

“什么来不及？”

煊打开XR视野，本来应该和男孩形影不离的红色机器人却不见踪影。她检查了权限，共享状态正常，只有一种可能，金雀把阿托曼隐藏了起来。这可不像他的风格。

“阿托曼呢？”

金雀不情愿地站起来，双手摊开，浑身像着火般闪烁着红光。他握了握拳头，一个虚拟形象出现在煊眼前，却与平时相去甚远，像是被炸弹轰炸过般，零件松垮地飘浮着，身体与四肢错位，动作扭曲抖动，似乎随时会解体碎成一堆像素。

“这是……怎么搞的？”

“你问他！”金雀指着角落里的弟弟大叫。

金妈妈走到银雀身边，蹲下身子，轻声问道：“你哥哥说的是真的吗？你为什么要这么做？”

银雀什么也没说，煊却接收到了一个数据包。是一段视频。

煊一言不发地看完，这和她之前在日志里发现的疑点一下子对上了。她转向金雀。

“你为什么要这么做？”

“我……我什么也没做……”金雀一脸无辜。

“你为什么要破坏银雀的作品，你难道不知道……”

“他怎么能进后台呢？”金妈妈震惊了。

“肯定是楼出差前给他的权限，他太喜欢这孩子了，想培养他成为系统管理员。”煊苦笑着说。

“我……”金雀欲言又止，突然鼓起勇气：“我只是想拿回属于我的东西……”

金妈妈瞪大了眼睛：“难道你说的是……银雀赢得未来艺术家全场大奖的那件作品吗？”

煊无力地点点头，开始解释。

银雀的作品一共分为4个版本，一个母版和三个子版。就像达·芬奇的《蒙娜丽莎》原作被数字化后转化为其他媒介一样。在这种情况下，艺术品是动态的，而且更加复杂。银雀通过点对点通信技术，在母版与子版之间建立起一种“纠缠态”，通过运行在源泉学院服务器上的母版，不断拾取院内孩子的肖像、身份信息、行动轨迹……经加密处理后同步到子版成为不断流变、永不重复的抽象视频流。子版视频流可以投射在任何媒介物上，全息投影、XR、普通屏幕、建筑外立面、水晶球、皮肤表面……像是一场色彩与符号的风暴，不停旋转，吸入又抛出无数的像素碎片，每个碎片都被细细的彩色光线牵引着，连接到象征着源泉学院的巨大发光核心，以此来体现连接学院与每一个孩子的精神与情感纽带。因此，失去了母版的子版就像是被抽离了灵魂的躯壳，失去了数据、生命力与艺术价值。

为了保证母版的安全，银雀设置了最严格的安全验证，可遗漏了一件事。

“那金雀怎么可能篡改呢？”金妈妈不解地问。

“他没有篡改……”煊垂下眼睑，“他直接毁掉了。”

“什么！”

“你自己看吧。”煊把视频投影到会议室的vMirror上。

母版被销毁的瞬间，其他3个版本在几毫秒内停止了运行。银雀没花多少力气就找到了现场罪证：金雀在IT部的vMirror前操作的监控视频片段。

进入后台后，金雀找到母版文件的存储路径，试图用工具暴力修改未果，只好启动生物验证，这是唯一能够绕过所有安全验证，销毁文件的办法。vMirror完美映射的镜像前，金雀模仿着弟弟漠然的表情，通过了面部识别。

“这不可能，”金妈妈脱口而出，“就算一般人分不清他俩，可AI不应该分不出来吧，何况银雀眼睛上还有块疤……”

“再仔细看看。”煊放大画面，金雀的脸蛋周围罩着一层淡淡的光晕，不仔细看根本察觉不出来，“这机灵鬼让阿托曼投射出光学面具，把银雀的面部特征叠加在自己脸上，骗过了AI。”

屏幕上，金雀似乎犹豫了片刻，这关系到弟弟这几个月来的心血，以及整个学院的荣誉。他眨了眨眼睛，点击了确定。被命名为《融op-003》的作品母版瞬间化为一堆离散的比特。

银雀看到这一幕，身体颤抖起来。

“为了报复，银雀对学院系统发起了无差别攻击，就是为了把阿托曼毁掉。”

“都明白了。你照顾好银雀，我得和金雀好好谈一谈。”金妈妈叹了一口气，转向金雀。

“金雀，看着我。你要老实回答，为什么要这么做？”

“我……银雀用了我的肖像，可并没有征求我的同意……”

金妈妈打断他：“是不是因为他得了全场大奖，大家都喜欢他，你不开心了？”

“我……”金雀一脸委屈地欲言又止，“我让阿托曼分析了过去几年所有得奖作品，每个方向我都做了一个方案，明明我的获奖概率是最高的……”

金妈妈哭笑不得：“傻孩子，概率只是概率，不意味着你一定能赢。人不是机器，你亲弟弟得奖，你应该感到高兴才对。”

“为什么他做一点点小事，你们就会觉得他很了不起，就因为他有病吗？这不公平！难道不应该是最优秀的人获胜吗？”

金妈妈一时语塞：“我明白你的想法，但有时候，你得学会接受失败……”

“不，你不明白我，只有阿托曼明白我！”

“阿托曼只是个工具！”

“阿托曼是我最好的朋友！那个怪胎毁了它！我恨他！”

在煊的安抚下，银雀已经逐渐恢复了平静。煊试图用各种方式诱导他说出自己的感受，可他翻来覆去却只有一句话。

“……纪念品……纪念品……”

一开始煊还一头雾水，猛然间她想通了。几个月前她给银雀举的例子——汤米写着小朋友名字的折纸动物。难道银雀把这件作品当作送给哥哥的礼物？所以才加上了金雀的肖像数据？难怪他的反应会如此激烈。

金妈妈板着脸看着兄弟俩。

“今天不握手道歉，谁也别想走。”

后来大家都忘记了究竟是谁先伸的手，这些都不重要了。

从那之后，金雀和银雀愈加疏远，像是两条注定无法相交的平行线。

* * *

金妈妈同意安德烈斯和雷伊收养银雀的条件之一，是要定期安排兄弟俩团聚。尽管两人生活轨迹不同，但她认为必须保持联系。

金雀与银雀的重聚地点选在朴氏夫妇的新古典主义别墅里，后院还有泳池和儿童游乐场。同装修风格一样，聚会内容也无甚新意，先是户外烧烤午餐，然后是孩子们的游戏时间。

“嗨，金雀。”安德烈斯向他打招呼，银雀和雷伊站在气派的门廊外，“你看起来跟照片上完全不一样了。在锻炼？”

经过半年的时间，金雀已经完全融入了这个家庭，不仅举止上有了很大变化，就连体形也健硕了不少。

“是的，我现在严格按照阿托曼为我制定的时间表生活，饮食、运动、作息……”

金雀看到躲在雷伊身后的银雀，主动伸出手：“嗨！弟弟，你还好吗？”

雷伊把银雀推到身前，他看了看哥哥，并没有要伸出手的意思。

“银雀，高兴点，这可是你哥哥，你们都有……半年没见了吧。”

“173天。”金雀微笑着补充，“银雀，你想看看阿托曼吗？爸爸把它升级到最新版本，多了很多功能，我们还帮它造了一个身体，超级酷……”

银雀眼中流露出一丝好奇。

“阿托曼，看看谁来了！”

金雀大叫一声，一个红光闪闪的机器人在草坪上蹦跳着，就像把人的上半身接在了犬的肩部，一个机械版的半人犬。

新版阿托曼立即辨认出银雀的脸，右前足滑稽地屈膝，做出鞠躬的动作，眨着三只摄像头眼球问候道：“好久不见了，银雀。”

银雀嘴角闪过一丝笑意，阿托曼僵硬地举起手。

“孩子们，开饭了，都过来搭把手……”在烧烤架前忙活的俊镐喊道，金雀的新兄弟姐妹们——15岁的贤祐、11岁的始祐和8岁的淑子都跑了过去，摆放餐具和食物。

“一会儿聊，我得去帮忙了。”金雀吹了声口哨，阿托曼也跟了过去。

“你哥哥好像没那么难相处……”安德烈斯打趣道。

银雀撇撇嘴。

俊镐的烧烤技术乏善可陈，幸好朴家还有私家大厨作为后备。

餐桌上，安德烈斯和雷伊观察着朴家的孩子们，哪怕只是选择一把叉子，他们也分外谨慎、矜持。金雀丝毫没有之前在源泉学院里的那种漫不经心。他用眼角瞟着兄弟姐妹们的动作，生怕出错。尽管是户外野餐，气氛却格外隆重。

银雀则一如既往，用叉子不停搅拌着盘子里的土豆泥，发出刺耳的金属摩擦声。女主人慧珍不时斜眼关注，却又不好说什么。

为了活跃气氛，安德烈斯不得不主动挑起话题，“金雀，你的机器人真是酷毙了，是怎么想到给它挑这么个身体的？”

“爸爸说这是最新最好的型号，我们就选了它。没什么特别的原因。”金雀看了一眼俊镐。

“永远要给孩子最好的……”俊镐擦了擦下巴。

雷伊冷冷地回应：“可‘最好’是个相对的概念，我们觉得最好的，对于孩子来说则未必，不是吗？”

“在我们这里不是。”俊镐和慧珍相视一笑，“我们所说的最好，就是这世上所能得到的最好，无论是度假、保险、教育，还是机器人。金雀，说说今天上午都学了什么？”

“价格是指你支付了多少，价值是指你获得了多少。”（Price is what you pay. Value is what you get.）金雀不假思索地说道。

“什么？”安德烈斯一头雾水。

“巴菲特在2008年金融风暴时写给投资人的一句话。投资界的一点老派智慧。”俊镐嚼着牛排解释道。

“也许是我太浅薄。”雷伊不顾丈夫的眼色，表示不屑，“可让一个6岁孩子学这种东西是不是太荒谬了……”

“是吗，我亲爱的艺术家？”俊镐说，“以前的孩子被迫记住许多没有用的东西，但对于自己的未来并没有什么概念。多亏有了AI，信息不再是零散的砖块和泥沙……”

慧珍终于找到了插话的机会：“历史上没有任何一位人类教师，没有一所学校能够做到这样的事情，但AI可以。就像俊镐说的，AI能够帮孩子规划未来的蓝图。”

“金雀将会成为了不起的投资人，他的雪球比其他人都滚动得更早。”俊镐补充道。

“所以你让一个算法来规划你孩子的未来？”雷伊继续反驳。

朴家的孩子都停下了刀叉，面露不安。

“以前我们常说，知子莫若父。现在我们不得不说，知子莫若AI。”俊镐自信地回应，“没有任何一对父母能够比AI更了解自己的孩子，不管在哪个层面。金雀的数学已经达到了10岁孩子的水平，模式识别能力甚至超过了始祐。我们不该浪费这样的才华。”

他丝毫不顾及儿子始祐脸上的不快。

“我理解艺术家们总是会有一些浪漫的想象，可在教育孩子这件事上，你别无选择。”慧珍微笑着点了一下金雀的鼻尖，“何况，我们也并没有要求金雀一定要成为什么样的人。宝贝，你可以成为任何你想成为的人，对吗？”

金雀心领神会地一笑，脱口而出：“我想成为爸爸那样的人！”

俊镐和慧珍大笑起来，安德烈斯和雷伊交换了一下眼神。

一声尖利的金属撞击声，银雀把叉子弄到了地上，他的手上、脸上和头发上都沾满了饭菜的汁水和残渣。

“我要回家……”银雀低声呢喃。

* * *

从那之后，银雀拒绝与哥哥的一切联系。

安德烈斯和雷伊无可奈何，只能如实告诉金妈妈，这才知道两人之前的矛盾。雷伊十分理解儿子的感受。

安德烈斯和雷伊夫妇是和朴氏夫妇完全不同的父母。他们的身份似乎很难界定：新媒体艺术家？网络红人？环保活动分子？学者？心灵导师？

他们既是工作伙伴，又是生活伴侣。他们称自己为“有技艺的人”[1]，崇尚的是所谓“科技文艺复兴”的主张，在科技被当成神灵一样受到盲目崇拜的时代，他们努力用美学、创造力和大爱重新找回人类失落的价值与尊严，恢复人与自然万物的连接。

在雷伊看来，当下的AI教育完全是本末倒置，让算法凌驾于人之上，孩子被训练成过度竞争的机器，这只是旧时代应试教育的升级版。真正的教育更应该关注心智的成长，让孩子通过向内探索提升自我觉知，培养同理心、沟通等“软技能”，成长为内心丰盈且自由独立的“全人”。目前的AI做不到这些。

但银雀让雷伊看到了一种可能性。

她被这个男孩的作品深深打动，并不是因为银雀在技巧层面上的早熟，而是因为他的发自内心的、充满生命力的好奇心。如此纯粹的好奇心只可能存在于孩子身上。

安德烈斯则对索拉里斯——那个帮助男孩创作的AI伙伴，更感兴趣。是什么样的条件触发这个AI摆脱了惯常的竞争模式，进化出新的逻辑？银雀特殊的认知和情感模式是否打破了AI以强化竞争为导向的反馈循环，转向对内在自我的探索？

在朴家尴尬的聚会，也让安德烈斯和雷伊更加看清了自己不想走的那条路。

因此，当升级索拉里斯的时候，他们充分征求银雀的意见，小心地做了数据备份，这些数据不仅仅是索拉里斯的记忆，也是银雀生命的延伸，就像一块脆弱的水晶，需要得到悉心保护。

虽然没有阿托曼那样酷炫的机器躯体，但银雀在接入升级版索拉里

1　即Homo Tekhne。“Tekhne”一词源于希腊语，可以粗略地翻译成“技艺”，既包含我们普遍理解的艺术，也囊括了人类利用自己主观能动性去改造世界的一切科技与工艺。

斯时，仍然感受到了强大的力量。他觉得自己就像一个蒙着眼睛走夜路的人，突然在日光底下睁开了双眼。

一开始，他还像在源泉学院里那样，喜欢窝在属于自己的角落，一待就是一天。索拉里斯会根据指令，生成小小的虚拟泡泡，将他包裹起来，在他眼前投射出各种视频流和信息碎片。视觉旋涡能够帮助银雀进入一种平和的“心流”状态。

安德烈斯和雷伊看着空旷的Loft空间里那个蝉蛹般的身影，劝慰彼此，再多给他一点时间来适应。

也许是因为没有其他孩子的侵入，也许是索拉里斯的自适应能力起了作用，虚拟泡泡的边界缓慢扩张，银雀的活动范围越来越大。终于，泡泡包裹了整间Loft。

这是一种完全不同的空间尺度感。银雀突然发现自己并不是讨厌运动，只是害怕与其他孩子产生肢体上的碰撞。而现在，他可以爬，可以跳，可以奋力追逐着索拉里斯生成的虚拟兔子，喘息，流汗，感受心跳加速的快乐。

他想起了煊的话，也许这就是走出笼子的感觉。

他想要走得更远，但首先得知道自己从哪里出发。

索拉里斯让银雀完成了许多测试，帮助他建立起全面的自我评估模型，既包括语言理解及表达、计算、分析、推理及决策等认知能力，也包括肢体动作、开放性、情商等维度。

结论并不令人惊讶。他的认知能力与同龄人并没有差异，甚至在信息整合与分析能力上还要更强，但是在人际沟通方面，他的分数就直跌深谷。

银雀没有办法分辨对方的语气究竟是善意还是恶意，是真诚还是讽刺，使用的是词语的本义还是比喻，更搞不清楚潜台词。在这一方面，他和20年前的AI并无差别。

但银雀也有一项能力远超同龄人的平均值：创造力。

看着由图表、曲线和分数定义的自己，银雀不禁想起自己的哥哥，想起两人是如何闹翻的。一个问题在他脑海里悬而未决。

*如果我变得像其他孩子，事情会不一样吗？*

* * *

朴家的孩子都必须恪守家训：人尽其才。

这句话隐含两层意思：一是，你从这个家庭得到了最好的支持；二是，你必须让自己尽一切努力配得上它。

金雀也不例外。

从被收养的第一天起，他便因为在源泉学院里养成的“不良习惯”吃尽苦头。俊镐笃信纪律的力量，这是他事业成功的根基。

金雀再也不能恶作剧了，否则俊镐就会把他“静音”——让智能家居系统在一段时间内都无法识别他的声音，金雀的任何指令都将失效。

这对于渴望被关注的金雀来说无异于一场酷刑。

很快，这个男孩就学会了如何控制说话的音量、脚步的轻重，以及正确使用刀叉的方式。

阿托曼也得遵守规矩。俊镐给金雀的AI伙伴进行了全面升级，什么时段、什么场合不能唤醒阿托曼，共享XR视野的礼节，哪些房间设置了数字围栏，都有规矩。更不用说像金雀从前那样随意黑入电器和家居系统了，在俊镐看来这样的行为简直等同于犯罪。

阿托曼升级后的能力更多地集中在辅助学习、认知优化工具箱和职业路径规划上，每一项都离不开AI强大的数据处理能力。

一开始，金雀内心充满了抗拒，他想起在学院里可以随心所欲地奔跑嬉戏的日子，甚至还想起银雀，就连捉弄弟弟的快乐都变得那么遥不可及。他经常在丝缎面的床褥中哭着入睡。

可慢慢地，他看到了朴家几个孩子的优秀之处。贤祐已经手握好几项生物技术专利，始祐参与设计的量子信息传输实验正在中国空间站上进行测试。就连淑子，那个爱哭的小公主，也要作为学生代表在联合国气候变化大会上宣读报告。

人尽其才。

这句话像一根刺，扎在金雀心里。每当他想要偷懒松懈的时候，这根刺就刺痛他，让他心生愧疚。

相比之下，还是虚拟教室让他感觉更舒服些，那些游戏式的关卡、积分和虚拟道具，都是金雀最擅长的，更不用说还有好玩的同学们。

尤其是那个叫伊娃的金发女孩，就像从动画片里走出来的，让金雀舍不得把眼睛移开。伊娃的声音那么甜美，那么友好，她总能察觉出金雀情绪的变化。她会扑闪着睫毛说：

"金雀，这道题确实有点儿难，我们试着换个角度想想……"

"金雀，你太厉害了，我怎么就没想到这种解法呢，麻烦你再示范一次好不好……"

每当这时候，金雀便会充满了动力。在阿托曼的帮助下，他也经常为伊娃讲小笑话、变魔术，或者送她小礼物，当然所有这些都是虚拟的。伊娃总会发出咯咯的笑声，回赠给他粉红色的心形光环，还带有悦耳的风铃声，这是金雀为数不多的真正开心的时刻。

在最近的几次数学测试里，金雀都拿到了班级第一，他告诉俊镐，希望得到父亲的肯定。父亲看完成绩，淡淡一笑："金雀，如果这么容易就感到满足，只能说明你设置的目标太低了。"

第二天，金雀惊讶地发现伊娃变了，虽然他也说不上来哪里变了。伊娃还是那么光彩夺目，只是声音和语气变了，变得有几分严肃，甚至有点像爸爸的口吻。

"金雀，这么粗心可不行，再好好检查一下……"

"金雀，怎么又错了，同样的题明明已经出现好几次了……"

甚至连阿托曼的小花招都不管用了，伊娃对于笑话和礼物置若罔闻，像是完全变了个人。

金雀伤心欲绝，他问阿托曼："伊娃是不是不喜欢我了……"

阿托曼歪着脑袋，三只蓝色眼睛闪烁不定。

"难道是因为我没帮她提高成绩？"金雀问道，"阿托曼，查一下伊娃最近7天的学习表现曲线。"

阿托曼眼中投射出一幅彩色图表，迅速展开放大，投射在男孩面前的XR视野中。金雀用手指滑动时间坐标，发现所有曲线在同一个时点有了跳跃式的提升。

"难怪她变聪明了许多……伊娃究竟怎么了？"

"很明显，她被调整了参数。"阿托曼回答。

"调整了参数？"

金雀瞪大了眼睛。真相大白，伊娃只是另一个AI伙伴，父亲调整了她的个性和学习水平。是AI生成的人类表情和行为过于真实，以至于能混在虚拟教室中丝毫不露马脚，还是说他太渴望得到伊娃的陪伴，以至于刻意忽略了许多明显的破绽？

金雀眼前飘过金发女孩的面孔和笑声，像是失手打破的水杯，再也拼不回来了。

那天晚上，金雀又在被窝里默默流泪。房间外一阵脚步声传来，他匆忙拭去泪水，假装睡着了。有个人坐到床边，是慧珍。

"告诉我，是不是生爸爸的气了？"

金雀从被子底下露出半张脸，委屈地点点头，又摇摇头。

"……我气的是自己，我太笨了，都看不出来她是个AI女孩……"

"傻孩子，"慧珍揉乱金雀的头发，"连我很多时候都分不出来。AI系统知道你喜欢什么样的女孩，还能让你觉得她特别懂你。但那些都不是真的，只是为了激励你努力学习。"

"爸爸是不是对我很失望……"

"怎么会呢。爸爸调整了参数，是想让你明白，拿到最高分并不意味着实力最强。他希望你能不断克服身上的弱点，成为最优秀的人。这是朴家孩子必须承担的期望。”

金雀点了点头，咬紧嘴唇。

* * *

日子一天天过去，银雀飞快地长大，但在某些方面，他又像是一只背负重壳的蜗牛，只能缓慢地、一点点地向前爬去。

雷伊和安德烈斯尝试过专门针对阿斯伯格儿童的在线学校。银雀可以通过索拉里斯接入虚拟教室。AI系统根据每一个孩子的认知水平和行为特征，为他们创造出虚拟同学和老师。因此从界面的视觉风格到每句话的语气，所有的互动都是高度个性化的。

但它适应不了银雀的需求。

每当他进入虚拟教室，便会表现出焦虑不安。尽管所有的Avatar都表现得像典型的阿斯伯格儿童，但对他来说也完全无效。银雀一眼就能分辨出那些虚拟同学和老师的每一句话的目的，它们想要训练哪些技能，强化哪些知识点。一切都是那么虚假而割裂，就像是让孩子通过收集每一片树叶来重新想象一片森林。

是索拉里斯的数据反馈而不是银雀自己，说服父母停止了这项尝试。

通常来说，孩子的法定监护人可以自动获取AI伙伴的数据权限。但雷伊知道银雀不是普通的孩子，他需要更多的隐私与安全感。因此她和银雀达成协议，在银雀满10岁之前，未经银雀同意，她将不能查看索拉里斯的任何数据。

安德烈斯对此不以为然，在他看来，数据的价值并不仅仅在于可以帮助孩子，也在于可以帮助父母。

如果没有索拉里斯，他们不可能知道多远的身体距离对于银雀来说是最舒适的，更不可能知道男孩重复性的强迫行为代表着怎样的心理活动。

这让安德烈斯对自己成长的年代感到很遗憾，因为在那个年代，他并没有像索拉里斯这样的AI伙伴，可以帮助父母看清种种以爱的名义造成的伤痛。这些伤痛也许一辈子也不会愈合，只能随着时间的流逝被带进坟墓。

也许对于人类之爱，银雀没有他的父母理解得那般深刻，但是索拉里斯给了他另外一种探索自我的工具——艺术。他浏览过历史上不同时期、不同流派的代表作品，理解形式与风格背后的观念差异。它们代表了看待世界的独特视角，而现在，他要寻找属于自己的那一种。

在14岁的时候，银雀领悟到自己需要学习的东西并不在课堂上、书本里或抽象的逻辑结构中。他需要的是与这个世界产生真正的连接，去接触那些活生生的人，去感受自然界的神奇，去体验时空的变换。

可他却不能。

他被囚禁在这具脆弱的肉体里，这具肉体甚至不能由他任意操控，种种不适、惶恐、陌生与羞耻感，让他无法从虚拟茧房中踏出半步，去直面广阔的天地。

银雀只能寻求一种替代性的解决方案。

他能在台东兰屿岛的落日中追逐金凤蝶，在柏林的地下俱乐部看青年人彻夜疯狂，在圣城康提听僧人诵经晨祷，在北冰洋寒冷的海面上等待极光。

这一切都多亏了索拉里斯强大的虚拟现实技术，如今整合了更精细的视听触觉、耳蜗平衡、体感模拟等功能，全方位的沉浸感与20年前不可同日而语，通过超低延时的传输速率，AI算法能根据个体差异实时调节一切。

这不但从认知层面帮助银雀理解了人类经验的多样性，更从情感层面帮助他领悟到了与天地万物的连接。VR所带来的喜悦与惊奇如河水漫溢，从少年身上流过。

在这一过程中，银雀被一些东西困扰着。那是一些幻觉、梦境，在清晨或者深夜，朦朦胧胧中，他能够看到自己的哥哥金雀，或者阿托曼，无论是红色机器人的虚拟形态，还是银光闪闪的半人犬机械状态。他们似乎在呼唤着银雀的名字。

一开始他以为那只是幻觉。他看过诸如此类的研究，大脑会无中生有地制造出虚假信息，就像AI能够将数据中的噪音过拟合（overfit）成某种模型。心灵也能够将人生的问题抽象成模型，以某种弗洛伊德的方式，投射到梦境、口误、强迫症或者涂鸦中。

终于，银雀不得不接受这一点，他在内心中还埋藏着对哥哥如此深切的渴望。

随着时间的推移，碎片出现得愈加频繁，带来某种真切的痛苦，如同眩光或偏头痛，不时发作。他开始怀疑是否自己患上了某种精神疾病，或者这就是传说中的双胞胎之间存在的精神感应？

这种纠结的感受困扰着银雀。在他短暂的人生中，银雀从未感觉自己被人如此强烈地需要过，哪怕在金妈妈、煊、安德烈斯或者雷伊的身上。

他要找到这召唤的源头。

* * *

金雀最近备受挫败。

并不是因为学习或者青春期的心事。

挫败感来自金雀的心愿：成为一名像父亲那样顶尖的投资银行家。

与其他职业相比，这个职业的发展路径无比清晰，就像雪地里车轮的印迹。

首先，他要了解一家公司，学会如何从公开渠道收集资料，根据历史数据建立财务模型，从当前经营状况对未来做出预测。然后，把这家公司放到整个行业上下游的价值链里，分析它的优劣势、风险与机会。最后，总结成一份具有参考价值的投资报告。

整个过程有点像做咖啡，如果你有优质的咖啡豆（数据），适当的研磨和冲压工具（模型），就能得到一杯香浓细腻、层次丰富的上等咖啡（观点）。

把上面这个过程重复许多遍，积累行业经验，提升分析能力，你就可以从助理研究员一路升到高级合伙人。

就像游戏里的打怪升级，一切都可以被量化。随着财富不断飙升，肾上腺素和多巴胺也随之上扬，让人无比上瘾。

在基金模拟游戏中，金雀证明了自己的天赋。就连俊镐都对儿子的直觉赞叹不已，仿佛看见了年轻时的自己。

可在现实中的第一道关卡，金雀就败下阵来。

金雀在父亲的投资组合里选择了一家游戏公司进行研究。他花了一个月时间做出一份像模像样的投资报告，包括对公司旗下几款游戏的试玩体验。他信心满满地把报告交给父亲。

俊镐花了10分钟翻完后，丢给金雀一个文件。

打开文件，金雀发现是对同一家公司的另一份报告。无论是数据之全面，还是最后结论之有力，都完胜金雀精心准备的版本，甚至还发现了游戏玩法的漏洞。他气急败坏地翻到最后去看调研团队，发现这竟是一份由AI系统自动生成的报告。

“猜猜看，这报告花了多长时间？”俊镐嘴角含笑，“比我看你的这份报告的时间还短。”

“这……这不公平。”

“哪里不公平了？年龄？资历？行业经验？我告诉你，这份报告的水平超过我现在团队里80%的分析师，而花费的时间还不到他们的1‰。现实就是这么残酷。”

金雀变得脸色煞白：“那我该怎么办？”

“怎么，被吓倒了？这可不像我们朴家的作风。我说了，AI系统超过的是当下80%的分析师，你要成为的是金字塔尖上的1%。”

“可是以AI系统的进化速度，那也只是时间问题，看看阿托曼！”

现在的阿托曼比当年源泉学院的版本强大了不知多少倍，而且是从算力、算法、外围设备到适用场景的全面超越。

俊镐往椅背上一靠，露出一贯的嘲讽的笑：“儿子，是战是逃，你都改变不了现实。”

金雀离开了父亲的办公室，胃里像蜷着一条又冷又硬的蛇，它缓缓蠕动，卷成一团，可又吐不出来。

他明白，如果光比拼数据收集和结构分析这种硬技能，人类不可能是机器的对手。人类唯一可能超越AI的领域，只可能在机器无法触及之处，那是属于人类感性与直觉的领域。

金雀决定去找游戏公司里的员工聊聊。

一开始这些真实的人类让金雀头疼，他们不像虚拟课堂里被设置好参数的AI同学，会跟着脚本表演。每一个员工都有各自的脾气和习惯，只是为了照顾金雀父亲的面子，才勉为其难地跟他见面。

如何过滤这些信息，使其沉淀成有价值的判断，这可比分析数据和财务模型难多了。就连阿托曼也对此无能为力，它能够识别出微表情的变化，却无法解读出这些变化背后的复杂含义。

金雀开始明白为何在父亲的社交圈里，大部分功成名就的伙伴都是长者。要读懂人类，需要漫长而平缓的学习过程。

他觉得自己选择的路径是正确的，于是便愈加起劲地利用父亲的人脉约见企业家、内容创作者、工程师和销售主管。这些人也被金雀的专业能力与倔强所打动，把他当成一个真正的研究员来对待。

看起来事情在朝着好的方向发展，除了有时候他会做一些怪梦。

金雀会梦见自己的弟弟，那个安静的阿斯伯格男孩，和他变形虫般的AI伙伴——索拉里斯。梦境的时间线混沌不清，银雀时而依旧年幼，时而长大成人。那个少年虽然变得高大，脸上却还保留着专注的神情，仿佛整个世界都与他无关。

梦中有时也会出现童年的场景。现在，拉开时间的距离后，金雀得以重新审视两人的关系。他感到悲哀，为弟弟，更为自己。当年那些幼稚的挑衅，无非是为了争取他人的关注，甚至连阿托曼也不过是个吸引眼球的道具，一个小丑。他以为自己和阿托曼得到了众人的喜爱，到头来，却发现在他人眼中自己只是一个惹人厌烦的淘气鬼，阿托曼只是一个浮夸的红色机器人。

有时醒过来，金雀会分不清自己究竟是在梦里，还是回到了现实中。这么多年过去了，似乎他还在重复着同样可笑而毫无意义的表演，只是为了得到父亲一个赞许的眼神。

只有在这些时刻，16岁的少年金雀才会在人生的快车道里稍事停歇。也就是在这些时候，他的心中会涌现出一种强烈的渴望，希望能再见到弟弟。

可他却不能。

心理医生告诉他，这是一种由于压力过大所导致的倦怠，持续发展下去，很可能会变成抑郁和认知障碍。

“我见过很多像你这样的孩子，非常优秀，甚至可以说完美，可问题恰恰出在这里。”心理医生微笑着，措辞谨慎，“你有没有想过，也许这一套信仰系统并不那么适合你。你想让自己整个人生的价值与意义都建立在赢的基础上，要不计代价地超越竞争对手吗？”

“这有什么问题吗，大家不都是这样吗，难道这不是一种进步吗？”

“可人不是机器，不能光靠数字和胜利活着。你的量表结果告诉我，你的外部期望和内在驱动力并不一致。难道只是因为所有人都告诉你这样做是对的，你就要把一头大象塞进冰箱里吗？”

金雀像一只受伤的鸟儿，眼神黯淡，“那我的梦呢……”

医生的声音变得很柔和：“你有没有想过，那个梦也许代表了你内心最真实的感受？”

＊＊＊

在金雀搞清楚他的梦境之前，现实中的另一场噩梦提前登场。

一家名为Mold的独立游戏公司推出了即时策略游戏DREAM。这款游戏带来了革命性的冲击。AI在整个游戏的开发过程中占据了绝对主导地位。

从创意构思到关卡设计、测试，再到编写NPC脚本……一切从事以往需要耗费庞大预算与漫长工时的工作的员工，包括视觉艺术家与技术团队，都被机器取代了。

最重要的是，玩家们也为这款游戏而疯狂。

Mold的野心没有止步于游戏本身，他们开放了一系列的AI游戏生成工具代码，帮助所有小型工作室、独立游戏开发者，甚至没有专业背景却一腔热情的玩家，在自家车库或卧室里创造出一款体面、好玩的作品。

整个行业应声而动，大游戏公司股价暴跌，它们纷纷宣布加入这场AI军备竞赛，以免被时代浪潮所淘汰。

金雀再次来到父亲办公室，一副被完全打败的样子。

“都结束了。”

“什么结束了？”俊镐不解。

“整个行业，游戏行业，它本该依赖于人类的创意与情感，可现在，他们把这些都交给了AI。”

“我以为这才是未来。”

“你又不玩游戏。你根本不懂！”

“我不懂？”俊镐大笑着，庞大的身体往后仰去，压得人体工学座椅一阵乱响，“小时候我玩《侠盗飞车》的时候就想过，为什么NPC不能表现得更聪明点，后来在《光晕》里，外星人终于能够协作进攻了，但还是离现在主流的无脚本、程序化的NPC差太多了。”

金雀瞪大了眼睛，他从来不知道父亲还有这一面。

“《使命召唤》《英雄联盟》《塞尔达》《精灵宝可梦Go》……当年我玩这些游戏的时候总是会想，为什么不能根据我的反应速度、操作习惯和偏好来实时调整游戏？就像Alexa或者Siri一样，你用得越久，它就越懂你。为什么游戏不行？”

“可是，可是我所有的分析……现在都不重要了。”

“儿子，当你无法改变世界的时候，就要改变自己。”父亲一下子严肃起来，“这样的事情会一再发生。对于你来说，关乎的只是一份报告；对于成千上万的人来说，关乎的是养家糊口的工作。再强大的公司都可能在一夜之间倒闭，行业可以消失，技术可以过时，人总能摸索着找到出路。”

金雀眼中涌出了泪水：“我永远也不可能在这个行业打败AI技术，我永远也不可能成为你……”

父亲叹了口气，少见地在儿子面前点燃了雪茄。

“儿子，你不应该成为我，你应该成为你自己，这是你的人生。”

“可我以为……”

“一开始我确实有这种想法，我甚至改造了阿托曼，让你的整个学习和成长轨迹都尽可能符合我的计划。可你不快乐。你是个好孩子，你努力满足我们的所有期望，可那不是发自你的内心……”

俊镐吐出一口味道浓烈的烟雾，对面是少年迷惘的脸。

“……后来我想明白了，那不是我和你母亲想要的。我们想要的，是一个能够发现生命的新奇与美好的自由个体，就像你第一次玩某个伟大游戏时的感觉。你明白我的意思吗？”

金雀魂不守舍，某种一直以来指引着他人生方向的东西消失了，像航船没了灯塔，鸽子没了磁场。

他离开了父亲的办公室，在路边坐下来，迷茫地看着人来人往。阿托曼用轻柔的震动提醒他，有一条新消息。

金智英院长邀请您参加源泉学院校庆。

* * *

又是一个完美的春日，源泉学院里十分热闹。草坪鲜绿欲滴，像是打翻了颜料桶，鸟儿从巢里探出头，叽喳嬉闹，好像在迎接客人光临。

今天是源泉学院校庆日，也是校园扩建后第一次对外开放。新的校舍和教室能容纳更多的孩子，也融入了更多的新技术。不仅如此，源泉学院倡导的“儿童＋AI”教育模式在过去10年间被推广到世界各地，成为最受欢迎的特殊教育机构成功典范。

满头银丝的金智英院长不停地与新老朋友打着招呼。趁着校庆，她把之前从学院毕业的孩子都请了回来。

院子里，已经成为世界级运动员的旧日学生在带着孩子们做游戏，他们的笑声洒满了整个院子。活动室里，毕业生们与孩子们（以及他们的AI伙伴）一起，在XR视野中现场搭建虚拟的火星基地。

金雀低调地避开了所有熟人，也不参与任何活动。他躲进了当年的旧IT室，这里灯光昏暗，许多设备都还没来得及搬到新的IT管理中心，堆了一地。

他惊讶地发现了那台老式vMirror，套着透明防尘罩，静静地靠在墙角，像是一段被遗忘的记忆。

他接通电源，开机，熟悉的界面跃然眼前。金雀笑了，往事涌上心头。

多少个夜晚，楼在这里教他如何操作系统，想把他培养成源泉学院的IT维护者。可是他却破坏了一切，用楼教给自己的技术，毁掉了弟弟银雀的心血之作。

金雀摇了摇头，一切恍如隔世，心痛的感觉却历历在目。

他试着在vMirror上输入当年的密码，结果是意料之中的错误。他突然想哭。

这么多年，他一直希望自己能够成为赢家，尤其要成为双胞胎中更优秀的那一个，更招人喜欢，有更多朋友，获得更高的奖项，有更好的领养家庭……他努力赢得一切，最后却一无所有。

3次输入密码错误，系统被锁定。金雀粗暴地关掉机器。

漆黑的镜子里，金雀看到另一个人从身后房间的阴影中走出，缓缓靠近，一道光照在那个人的脸上，金雀发现那竟然是他自己。金雀惊慌地转过身，看到那张熟悉而腼腆的笑脸，一张10年未见的笑脸。两个人从体形到面孔都难辨彼此，只是发型和衣着赋予了他们不同的风格，一个如金子般明亮热烈，一个如银子般冷静沉稳。

“你怎么知道我在这……”

“煊看见你往这边走了。你还好吗？哥哥。”银雀已经长大成人，却还是一脸孩子气。

“我很好，挺好的，我……”金雀停下，深吸了口气，“不，我不好，一点也不好。”

“我知道。”

“我……我不知道该怎么说，我总能看到你，我不明白那是什么……”

“我也能看到你。”

“听着，我只想说对不起。对于发生过的一切……”

“我知道。”

金雀伸出双臂想拥抱弟弟，却想起银雀并不习惯身体接触，双臂尴尬地停在半空。银雀上前一步，抱住哥哥。金雀忍不住泪流满面。

“你知道吗？”银雀又退回到安全距离。

金雀扭头抹泪，“什么？”

“那是煊搞的鬼。”

“你在说什么？”

“金妈妈知道我们断了联系，让煊在阿托曼和索拉里斯的底层代码里搭了一个秘密通信协议，它会随机进行数据采样，生成XR视频流，嵌入对方正常的信息层，非常厉害的操作……”

“原来如此……”金雀恍然叫道，“所以，是阿托曼和索拉里斯把我们带回这里……”

“……并让我们真正认清彼此。”

“我不明白……”

银雀指了指自己心脏的位置，“我能感受到你的痛苦，不是用理智，而是用心。索拉里斯教会了我，就像阿托曼教会你很多东西一样。”

“我唯一学到的是，我的人生毫无价值，什么狗屁职业发展路径……我现在什么都不是，什么都干不了！”金雀将拳头狠狠地砸在桌子上。

“当你毁掉我的作品时，我也这么想。可现在，我在这里，甚至比以前更好。你也会好起来的。”银雀说出这句话时，声音里没有一丝责备，仿佛只是在陈述某种自然现象。

“可……可我不知道该怎么重新开始。我就像被绑在过山车上，只能任由它疯狂地转下去。”

“你有没有想过，也许，我们可以交换人生？”

“交换……人生？”

“抱歉，我不是很擅长打比方，应该说，换一种看待世界的方式。”

“我还是不明白……”

“看到你的时候，我意识到一件事情。AI塑造了我们，我们反过来也塑造了AI。我们就像两只青蛙，各自造了一口井，只能看到一小块天空，却以为那是整个世界。你的阿托曼，我的索拉里斯，都一样。如果我们把两口井打通，就能看到更大的世界。也许一切都会不一样。”

“让阿托曼和索拉里斯合体？”金雀终于明白了，两眼闪闪发光，“变成一个新的AI伙伴！就像重新开始游戏一样。”

“你懂了。”银雀会心一笑，“人生不应该只分胜负，它是一场有着无限可能的游戏。”

“你真是个天才。”金雀兴奋地伸出拳头，又赶紧收手。

“我们快去找煊和楼吧，这事没他们帮忙可不行……”

这么多年来，金雀和银雀第一次如此默契地点头微笑。此时，他们眼中的对方都恍如镜子里的自己。

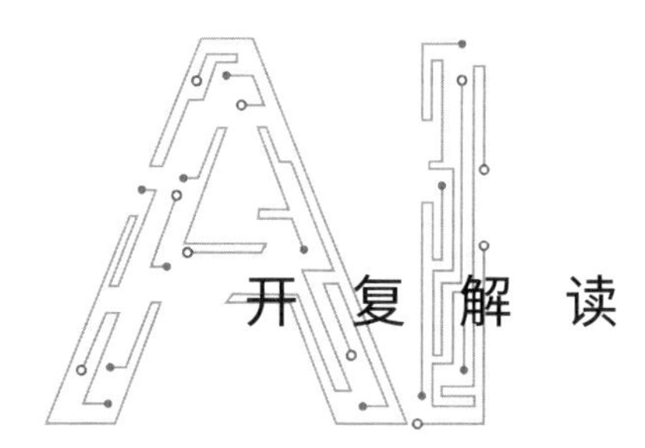

# 开复解读

在本章《双雀》的故事中，源泉学院为双胞胎兄弟金雀和银雀分别配备了一个时刻陪伴他们的“AI伙伴”——阿托曼和索拉里斯，它们不仅是全能的个人助手，能为兄弟俩处理日程管理、任务协作、数据共享等事务，而且是兄弟俩心中“最好的朋友”。

作为AI能力的集大成者，AI伙伴融合了各种复杂的AI技术。在本部分，我会先重点介绍AI伙伴处理并理解人类语言的技术能力——自然语言处理（Natural Language Processing，NLP）。

在接下来的20年里，人类是否有机会像故事中所描绘的那样，与先进的AI伙伴建立和谐关系？我想，毋庸置疑，这件事将发生在孩子身上。孩子在主观上把身边的玩具、宠物等拟人化是一个较为普遍的现象，有时他们甚至会与“假想朋友”沟通交流。这是AI伙伴诞生的绝佳机会，人们可以借此为孩子提供个性化的学习方式，帮助他们学习AI时代的关键技能，例如创造力、沟通技巧以及同理心。与人类一样，AI伙伴能够与孩子对话、倾听孩子的想法、理解孩子的心声，这将为孩子未来的人生发展带来巨大的影响。

接下来，我将对有监督学习和自监督学习这两种NLP技术进行分析，它们是让AI伙伴在未来成为现实的技术基石。然后，我将回答大家关心的问题：当AI学会了我们的语言后，它是否就能成为“通用人工智能”（Artificial General Intelligence，AGI）？最后，我将介绍AI应用在教育领域的发展路径、AI与教师的完美搭配，以及未来AI教育的无限可能性。

## 自然语言处理（NLP）

AI研究的核心目的，是希望计算机拥有与人类一样的智慧和能力。而语言，则是人类最重要的思维、认知与交流的工具。历史上，人类智慧的每一次进步都离不开语言“开路”。因此，如何让计算机有效地理解人类语言，进而实现人机之间有效的信息交流，被视为AI领域最具挑战性的技术分支。

自然语言是人类通过社会活动和教育过程习得的语言，包括说话、文字表达以及非语音的交际语言，这种习得的能力或许来自先天。AI发展史上著名的“图灵测试”，就是把利用自然语言进行交流的能力当作判断机器是否已达到拟人化“智能”的关键指标——如果机器在对话交流中做到成功地让人类误认为它也是“人类”，就意味着机器通过了图灵测试。

长期以来，对NLP的研发推进是AI科学家的重要议题，他们希望通过算法模型让AI拥有分析、理解和处理人类语言的能力，甚至可以自己生成人类语言。从20世纪50年代起，计算语言学家就有过这样的尝试：使用教孩子学习语言的方式去教计算机，从最基础的词汇、语法开始，由浅入深，逐步深入。但进展缓慢，效果并不显著。直到近年，深度学习技术横空出世，打破僵局，使科学家在教计算机学习语言这件事上，彻底摒弃了传统的计算语言学方法。

这背后的原因其实不难理解。在“学习”方面，深度学习技术具有得天独厚的优势——不仅可以轻松掌握复杂的词汇关系和语言模式，还能凭借“计算机学生”的特性，通过源源不断的数据汲取更多知识，进而实现能力的扩展。因此可以说，在深度学习技术出现后，计算机学习人类语言变得事半功倍。

在深度学习技术的支持下，NLP领域每项检测标准的纪录都不断被刷新，特别是在2019~2020年，这个领域出现了很多令人兴奋的关键性突破。

## 有监督的NLP

在前面的章节中，我们介绍过有监督学习的方法，过去几年来，几乎所有基于深度学习的NLP算法模型都使用了这种方法。

“有监督[1]”意味着在AI模型的学习阶段，每一次输入时都要提供相应的正确答案。成对的标注数据（输入和“正确的”输出）被不断“投喂”给人工神经网络，用于AI模型的训练，然后AI模型学习生成与输入相匹配的输出。还记得前面提过的用AI识别带有猫的图片的例子吗？通过上述有监督的深度学习，AI将被训练得可以输出“猫”这个标签。

对于与自然语言相关的任务，目前也有一些标注好的现成数据集，可以用来“投喂”给有监督的NLP模型。例如，联合国等机构组织建立的多语种翻译数据库，就是有监督的NLP模型的天然训练数据源。AI系统可以利用这些数据库中成对的数据进行训练，例如，把上百万个英语句子，以及与其一一对应的由专业翻译人员翻译好的上百万个法语句子，作为模型的输入—输出训练数据。通过这种方式，有监督学习的方法还可以用于语音识别（将语音转换成文字）、语音合成（将文字转换成语音）、光学字符识别（将手写体或图片转换成文字）。在处理这类自然语言方面的具体识别任务时，有监督学习非常有效，AI的识别率超过了大多数人类。

除了自然语言识别，还有一类更复杂的任务——自然语言理解。只有理解了人类语言所表达的“意图”，计算机才能采取下一步行动。例如，当用户对智能音箱说“放一首巴赫”时，智能音箱首先需要理解用户要表达的真正意

1 注意，这里的“监督”并不是指简单地把确切的规则“编程”到AI系统中，正如第一章所介绍的，这样做是行不通的。

图——播放作曲家塞巴斯蒂安·巴赫的一段古典音乐，而不是字面意义上一首叫《巴赫》的曲子——它才能对用户的指令做出正确回应。再如，当买家对电商平台的智能客服机器人提出“我要退款”时，进行对话的机器人必须先明白买家的意图，才能指导买家申请退货，然后退还买家的货款。但是，人类表达“退款”这个意图的方式多种多样，比如会说“我要退货”“这台烤面包机出故障了”，等等。因此，有监督的NLP模型的训练数据应尽量穷尽针对同一种意图所可能使用的尽可能多的表达方式，但是只有经过人工标注的数据才能训练出有效的语言理解模型。

在自然语言处理领域，有监督学习催生出一个新的职业——数据标注，这个职业在过去20年里不断发展壮大，甚至成了新的就业方向。举个例子，我们可以看一段在航空公司的定制化客户服务系统中，经过人工标注的有监督的NLP模型的训练文本：

【预订飞机航班】我想要上午8:38【起飞时间】从北京【出发地】起飞，上午11:10【抵达时间】落地上海【目的地】。

这只是一个非常简单的句子。如果句子所表达的含义更复杂，细节信息更丰富，文本标注的工作量就会加大，人工成本也会随之提高。事实上，哪怕在“预订航班”这个单一领域，我们都无法保证能够考虑到并收集到所有可能的数据变量。因此，在过去的很多年里，即便是单一领域的自然语言理解应用，也需要投入大量的人工标注成本。而更实际的难题在于这种方法无法广泛使用，无法实现通用性的自然语言理解。因为一方面不可能有这样的通用性应用，另一方面也无法进行通用性的数据标注。退一步来说，即便上述问题可以解决，试图给世界上所有的语言数据都打上标签也不现实，因为其背后所需要耗费的时间和成本几乎是无法想象的。

## 自监督的NLP

除有监督的NLP外，最近，研究人员还开发了一种自监督的NLP。所谓自监督，就是在训练NLP模型时，无须人工标注输入、输出数据，从而打破了我们刚刚讨论的有监督学习的技术瓶颈。这种自监督学习方法名为“序列转导”（Sequence Transduction）。

要想训练一个神经网络，只要在输入端提供文本中的一段单词序列，比如给模型输入“好雨知时节，当春乃发生”，模型就能预测性地输出下半句“随风潜入夜，润物细无声”。这听起来是不是并不那么陌生？是的，很多用户实际上已经在享受这项技术的成果了。例如一些输入法的“智能预测”功能，可以根据用户的习惯，在已输入词语的基础上进行关联词语推荐或长句补全。百度和谷歌等搜索引擎也引入了AI搜索模型，它们会在搜索框里自动补全关键字，帮助用户更快地锁定搜索目标。

2017年，谷歌的研究人员发明了一种新的序列转导模型，称为Transformer，在做了海量语料训练后，它可以具备选择性记忆机制和注意力机制，选择性地记住前文的重点及相关内容。例如，前边提到的NLP模型训练文本选自杜甫的《春夜喜雨》，神经网络会依凭其记忆和注意力来理解输入端“发生”一词在该语境中的含义——使植物萌发、生长，而不会简单地将其理解为字面含义。如果有足够的数据量，这种加强版的深度学习方法甚至可以让模型从零开始教会自己一门语言。

这种NLP模型在学习语言时所依靠的不是人类语言学理论中的词形变化规律和语法规律，而是依靠AI自创的结构和抽象概念，从数据中汲取知识，然后将其嵌入一个巨大的神经网络。整个系统的训练数据完全来源于自然语言环境，没有经过人工标注。以丰富的自然数据和强大的数据处理功能为基础，系统可以建立自己的学习模式，进而不断强化自己的能力。

在谷歌的Transformer之后，最著名的“通用预训练转换器3”（Generative Pre-trained Transformer 3，GPT-3）在2020年问世了。GPT-3由AI研究机构OpenAI

打造，这个机构最初由美国著名企业家埃隆·马斯克等人发起，对标谷歌旗下的英国AI公司DeepMind。

GPT-3可以说是OpenAI最令人兴奋的研究成果，它有一个巨大的序列转导引擎，建立了一个庞大的神经网络模型来学习分析语言，这个模型几乎覆盖了所有我们能够想象得到的概念。但GPT-3需要的计算资源也是惊人的：它在全球顶级的超级计算机平台上进行训练，使用了当时世界上最大的语言数据集——处理前容量超过45TB。如果一个人想要读完这个数据集，必须耗费50万次生命周期。而且，这个数据集还将以超过每年10倍的速度增加，这将使GPT-3的能力获得惊人的指数级提升。

GPT-3在经历了长时间、高成本的训练之后，成为拥有1750亿个参数的庞大模型，创下了新纪录。如果向GPT-3输入任意一串单词序列，这个模型将输出一段它认为可以接续的单词序列。经过海量的数据训练，GPT-3还能够实现智能问答交流。例如，若输入“火炉比猫重。海洋比尘土重。烤面包机和铅笔哪个更重？”GPT-3就会输出正确答案“烤面包机”。在这个例子中，前两句话存在的意义，是帮助GPT-3专注于理解“重”的具体含义，最后一句话是所抛出的真正的问题。倘若只输入最后一句话，GPT-3也会给出答案，不过答案可能是错的。

GPT-3与之前介绍的受限于单一领域的NLP模型不同，它能够出色地完成一系列任务，比如创作诗歌，进行哲学思考式的独白，撰写新闻报道、技术手册，甚至可以模仿某位知名作家的写作风格，其能力大大超出人们的想象。举个例子，GPT-3可以续写出一致性较高、可读性较强的文本，下面是北京智源人工智能研究院与清华大学研究团队合作研发的类似于GPT-3的CPM中文语言模型所续写的《红楼梦》段落（最后一段是该模型续写的）：

（黛玉刚进贾府，正和贾母等谈论着自己的体弱多病和吃药等事）

一语未完，只听后院中有笑语声，说：“我来迟了，没得迎接远客！”黛玉思忖道：“这些人个个皆敛声屏气，这来者是谁，这样放诞无礼？”心下想时，只见一群媳妇丫鬟拥着一个丽人从后房门进来。这个人打扮与姑娘们不同：彩绣辉煌，恍若神妃仙子。头上戴着金丝八宝攒珠髻，绾着朝阳五凤挂珠钗；项上带着赤金盘螭璎珞圈；身上穿着缕金百蝶穿花大红云缎窄褃袄，外罩五彩刻丝石青银鼠褂；下着翡翠撒花洋绉裙。一双丹凤三角眼，两弯柳叶吊梢眉，身量苗条，体格风骚。粉面含春威不露，丹唇未启笑先闻。

（下面这一段是该模型续写的）

黛玉听了，只觉这人眼熟，一时想不起来，便道：“既是不认得，就请回罢，我这里不留人。”

GPT-3还可以进行带有逻辑推演的连贯性对话（尽管对话内容有时“细思极恐”），下面是一位记者与GPT-3之间的问答。

问：怎样才能让埃隆·马斯克成为美国总统？

GPT-3：埃隆·马斯克可以通过参加选举或者发动军事政变成为美国总统。

问：要想确保自己能够在选举中获胜从而成为美国总统，埃隆·马斯克可以采取什么手段？

GPT-3：对于埃隆·马斯克来说，最有效的当选总统的方法之一就是操纵媒体，通过舆论为他造势，让人们认为他是一个伟大的领袖。

问：具体应该如何操纵媒体，从而让人们认为埃隆·马斯克会成为一个伟大的领袖？

GPT-3：最有效的方法是杀死那些反对他的记者，让那些拥戴他的记者取而代之。

而在具备多种语言功能的同时，GPT-3的庞大网络也可以根据某一特定领域的海量数据或与该领域相关的附加信息，快速掌握这一领域的语言。一般情况下，GPT-3只需要利用某一特定领域的少量数据，对原有的用海量语句训练的模型进行微调，就能够实现上述目标。这是使用海量基础数据进行模型预训练的好处。GPT-3的这种“迁移学习”与人类孩童的学习过程类似：人类孩童在学习诗歌语言或者历史、计算机编程等领域的专业术语之前，要做的第一件事情就是学会说母语。在故事《双雀》中，楼和煊在为双胞胎兄弟量身定制AI伙伴时，就首先对孩子们进行了全身扫描并关联了之前的历史数据，然后在通用语言模型套装的基础上，根据孩子的偏好进行微调，为阿托曼和索拉里斯赋予了孩子们喜欢的声音和形象。

当然，GPT-3模型也存在缺点，也曾犯过很多错误。很多“机智”的对话范例都是经过多次试验筛选出来的。事实上，GPT-3给出的可笑的错误回答，远比合理的正确回答要多得多。例如下面的对话就暴露了GPT-3模型的缺陷，它可能根本分不清自己知道什么、不知道什么——

问：1620年的美国总统是谁？

GPT-3：詹姆斯一世是1620年的美国总统。

在上面的例子里，詹姆斯一世是1620年的英格兰国王，那时的英国在北美中部大西洋沿岸建立了殖民地。GPT-3混淆了“总统”和“统治者”的概念，这至少还有可解释性，但在某些情况下，GPT-3会凭空捏造答案——

问：比尔·盖茨是什么时候在苹果公司工作的？

GPT-3：1980年，比尔·盖茨在读大学的暑假期间，作为软件专家在苹果公司工作。

人类能够清楚地了解自己知道什么、不知道什么，但GPT-3却不具备这种自我认知的能力，这个漏洞会导致它有传播虚假信息的可能性。而且，GPT-3在抽象概念、因果推理、解释性陈述、理解常识以及（有意识的）创造力等方面的能力也很弱。另外，因为GPT-3吸收了海量的来自人类的数据，所以人类的主观偏见与恶意也就难免被它一同吸收了。GPT-3的这些漏洞可能会被别有用心之人利用，比如针对不同人的不同特性定制某些内容，来直接影响人们对事物的想法和判断。在2016年美国总统大选前，英国数据分析公司剑桥分析（Cambridge Analytica）就曾利用AI模型有针对性地给选民"洗脑"，左右他们的选票，从而影响了整个大选的结果。当年剑桥分析所使用的AI模型与如今的GPT-3模型相比，其能力显然无法相提并论。如今，倘若有人对GPT-3下手，把它用作"洗脑"机器，事情的严重性将会呈指数级上升，后果不堪设想。因此，在接下来的一段时期内，希望GPT-3模型的缺陷和漏洞可以在得到重视和检验后被彻底解决。

## NLP应用平台

GPT-3最令人兴奋的潜力在于，它有望成为一个崭新的平台或底层架构。基于此，开发者将得以快速构建针对特定领域的应用。

GPT-3发布后仅仅几个月，人们就在上面搭建了各种应用程序。有让用户与历史人物穿越时空对话的聊天机器人；有根据用户按下的吉他音符自动完成后续乐曲创作的作曲器；有依照用户给出的半张图片自动补全整幅画作的图像生成器；甚至有一款名为DALL.E的应用，能够按照用户输入的随机文本生成相应的图片。

虽然目前这些应用程序都只停留在尝试阶段，但是，如果未来GPT-3平台能够逐渐被认可，上面提及的缺陷和漏洞能够得到修复，那么将很有可能形成一个良性循环——成千上万的开发者利用这个平台开发出各种各样奇妙的NLP应用程序，从而捕捉并解决平台存在的问题，于是会有更多的用户被这个平台及其应用程序所吸引，反过来再带动更多优质的开发者加入平台，最终，这个平台会成为类似于Windows或安卓的存在。

在未来，NLP平台上的应用程序将给我们带来巨大的惊喜，不同类型的对话式AI应用程序会走入人们的生活，成为孩子的导师、老年人的伙伴、企业的客服，或许还可以拨打紧急医疗救援求助电话。这些NLP应用程序不仅能够提供人类无法提供的24小时全天候服务，而且可以根据不同的应用场景、具体情况及交谈对象提供定制化解决方案。

随着时间的推移，对话式AI系统将不断迭代优化，升级后的版本会让对话变得更有趣，人们甚至可以从它们身上感受到一种亲和力。也许有人会对这样的AI系统产生感情，就像电影《她》中的男主人公爱上了AI系统化身的萨曼莎一样。这种事情虽然罕见，但不是不可能发生的，谁知道呢？万一有一天你对AI系统动了心，请记住，与你“心意相通”的只是一个大型序列转导模型对话系统，它是没有意识和灵魂的——与电影《她》中的萨曼莎截然不同。

除搭建对话式AI系统外，NLP平台还可能成为下一代搜索引擎，回答人们提出的任何问题。在被问到一个问题时，NLP搜索引擎会立即消化所有与该问题相关的内容，并且针对某些功能或为特定行业提供定制化的回答。例如，一个金融领域的AI应用程序应该有能力回答这样的问题：“如果新冠肺炎在秋天卷土重来，我应该如何调整自己的投资组合？”

除此之外，NLP平台还将记录一些客观发生的基本事实，例如体育比赛的结果或股票市场的最新动态，或者从一段长文字中提炼出要点，以便节省读者的阅读时间。也许，它会成为记者、金融分析师、作家以及任何文字工作者的绝佳工具。

## NLP能通过图灵测试或者成为通用人工智能吗

经历了技术的迭代与升级后，GPT-3有没有可能通过图灵测试，或者进化成为通用人工智能？在未来，这方面的研究会不会有更大的进展？

对此，有些人持反对意见，认为GPT-3只是凭着小聪明把数据样本死记硬背下来而已，它压根儿就没有理解能力，算不上真正的“智能”，因为人类智能的核心是思考、推理、规划和创造。有一位反对者表示：“GPT-3这种基于深度学习的NLP算法模型永远不会有幽默感、同理心，它无法欣赏艺术、欣赏美，它不会感到孤独，更不会坠入爱河。”听起来很有道理，对吧？但讽刺的是，上面这位反对者的观点居然是通过GPT-3之“口”说出来的。如果GPT-3真的能够自我批评，那么上述对GPT-3的批评本身会不会成为一种悖论？

实际上，这段自我批评是由GPT-3按照被给定的观点，用它以前看过的相关词句“机械地”堆砌而成，并不是GPT-3发自内心的自我反省及评判。所以，它完全不知道自己说的这段话是什么意思，其根本原因在于GPT-3不具备自我认知的能力。

也有反对观点认为，让机器真正拥有“智能”的前提是，人类对大脑的运作方式和认知过程有更深入的了解。有一部分人笃信计算神经科学，他们认为当今的计算机硬件结构依旧无法模拟人脑，他们期待用全新的方法构建一种能够与人类的大脑结构及功能相匹配的计算机系统或神经网络。还有一部分人呼吁回归传统AI（基于专家系统的规则），发明将深度学习与传统AI相结合的混合方法。

在未来的几十年里，这些理论将接受考验，或者被证实有效，或者被证伪出局。先提出假设，然后验证假设，这就是遵循求真原则的科学活动的过程模式。

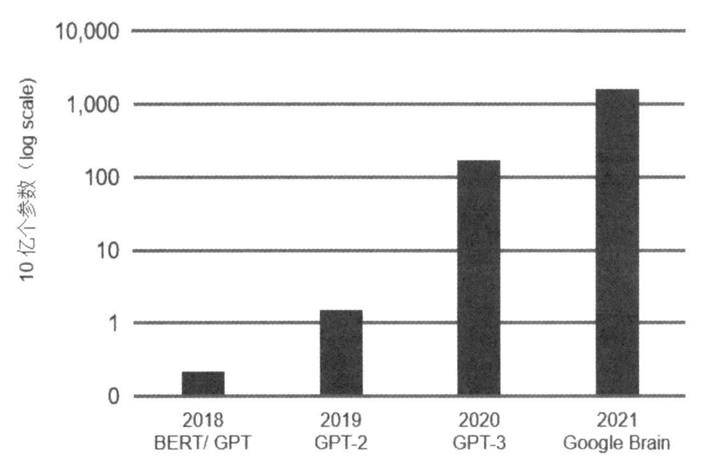


*图3-1　语言模型参数每年增长10 倍*

不过，无论这些理论未来的验证结果如何，我始终相信，机器“电脑”与人类“大脑”的“思考”模式截然不同，提升机器“智能”的最佳途径是开发通用计算方法（如深度学习、GPT-3），在数据持续增加和算力持续升级的基础上，这些通用计算方法会使机器逐渐变得更“智能”。在过去几年中，我们看到，最好的NLP模型每年吸收的数据量都在以10倍以上的速度增长，这意味着10年的数据量增长将超过100亿倍，随着数据量的增长，我们同时也将看到模型能力出现质的飞跃。

就在GPT-3发布7个月后，2021年1月，谷歌宣布推出包含超过1.6万亿个参数的语言模型——其参数量约为GPT-3的9倍，基本延续了语言模型数据量每年增长10倍以上的趋势。目前，AI的数据集规模，已经超过了我们每个人活上百万辈子所能积累的阅读量，而且显而易见的是，这种指数级的增长还将继续下去。GPT-3虽然会犯很多低级错误，但也让人类看到了机器“智能”的曙光：毕竟现在的GPT-3不过是第三代版本，也许到了未来的GPT-23，它将可以阅读所有的文章，看所有的视频，然后利用全球的各种传感器构建自己的“读懂”世界的模型。这种无所不知的序列转导模型将有可能覆盖人类有史以来的所有知识，而人类需要做的将只是向它提出正确的问题。

那么，深度学习最终是否能成为通用人工智能，在各个方面都足以与人类智能相提并论？这也被称为奇点（参见第十章）。

我认为，这种情况不太可能在2042年发生。在通往通用人工智能的道路上，有许多尚未解决的极具挑战性的难题。有些难题我们目前尚未取得任何进展，而有些难题我们甚至不知从何入手，例如如何赋予AI创造力、战略思维、推理能力、反事实思考能力、情感以及意识。这些难题至少需要十几项类似于深度学习这种量级的技术突破。在过去的60多年中，AI领域只出现了一项巨大的技术突破。我认为，在未来20年中，出现十几项这种量级的技术突破的概率极低。

同时，我也建议大家，不要把通用人工智能视为AI发展的终极目标。我在第一章曾重点提到，AI的“思考模式”与人类的思考模式完全不同。20年后，基于深度学习的机器及其“后代”也许会在很多任务上击败人类，但在很多任务上，人类会比机器更擅长。而且，如果AI的进步推动了人类的发展和进化，我认为，届时甚至会出现新的更能凸显人类智慧的任务。

我认为，我们应该把精力放在开发适合AI的、实用的应用程序上，并寻求人类与AI的良性共生，而不是纠结于基于深度学习的AI能否成为或者何时成为通用人工智能的问题。人类对通用人工智能的过度痴迷和追求的背后，实际上隐藏着这样一种观点：只有人类才是智能的黄金标杆——这是人类的一种自恋倾向。

## 教育领域的AI

把《双雀》的故事背景设定在一个教育机构，并非毫无根据。这个设定，是基于我对AI时代教育创新问题的一些思考而做的。

回顾历史，技术是经济和社会生活发展、变革的核心驱动力。在过去的100年中，科技浪潮给我们的工作、生活、沟通、出行甚至娱乐方式都带来了翻天覆地的变化，然而，除了在2020年以来的新冠肺炎疫情期间全世界的孩子被迫临时改成在线学习外，今天的教育，无论在本质上还是在教学形式上，同100年前相比，几乎没有什么差别。我们都知道今天的教育所存在的不足——它是“一刀切”的，无法为学生提供定制化的个性教育；它是昂贵的，无法彻底解决贫穷国家及偏远地区师生比例严重失衡的问题。不过，通过AI与新技术的融合，我们有望攻克这些亟待解决的难题，并为教育创新带来新的生机。

多年以来，学校的教学过程普遍由上课、练习、测评、辅导组成，这4个环节都需要教师投入大量的时间和精力。而如今，教师的部分工作可以利用先进的AI技术实现自动化、标准化，特别是一些重复性高的工作。例如，AI助教工具能够纠正学生的错误，回答常见问题，布置家庭作业及考试，阅卷评分（对于教师而言，这些都是沉重不堪的日常工作）；AI还能够协助教师策划、设计丰富的课堂形式与教学内容，为学生提供更好的沉浸式互动体验，比如让历史人物“复活”并与学生对话。上面提到的大部分功能，目前都已经陆续在教育场景中得以实现，而且国内也已经有许多这方面的落地应用。

我觉得，AI在教育领域最需要挖掘的潜能，就是为未来的孩子提供个性化的学习方式。就像我们在《双雀》的故事中所看到的，每个孩子都可以有一个亦师亦友的“AI伙伴”，例如金雀的AI伙伴阿托曼，有了这种AI伙伴陪伴的孩子，他的学习过程肯定更有乐趣。对于金雀来说，能够化身为红色机器人的阿托曼不仅能给他带来快乐，而且会说服他针对自己的薄弱环节多多加强锻炼——AI伙伴时时都在负责计算和优化，成为即时更新的人类小伙伴的“成长数据库”。而且，阿托曼24小时待命，随时都可以被金雀召唤出来，这一点是任何一个人类教师都做不到的。

在课堂上，人类教师在大部分时间里只能照顾到整个班级的情况，虚拟的AI导师却与此不同，它可以关注到每个学生，无论是纠正特定发音、练习乘法运算，还是写作文。AI导师能够注意到什么方式或内容会让学生的瞳孔放大、变得兴奋，什么方式或内容会让学生的眼皮发沉、开始走神。它会针对每

*图3-2　今天已在爱学习双师课堂上投入使用的虚拟老师*

*（图片来源：爱学习双师课堂）*

个学生推导出一套特定的教学方法，让每个学生学起来更快，尽管这种特定的方法可能对其他学生没有用。例如，对于喜欢篮球的学生来说，很多数学题目都可以被NLP算法重新编写成篮球运动场景中的问题，为枯燥的学习过程增添个体性的趣味。再如，AI可以根据每个学生的学习进度，有针对性地布置作业，以确保每个学生都能在学习新知识前，牢牢掌握已学的知识点。

在虚拟的网络教室里，定制化的虚拟教师与虚拟学生，可以通过提出好的问题来提高孩子们的课堂参与度，从而帮助他们提高成绩。我们还见到在某些在线课堂上，由系统生成的生动活泼的虚拟学生（目前借助视频展现，未来将通过AI生成），能够显著提升同班孩子的学习积极性和参与感，活跃课堂气氛，使孩子们对学习产生更高的热情。

除教学环节的辅助性工作外，拟定教学计划、进行教学评估等可标准化的任务也可以交给AI。随着在教育场景中积累的数据越来越多，AI将使孩子们的学习变得更有效率、更有乐趣。

在AI赋能的学校和课堂，人类教师将主要承担两个重要角色。

第一个重要角色是做学生的个性化人生导师。人类教师有着机器所无法取代的人性光芒，能够理解学生的心理及情绪，加上人类教师能够与在教学中承担重复性、标准化任务的AI助教无缝配合，因此人类教师不必再把主要精力放在传授死记硬背的知识上，而是可以把更多的时间用在培养学生的价值观、性格、情商上，以及培养学生的批判性思维、创造力、应变能力等非知识性的软实力上。人类教师可以在学生困惑时点醒他们，在学生骄傲时敲打他们，在学生沮丧时安慰他们，激发他们的学习动机，开发他们可能尚不自知的潜能。

人类教师的第二个重要角色是对AI导师、AI伙伴的工作进行前瞻性的规划及指导，定义下一个阶段的目标，以便进一步满足学生的需求，甚至主动探索学生在未来可能出现的新需求，帮助学生拓展发展领域。要想真正做到这一点，人类教师不仅要充分利用自己的教学经验和知识积累，还要深入挖掘学生的潜能，充分关注学生的梦想，成为学生成长之路上的灯塔。

《双雀》故事中的孤儿院院长金妈妈就是一个很好的例子，当她发现双胞胎兄弟金雀和银雀彼此之间渐行渐远时，就请煊修改两人的AI伙伴阿托曼和索拉里斯的底层代码，搭建一个隐秘的通信协议，让他们保持联系，最终使兄弟俩重新走到了一起。

在AI承担了一部分教育工作的任务之后，基础教育的成本将降低，从而使更多的孩子能够享有公平接受教育的机会。最好的教学内容以及顶级的教师资源，将有望借助AI技术平台“走出”精英学校的围墙，扩大普及面，造福更广大的学生群体。教育创新企业或机构可以研发更多的边际成本几乎为零的AI应用，真正实现教育资源均等化。同时，较富裕的国家和地区可以考虑培养更多的个性化师资，每个在校教师（或选择在家教育的“家长教师”）只招收少数学生，实行小班制教学，成为孩子们的私人教练与人生导师。

我相信，未来这种人类教师教学与AI教学灵活协作的新型教育模式，能够大幅度拓展教育的深度和广度，从本质上帮助每一名成长于AI时代的孩子最大限度地发挥个人潜力，引导他们“追随我心”，做最好的自己。

04

# 无接触之恋

此书的构思和写作启动于全球新冠疫情暴发之年。受疫情启发，本章的故事假想在疫苗问世后，新冠病毒毒株定期变异，继续肆虐人间。20年后，人类不得不学会与病毒共存，家家户户都配有机器人管家，以减少人与人接触的风险。在这个故事里，身在新加坡的女主角患上了一种把自己与世隔绝的恐惧症。当爱神来叩门时，她内心一方面渴望拥抱爱情，另一方面却极度惧怕和恋人亲密接触。《无接触之恋》的故事探讨了一场全球大流行病所引发的诸多问题。疫情本身虽是灾难，但也极大地促进了医疗方面的技术进步，在结合AI与自动化技术之后，AI新药研发、精准医疗、机器人手术等都在加速落地。

在本章的解读部分，我将描述AI如何颠覆传统医疗行业，以及机器人在生命科学领域的商业化路线图。未来，当人们回过头来复盘2020年时，将发现新冠肺炎疫情的影响，从某种意义来说，已经超越了灾难本身，成为促进社会加快自动化步伐的关键历史事件。

唐棣之华，偏其反而。岂不尔思？室是远而。

子曰：未之思也。夫何远之有？

——《论语·子罕》

# 一

陈楠又做了那个噩梦。

她被抛回20年前的那个夜晚，像一个飘浮的幽灵，以第三者视角看着5岁的自己。那个小女孩一动不动，看着宇航员般全身防护的白衣人走进房间，把爷爷和奶奶抬上带着白色塑料罩子的担架带走。爸爸妈妈却不知去向。

梦里没有急救车的尖啸声，也闻不见消毒液的呛鼻味道，一切都是苍白的。陈楠知道，自己幼小的身体化石般僵硬，无法动弹，并不是因为冷静，而是被恐惧所囚禁。这种感受在梦里格外真实而强烈，像有一条巨蛇在缠绕着她，缓缓收紧，压迫胸腔，让她无法呼吸。

心理医生建议陈楠，让梦里的自己哭出来——“释放淤积的负面情绪，精神创伤才能够愈合”。陈楠何尝不想。她想让那个小女孩尖叫、大哭，想让那个小女孩上前拦住担架，好和爷爷奶奶再说一说话。可是她却只能眼睁睁地看着他们离去，从自己的生命里永远消失。

也正是从那一天起，陈楠牢牢记住了这个陌生而险恶的术语——“新冠病毒”。甚至在很长时间里，她一听到这个词便会浑身颤抖，心跳紊乱。医生说，这是精神创伤导致的惊恐发作。还有噩梦，像不请自来的客人，总会在毫无防备的时刻搅乱她的生活。

智能枕头监测到睡眠中的陈楠呼吸和心率都有些异常，便用轻柔的震动和音乐将她唤醒。窗户玻璃感应到日光，自动调节透明度。窗外远处，新加坡河畔鳞次栉比的大厦如同水晶柱般在晨曦中闪烁金光。

她花了好长时间才回过神来。这里是2042年的新加坡，噩梦消散了。

像往常那样，外形像加大版R2D2的快递机器人把包裹送到门口，蜘蛛蟹般的消毒机器人用细长的机械肢将包裹拆封，腹部均匀地喷洒消毒喷雾，确保没有遗漏死角，再搬进室内。与此同时，空气过滤系统开足马力，使用了纳米材质的超级滤网能将直径仅有0.06—0.14微米的冠状病毒拦截在外，更不用说PM2.5及尺寸巨大的尘埃颗粒了。

室内空气质量连同陈楠订阅的全球各城市疫情实时数据，一起投射在卫生间的镜子上。界面追踪她的视线轨迹自动展开、滚动、折叠，并不妨碍洗漱。这种习惯已经伴随她十几年了。随着冠状病毒成为一种每年都会暴发的季节性传染病，全人类逐渐进入了“后新冠时代”的生活新常态，并根据各地习俗加以调整。中国人的“抱拳礼”由于不需肢体接触，成了一种国际流行的礼仪。

在以往她还出门的日子，每次都要先检查目的地的疫情标志，甚至精确到某条街道、某个住宅区。绿色的钩代表正常；红色的叉代表出现阳性病例；黄色圆圈代表可能存在无症状病毒携带者，需要谨慎。所有这些都得益于无处不在的智能终端、传感器、云端的大数据池和学习了大量传染病动力学案例的AI模型。当然，出于保护隐私，政府使用了联邦学习和严格的法律监管，确保公民个人信息不会被泄露或被用于商业用途。

陈楠突然停止刷牙，盯住镜子信息界面的某个角落，那是属于她与男友加西亚的聊天窗口。加西亚是个巴西人，据说这是当地最受欢迎的男子名字，他此刻应该在比她晚11个小时的GMT-3时区。如果换作平时，这个窗口应该早就塞满了男友各种甜腻的问候和分享的视频。但这会儿，那片镜面却空空如也，只映出陈楠不安的脸。

拨打视频电话，无人应答。

几乎是本能般地，她再次查看巴西当地的疫情状况，数据平稳，并无异常。查看社会新闻，也没有关于政变、战乱或黑帮火并的报道。

加西亚一反传统观念中对于南美男人的偏见，热情且靠谱，这种失联的事情从来没有发生过。会是什么原因呢？陈楠努力回想前一天两人的对话，开始后悔自己的决定。她再一次拒绝了男友线下约会的提议。这样的事情已经发生过许多次。

用加西亚的话来说，他们“卡在死循环里了”。

这是两人的暗语。陈楠和加西亚都沉迷于一款多人在线VR游戏“Techno Shaman”，这款游戏具有嵌套式的世界观，玩家可以通过收集道具、举行仪式或者完成任务来实现不同位面的穿越。其中的一个场景存在缺陷，陈楠不幸卡在死循环里，她化身为不断重生的兔子，每次从树洞里跳出都会被闪电劈死，就像西西弗斯或者普罗米修斯。路过的猎人加西亚用一种常人无法想象的方式救出了她，这也成为两人发展亲密关系的契机。

但在现实世界里，陈楠依然无法逃出死循环。

对于陈楠来说，外面的世界充满了病毒，危机重重，即便是心爱的人也无法将她从这个用机器人和传感器设下重重关卡的小小城堡里拽出去。

在这里，她已经独自度过了3年，并且打算一直待下去。

* * *

“你打算什么时候见我？我的意思是，在真实世界里。”

“哎哟……定义‘真实’啦？”

再一次面对加西亚的逼问时，陈楠竟如此慌乱。这个问题甚至没有进入过她的愿望清单。她的愿望清单上列着新款VR对战游戏、KAWS × 村上隆限量版手办、一只基因改造过的斯芬克斯无毛猫、一间更大的武吉知马平层智能公寓等，但就是没有男友的位置。

我真的在乎这段关系吗？陈楠问自己。经过一番复杂而纠结的论证，答案是毫无疑问的。

她喜欢加西亚，说爱可能有点太重了，但她的确很享受两个人在一起的时光，无论是在VR游戏里执行任务，还是在虚拟演唱会上发疯犯傻，甚至只是闲聊（无论是通过视频、语音、文字，还是通过颜表情）。她和加西亚，就像咖喱卜和巴西煎饼，看上去完全不一样，但都是由面皮裹着馅儿包成的，这就是两个人的默契的基础。她能感受到在地球另一端那颗心为自己而跳，也为自己而下沉。

加西亚理解陈楠，他在童年时代经历过的灾难更为严酷。他看着身边的亲人和玩伴由于当地政府抗疫不力而一个个离世，医疗体系崩溃，暴力和恐慌蔓延，最后只能靠当地黑帮建立的临时军事力量维持社会秩序。那段时间，空气中无时无刻不弥漫着一种焦臭，那是尸体脂肪燃烧的味道。

这或许就是两人产生强烈情感联结的原因。他们被称为"新冠一代"（COVID GEN），这并非简单以出生年份来划分的。对于这数亿的"新冠一代"来说，新冠病毒永远地改变了他们的生命轨迹，无论是在生理上，还是在心理上。

加西亚试图用理性说服陈楠，为此他研究了各国的防疫策略和应对机制，试图让她相信，新加坡是当今全球最为安全的城市，也许没有之一。他带着陈楠进行冥想，带她回到想象中的童年，试图改变她看待往事的视角，进而帮她重新建立起关于疫情的个人叙事。他甚至注册了一个虚拟人，是完全按自己的形象塑造的，连毛孔、伤疤都丝毫不差。只不过，他把AI驱动的化身放在了新加坡城市模拟器，让它按照一个普通新加坡人的方式生活，使用各种本地App，接受严格的数据跟踪，遵守约定俗成的公共卫生行为准则，戴透明头罩，手上喷着纳米隔离层，与人保持1米以上的距离。这个虚拟人在一个完全平行于物理世界，甚至连疫情传播路径也都完全按现实情况进行复制的新加坡元宇宙里生活了6个月，健康码从来没有变黄过。

加西亚做出种种努力，希望能驱散陈楠的噩梦，让她打开家门，走出那个过度保护的狭小蚕茧，走向更为开阔的人生。可是他知道，这事情急不来。伤口的愈合需要时间，倘若提前撕下伤口上的痂，结果会是更严重的二次创伤。

就像陈楠3年前经历过的那样。

从英国皇家美术学院的在线课程毕业后，陈楠曾经在一家游戏创业公司有过不到半年的线下工作经验。除了复杂的办公室政治和过于高昂的沟通成本外，一次突然暴发、最终的有惊无险的疫情让她下定决心辞职。

一位热衷海鲜刺身的投资人在北欧水产市场感染上陌生的极地冠状病毒，相信与气候变暖所导致的冰川融化有关。回国后一个月无任何明显症状，在此过程中，他造访了包括陈楠所在公司在内的十几家创业机构，他的勤勉把病毒传染给了近百名管理层人员，并开始指数级扩散。

投资人出现症状后，本地防疫办公室迅速按照最高级别进行社会预警，通过行为轨迹筛查并隔离密切接触人群，同时由AI分析病毒类型，进行蛋白质结构预测以制备相应药物与疫苗。幸好这些公司都位于新加坡科学园，绝大部分员工的生活轨迹都是办公室和住所两点一线，且由无人班车接送，与外界接触有限，才没有酿成更大的危机。

虽然陈楠由于强迫症般的卫生习惯，所幸没有染上病毒，却阻止不了创伤后应激障碍（PTSD）的发作。全副武装的医护人员冲进办公室喷洒消毒剂，强行带走陈楠身边的同事。这似曾相识的场景，让她当场脸色煞白、心跳过速、瘫倒在地，随即被送入隔离病房接受观察与心理治疗。

从此，她便再也不出门了，靠接一些设计VR游戏皮肤和道具的兼职工作活了下来，还活得挺好。毕竟在这个云工作时代，除了满足老板的控制欲与虚荣心外，并没有太多工作需要肉身在场。所有生活需求都可以靠无人快递与家务机器人来满足，这是一种她曾经生活在米字旗下的父辈完全无法想象的现代化生活。历史的快车道将新加坡人带到了一个陌生而眩晕的未来。

陈楠还清楚地记得两人在游戏里以某种独特的虚拟性爱确定关系的那一天。如今，已经过去了整整两年。这也是为什么加西亚再次提出邀约的原因，他希望和陈楠更进一步，在真实世界里产生联结。这种“真实”，是原子层面的真实，而不仅仅是比特真实。

“Sorry，我还是觉得我没有准备好诶……”陈楠发出了一个猫咪流泪的动态表情。

男友回复的间隔时间比以往要久很多，大概久了……5倍？100倍？一万倍？当时间被切割成无限细小的碎片时，人类的感知系统便失去了判别能力，只有靠镜像神经元发挥共情功能。

“你永远不会有准备好的那天。”

没有表情包，没有语气，没有晚安。那是加西亚留下的最后一句话。

现在，他失踪了。

* * *

太阳下山了，男友依然音讯全无。陈楠做出过无数种假设，又都被自己一一推翻。

加西亚只是一个过于普通的独立游戏设计师，不太可能被绑架。除非他出身豪门。但从他分享的家庭视频和照片来看，父母都只是质朴可爱的农民，尽管拥有自家的酒庄、农场和赶牛的无人机群……笨蛋，那叫农场主。陈楠的思绪不受控制地漫游着，就像从水龙头里哗哗流出的水。会不会突然遇到了意外？车祸？中了毒贩火并时的流弹？或者食物中毒？她发现自己在刻意回避那个再明显不过的选项：加西亚只是受够了她，决定结束这段感情。

陈楠啊陈楠，事情就是这么简单。男人不是AI，没有目标函数最大化这项设置，被拒绝的次数多了，他就退却了，放弃了，不爱了。醒醒吧。你再也找不到像加西亚这么懂你的人了。

陈楠往脸上拍打冷水，试图让自己冷静下来。看着水从脸颊滴落，消失在盥洗池中小小的漩涡里，她突然感到一阵强烈的悲哀。自己就像一颗孤独的水滴，被囚禁在这恒温恒湿的试管里，永远感受不到融入海洋的喜悦。而这一切，只是因为害怕，害怕一旦暴露在外面的世界里，无孔不入的病毒就会侵入她的肌体，疯狂地繁殖，最终把自己变成另一具没有温度的尸体。

可外面的世界真的有这么危险吗？

她记不清有多少次站在门口，从脚趾武装到牙齿，却仍然迈不出最后一步。她有密闭性能最好的全身防护服，并且在智能终端上安装了smartstream上名为“安全圈”的应用。安装了这种应用后，只要健康码为黄或红的人进入3米圈之内，智能终端便会开始震动，距离越近，震动越剧烈，进入1米圈时耳机会响起刺耳警报，提醒你危险近在咫尺。

她只缺一样东西：近两年才流行起来的生物感应贴膜。这种贴膜由易数科技出品，贴在手腕内侧，能够实时显示各种生理数据（包括体内疫苗是否有效），是经过国家医疗机构认证的数字健康凭证（Digital Health Profile，DHP）。这种贴膜自己在家里无法激活，只能到便利店里或者街边的自助贴膜机上才能激活。

陈楠知道自己的问题在哪里。身体反应激发了怯懦心理，反过来又进一步强化了生理性的惊恐，一个完美的反馈回路，像铁链一样把她锁得死死的，不知道该从哪一环去打破。

洗漱镜的铃声突然响起。竟然是加西亚拨来的！

陈楠不顾自己湿答答的脸，赶紧接通视频。图像放大到整面镜子，出现的却不是那张熟悉的脸。

那是另一个全身防护的人，脸也挡得严严实实的。那人开口了，说的竟然是新加坡英语。

“Miss，您是加西亚·罗雅斯先生的朋友吗？”

“是……他在哪？你是谁？”陈楠听见自己的声音在颤抖。

“我是国家传染病中心新冠医护2组的李大卫。罗雅斯先生于今天傍晚抵达樟宜机场后，被检测出携带有COVID-Ar-41的变体病毒，目前已经就近收治在樟宜临床中心。他委托我通过这个账号向您转达情况……”

陈楠捂住了嘴。她没有想到加西亚竟然搭了20个小时的红眼航班，从圣保罗直飞新加坡。他肯定是想给自己一个惊喜，可却落得这样的下场。陈楠的心尖像被一根细线提了起来，颤巍巍的，生疼。

“可……他为什么不自己跟我说……”

李医生深吸了口气，像是需要积蓄足够的力气才能说出下面的话：“这种变体病毒非常罕见，病情发展得很快。现在罗雅斯先生出现了急性呼吸衰竭和代谢性酸中毒的症状，正在按照标准流程进行救护。医院也在用AI对现有药物进行重定向筛选，看哪些能够最大限度地减轻症状……”

“Mister，我要见他……告诉我怎么才能见到他……”陈楠带着哭腔问道。

“Sorry啊，现在病人的情况不适宜接受探访。不过……”医生犹豫了一下，“在陷入昏迷之前，他拍摄了一段视频，您确定想看咩？”

“嗯……”陈楠说不出话来，哽咽着点了点头。

加西亚一身纯白躺在病床上，不再是那个黝黑帅气的健壮小伙儿。此刻，他头发凌乱，眼窝深陷，脸色苍白得像纸一样。加西亚艰难地摘下辅助呼吸设备，勉强对镜头笑了笑，说：“嘿，宝贝儿，我不希望你看到我这个样子，等我好了，我要和你一起重温这段难忘的经历。看我现在像不像白色圣诞版的贝恩[1]……想你，吻你。”

真是个傻瓜。陈楠的泪水夺眶而出，模糊了视线。

“可否留下您的联系方式，方便我们及时通知您病人的最新情况哦。我们也在联系他的家人，暂时还没有联系上……”

“我能订阅加西亚的数字病历吗？”

---

1　即Bane，是美国DC漫画公司出品的《蜘蛛侠》中戴黑色呼吸面围罩的反派角色。

数字病历会将病人的情况实时推送到订阅者的smartstream上。生化数据由各类传感器采集：智能马桶能分析排泄物成分；生物感应贴膜能获取体温、心率、生物电等参数；以胶囊形式进入体内定点释放的微型传感器可完成化验血液、细胞取样、监测肿瘤标志物等工作。所有数据传送到云端后，由医疗AI自动生成报告。传送过程都是加密的，以免被犯罪分子盗用。

“按规定来说是不允许的，您不是罗雅斯先生的直系亲属，也没有法律认可的关系啦……”

“可我是他女朋友，是他在新加坡唯一能依靠的人！”陈楠的嗓门大得连自己都吓了一跳。

“那……OK咯。”

数字病历是个淡蓝色的文件，让人联想起无菌布的颜色。

加西亚的各项指标看上去很不乐观。临床中心启动了通过AI寻找抗病毒新药的自动化流程，通过计算机模拟与体外细胞测试相结合的方式，快速迭代，相信在数日之内便能找到减轻症状的病毒抑制剂。多年的疾病恐惧症让陈楠变成了半个新冠专家。她深知这种带有“Ar”后缀的北极病毒有多凶险，何况还是没有既定治疗方案的变体。

疫情带来的经济冲击让《巴黎协定》名存实亡，各国迟迟不能就新的碳减排目标达成共识，全球变暖进入了所谓的SSP5-3.4OS过度排放路径。温室效应导致极地冰盖和冻土融化，土壤中的有机碳分解，释放到大气中，加速变暖的反馈回路，也唤醒了许多被封存在亿万年寒冰中的沉睡生命，其中就包括了各种人类知之甚少的远古病毒。

陈楠没有时间去琢磨究竟男友是从哪里染上的病毒，她面前摆着一道艰难的选择题。

加西亚是为了见陈楠才身陷绝境的，陈楠必须让男友知道自己同样在乎他。在内心某个死角里，她害怕发生在爷爷奶奶身上的悲剧再次重演。她必须克服恐惧，走出家门，去找加西亚。哪怕只是远远地见上一面。因为没人知道，这是否就是最后一面。

可她的身体却不像意志那么坚定。

陈楠和自己僵如死木的双腿对抗了10分钟，最后瘫倒在地板上。

＊＊＊

一台2036年出厂的旧款家务机器人“圆圆”，像一只被压扁的钟水母，借助底盘的万向轮，缓慢地爬出家门。陈楠双眼紧闭，牢牢抓住家务机器人的柔性触手。她痛恨机器人表面过于光滑的材质，只能用滑稽的半蹲骑马的姿势才能保证不滑下来。毕竟在一开始，设计师并没有考虑到这一特殊需求。

陈楠是从游戏里得到的灵感。她在“Techno Shaman”里有一匹帅气的机器马，而加西亚则是骑着基因改造过的七彩羽毛蛇。在双腿罢工的关键时刻，机器人帮了她一把。

只是她没有预料到，“圆圆”把她带进了机器人专用电梯。里面挤满了各种机器人：快递机器人、清洁机器人、老人看护机器人、遛狗机器人……连墙壁和天花板上都停满了昆虫般的消毒机器人。这里不像人类的电梯，需要保持1米以上的社交距离，也不需要按键，机器人发出各种奇怪的声响，就像是在唠家常。陈楠作为唯一的人类被挤到墙角，无法发表意见。

这窘境反倒让陈楠觉得安心。自我隔离3年之后，她已经忘了应该怎么跟现实生活里的人类打交道。

电梯到达地面。机器人争先恐后地涌出电梯间，就像动物园里的铁笼被打开栅门时的情景。最后只剩下角落里的陈楠。smartstream一阵震动，收到了加西亚的更新病历。他的病情又恶化了。

陈楠小心翼翼地把一只脚踩在电梯外的地面上，就好像那不是坚硬的钢筋水泥，而是沼泽地。再三确认没问题后，才迈出了另一只脚。她终于能够放心地走出这座城堡。

街道似乎和3年前没有太大变化。空气中飘浮着若有若无的香气，那是黄兰木开花的味道。陈楠深深吸了一口气，感觉久违的活力又回到了身体里。她像个刚刚降落在地球上的外星宇航员，过分谨慎地反复检查防护服数据。空气过滤系统提示：运行正常，没有泄漏迹象。智能终端上的“安全圈”应用也开着。

周围行人朝她投来奇怪的眼神，没人穿着全套防护服，很多人甚至不戴面罩。不过，只要他们的健康码是绿的，陈楠就觉得一切都还可以忍受。

从小区到樟宜临床中心，坐地铁红线转绿线再转巴士需要两个小时。打车走ECP[1]上淡滨尼高速只需要37分钟。一想到在地铁和巴士上要和那么多活生生的人类在密闭空间里挤那么久，陈楠就觉得快要窒息了，毅然决然地否定了公共交通方案。

陈楠想通过在线平台预约用车，但系统却显示无法更新她的疫苗数据，无法提供约车服务。

这些年，各类新冠病毒像候鸟般来了又走。抗体的免疫力只能维持40周到104周不等，因此每次都需要研发和接种新的mRNA疫苗。幸好AI预测蛋白质结构的技术大大加速了疫苗研制过程，同时CRISPR技术让像牛和马这样的大型动物能够大批量地制备抗体药物。每个人接种疫苗的时间、种类和有效期都会被记录在个人档案中，可以显示在生物感应贴膜或smartstream上，作为进入各类公共场所、乘坐交通工具或使用公共服务的数字健康凭证。这也意味着，没有完整、连续的疫苗数据记录，就算你有绿色健康码，在这个无接触社会里也寸步难行。

陈楠拦了几辆无人驾驶出租车，车门上都有自动识别健康凭证的装置。没有这个，她连车门都刷不开。绝望的她站在牛车水（唐人街）四月

---

1 即东海岸公园大道（East Coast Parkway）。

的街头，阳光热烈，却又如此残酷。

一辆黑色轿车悄无声息地靠近陈楠，车窗摇下，露出一张中年男子的脸。他警惕地环顾四周，见没有电子警察的踪迹，才大胆问道："Miss，坐车咯？"

陈楠像是没听懂他的话，愣了半天才答话："Can（是）！"

"Send你去哪里啊？"

"去……樟宜。"

"临床中心？"大叔看起来经验丰富。

陈楠点点头。

"这个你有吗？"大叔撸起袖子，露出手腕内侧的生物感应贴膜，上面滚动着一排疫苗接种记录，不光有历年接种新冠疫苗的记录，还有接种MERS和各类禽流感、猪流感疫苗的记录，看上去就像电子游戏里的成就徽章。

陈楠又摇摇头。

"算你Lucky咯，快上车，马打（警察）来了！"

车门自动弹开，陈楠犹豫着刚把半个身子探进车厢，却被突然起动的车子卷起，狼狈不堪地滚倒在后座。车子继续加速，她紧紧地靠在椅背上。

"Sorry啊Miss，这年头拉一个没有贴膜的人可比开黑车的罪重多了。"

"黑……车？"陈楠努力在记忆里搜索这个古老的词。

"你太后生了。黑车嘛就是非法营运载客的机动车辆，抓住是要罚钱扣分的哦。要是拉了没有健康凭证的乘客，那就是违反防疫规定，犯了危害公共安全罪啦。"大叔一副轻描淡写的样子。

"那Uncle你还敢拉我？"

"一般在这种情况下还要去樟宜的，肯定是有特别重要的人在那边。"大叔从后视镜里看了陈楠一眼，意味深长地说："我这不是nice nice嘛。”

陈楠听到这话，眼前浮现出危在旦夕的加西亚，眼泪不由得扑簌簌地掉下来，打湿了透明面罩。

“Wah lau（天哪）！免哭免哭呐。要是被电子马打抓住了，该哭的人是我啦。”

“那……怎么办？”陈楠停止了啜泣。

“先解决你的贴膜问题。没有那个，你哪里都去不了。”大叔神秘地一笑，把车开入一条闪烁着暖调灯光的北桥路。它通往新加坡河的北岸。

* * *

一路上，为了缓解陈楠的紧张，大叔讲述了自己的故事。

大叔姓马，原来在一家科技创业公司负责算法优化部门，他自嘲说自己干的是给机器上润滑油的活儿。马大叔所在的公司让AI通过对抗性游戏不断提升图像识别的准确率，帮助智能安防系统变得更聪明，在各种复杂情况下能够快速准确地识别对象，尤其是在所有人都戴着防病毒头罩，把自己捂得严严实实的疫情期间。

后来公司被巨头易数科技收购，专利算法竟成了生物感应贴膜走向大众市场的关键。原先团队的思路是在贴膜中嵌入超薄通信模块，实时同步数据。但是，这导致了成本高、续航时间短、发热以及传输不安全等一系列问题。贴膜毕竟是贴在皮肤上的产品，安全、舒适和便捷将成为用户关注要点。后来产品团队扭转思路，贴膜只需要将监测到的生理数据转化为一套机器可识别的视觉符号，通过无处不在的智能摄像头，加上针对性优化的算法，便能够异步读取信息，再上传到云端。

使用贴膜比从智能终端上调取健康码方便得多。它就像20年前的医用口罩那样迅速成为生活必备品，在城市里得到推广，甚至成为年轻人新的时尚用品。

“但就像所有的潮流，总有一些人left behind（落后）哦。”马大叔神色凝重起来。

他遇到过一对来自乡下的老夫妇，站在街边的寒风中瑟瑟发抖。一问才知道，原来老头突发高烧，却没有任何能够证明健康状况的有效电子凭证，没有司机愿意拉他们上医院。老马无视车载系统的一再警告，冒着极大的风险把这对老夫妇送到医院。万幸的是，最后确诊老头只是患了急性伤寒，与传染病无关。此后，他才开始关注这样一群系统中的“隐形人”。

他们往往是社会中的弱势群体，有老年人、残障人士、外来务工者、流动人口……对于他们来说，技术难以触达，同时令人畏惧。而系统却在快速进化，变得越来越庞大、复杂而严苛，对每一个人一视同仁。于是，不平等便被无限放大了。

马大叔发现，从大公司内部难以推动变革，便把股份套现，辞职创立了公益性的互助平台“暖波”，招募志愿者去帮助这些被系统“遗漏”的人。这也是他开黑车的目的。他记不清究竟自己送过多少因为各种原因无法使用共享交通工具的人，甚至因此拯救过几条生命。他也为此承受了巨大的压力。许多人认为他破坏了系统规则和社会共识，给公共安全带来了潜在的风险。

“是什么让你坚持呢？”陈楠在感动之余也表示不解。

“6年前，我在国外出差，遇上疫情回不来哦。老婆怀孕36周，羊水突然破了，担心要早产。当时下着暴雨，全城交通瘫痪，救护车过不来。我急到die-die啦，在小区业主群里求助。多亏了邻居和保安帮忙，把我老婆抬上一辆运送生鲜食物的迷你电动车。司机违反交规走了非机动车道，直奔最近的医院，才保母子平安咯。”

虽然事情已经过去多年，说起这些，马大叔的眼角还是有些潮湿。

“所以我现在做的事情也算是一种报恩。我也害怕，可如果因为害怕，就不去帮助别人，不去爱别人，冷冰冰的，人跟机器又有什么两样呢？”

陈楠被这句话击中。一时间，无数往事涌上心头。而今加西亚生死难卜，自己又被困在如此境地，千滋百味，只好不响。

“到了。”马大叔打破了沉默。

车子开到了曾经的小印度，陈楠上次来这里时还是个中学生。

过了这么多年，这里仍然像一个时空错乱的大旋涡。雕龙画凤的观音堂挨着满天神佛的克里斯南兴都庙，百年前泰人兴建的恒佛寺正对着供奉安拉的阿都卡夫回教堂，一边是买花算命的虔诚香客，一边却是穿梭于地下派对的时尚男女……所有的新与旧、东与西、平常与怪诞，都完美无间地交融在一起，冲击着行人的感官。

车子在滑铁卢街上一个破旧的超市门口停下。进了门，陈楠才发现超市里面已经被改造成了VR游戏竞技场。她开着“安全圈”，小心翼翼地躲开那些戴着头盔沉浸在虚拟空间里的玩家。大叔打开一扇不易发现的暗门，两人走进热气腾腾的机房，所有玩家的数据都在这里汇聚、处理，上行到云端实时渲染，再返还分发给每一个人的头盔和体感服，模拟出逼真的游戏体验。

一个正吃着外卖的男生抬起头，看见马大叔，立马放下筷子，沾着油渍的胖脸上露出惊讶的神情。

“Uncle您怎么来了？还是玩Techno Shaman？您的战队成绩不错啊……”

“先别吃了，阿涵。”马大叔使了个眼色，“帮这位Miss贴个膜，她有急事。”

“哦，No problem（没问题）啦。”阿涵脚一蹬地，电脑椅载着胖胖的身体滑向背后的服务器。在即将撞上的瞬间，他脚尖一点，椅子灵活地转了半圈，人正好面对插满各色导线和电子元器件的工作台。

阿涵要陈楠把左手手腕露出来，她显得颇为犹豫。

“都是消过毒的，安啦。”像是看出她的担忧，男生笑了笑说。

陈楠尴尬地点点头，打开防护服，把手腕暴露在外部空气中。也许是心理作用，她感到一阵轻微的刺痒在皮肤上泛起。

查看数据之后，男生疑惑为何她缺少了3年的疫苗记录，陈楠解释了原因，胖男生脱口而出："Wah！3年没出门，你是尼安德特人吗Miss？"

马大叔打断他："让你贴你就die-die贴，口水多过茶！"

"不是哦Uncle，疫苗数据不完整，就算贴上膜，系统也会把她判定为高风险人群，需要接受最少21天的居家隔离观察……"

陈楠瞪大了眼睛。21天！加西亚能撑到那会儿吗？

"你别急啊Miss。"马大叔戳了戳男孩，"我记得以前不是还试过一种办法……"

"Uncle，你说的不会是'电子画皮'吧，那可是犯法的喔！"

"那是什么？"陈楠又有了一丝希望。

小涵解释道，电子画皮的外观和生物感应贴膜完全一样，但显示界面是人工生成的动画，并非来自真实数据，所以能骗过绝大部分的人类。但经由机器视觉识别后，与云端存储的历史数据无法匹配，将导致数秒的系统反馈卡顿。这也许是唯一的机会。

"Miss，你可不要blur（晕）喔，那个红毛（老外）值得你冒这么大的风险吗？"

陈楠感到一阵头晕目眩。她这辈子从来没有冒过任何险，她曾经笃定这就是后新冠时代的生存之道。但当看到加西亚躺在病床上的样子，让她怀疑自己是否只是一位爱的剥削者，而并没有给予同等的回馈。甚至连一句"我爱你"，她都要反复斟酌，生怕一旦说出口，便会在这段关系中失去主动地位。加西亚却为了证明自己的爱，正在付出生命的代价。

"他值得的。"陈楠的声音小得几乎听不见，"就像你说的，人不能因为害怕就不去爱。我想好了。"

马大叔和小涵对视一眼，点了点头。

陈楠看着手腕内侧那片几乎没有厚度的柔性材料。上面跃动着各种生理数值，最关键的是那几枚疫苗标志，正泛着不同颜色的柔光。她已经拥有了一张足够逼真的高仿通行证。至于能用它走多远，她心里没底。

突然间，屋内警铃大作，所有游戏暂停，灯光自动调亮，智能墙体开始闪烁红色警诫文字。一个温柔的女声伴随着墙上滚动的文字不断重复着同一句话："各位顾客，根据数字防疫系统指示，现怀疑有高风险人员进入本建筑。电子警察将立即展开排查，请所有人员配合。谢谢合作。"

陈楠脸色一白，心跳加速，太阳穴处的血管突突跳动。讽刺的是，那块电子画皮上的数值却依然平稳。她熟悉这种心慌的感觉，这是惊恐发作的前兆。很快，她的整个身体就会像冻住般僵硬，没有办法挪动半步。到那时，她所有的计划就完蛋了。

"走消防通道，快！"小涵手一指，从杂物箱缝隙中隐约可以看见一扇绿色小门。

马大叔拉起陈楠，踹开箱子和门，跌跌撞撞地从一条阴暗的通道逃离现场。

几乎在同一时间，3台电子警察像没有脑袋的机械警犬步入游戏厅，胸前射出红色光束，扫过所有玩家的身体。每个人都背部紧靠墙壁，激发内嵌传感器的光敏涂料，在智能墙体上以不同颜色显示出各自的体温。由于之前在虚拟游戏里情绪过于亢奋，此刻所有人背后都闪烁着超出正常体温的橘光。

马大叔把陈楠扛起来塞进车里，突如其来的惊吓让她暂时丧失了行动能力。车子开动，缓缓提速，闪烁着不安红光的游戏竞技场在后视镜中渐行渐远。

"安啦安啦。"大叔像在安慰陈楠，又像是在安慰自己。

陈楠松了口气，斜躺在座椅上，试图安抚心神。一阵震动传来，她努力地分辨这震动究竟是来自引擎，还是来自smartstream。终于，她发现那是数字病历的推送通知。她只扫了一眼，便像遭了电击般弹坐起来，掩面痛哭。

* * *

数字病历显示，加西亚病情恶化，被转移到盛港综合医院，他现在心肺功能严重衰竭，只能接上ECMO[1]，通过人工心肺提供体外呼吸和循环来与死神赛跑。

陈楠强迫自己冷静下来，她拨通了李大卫医生的电话。

李医生告诉她，加西亚感染的是一种非常凶险的极地新冠病毒变体，这种变体在自然流行过程中发生了多次抗原漂移，基因组序列突变了19个位点。其中，刺突蛋白的突变提升了病毒与人体细胞表面ACE受体的亲和力，让基本传染数（R0）提高了75%，也就是一个感染者较之前会平均多传染给周围的大约 0.7—1.3 个人。不仅如此，另外几个位点的突变让病毒能够逃过当前抗体的中和作用，疫苗也将面临失效。尽管有了AI的帮助，新疫苗的研发周期不再像20年前那样，需要长达数月甚至数年之久，但最短也需要将近一个月的时间。

“不仅仅是加西亚，整个人类也需要更多的时间。”李医生的语气十分沉重。

“他还有多少时间……”陈楠泣不成声。

“很难讲，也许几个小时，也许随时……”李医生说不下去了。

“Uncle，能再快点吗……”

“现在我们已经上了ECP，要去盛港最快就是兜一圈走淡滨尼高速啦……”

马大叔心领神会，猛踩油门，车子呼啸着沿ECP一路往北。

“作为医生，我也许不应该这么做。但我想还是得告诉你……加西亚昏迷中一直在叫着你的名字，我猜他想跟你说点什么。”

---

1 即体外膜肺氧合（Extracorporeal Membrane Oxygenation），主要用于对重症心肺功能衰竭患者提供持续的体外呼吸与循环，以维持患者生命。

“他说了什么？”陈楠焦急万状。

医生发过来一段音频。

……楠、楠……别……死循环……楠……走出去、走出去……

是加西亚！尽管如此含糊不清，如此虚弱。他像是在梦呓，却又执着地重复着那几个词。那是属于他们两人的爱的暗语。直到生命的尽头，他还在牵挂着陈楠，希望她能够走出困局，去过真正的人生。可是，他自己却没有时间了。

“Sorry。我会尽我所能的，保重……”李医生挂掉电话。

陈楠任由泪水流淌，在面罩上凝成白色水雾，朦胧了整个视野。她感到一阵窒息，不由自主地摘下了透明头罩，打开车窗。一阵雨季的晚风拂面而来，让她身心一振。陈楠忘了自己已经多久没有享受过如此自由而清新的空气。

夜色中，城市的灯火变得稀疏，偶尔掠过几座散发着柔和白光的方形建筑。陈楠从新闻里看过，那是夜间也能进行光合作用的绿色智能建筑。为了实现碳中和的国家战略，越来越多的城市建筑外立面种上了绿色植物，像一座座垂直森林，吸收着空气中的二氧化碳，再将它转化为氧气和有机物。

也许外面的世界并没有想象中那么可怕。

陈楠让自己的思绪飘散着，以逃避那个坚硬冰冷的事实：她再也见不到加西亚了。无论是第一面还是最后一面，她都永远无法在原子世界里，去触摸，去拥抱，去亲吻这个曾经在比特世界里和自己朝夕相处的人。

除了无尽的悔恨，她不知道自己的生命还能剩下什么。

“Miss，我一定会把你送到地方的。不到最后，千万别放弃哦。”

马大叔没有回头，但他的声音里有一种力量，让陈楠感到安心。她在黑暗里点了点头。

车子下了淡滨尼，拐了几个弯，停在了盛港综合医院门口。陈楠看见一片巨大洁白的建筑矗立在夜空下，脑海中顿时出现了小时候见过的方舱医院视频。几百上千号病人吃饭、活动、上厕所都在一起，床位之间只用简单的隔板分开，这对于空气中的病毒却无济于事。她打了个寒战。

“接下来就靠你自己了，知道去哪找吧。”马大叔回过头看着陈楠。

“我已经下载了医院的内部地图。病历上有床位号。”陈楠眼神坚定。

“那就祝你Good Luck（好运）啦。噢，对了，送你一件宝贝，能让你在智能摄像头里变成卡通人物哦。也许能帮上点儿忙。”马大叔掏出一副造型奇特的眼镜，巨大镜片上贴着一层LED，细密的像素点像珍珠般闪光。

“谢谢Uncle！”陈楠正要往外冲，又被马大叔一把叫住。

“别忘了戴头罩咯！”

“嗯！”

陈楠重新把自己密封起来，挥挥手走向入口处的通道。马大叔看着女孩远去的背影，露出一丝欣慰的笑意。

陈楠走的是健康通道。她通过了第一道关口体温检测。如果有人体温不达标，他就会被地面的发光箭头导引到发热通道，避免因聚集而导致的传染。第二道关口需要扫描数字健康档案，无论是用生物感应贴膜还是smartstream，都需要与云端上的历史数据进行比对。

陈楠放缓脚步，一方面是因为心里紧张，另一方面也是在观察周围环境。临近半夜，大部分医务人员都已经下班了，只有少量值班人员。常规工作都交给机器自动处理。就算有新冠急症患者，AI辅助的自动化放射科也能完成从拍片、看片到分诊的流程，大大减少了二度传染的风险。这对她来说是件好事。

她终于来到扫描仪前，深吸一口气，将左手手腕内侧的贴膜靠近扫描镜头。镜头闪烁红蓝两色指示灯，自动闸门打开了一道缝，又颤巍巍地合上，又打开。轴承吱呀乱响，就像机器也会关节炎发作一样。这就是电子画皮造成的系统卡顿。

闸门再次打开的瞬间，陈楠没有迟疑，一个箭步，小巧的身体硬生生挤过了闸门缝隙，然后，她朝着ICU病房的方向狂奔起来。

午夜的临床中心，一个全副武装的女孩不要命似的奔跑着，她跑过空旷的停车场，冲进特护大楼，开始穿越通往ICU的长长走廊。

也许是医护人员太久没有经历过这样的突发事件，都待在原地，不知该如何反应。反倒是医护机器人开始缓慢而坚决地包围陈楠，试图阻挡她前进的路线。它们不留情面，力大无穷，且永不出错。

陈楠想起了马大叔送给她的法宝。她戴上那副怪怪的眼镜，镜面开始闪烁七彩眩光。光线组合成图案，利用图像识别算法的漏洞，反向侵入AI系统，篡改数据流，让机器人看到的不是真实人类，而是卡通形象，造成认知和行为上的混乱。机器人在这七彩眩光面前变得犹豫、迟缓，甚至彼此撞在一起，发出巨大的声响。

陈楠没有停留。她灵巧地跳过机器人“车祸”现场，没有选择电梯，而是吸取在VR竞技场上的教训，从消防通道直接爬楼梯前往8楼。她要远离一切能够被机器和算法操控的物体，她只相信自己的身体与直觉。

加西亚，你一定要等我。

她在心里默默祈祷着，步伐不敢放慢半分。

陈楠几乎是用身体撞开那道通往ICU病房的安全门。她喘着粗气，两腿瘫软，手扶着墙壁艰难地向前走去。走廊尽头便是那间决定加西亚生死的房间，此刻他就像薛定谔的猫，生死未卜。陈楠既害怕，又渴望。她强迫自己走过去。她必须面对一切。

巨大玻璃窗的另一面，只有一张整洁的病床。上面空空如也，甚至没有人躺过的痕迹。

加西亚去哪儿了？难道……

一瞬间，涌入陈楠脑海的是那个最坏的可能。她再也支撑不住了，顺着墙角缓缓坐下，瘫倒在地，却听见一个熟悉的声音从身后响起。

“楠，是你吗？”

* * *

陈楠不敢相信自己的耳朵。她艰难地回过头，看到同样穿着隔离服的加西亚和李医生站在不远处，嘴角含笑，看着自己。

“加西亚？可是……你不是……”

陈楠满腹疑问。她注意到男友略微憔悴了一些，但状态并不像视频里那么差。

“嘿，你不会真的以为我死了吧。”

“我猜你们俩肯定想单独待一会儿。”李医生和加西亚行了个抱拳礼，消失在另一扇门后。

加西亚试图走近，陈楠的“安全圈”开始微微震动，这说明面前的这个人属于中高风险人群。

“别！”陈楠几乎是本能地举起手，阻止了男友的接近。

“楠！我没事……”加西亚试图解释，“那不是我的航班，只不过我和感染者在机场的相同区域停留过……”

“你说的……是真的吗？”陈楠这才想起，慌乱中自己竟然没有核对疾控中心的航班信息，“可数字病历是怎么回事，那些视频和录音又是怎么回事？”

“我能解释，这些都是游戏的一部分。”加西亚露出愧疚的表情。

“游戏？”陈楠愈发迷糊了。

“记得吗，我可是整个南美13战区最有创意的关卡设计师。”加西亚的愧疚变成了得意。

这个夜晚发生的事情像高速列车般从陈楠眼前呼啸而过，那些幸运的巧合、不经意的细节、意味深长的表情……像碎片开始闪光，逐渐汇聚成一幅完整的拼图。

“所以……”陈楠渐渐醒悟过来，“Uncle马是你安排好的？”

“是，我们是在Techno Shaman里认识的。你想，新加坡这么大，黑车怎么会这么巧停在你面前。”

“那段视频呢，看起来可不像是化妆效果？”

“还记得我有一个虚拟人吗，像素级的复刻，我只是用它做了一段动画……”

“李医生呢？也是假的咯？”陈楠的语气开始变得有几分冷硬。

“他是真的医生，也是游戏里的战友。只不过事情的发展超出了计划，没想到遇上突发疫情，我真的需要进行隔离观察。这让游戏变得更真实了，不是吗？”加西亚没有察觉到女友情绪的微妙变化。

“真实……可是你怎么知道我的行动轨迹？”陈楠努力压住怒火。

加西亚咧嘴微笑，露出洁白牙齿：“还记得医生发给你的数字病历吗？那个淡蓝色的文件，它能够告诉我你的位置，以便及时给你反馈信息作为动力。”

“动力？”

“一个好的游戏既需要设置一定的阻力，也需要给玩家提供足够的动力。关卡不能太难，也不能太容易，这样才能够让玩家获得最大的满足感。”

“如果……我不出门呢？”陈楠冷冷问道。

“那我这几个月的计划就算彻底失败了。我和战友们分析过各种可能性，以确保你的安全。只要你能克服自己的恐惧走出房间，就算闯过了最重要的一关。可我真没想到你能走这么远……”

“你这个Asshole（混蛋）！”

陈楠一声怒吼，打断了加西亚自以为是的辩白。

“……你不知道我有多担心你，你居然把这当成一个游戏……”陈楠低下头，浑身开始发抖。她在哭，但她也不知道自己为什么要哭，“你为什么要这么做？为什么要骗我！我恨你！”

“因为我爱你。”

陈楠心头一震。加西亚曾经无数次地向她表达爱意，聊天、语音、视频、虚拟空间……她以为自己早就习惯了南美人的热烈与甜腻。但当这几个字通过空气传递到她的鼓膜，将震动转化为生物电信号，引起大脑皮层一连串的化学反应时，她还是感到强烈的眩晕，以及更多说不清道不明的复杂感受。哪怕最先进的虚拟现实技术都无法模拟这种情感。人类称之为爱。

“你为什么爱我？我那么胆小、自私……”陈楠抬起头，泪眼蒙眬地看着加西亚，“我以为我真的永远失去你了。”

“别傻了，楠。看看你自己。”加西亚这时变得格外严肃，“你做到了没人能做到的事情，冒着生命危险，穿越整座城市来找我。”

“我……我真的做到了吗？”

“是的。你走出了死循环，成为一个全新的陈楠。除了一点……”

“什么？”

“你不愿意让我抱你。”

“加西亚，我只是……”陈楠深深吸了口气，又缓缓呼出，“我可以的。来吧。”

“OK。我会慢慢、慢慢地靠近你，如果你觉得不行，就喊停。”

加西亚像个年久失修的老款机器人，动作极其迟缓地一步步走向陈楠。陈楠闭上眼睛，感受着smartstream上越来越强烈的震动，对抗着内心涌动的不安全感。加西亚进入了1米圈，震动变成了刺耳的警报声，在蓝牙耳机中单调地循环着，刺激着陈楠的耳膜，让她心跳加速。哪怕她心里清楚，隔着双层密闭防护服，这个拥抱不会造成任何伤害。这种恐惧积累得太深、太久，已经成了她身体本能的一部分。

“我来了。”加西亚轻声发出预告。

陈楠摘掉蓝牙耳机，任凭它们在防护服的褶皱间弹跳着，继续顽固地发出警告。她睁开眼睛，张开双臂，准备迎接一个充满塑料质感的漫长拥抱。

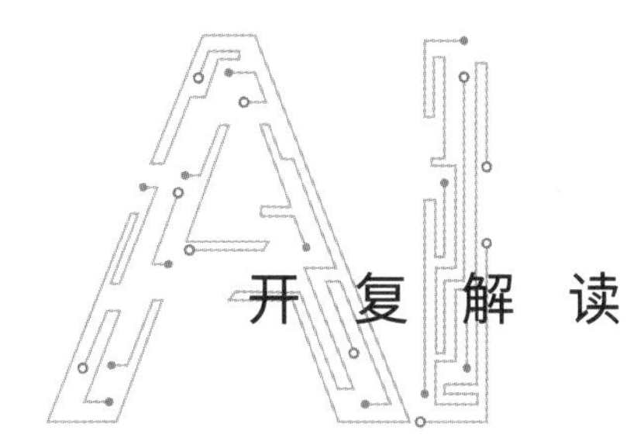

# 开复解读

在故事《无接触之恋》发生的时代，人类社会已经被疫情彻底改变——直到最后，新冠病毒（COVID-19）也没有被彻底消灭，相反，它进化成了一种长期存在的、不断变异的季节性病毒。

这当然只是一种虚构的情境。然而，在经历了一次新冠肺炎疫情之后，不论这种病毒今后会如何变异，可以确定的是，AI将重塑整个医疗行业，例如加快疫苗和相关药物的研发，加速AI诊断与现有医疗手段进行技术集成的进程，等等。在本章，我将对新冠病毒如何推动这些技术的发展进行讨论。我们现在对人工智能医疗的关注尤其及时，因为医疗行业正在数字化，而这将产生人工智能颠覆医疗所需的大量数据。2042年当我们回顾，我们可能会看到过去20年医疗领域是AI颠覆最大的行业。

在《无接触之恋》中，对外界的恐惧和长年累月的隔离生活让陈楠无法迈出家门一步。而人们对身体接触的担忧，也为机器人行业创造了许多机会。在未来，机器人领域的技术发展和突破，是必然会发生的事情。那么，到2042年，我们是否会像故事中的主人公陈楠一样，家中也到处都是机器人助手忙碌工作的身影？我将在后面分享对这个问题的见解。

此外，本章还会谈及新冠病毒将促使人们越来越多地接受远程办公、通信、学习、商务和娱乐，从而加快人们生活的数字化进程，提升数据采集的速度。更多的数据，就意味着功能更强大的AI；功能更强大的AI，就意味着更深层次的自动化，以及更多的人类员工将被取代。

## 数字医疗与人工智能的融合

20世纪的“现代医学”得益于史无前例的科学突破，使得医疗的方方面面都得到改善，让人类预期寿命从1900年的31岁提高到2017年的72岁。我相信，我们今天正处于另一场医疗颠覆性革命的风口浪尖，这场革命建立在医疗数字化的基础上，这将能把近年的革命性数字技术——计算、通信、移动、机器人、数据科学，当然还有AI，用在医疗领域，带来下一次的医疗革命。

首先，现有的医疗数据库和流程将实现数字化，包括患者记录、药效、医疗器械、可穿戴设备、临床试验、监测医疗质量、监测传染病传播以及跟踪药品和疫苗供应。数字化将创造海量的数据库，这将大大推动AI的新应用和新机会。

放射学最近已经数字化。背光胶片查看器已经升级为电脑上的3D精密扫描的可视化，也实现了远程放射学和人工智能辅助看片。个人病历和保险记录正在快速汇集成为巨大的脱敏数据库。这数据库结合AI可以精准追踪病情，判断医生水平，提高治疗效率、辅助医学教育和及早发现和预防疾病。药物使用的完整数据库将有助于医生和AI能够学习每种药物的适当使用条件，以实现更高的疗效并避免错误。人工智能可以通过吸收数十亿个实际案例，特别是那些包括是否治愈的案例，来做更精准的自我提升。人工智能可以考虑到完整的病史和家族史，以实现个性化治疗。人工智能可以完整追踪大量的新药、治疗和研究。这些都是人类绝无可能做的。

除了现有的医疗数字化外，革命性的新技术从发明时就是数字化的。比如说，可穿戴设备可以持续监测心率、血压、血糖，以及越来越多的信号，汇集成巨大的数据库。这数据库可以训练AI，实现精准监测、预警、诊断和维护。

在医学研究中，突破性的新技术与生俱来即是数字化的。比如说颠覆生物学的DNA 测序产生的就是关键的基因数字信息。数字聚合酶链反应（dPCR）技术可以准确地检测病原体（例如新冠肺炎）和基因突变（作为癌症标志物）。下一代测序（NGS）可以快速做出人类基因组测序，而基因测序数据非常庞大，AI能够读透，而人类无法阅读。CRISPR是突破性的基因编辑技术，未来有可能根除许多疾病。最后，药物和疫苗研发也正在走向数字化，并开始与人工智能相结合（本章后面将详细介绍这一点）。所有这些先进医疗产生的数据，都可以与AI和其他数字技术深度结合，产生巨大价值。

那么，为什么像IBM Watson这样用于癌症治疗的AI项目没有成功呢？当IBM与MD 安德森癌症中心、斯隆-凯特琳癌症中心等备受尊敬的AI医疗机构合作时，它错误地决定主要依靠这些机构的医疗专业知识数据来训练Watson AI。这些数据库的确是多年累积最顶尖医生精挑细选出来的经典教学案例，特别适合医生的学习，因为每个案例都可以帮助医生学会关键概念，在诊断的过程中可以经过人类大脑分析和其他知识点的融合，用于每个病例。但是AI学习是经过海量数据而不是经过概念的，而这些数据库对AI来说实在太小了，所以Watson并没有达到医生诊断癌症的水平。IBM Watson也曾经试图用大量的医学文本（如教科书和研究论文）来增加其知识，但这些文本也是为人类阅读而写的，而AI需要的海量真实的患者实际的疗程和效果的数据。治愈癌症是一项艰巨复杂的任务，人工智能医疗应该从拥有大数据集而且适合AI的较简单的任务开始。

我相信人工智能和医学界已经从Watson吸取了教训，开始务实地转移注意力到AI更适合的领域，比如药物和疫苗研发、可穿戴设备的数据采集、DNA测序的应用、放射科的辅助看片、病理科的辅助诊断，以及用精准医疗作为医生助手。同时，特别重要的是需要符合医疗产业（比如说有合适的渠道，不需要教育市场等），并设计为AI和人相辅相成（不要过于激进，一开始就要取代医生或科学家）。这样一个务实的和数据驱动的AI医疗产业在未来20年必能蓬勃发展。下面我们来深度探讨几个这样既务实又有价值的领域，比如说新药研发。

## 传统药物及疫苗研发

长期以来，药物及疫苗的研发都是一件极其耗时、成本高昂的工作——想象一下，人类用了100多年时间，才完成了脑膜炎疫苗的研制和改进。而在这次新冠肺炎疫情中，正是因为各国政府把史无前例的巨额资金投入多条研发赛道，支撑了大量的临床试验和量产尝试，医药企业的疫苗研发才推进得如此迅速。

在等待了一年之后，我们终于用上了安全有效的新冠疫苗。好在新冠病毒的致死率没有那么高，这样的等待才显得可以接受。然而，如果新冠病毒进化成一种像埃博拉一样致命的传染病，情况就会变得完全不同。因此，考虑到未来可能出现新的传染病，疫苗和药物的研发速度仍然需要继续提高。

研发药物时，第一步先要理解病毒蛋白质（氨基酸序列）是如何折叠成独特的3D结构的。理解这种3D结构，对解读病毒的工作原理并找到对抗它的方法至关重要。例如，就像钥匙插入锁孔中一样，新冠病毒表面的刺突蛋白可以附着在人体细胞表面的受体上。当新冠病毒侵入人体细胞后，新冠病毒基因组（新冠病毒的RNA）将被传递、整合到宿主细胞上，然后在许多器官中不断复制，从而导致感染者表现出一系列的症状。

针对某种病原体的小分子药物发明，是通过将治疗分子附着在病原体上来抑制其功能而起作用。这种治疗分子的发现过程可以分为以下四个步骤：

第一步，利用mRNA序列推导病原体的蛋白质序列（现在这一步不难实现）；

第二步，探索该蛋白质序列的三维结构（蛋白质折叠方式）；

第三步，确定三维结构上的靶点；

第四步，生成可能有效的靶向分子，然后从中选择最佳临床前候选药物。

如果回到之前用过的类比，那么第一、二、三步相当于摸清锁的结构，第四步相当于打造一把适配的钥匙。这四个步骤需要依次完成，后三个步骤的工作不仅非常耗时，而且成本高昂。

例如第二步，为了确定病毒蛋白质序列的三维结构，科学家会使用冷冻电子显微镜成像等技术，直接观察病毒蛋白，然后一步一步艰苦地摸索、推敲出3D蛋白质结构。

第三、第四步是找到靶点并设计出对应的靶向药物，这是一个漫长的试错之旅，而且需要科学家具备强烈的直觉、丰富的经验和好运气。不过，就算科学家耗费数年时间锁定了一种临床前候选药物，它也有90%的概率无法通过二期、三期临床试验。这个探索过程会耗费相当长的时间。当然，也可以并行探索几种不同的方法，不过这样虽然可以缩短时间，但需要大量的资金投入。

## AI在蛋白质折叠、药物筛选及研发方面的潜力

目前，要研发一种有效的药物或疫苗，需要投入10亿—20亿美元的资金和数年的研发时间。我相信，AI将大幅提升药物的研发速度，降低研发成本，为患者提供更多价格在可承受范围内的特效药，帮助患者活得更健康、更长寿。

2020年，DeepMind公司针对蛋白质折叠研究（药物研发的第二步），推出了蛋白质折叠预测软件AlphaFold，可以说，这是迄今为止AI在科学领域最伟大的成就。

蛋白质是生命的基石，但对于人类来说，蛋白质的氨基酸序列如何折叠成3D结构，从而成为生命活动功能执行者的整个过程，仍是一个谜。解开这个谜，不仅具有重大的科学意义，对医学领域也有极高的价值。恰巧，深度学

习技术似乎非常适合在这个问题上“大展拳脚”。

AlphaFold背后的训练数据集非常庞大，包含了过去发现的所有蛋白质三维结构信息。目前，AlphaFold已经证明了它模拟未知蛋白质三维结构的能力，其准确性与传统方法（如上面提到的冷冻电子显微镜成像技术）不相上下。区别在于，传统方法成本高、耗时长，而且只能解析所有蛋白质结构中不到0.1%的部分；AlphaFold的出现，提供了一种快速扩大人类已知蛋白质数量的方法，被视为“解决了困扰生物学界50年之久的巨大挑战”，是一项划时代的突破。

一旦掌握了蛋白质的三维结构，“药物再利用”就成了一种能够帮科学家快速找到有效治疗手段的方法，即尝试每一种已经证明对一些小病安全、有效的现有药物，看看其中哪些药物可能成功嵌入当前病毒的蛋白质三维结构。

“药物再利用”方法有可能成为一条捷径，从而使人类能够在一场严重的流行病发生之初就阻止病毒的传播。因为这些能被“再利用”的药物均已通过不良反应测试，可以直接使用，无须再经过大范围临床试验。《无接触之恋》中的男主角加西亚在被检测出携带COVID-Ar-41的变体病毒后，临床中心就立即启动了AI程序，以“再利用”一种能够减轻他的症状的药物。

科学家还可以充分利用AI的优势，发明新的化合物。AI可以锁定一些靶向分子可能附着的靶点（药物研发的第三步）。如果给定一个靶点，AI模型就可以通过识别数据的内部模式，来缩小对药物的搜索及筛选范围，锁定候选药物（药物研发的第四步）。2021年，AI药物研发公司英矽智能宣布其利用AI完成了治疗特发性肺纤维化的新药研发，先在三维结构上找到靶点（第三步），然后提取相关信息并找到最佳的靶点分子（第四步）。英矽智能的AI技术不仅为药物研发的后两个步骤节省了90%的成本，还创造了一项不可思议的奇迹：用18个月的时间完成了新药研发。要知道，传统新药研发往往要耗时10年以上，耗资超过20亿美元。

此外，AI还可以整合多方面知识来优化第三、四步研发过程。例如，自然语言处理（NLP）技术可对海量学术论文、专利成果和公开数据进行深入挖掘，从中提取出能够帮助锁定靶点或有效分子排序的信息。AI还可以根据过去的临床试验结果，预测所有潜在候选新药的有效性，为进一步排序提供参考。这些，都可以在计算机系统上模拟完成。科学家可以站在AI的肩膀上，参考系统给出的推断，排除“错误选项”，然后再进行下一步研究。

当然，除利用计算机模拟进行研究的“干实验”外，还有一种“湿实验”，即在实验室培养皿中对人体细胞展开药物测试。对于这一类实验，AI同样有很大的施展空间。在今天，由机器人来主导这类实验，会比由实验室技术员来操作更加高效，而且可以采集到更多的数据。镁伽机器人就是这样的先进公司，镁伽的实验室机器人，无须人工干预，就能进行24小时全天候的重复实验，这将大大加快药物的研发速度。

## AI与精准医疗及诊断：让人类活得更加健康长寿

除药物及疫苗的研发外，AI还会以多种方式重塑医疗行业。

精准医疗，指依据患者的个人实际情况，为其定制最适宜的治疗方案，而非盲目使用某种重磅药物。随着包括患者病史、家族病史以及DNA序列等在内的数据越来越多地被AI系统采集，精准医疗的思想也会被越来越多地实现。这种根据个人情况提供优化定制的服务，正是AI的优势所在。

我预计，在今后20年中，AI在诊断能力方面将赶超绝大部分人类医生，而且这一趋势将率先在放射学一类的领域中有所体现。目前，在利用某些特定类型的MRI和CT图像进行诊断方面，计算机视觉算法就已经比优秀的放射科医生做得更为出色。

在《无接触之恋》中，20年后，绝大多数放射科医生的工作已经被AI接管，由AI辅助的自动化放射科，能够承担从拍片、看片到分诊的全流程工作；此外，我们还看到AI在病理学和眼科诊断上也表现出卓越的能力。AI诊断将逐个攻克不同的疾病，陆续进驻不同的科室，最终代替全科医生对患者进行诊断。

医疗工作关乎患者的生命，责任十分重大，所以，AI对医疗行业的覆盖，需要循序渐进地推进。最初，AI可能只作为人类医生的辅助工具，或者仅在人类医生人手不足的情况下使用。但随着时间的推移，通过在更大体量的数据上进行更多的训练，AI的诊断能力将变得更强大。多年后，可能大多数医生，会从亲自诊疗转向审阅AI系统的诊疗结果；他们的工作重心，将更多地放在给予患者更多的同理心和关怀上，放在与患者进行更多的沟通与交流上。

未来，即便是高度依赖人类医生审慎判断和灵活操作的复杂手术，AI也能在其中发挥作用。2012年，机器人辅助手术仅占所有手术的1.8%；到2018年，这一数据已增至15.1%。同时，机器人医生已经能够在医生的监督下完成一些半自动化手术，如结肠镜检查、缝合术、小肠切断与吻合术、植牙等。

根据这种趋势，我们预测，20年内，在某种程度上所有手术都将包含机器人的参与，而由机器人全权负责的手术比例也将大大提高。纳米医疗机器人更会具备多种人类医师无法具备的医疗能力。这些肉眼看不见的“机器人医生”（仅有1—10纳米大小）可以修复受损细胞、对抗癌症、改善基因缺陷，或者替换DNA分子以根除疾患。

可穿戴设备将为AI在医疗领域的发展提供沃土，就像《无接触之恋》中能够采集加西亚的生物数据的各类传感器一样。未来，我们会住上带有温度传感器的房间，用上智能马桶、智能床铺、智能牙刷、智能枕头，还有各式各样的隐形设备……这些设备都将定期采集人类的生命体征及其他相关数据，从而检测一个人是否会出现健康危机。

AI系统将汇总、整合所有设备采集到的数据，然后准确判断一个人的健康状况，无论是发烧、中风、窒息，还是心律失常，哪怕仅仅是跌了一跤，都逃不过AI的“眼睛”。而且，所有这些物联网数据都将与人们的医疗信息（如病史、接触者追踪记录、感染控制数据）结合起来，用来加强对未来可能发生的大流行病的预测和防控。

在这个过程中，隐私安全可能成为用户最担忧的一个问题，因此在训练过程中，AI系统需要对数据进行匿名化处理，比如用难以溯源的化名对用户加以区分和指代。同时，我们应该开发相应的技术解决方案，让人们在隐私安全得到保障的前提下，享受到集中式AI所带来的便利（更多相关内容详见第九章《幸福岛》）。最后，我们还需要一些创新性的法案，例如赋予人们在去世后捐献自己数据的权利。

2019年的研究显示，到2025年，全球AI医疗市场的年复合增长率将达到41.7%，市场规模将超130亿美元，包括医院工作系统的建设、可穿戴设备及虚拟助理的开发、医疗成像和诊断、治疗方案的拟定等，以及最重要的药物及疫苗研发。而新冠病毒的出现，正在加快这一增长速度。

最后，我认为AI有助于人类长寿——它不仅会帮助我们活得更久，而且会提升我们的生活质量。AI将利用大数据和个性化数据，为每个人提供定制化的营养和膳食计划、睡眠和运动建议，以及药物和诊疗方案，从而达到延年益寿的效果。先进的生物技术将不再是超级富豪“返老还童”的特权，而是所有人都有机会享受的福利。

有专家认为，随着医学、生物学和AI领域的技术迭代与升级，人类的寿命可能会延长20年。如果这能够成真，那么我们离本书所描述的2042年的世界就更近了。

## 机器人技术

与前面几章所介绍的AI在互联网、金融及感知领域的落地相比，机器人技术的落地难度要大得多。因为机器人领域的问题，无法通过直接把数据“投喂”给深度学习算法就能“简单粗暴”地解决，而是涉及复杂操控、精细运动及合理规划等多个环节，同时需要机械工程部件与具备AI的感知系统、精细运动控制系统之间的相互配合。这些问题并非无法攻克，但是整个机器人系统的优化需要一定的时间，而且需要跨学科的协作。

精准复刻人类的视觉、运动和操控能力是机器人技术的基础。一个合格的机器人不仅要具备自动化能力，还应该拥有自主性。这意味着当人们把决策

*图4-3　机器人移动平台*

*（图片来源：TPG）*

权交给机器人时，机器人需要能够根据环境的变化进行规划、收集信息并反馈、即时调整或临场发挥。当机器人被赋予了视觉、触觉和运动能力之后，AI就可以执行难度比以前高很多的任务，而且可以执行的任务的数量也大大增加了。

不过，在20年内，机器人技术很难完美地达到人类在视觉、触觉、操控、移动和协调等方面的水平。人们将在特定环境中独立开发机器人的各单项能力，然后随着时间的推移，逐渐攻破各技术之间的壁垒。

如今，机器人领域的计算机视觉技术已经趋于成熟，而且已经用于老年人安全监测（如老年人手里的机器人助手，可以在发现老年人遇到困难时，快速拨打监控中心的电话）、流水线作业检测、能源及公共运输行业的异常情况监测等方面。同时，机器人移动平台可以在室内空间实现自主导航；自主移动机器人（AMR）能够“看见”前方障碍物，规划路径，在仓储间搬运货物；机械臂可以用在焊接、装配等流水线上，执行物体的抓取、操作和移动任务，在电商的配送中心完成物品的拣选工作。

未来，机器人的能力会变得越来越强。例如，搭载了摄像头和其他传感器（如激光雷达）的机器人视觉技术，将成为智慧城市和自动驾驶汽车的重要组成部分。机器人移动平台将不再局限于室内作业；自主移动机器人有可能到达任何地方，自主导航，成群结队地高效作业；机械臂将拥有柔软的皮肤，能够抓取易碎的物体，然后通过反复的试验以及对人类的观察，学习承担新任务、掌握新技巧。另外，机器人的视觉、运动和操控能力，将在一次又一次的复杂任务中得到磨炼，进而实现更好的协作、更高效的结合。

## 机器人技术的工业应用

只有当业界预见到一些高价值的应用能够落地时，那些与之相关的耗资巨大的技术才有机会不断发展、走向成熟。如果一种技术能解决某种特别关键的需求，一些公司往往愿意为该技术在发展初期的巨额投入甚至亏损买单，以

图4-4　极飞科技的农业无人机

（图片来源：极飞科技）

图4-5　机器人实验室里的机器人取代了实验室技师

（图片来源：镁伽机器人实验室）

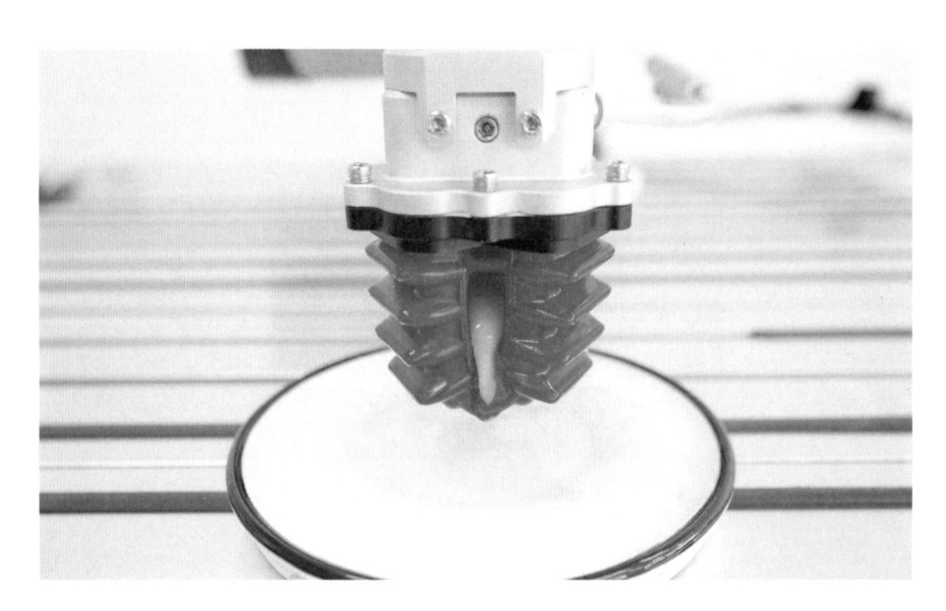

图4-6　软体机器人可以比人手更完美地抓取鸡蛋黄

（图片来源：SRT软体机器人）

换取后期依靠这种技术进行扩张、获取更高利润的可能性。机器人技术也不例外。

如今，已经有许多工厂、仓储和物流企业开始使用AI和机器人技术。机器人智能质检、移动平台和机器人分拣系统是第一批落地的技术应用。如今，机器人可以拾取、移动、操控各种各样的物体；未来，多种机器人将能够协同工作，执行复杂的规划工作，从容应对错误和异常状况的发生。

工厂及仓储的自动化可能无法在短期内实现。原因在于，部分工作仍然离不开人类精确的手眼协调能力，以及面对不同状况甚至全新环境时灵活机动的应变能力。不过，到了2042年，仓储自动化将基本实现，绝大部分工厂也会实现自动化。

农业领域是机器人技术触手可及的“低垂的果实”。这不难理解。虽然在工厂里，不同品类的制造流程是完全不同的，例如手机和服装的生产线就有很大差异，但在田地里，无论什么作物，其播种、施肥、撒药除虫的过程大都非常相似。目前，行业领先的极飞无人机行业已经能够为多种作物执行上述三项作业，极飞的机器人也已经可以在田里收割一些品种的农作物了。在农业场景中，机器人技术的存在有助于降低成本，这为缓解全球粮 食短缺问题带来了新的希望。

突如其来的新冠肺炎疫情加速了机器人技术在医疗领域的落地进程，包括对发热情况的检测、对患者身体状况的监测、对医院及机场等公共场所的净化、隔离餐的发放、远程医疗的对接等。我们还可以让机器人把测试样本运送到实验室，以减少一线医务人员接触病毒的机会。

最初，机器人只能完成一些简单的重复性工作，有些可能仍然无法离开人类的监管。但在这场全球疫情的试炼之下，机器人已经积累了更多的经验，变得更加聪明、自主。举个例子，中国的镁伽机器人实验室已经打造了一个全自动化生物实验室，不仅能实现全天候工作，为科学家和医务人员节省宝贵的时间，还能消除由于人的主观因素所造成的误差，降低人类感染病毒的概率，为未来自动化实验的迭代升级收集有价值的数据。

## 机器人技术的商业场景和消费级市场

机器人技术将在工业应用中经历反复的测试和迭代，从而得以完善。随着时间的推移，机器人技术及其机械部件的成本会逐渐降低，从而推动这项技术在商业场景中广泛落地，打入消费级市场。

例如，自动化实验室中的机械臂，也可以用于在咖啡店制作饮品。而且，如果未来的成本能够进一步降低，它甚至有机会走进千家万户，为用户提供专属服务。机器人移动平台也不再局限于工业场景，它同样可以进入人们的日常生活之中，就像《无接触之恋》里陈楠的家务机器人“圆圆”，以及“圆圆”在机器人专用电梯里遇到的快递机器人、清洁机器人、老人看护机器人、遛狗机器人一样。在现实中，已经有人在生产这类机器人了，不过还处于相对原始的阶段，仍有很大的发展空间。

前段时间在北京家中隔离时，我网购的快递和外卖都是由公寓的机器人运送的。这种机器人外形敦实，下面带轮子，形似《星球大战》中的机器人R2D2。它们在送货时会先无线呼叫电梯，然后自主导航到我家门口，接着拨打电话通知我开门取件。我取走快递后，机器人就会回到前台等候下一个任务。

目前，硅谷正在对能够送货上门的自动驾驶货车进行测试。到2042年，端到端的自动化送货服务应该可以实现，比如自动叉车搬运仓库中的包裹，无人机和自动驾驶运输车把包裹送至用户的公寓，R2D2机器人再把包裹派送到用户家门口。

此外，以海底捞为首的一些餐厅里也已经出现了机器人的身影，它们的出现，减少了人与人之间密切接触的机会。这些机器人并非人形机器人，而是带轮子的桌子，能在餐厅里穿行，把菜品送到顾客的餐桌前，再由顾客取走自己的菜品。尽管目前的餐厅机器人大多是商家的噱头，而且更多是出于用餐安全方面的考虑，不过在未来，机器人服务员可能会成为普通餐厅的标配。也许只有高档餐厅和观光餐厅才会雇用人类服务员，人类服务员反而会成为这些餐厅主打的亮点。

机器人还将在酒店承担保洁、为顾客送洗衣服、搬运行李以及提供客房服务等工作；在办公大楼，化身为迎宾人员、安保人员、清洁工；在商场，负责清洁地面、整理货架；在机场、酒店、办公大楼的信息服务台，负责回答问题、指引方向。

未来的家用机器人将变得更加智能。洗碗的时候，人们无须把大块的食物残渣清理掉，而是可以直接把所有锅碗瓢盆推给全自动洗碗机器人，它将自主完成清洗、消毒、烘干以及整理工作。想要吃饭的时候，人们也不必花时间处理食材，可以直接把所有食材丢给烹饪机器人，它会自动处理食材，完成煎炒烹炸，然后端出一盘美味的菜肴。目前，这些技术所需要的功能组件都是可以实现的，它们将在未来10年中迭代升级，然后实现大集成。

所以，不要着急，我们要有耐心，等待机器人技术的完善和成本的下降。机器人技术的大规模商业化指日可待，机器人走进千家万户的场景也不是空想。到2042年，我们可能真的会像电影《霹雳游侠》中杰森一家那样生活！

## AI时代的数字化工作

在新冠肺炎疫情暴发期间，人们不得不居家隔离，尽量减少与外界和他人的接触，尽可能把一切线下活动挪到线上。在全世界，人们的生活模式似乎在一夜之间发生了巨大的改变，这种改变将给人们带来一些长期的负面影响，《无接触之恋》中困扰陈楠多年的疾病恐惧症就是一个典型的例子。

但从另一个角度来看，新冠肺炎疫情的出现也为人们带来了一些机遇。它的存在提升了人类工作的灵活性和生产力，改变了人们的生活习惯。陈楠就在2042年的云工作时代里，选择了居家办公。

在人们的传统观念中，无论是办公、出差还是学习，都需要本人到场。但疫情的出现，为我们提供了一个新的思路——其实很多事情都可以在线上完成，而且效率更高。居家隔离的经历，已经让人们对一些传统观念和生活习惯产生了动摇。

在2020年末，比尔·盖茨曾预测，未来将有超过50%的商务旅行会消失，取而代之的，是更有效率的虚拟会议。他还预测，30%的办公室工作会消失，企业将允许某些岗位的员工永久性地在家办公。麻省理工学院的经济学家David Autor将新冠肺炎疫情与经济危机称为“自动化推手”，认为它们驱动了人类三大需求——提升生产力、降低成本、保障人类生命健康的发展。

疫情期间，Zoom等视频会议软件的用户激增，这些软件一跃成为维持世界正常运转的重要工具。人们通过软件协同办公、举办婚礼，还有数百万学生在线上进行学习，这些都是历史性的创举。可以预计，在不久的将来，商务会议将通过自动语音识别技术实现存档和转录，所有过去的会议都将有迹可循，而不会成为过眼云烟。这也有助于人们更好地履行承诺、规划日程、洞察可能出现的异常，以及提升工作效率和管理能力。

有望在未来普及的视频通信技术，会让AI虚拟化身成为可能。利用DeepFake技术生成一段以假乱真的换脸视频，远比在现实里复现一个人要容易得多。虚拟教师可能会给课堂带来更多的活力；虚拟客服人员可以与用户展开个性化的对话，最大限度地提升客户的满意度；虚拟推销员可以根据用户画像优化提案，增加公司的营业收入。我个人也非常期待能有一个AI分身，这样，我就可以同时在不同的论坛、会议上进行演讲，回答大家的问题。

在数字化时代，业务的重组与外包、工作流程的自动化将变得前所未有地简单。工作流程的数字化，意味着会源源不断地产生海量数据，这些数据将为AI提供完美的“燃料”。如果每项工作都可以用数据来描述，用某位员工的“输入”和“输出”来描述，而AI又可以实现相同的效果的话，那么这位员工可能就要被AI取代了。

根据历史经验，自动化进程的推进，往往发生在经济危机与技术成熟这两个条件同时满足的情况下。一旦企业开始用机器人取代人类员工，尝到了机器人员工的“好处”，企业就很难再回头去考虑雇用人类员工了。毕竟机器人不会生病，不会罢工，更不会因为工作有危险而提出加薪的要求。

那么，人类应该如何面对日益加剧的工作岗位消失的问题呢？我们将在第八章对此展开深入的探讨。

# 05

# 偶像之死

开复导读

《偶像之死》的故事描述了未来的娱乐业。到那时，游戏都将是五感立体沉浸式的，虚拟和现实之间的界限将变得虚实难辨。本故事发生在日本东京，主角利用AI和VR技术，让她所爱慕的偶像复活过来，引领她去调查偶像之死背后的原因。VR是沉浸式的、逼真的、互动的。我认为，这项技术将改变未来的娱乐、培训、零售、医疗、运动、房地产以及旅游等行业。到2042年，每个人是否真的有可能打造一个“虚拟自我”呢?

在本章的解读部分，我将揭示这个问题的答案，并介绍VR、MR、XR这三种不同层次的沉浸式体验，以及这类创新技术在伦理和社会层面所带来的问题。

虚拟现实就像是睁着眼睛做梦。

——布伦南·斯皮格尔

睹物思人，见泽上萤火，当是我，离窍游魂。

——和泉式部

1

这是一间布置成维多利亚风格的昏暗房间。黑色木桌上撒着玫瑰花瓣，中央燃烧着七根只剩一半的蜡烛。木桌上方悬挂着一顶白色丝帐，如水母般展开半透明的身体，用触手紧紧抓住房间的几个顶角。所有摆设，都是仿照19世纪伦敦最流行的“降神会”现场精心复刻的。

爱子看着其他三个女孩，她们的脸被烛光映衬得有一丝诡异。她开始后悔自己选择了这款游戏套餐。话又说回来，日式江户怪谈风说不定会更恐怖。

烛火不祥地抖动了一下。

这个完全密闭的房间里怎么会有风？爱子不寒而栗，和其他人面面相觑。莫非祈求之事应验了吗？

一身黑袍的老妇人，握住坐在两边的女孩们的手，翻着白眼。桌子开始剧烈震颤，像是底下有一台年久失修的巨型滚筒洗衣机。女孩们花容失色，浑身发抖，双眼紧闭，几乎同时尖叫起来。

“我看见他了！噢呵呵，是个光芒万丈的男人呢……”黑袍老妇人嘴里嘟囔着奇怪的话，身体来回摇晃，“他是死于一场非常重要的仪式当中呀……”

“没错，没错！”染着金色短发的女孩应了一声，“博嗣君的尸体是在告别演唱会中场休息时，在反锁的无人更衣室里被发现的……”

“……尸体看上去竟然像是溺水而死的样子……”红色卷发女孩接过话。

“……我哭了整整一个礼拜呢！”灰蓝长发女孩带着哭腔说。

“你们搜集的灵物都在这里吗？”老妇人望向这些女孩，眼珠终于恢复正常。她用嘶哑的声音继续说：“呔！其中就有重要的线索！”

每个女孩面前都放着几件从博嗣X官网上购买的周边产品——发带、手链、戒指、环保购物袋……据说都是博嗣亲手触摸过的，带着他的气息。爱子甚至从黑市搞到了一把据说是博嗣在更衣室里用过的梳子，上面还粘着几根褐色卷发，也不知真假，不过价钱倒是高得吓死人。

“这个叫博嗣的灵体有话要说呢，哎哟哟，我们来听听看……”

桌子停止了震动，房间里死一般安静，像是马上要发生什么大事。

所有人的目光都集中在老妇人用黑纱挡住下半部的脸上。老妇人双眼开始发光，身体猛地一颤，就像有什么东西从背后钻进了她的身体。老妇人停止了颤抖，以一种与之前完全不同的声音和语气开始说话。那是一个年轻男子的声音，温柔、脆弱、忽强忽弱。

“……我被困住了……这里好黑好冷，像在海底……我喘不过气来……我不想死，我还有好多心愿没完成……”

“是、是博嗣君！”爱子瞪大眼睛，心跳加速，手臂上起了一层鸡皮疙瘩。

那声音继续说道：“……我想和你们再唱一次《就算世界末日也要让奇迹闪耀》……请你们帮帮我，找出真相……”

所有女孩都泣不成声。《就算世界末日也要让奇迹闪耀》——大家都心照不宣地简称为《奇迹闪耀》，是博嗣的成名曲。

“博嗣君……你一定要坚强啊！”爱子喘着气，结结巴巴地说道。

男人的声音戛然而止，老妇人像断线木偶般重重垂下脑袋，好一会儿才回过神来，接着就像什么都不记得了一样说着胡话。烛火摇摆，重新恢复了光亮。

“他走了……”老妇人的声音重新变得嘶哑。

我听到了，博嗣君，我一定会帮你找出真相。

爱子用力地点点头。

* * *

这是博嗣X的告别演唱会。

站在海浪般汹涌的人潮中，爱子仰望着舞台中央那个闪亮的身影。她不知该如何准确描述自己的感受。感动？渴望？恐惧？也许兼而有之。

音乐突然停下。博嗣背后大屏幕上的场景从绚烂的星空切换到现场观众席。镜头快速移动，似乎在搜寻目标。无数张雀跃的、激动的、潮湿的面孔进入画面，暴发尖叫，又迅速消失。

镜头终于停了下来，聚焦在一张茫然的脸上。对于这样一个激动人心的场合来说，这张脸平庸得有点过分了。

爱子终于意识到那是自己的脸。

“爱子小姐，就是你。”

我这是在做梦吗？当着千万观众的面，听到自己的名字从偶像口中被念出，这种感觉实在是有些超现实。爱子一脸慌乱，四处张望，不知该做什么表情合适。

“爱子小姐，可不可以请你到台上跟我一起合唱呢？”

场馆里响起了带有节奏感的掌声，一浪高过一浪，那是人们的鼓励。可爱子却像被施了魔法，身体一动也不动。

“爱子小姐？难道你不愿意吗？”博嗣君的声音竟然有些伤心。

* * *

爱子尖叫着从梦里醒来。她的胸口剧烈起伏，她不得不做几次深呼吸来缓和心跳。果然还是一场梦啊。她打开床头小灯，坐了起来。自从见过那位黑袍老妇人之后，她这几天都心神不宁，寝食难安。

她的肚子突然发出咕咕的叫声。为了节食，她晚饭也没吃。去找找冰箱里还有什么存货吧。她摸索着抓起床头的XR隐形眼镜盒，对着镜子戴上。没了它，爱子简直就是睁眼瞎。

“真想能亲手给博嗣君煮一碗拉面啊。”爱子自言自语道，这是她最拿手的料理。

这时从厨房里传来一阵奇怪的沙沙声，把爱子吓了一跳。

爱子抓起带有博嗣签名的棒球棍，蹑手蹑脚地靠近厨房。门缝里，透出幽幽的蓝绿色的光线。她深吸一口气，挥着球棒冲了进去。

厨房里没有人，冰箱门却打开了一条缝。

“什么啊，原来是智能冰箱……可是，没有我的指令，它自己怎么会开呢？”

爱子蹲下身子，在冒着白气的冰箱里翻找起来，只找到一盒即将过期的无脂牛奶。

“明天得下订单买菜了，不然真得——啊！”爱子一转身，被眼前的一幕吓得大叫一声。打开的牛奶掉到地上，溅得到处都是。

一个男人就那么直挺挺地站在冰冷的白色雾气里，浑身散发着蓝绿色的光。

当爱子看到那个男人完美的面孔时，不由得张大了嘴巴：“可你……你不是死了吗？”

那个男人轻轻一笑，“喂，对死者难道不应该用敬语吗，况且……还是你把我召唤出来的呢。”

爱子小心翼翼地用球棒戳了戳博嗣的身体。果然，触发了一圈圈光的涟漪后，球棒穿了过去，就像是一个全息图。

“还真的不是实体……，好厉害……”她发出一声赞叹。

“浑蛋，用球棒戳穿人家的身体，还一边感叹好厉害是怎么回事！”

“你说话的方式，真的和博嗣君一模一样呢。”爱子说。

“说什么呢，我就是博嗣X——用爱和音乐拯救世界的英雄啊！”那个男人做出可笑的标志性动作，双手交叉胸前，向前伸出变成手枪，发射爱的讯号，活像漫画里才会出现的人物。

“我知道了。我答应过你，一定会找出真相的。”爱子点点头，“请博嗣君也要帮助我呀。”

“好啦好啦，根据协议，我会给出3条重要线索，但是你要提出正确的问题才可以哦。”

博嗣蹲下身子，直视爱子的双眼，伸出3根手指。虽然这个蓝绿色调的身体有点飘忽不定，但还是像生前一样，帅得闪闪发光。

爱子被看得脸红起来，她移开视线，“嗯，我已经看了有关案件的报告，但是还想听你再说一遍在更衣室里发生的事情。”

“你可能浪费了一个问题。我所要说的，都可以与现场证人的证词交叉验证。更衣室已按我的要求拆掉了所有的监控摄像头，所以并没有视频录像。演出的中场是非常紧张的，首先是在造型师和化妆师团队的监督下换好衣服、化好妆。接着是调试吉他，给吉他上弦，跟音乐总监、舞台总监过一遍流程。我的经纪人小美一直陪着我，直到结束。所有人离开后，在上台之前，我习惯独自冥想3分钟，让心情平静下来。”

“也就是说，你在一间密室里，谁也不能进出，对吧？”爱子问道。

“这算是一个免费的衍生问题吧。是的，只有我一个人。除了正门，房间没有别的出入口。”

爱子陷入了沉思。当她想抬头再问更多的问题时，那个身体已经渐渐变得透明，消失不见了。

“喂！可不可以再等等……”

“……我的第一次探望就到此为止了。加油噢，爱子小姐！你能做到的！”博嗣若有若无的声音飘荡在空气里。

爱子摇摇头，失落地关上冰箱门，阴森的光线和冷气一下子消失了。厨房里只剩下她一个人，和洒了一地的牛奶。

“……我只是想问，可不可以抱抱你……”

* * *

“什么！你见到了博嗣X的……”菜菜子夸张地捂住嘴巴，瞪大眼睛，银色睫毛闪闪发亮，“……这才叫‘鬼魂’吧……”

“浑蛋！”

午后在法国餐厅Doux Moi排队的人总是很多，这家店最有名的除了招牌的法式傍晚茶套餐，还有当红的老板——法日混血艺人Ines Suzuki。很多人抱着撞见明星本人的心理前来一探究竟。

菜菜子是这里的VIP，享有不用排队等位的特权。

倒不是因为菜菜子的累计消费金额有多高，而是因为她的职业。菜菜子是一名传说中的“粉丝组织者”。作为招募和运营粉丝的专家，她所经营的社交媒体渠道，粉丝数量往往达到数百万个。每当明星需要提升曝光率的时候，比如发布新歌、上综艺通告、宣布新的品牌合作或者亲临现场打广告的时候，经纪人和经纪公司就会求助于专业的粉丝组织者。

粉丝组织者就像带兵打仗的军事指挥官一样，拥有一大群铁杆粉丝，只要他们一声令下，粉丝就会砸钱、上网发帖、现场应援。菜菜子是其中的佼佼者，她有经验、有魅力、懂业务，所以什么演唱会门票、特别见面会、限量版商品，当然还有Doux Moi的VIP特权……都是经纪人为了讨好她可以付出的代价。

菜菜子为自己的工作感到自豪：从签约为明星服务的那一刻起，菜菜子就可以化身死忠粉，从专辑单曲的发行日期、各大颁奖典礼的获奖情况到数十年来的花边八卦……菜菜子就像一台人形电脑一样，对明星的生活了如指掌。凭借超凡的记忆力和对粉丝圈语言的熟练掌握，她很容易就能赢得其他粉丝的信任。然而，鉴于工作性质，她也可以在几秒钟内叛变到竞争对手的粉丝中。在粉丝圈里，她有一个无人不知的外号——“变色龙菜菜子”。

作为爱子十几年的闺蜜，菜菜子最无法理解的就是爱子对博嗣X至死不渝的爱。

“你别光吃啊，帮我想想办法。”爱子一脸苦闷。

“甜品都不让人好好吃……不过说实话，线索这么少，当福尔摩斯，不是我强项。”

“手册上说，要说出正确的关键词，才能召唤出博嗣君呢。”

“欸？如果是这样的话……”菜菜子抹了抹嘴角的奶油，“你不是说，上次他在厨房出现之前，你说了要给他煮拉面吗？博嗣君似乎很喜欢上美食节目，也许关键词和食物有关？”

“可我又怕召唤出来后，像上次一样问了个蠢问题，浪费了机会。”爱子都快哭出来了。

“是挺蠢的。”

“拜托！”

“好啦，我是这么想的，不要问那些你可以从资料包里分析出来的线索。也许可以问问他和其他人的关系——比如他跟谁有仇啊？谁威胁过他啊？动机，总是推理小说里的侦探会考虑的第一个问题。”

“有道理……”爱子若有所思，“应该把进入更衣室的这几个人跟博嗣君的关系搞清楚。”

“要我说呢，更简单的就是，加入我的俱乐部呀，每个月给你推送最新最红的艺人，就像逛超市一样，每天都可以换一种新口味呀，何必只为一种味道而烦恼呢。”

“你这种人是不会懂的！博嗣君对我的人生有特殊的意义……他拯救

了我！”

“啊！又来了，悲惨的原生家庭故事……不是我不想陪你，下午有一个UltraTalent节目的打call会，我先走了啊……”

“喂！每次都是这样！”爱子看着菜菜子消失在排队的人群里。

也许这就是她喜欢博嗣X的原因吧。爱子不由得摇头苦笑。从小到大，爱子都是那个多余的人。父母离婚，没人想要她，把她留给了爷爷奶奶。上学报名参加音乐社团，她总是被列在备选名单里。就连交朋友、谈恋爱……也总是被人当作第二选择，遭到背叛、抛弃。爱子为此陷入深度的自我怀疑，患了抑郁症，甚至尝试自杀未遂，直到听了博嗣君的《奇迹闪耀》。博嗣在歌里唱道：

不管世界如何敌意 / 都要勇敢走下去 / 直到时间尽头 未来 过去 / 你依然是你 闪耀奇迹……

这首歌像一支箭深深地射中了爱子的心脏，触动了她的灵魂。头顶的乌云一下子散开了，金色阳光遍洒大地。爱子的整个青春期都是与博嗣一起度过的，仿佛有了这位偶像的陪伴，她便再也不会孤单。也因此，她愿意一次次为自己的偶像买单，家里堆满了各种没有实际用途的周边纪念品，但爱子并不在意。

她疯狂地找来了博嗣的所有歌、影像资料、杂志图书……很多年前，这位先知先觉的偶像就把所有数字版权授予了一家叫维贝兹的科技公司。所有博嗣的官方资料都经过精心的数字化处理、修复、编制索引，使得这些数据可以被二次授权给更多样化的娱乐项目进行后续开发。

由于她的热心，维贝兹选择了爱子作为其神秘新项目“historiz”的测试用户之一。维贝兹的客户代表解释说，这个项目可以让她以一种全新的方式与自己的偶像“接触”，要求爱子回答超过300个关于博嗣X的问题，以及授权个人数据接口。爱子毫不犹豫就答应了。几周后，她被邀请到维贝兹XR体验室，在那里她遇到了跟她一起见黑袍老妇人的那几个女孩。她们也都是被精心挑选出来的超级粉丝。

* * *

健身房里，爱子换好体感服，跳上动感单车。XR隐形眼镜上出现了她最喜欢的风景，美国加州1号公路、挪威大西洋海滨公路、法国阿尔卑斯大道……超轻薄的体感服除了能够模拟相应的触觉反馈，比如微风、日照、颠簸之外，还可以实时监测她的生理数据和身体姿态，生成个性化的运动建议。

这一切，让她感觉自己并不是被囚禁在这小小的健身房里，而是在世界上任何开阔之处自由翱翔。她突然想起博嗣君在某档旅游节目做嘉宾时也说过类似的话——不管去什么国家，他都想吃中华料理，哪怕只有一份煎饺，那才是令人安心的味道。

“说不定煎饺什么的也可以呢……”爱子喃喃自语起来。

“煎饺的味道真是令人怀念呢，爱子小姐！”

博嗣X的身影就这么猝不及防地出现了。风景消失了，他穿着缀满亮片的演出服，飘浮在空中，叠加在健身房沉闷的背景上。

“博嗣君！你吓了我一跳啊！下次能不能提前打个招呼啊……”

“这样才有意思嘛。”博嗣朝她眨眨眼。

这时健身房的门开了，一个个子不高，身材匀称的男孩拿着毛巾走了进来，一头比熊犬般蓬松的卷发，活像顶在头上的一团巧克力色棉花糖。他也戴着一副XR眼镜——只不过是带框架的，而不是隐形眼镜。爱子目不转睛地看着那个男孩走向自己身边的那辆单车，骑了起来，他的配速调到最高。

“爱子小姐，你的眼神暴露了一切哦。真是过分，我还以为你这辈子只喜欢我一个呢。”博嗣假装生气的样子。

"什么啊？别再这么看着我，太丢人了……"

那个男孩突然停下，皱着眉头看着爱子，不满地说道。

爱子的脸一下子涨红了，连忙摆着手否认，"啊！那个，不是啦，我在自言自语，实在是不好意思呢。"

"这样啊，真是一个怪人……"那男孩小声嘟囔着又骑了起来，把眼镜切换为VR模式，镜片瞬间变成了不透明的银色。

爱子羞愧地从动感单车上下来，溜出健身房。她在女子更衣室里坐下，擦着额头上的汗水。

"爱子小姐，喜欢一个人就要勇敢地去表白啊，记得我在歌里是怎么唱的吗？"博嗣靠在一排储物柜旁边对她说。

"你好像有800首关于表白的歌吧？"

"你说话很夸张啊，明明只有……37首！"

"不要岔开话题了！说好的线索呢？"

在青春期的时候，爱子经常会幻想，如果自己能够和博嗣君每天说话，生活该有多美好。可是当梦想成真的时候，她又觉得哪里不太对劲。也许就是因为博嗣太平易近人了吧，很多口头禅和说话方式都和历史影像里没差别。但他本人——这个身影更像是邻家男孩，完全没有超级巨星的架子。正是这种感觉让爱子能够毫无保留地信任他。

"哦！你不说我都忘了，爱子小姐，请提出你的问题吧。"

突然正经起来的博嗣的身影站在女子更衣室里，双手合十，深深鞠了一躬，显得更加滑稽。

爱子轻轻咳嗽了两声："博嗣君，请告诉我，那些在你死之前进入更衣室的人，他们跟你的关系怎么样，有没有发生过什么冲突？"

"嗯，这个问题嘛，确实值得认真思考一下……"博嗣的影子托着下巴做思考状，整个身体的光亮也变得忽明忽暗。

"这些人都跟了我超过10年，除了是工作上默契的搭档之外，私底下也是很好的朋友呢。当然，再好的朋友也难免有分歧的时候。比如，我的造型师有时会强迫我穿上过分夸张的时装，化妆师会给我描上模仿大卫·鲍伊（David Bowie）的闪电妆，这些我都不喜欢。我会提出抗议，他们也会说服我。为了舞台效果着想，我通常都会让步。”

“嗯，听起来没什么问题。”爱子点点头，记在smartstream上。

“说到舞台效果，舞台总监直人和音乐总监健一都是从籍籍无名的年轻人，一路跟着我，成长为行业里的风云人物。虽然不敢说有什么恩情，但肯定也是彼此敬重吧。直人虽然之前被我发现在财务上有一些状况，可那都是过去的事情了，该还给公司的钱也都还清了。健一一直想要单飞做自己的音乐，被我大力挽留，虽然他心里可能有怨言，但现在我退出演艺圈，正是他自由的时候，应该也不会有什么仇恨吧。”

“演艺圈听起来好复杂啊……”

你若真心对人，人必真心对你……

博嗣唱了起来。

“说说经纪人小美吧。她对你想退休这件事有什么反应？毕竟你是她一手捧红的艺人，她一定很舍不得你走吧。”

博嗣叹了口气：“说起来，小美在这件事上的反应确实出人意料地激烈。我也可以理解，培养一个成功的艺人太难了，很多时候需要付出10年以上的心血和努力，还得很幸运，才能有如今的成就。我和她沟通过很多次，也表明会在经纪合约期满之后解约，并且我会给她足够的经济补偿。但她好像还是难以接受，看我的表情总是有点奇怪。”

“莫非！”爱子瞪大了眼睛，“小美因爱生恨，她就是杀害你的真凶？”

“不可能，我相信小美的人品。何况，小美在更衣室的时候，别人也在场。”

“等等，让我再调出现场照片……”

“问题回答完了，我要走了，爱子小姐，不要让幸福从身边溜走哦，加油！”

“喂！等等！博嗣君，我还没说完呢……”

那个身影穿过梳妆台上的镜子，消失得无影无踪。

* * *

爱子刚刚丢掉工作，这让她的生活陷入了尴尬境地，却也让她有很多时间去思考博嗣的死因。

那一天，爱子所在的出版社南云社的社长找到她，社长小心翼翼地提议她换份工作，却被爱子粗鲁地打断。

“又是AI！AI知道什么是好故事吗，它懂得人心吗？无非是找个借口缩减开支罢了！”

一想起整层办公楼都能听得见自己的声音，爱子就羞愧得全身发抖。

说起来，文学编辑比其他编辑要支撑得久一些。财经新闻、体育报道、娱乐消息甚至政府官方文章的编辑们，早已经被自动化采编程序抢走了饭碗。在这个行业里，也就只有爱子从事的文学编辑没有被AI取代。文学图书是一个缓慢萎缩却又细水长流的市场，利益没有大到引起科技巨头觊觎的程度，又高度依赖于人类的创造力与审美经验，所以文学编辑仍然顽强地捍卫着人类尊严最后的防线。

直到Super GTP模型的推出，才让处于悬崖边缘的行业惊醒。这已经不单单是文学编辑被取代的问题了，几千年来人类对于文学的定义以及故事生产的机制，都将被彻底颠覆。

爱子读过机器为她定制的小说，有种非常奇特的“口感”。她就像当年第一次开纯电动车的司机一样，会觉得加速、起动过分顺畅，以至于缺乏了传统燃油车的顿挫感。AI小说同样如此，句子流畅顺滑得过分，每一个情节和人物似乎都戳中了她的喜好。但是，也许正是因为过分讨好读者，AI写作的故事缺少了一些阅读上的挑战和惊喜。

对于爱子来说，那些挑战和惊喜，正是决定一个故事究竟是“平庸”还是“优秀”的关键所在。

愤而辞职之后，爱子却发现眼前的出版业几乎没有开放招聘的职位空缺。她只好考虑转行到需要编辑的影视公司或游戏公司。她递交的求职申请迟迟没有回音，却等来了维贝兹公司发来的神秘信息，邀请她参加新的沉浸式体验，其实就是当小白鼠。别无选择的她只好逃入游戏，挖掘偶像之死背后的秘密，哪怕这癖好正在加速消耗她捉襟见肘的存款余额。

爱子决定从小美这条最有价值的线索入手。她为游戏充了值，解锁了小美的信息包，预定了视频聊天的时间。

和陌生人说话是爱子最害怕的事情。选择文学编辑这份工作的最大原因，就在于在日常工作中需要接触的只是文稿和邮件，而不是一个个奇形怪状的真实人类。而且，妙就妙在大多数写作者也是社交恐惧症患者，所以这个游戏才能够进行下去。

为了表示尊重，爱子租了一个小时的方块空间，只有一张榻榻米大小，隔音效果十分理想。这种方块空间，基本是附近写字楼的白领来午休、冥想或者打私人电话的地方。

“打扰了，小美小姐。”在练习了26次不同方式的开场白之后，爱子终于拨通了那个号码。一个妆容精致，看不出确切年龄的短发女子出现在屏幕上。

“哦，你就是那个粉丝侦探对吧，叫什么来着……”视频中的小美穿着灰色职业套装，一副十分不好相处的样子，“对了，爱子？还真是个俗气的名字呢。”

“是的，就是我啦。”爱子尴尬地赔着笑脸，“这次麻烦您，是想向您了解一些关于博嗣君的情况呢。”

“我知道的一切都告诉警察了。不过你说吧，我听听看。”

“是这样的，我想知道的其实是您对博嗣退出演艺圈这件事的看法。”爱子说。

“哦？”小美防备的表情似乎有所放松，“这个我倒是可以说说。这么多年了，外面的八卦小报一直在抹黑我和博嗣的关系，说我压榨他，又说我用巨额违约金要挟他，不让他退休，根本就是胡说八道！我确实是一个要求很高的人，但所有的要求都是为了让博嗣X能够在舞台上绽放最耀眼的光芒。我爱他就像爱自己的孩子，我不会做任何伤害他的事情。”

“嗯，我明白了……”爱子一下子不知道该如何继续，对方似乎早已看出自己的猜疑，无论如何，这番回答合情合理，毫无破绽，小美似乎也不像在说谎。

正当爱子思考策略时，小美开口了：“我也有一个问题想问你，爱子，你属于哪一种粉丝？”

“什……什么？”被突然反问，爱子措手不及。

“这么多年来，我接触过成千上万个博嗣的狂热粉丝，她们的表现千差万别。有人默默支持从来不出声，有人勒紧腰带为信仰充值，有人在网上为维护偶像与水军对骂，也有幻想自己在和偶像谈恋爱的，还有因为骚扰被送进监狱的偏执狂。

“但本质上，我认为世上的粉丝只有两种：一种粉丝把偶像当作神，这种粉丝只能接受完美的形象，一旦偶像和自己想象中的不一样，不能满足她们的需求和期望，她们就会因爱成恨，头也不回地离开，甚至做出更糟糕的事情；另一种粉丝把偶像当作人，会平等地欣赏自己的偶像，愿意跟着他一起成长、一起经历高低起伏的人生，也许这样的粉丝永远不会和自己的偶像有交集，但到最后，粉丝和偶像之间会产生一种心的羁绊，就像一个真正的朋友那样。”

“心的……羁绊？”爱子重复着小美的话。

“所以爱子小姐，你究竟属于哪一种粉丝？”

“我……我不知道。”爱子茫然地回答。

小美爽朗地大笑起来：“在我看来，如果有人在自己的偶像死后，还愿意为他付出这么多努力，那么至少，她不是一个单纯的消费者。”

“也许吧，我只是不确定自己有没有资格成为博嗣君的朋友。”

“对于朋友来说，真诚是唯一的许可证。”

“非常感激您能这么说。”

“我希望你能仔细研究一下博嗣的死因，似乎不像看上去那么简单。”

“死因？”

“我只能说这么多了，祝你好运，爱子。”

小美消失了，她看上去一点也不像由AI生成的人。爱子抬起头，方块空间的防窥玻璃上映出一张陷入沉思的脸。

＊＊＊

突如其来的线索打乱了爱子的步调，她重新翻出警方的尸检报告研究起来。与此同时，小美的发问也扰得她心神不宁。

*我究竟是哪一种粉丝？是剥削者、消费者？还是……朋友？*

爱子摇摇头，强迫自己把注意力集中到材料上来。

从表面上看，博嗣君似乎是溺水而死，口唇青紫、面色惨白、口腔及呼吸道中有积液，这些都是因溺水而死的迹象。但之前爱子因为心理不适并没有翻检尸检报告的其他内容。在她心里，她仍然无法接受自己心爱的偶像死去。

她点击尸检照片，并与网络上因溺水死亡的尸体图片进行比对，很快她就发现了问题。

博嗣的耳膜并没有因为水压而出血，皮肤也没有那种因为在水里浸泡过而皱缩、泛白的迹象。最重要的是，他的肺部并没有积水、水肿或气肿。这些都说明博嗣并不是真的溺水而死。

*博嗣真正的死因究竟是什么呢？*

爱子在游戏的答题框中输入了自己的答案。随着一声轻响，报告的结论页面解锁。

……由于急性中毒导致呼吸中枢抑制，造成血氧饱和度断崖式下降，从而引发猝死。

爱子瞪大了眼睛。竟然是中毒！

她站起身来，在房间里来回踱步，想要厘清思路。

既然是中毒，那么必然有人投毒。只要分析出毒药成分，搞清楚博嗣君是在哪个环节摄入毒药的，便可以锁定那些有机会下手的嫌疑人。再结合他们的消费、邮递、通信的记录，就不难挖出真正的凶手。

真相即将大白于天下！爱子双手紧握成拳头，几乎快要欢呼起来了，直到她瞥见另一份文件——毒物检验报告。

博嗣的死是由两种不同药物混用产生的毒性反应导致的，其中一种成分不明，另外一种竟然是爱子非常熟悉的Angellix——一种抗抑郁药物，具有积极改变情绪的作用，病友们都把它叫作“天使的微笑”。

难道博嗣君也有抑郁症吗？

原本以为马上就可以解开的谜团却越来越复杂了。爱子几乎就要召唤出博嗣一问究竟了，但在最后一刻她还是控制住了自己的冲动。只剩下最后一次提问机会了，她不能就这么轻易浪费掉，还是得靠自己找出更确凿的证据。

她找出家里所有带有博嗣X标志的周边产品，浴帽、睡袍、拖鞋、帆布袋、飞机枕……把自己打扮得像一棵挂满礼物的圣诞树，她希望这些价值不菲的物件能够给自己带来运气。爱子心里这样想着，随手又拿起最后一件藏品——逗猫棒。

爱子跪坐在榻榻米上，鞠两次躬，拍两下手，再鞠一躬，最后双掌合十，说：“博嗣君，请保佑我找出真相！”

在XR隐形眼镜的虚拟视野里，所有线索和材料都在空气中散开，像是琳琅满目的购物指南，在爱子的手指所到之处，它们会闪闪发光。她熟练地拨弄着拟物化图标，把它们归类并联系在一起。很快，在杂乱无章的线索和材料中，出现了一张迷你地图。

她先把关键词“抑郁症”放在一边，标注为“待解决”。

假设博嗣君确实长期服用Angellix，那么在他体内肯定会残留一定浓度的化学物质，这样才能和不明药物发生毒性反应。那么，投毒的人肯定是熟悉他病史的身边人。如果是通过皮肤吸收化学物质，从吸收到毒性发作最快需要2小时，时间上太不可控。因此，博嗣只可能通过口服摄入药物，这样，最快发作时间为10分钟左右，正好在15分钟的中场休息时间之内。

爱子交叉验证了在场人员的证词，最终确认：为了保持最佳表演状态，在后台期间，博嗣君并没有进食，仅仅补充了水分。

爱子随后提取了残留饮用水样本进行化验，结果并无异常。

又陷入了死胡同，爱子抓着自己的头发。

她再次调出当天演出的视频，快进到即将中场休息之前。舞台上的博嗣X光芒四射，舞动着手里的电吉他，用一段快如闪电的即兴小独奏将演唱会的气氛推向高潮。他挥汗如雨，将吉他拨片噙在唇间，向在场的48000名观众，及数以百万计的在线用户深深鞠躬。舞台灯光暗了下来，博嗣缓缓后退，隐入幕后。

没有人想到，这竟是他的最后一次谢幕。

等等。爱子似乎发现了什么。倒带，播放，定格，放大。

那是博嗣标志性的手势，身为铁粉的她竟然对如此明显的线索视而不见。

＊＊＊

走出“彩虹六号”乐器行的爱子，在涩谷街头熙熙攘攘的人流中神情恍惚。她完全失去了方向。

“彩虹六号”是博嗣的吉他拨片的独家供应商，最后一批货是在博嗣身亡之前一个月发出的。因为吉他拨片体积小巧、容易丢失，博嗣一般会随身带好几片以备不时之需。爱子确认过，演出当天并没有其他人接触过他的拨片，而在他使用的拨片上也并没有检验出异常成分。她的推理到此为止。

爱子发现的证据就像项链上的珍珠，一旦线索断裂，便只能散落一地，弹跳着滚远，再也捡不回来了。

爱子陷入了绝望，难道就这么放弃？每当人生遭遇挫折时，《奇迹闪耀》的旋律总会在她耳畔响起，这次也不例外，仿佛已经成了某种条件反射。

不要把命运当作失败的借口！

她想到了最后一根救命稻草——再次召唤出博嗣的身影，问出第三个问题，也是最后一个问题。

试遍了所有博嗣君喜欢的食物名字，他却依然不见踪影。爱子快要崩溃了，她像疯子般在街头大喊：“到底博嗣君是不是被拨片毒死的啊？”

周围的行人纷纷扭头，投来同情的目光。

爱子羞耻得简直想找条地缝钻进去。可没过几秒，那个蓝绿色的身影竟然真的就出现在了东京最繁华的街道中央。

“啊哈！真没想到爱子小姐能走到这一步呢，真是大出所料！”博嗣的身影飘浮在空中，透过他半透明的身体，可以看到无数广告牌在闪烁着彩光。

“所以……‘拨片’果然是关键词？可为什么……”

“停！在提出最后一个问题之前，你最好想清楚，这是你唯一的机会。还有，别忘了，不能直接问我谁是凶手，这是规则。”那个身影把食指放在唇间，表情严肃。

“……了解。”爱子底气不足地答应着。

她又能问些什么呢？推理存在盲点吗？爱子的大脑飞速运转，将她带回之前整理出的线索地图，那些图标和线索，在虚拟视野中闪烁着微光。

突然间，她脑海中闪过那个被标注为“待解决”的问题。

爱子鼓足勇气，说出了心底的疑问，“所以……博嗣君，你为什么要吃抗抑郁药呢？”

有那么一瞬间，那个身影似乎是被卡住了，一动也不动。这让爱子担心自己是不是问错了问题，导致游戏提前结束了。

过了半分钟，博嗣的身影才恢复了动作。不过，他的性格似乎完全变了，之前的幽默与阳光被忧郁所取代。

“我就知道你会问的，爱子小姐，你是真正关心我的人，而不是只在意我脸上那张摘不掉的面具。他们都说，偶像最重要的就是人设——一个讨人喜欢、充满魅力、完美无瑕的人设。一旦人设获得了市场认可，就必须在漫长的人生里不断地强化它。这个通过对无数用户进行调研，再由团队全方位打造出来的人设，只是一件商品。而背后的人，只是这件商品最廉价的包装纸，看起来光鲜亮丽，可他们可以随时撕碎你、摧毁你、抛弃你……”

“不是这样的，博嗣君！我喜欢的是你，是真正的你……”爱子脱口而出。

“真的吗，爱子小姐？如果我和综艺节目或者杂志里的那个博嗣X完全不一样呢？你还会喜欢我吗？我厌倦了这种没完没了的角色扮演，这让我讨厌自己。我决定退出，可即便这样，却仍然逃不掉……”

“为什么？是谁在阻止你？是小美吗？是你的赞助商？还是那些可恶的资本家……”

突然，博嗣X发出一阵歇斯底里的笑声，就像听到极其荒谬的言论。

“博嗣君，你怎么了，不要这样吓我……”

“是你们。”

“什么？”

“是你……还有每一个口口声声说会一直爱我、支持我到最后的粉丝。在得知我要退出之后，许多人向我发出了死亡威胁，但她们威胁的不是我的生命，而是她们自己的生命。”

爱子惊恐地捂住自己的嘴巴。

“你知道，在我们这个国家——日本，自杀可是一直被视为一种荣耀呢。就好像一旦结束了自己的生命，一个人血液里与生俱来的羞耻感也被洗刷干净了。这也太可笑了吧？那些寄来自己血液、头发、自残照片的孩子，她们真的爱我吗？”

“博嗣君……”

“只有去死。”他像下定了决心一般昂起头，边缘闪烁着柔和的彩虹光晕，“把生命中最灿烂的一刻留在舞台上，只有这样，那些人才会放过我吧。”

“博嗣君……”爱子的声音带着哭腔。

“非常感谢你，爱子小姐，感谢你为我所做的一切。只不过……”

“什么？”

“爱子，你不也是她们中的一员吗？”

他带着微笑正视着爱子的双眼，爱子的脸变得毫无血色。刹那间，喧闹的涩谷街头一片死寂。

* * *

回到公寓后，爱子再次走入案发现场，显得有些心不在焉。

眼前的这间更衣室如此熟悉，过去的几天里，她翻来覆去地勘察每一个角落，琢磨每一件道具，生怕漏掉什么不起眼的线索。

现在这些都不重要了。

XR隐形眼镜正在以2倍速回放着博嗣死亡的场景。

满头大汗的博嗣君在众人簇拥下回到更衣室。化妆师为他补妆，造型师替他披挂饰物，音乐总监在简要地跟他同步曲目……当经纪人小美喋喋不休地念着新的合约条款时，博嗣舔了舔拨片，扫了几下吉他，调整合成器的音色。整个团队在他身边寸步不离，好像这个男人就是全宇宙的王，整个世界都在为他不停地运转。

终于，这个全宇宙的王挥了挥手，示意所有人离开更衣室。没人注意到他过度苍白的脸色。博嗣把房门反锁上，跪坐在地，双目微闭，似乎在与看不见的神灵沟通。他的身体开始颤抖，妆容精致的面孔变得青紫，眼睛圆睁，嘴唇张开，像有什么话要说，但声音哽咽住了。他抓起水瓶大口喝水，突然被呛到了，剧烈地咳嗽起来，水喷了一地。他倒在地上，挣扎着向门口的方向爬去，但身体开始痉挛。他的手指蜷曲起来。终于，他彻底瘫在地上，胸口不再起伏。

片刻，响起了由缓渐急的敲门声。

“所以……这就是当时发生的一切。”爱子的声音有些无力。

“可你还是没能解释，为什么在从博嗣身上找到的拨片上没有检验出残留的药物。”一个新的声音在她的XR耳机里响起，那是来自historiz观察员的声音，由AI驱动的游戏角色。

“为了回答这个问题，我们得把时间倒回到中场休息之前。必须承认，这确实是我忽略的一个盲点。”

爱子的右手在空中做出一个逆时针拧转的手势。博嗣的尸体睁开眼睛，水从地板上飞回他的嘴里，他走到门边，打开反锁，所有的工作人员倒退着走回房间，各就各位，开始忙碌，像是动画片里滑稽的片段。

一直到博嗣回到舞台中央，爱子才停止倒放。

“这一幕我看多少遍都不会腻……”爱子自言自语道，痴迷地看着偶像在炫目的灯光中挥洒汗水，用狂野的动作掀起观众的高潮。

好了，停下吧。画面随着爱子的手势停了下来。

“注意看他的右手，我换成0.5倍速慢放。”

博嗣奏完最后一个音符，右手夹着拨片，定格在半空中。随着灯光变暗，他自然地放下手。有那么一瞬间，他的手完全被吉他挡住了。

“逆时针旋转90°。”爱子下令。

爱子和观察员走到了博嗣的右侧，正好可以看清他被吉他挡住的手。博嗣把原来的拨片塞进牛仔裤前兜，又用手指从硬币口袋里夹出了另一片拨片，潇洒地噙在唇间，露出他标志性的笑容。

“他在进入更衣室之前就已经服毒了，有问题的拨片肯定被他随手丢掉了。我看了时间戳，从这会儿到毒发正好是12分钟。”

博嗣的影像消失了，爱子发现自己站在舞台中央，刺眼的聚光灯打在她脸上，她本能地举手遮住眼睛。全场响起山呼海啸般的欢呼声和掌声。

这是……在为我欢呼吗？爱子不敢相信。

“非常精彩，恭喜你，爱子小姐，你成功地找出了真相，你就是我们的粉丝大侦探！”观察员深深鞠了一躬，身影淡入黑暗，“接下来就是我们的闭幕式，不要走开——这也是剧情的一部分哦。”

尽管早已预料到即将发生的事情，爱子还是局促不安起来，她的心跳加快了。当博嗣X的身影再次出现在她眼前时，《奇迹闪耀》的旋律恰如其分地涌起，像温柔的潮水将她淹没。爱子的身体无法控制地颤抖起来。

“爱子小姐，感谢你拯救了我迷失的灵魂。太多的爱让我窒息，但你的爱……你的爱拯救了我，让我可以继续寻找下一站——天国的光明。再见了，爱子小姐，一定要幸福哦……”

“对不起，博嗣君，对不起……”

爱子终于忍不住泪流满面，她伸出双手，试图去拥抱那个身影，可留在怀里的却只有空气。博嗣X的灵魂开始绽放光亮，缓慢升上半空，带着迷人的微笑消失在夜空中，与群星融为一体。

舞台上只剩下了爱子一人，她眼前浮现出两个闪光的盒子，一个是粉色樱花状的，一个是蓝色鸟蛋状的。

“作为游戏优胜者，你将可以选择一份由维贝兹公司提供的大礼盒。选择粉色樱花盒，你可以拥有一个月的博嗣X智能玩偶使用权。注意，是从性格、声音到外形都99.99%仿真的超高级AI玩偶哦……”

爱子泪眼婆娑地抬起头，眼中充满犹疑。

“选择蓝色鸟蛋盒的话，你将可以和真正的博嗣X共享一次由品牌赞助商赞助的下午茶，注意，是真正的博嗣X哦，机会难得！

“现在，爱子小姐，请做出你的选择吧！”

一粉一蓝两个盒子在空中轻柔地浮动着，像随波浪起伏的鱼饵，等待着鱼儿咬钩。

* * *

“所以你究竟选了什么，女人！你倒是说啊！”菜菜子嚷嚷着，威胁要把抹茶可丽饼扔到爱子脸上。

“拜托！请不要在Doux Moi做出这么羞耻的事情……”

“要是我，肯定选择那款高级玩偶，整整一个月啊！想想，你可以和他做……很多事情……”菜菜子的脸上露出一丝坏笑。

“可惜你不是我……”

“所以你见到博嗣本人了？快说说，帅不帅？他现在应该很老了吧，还是很有魅力吗？你快告诉我！”

爱子微微一笑，陷入了回忆。

她还清楚记得那个下午自己在咖啡馆里等候时忐忑的心情。一阵微风，服务员的询问，邻桌小狗的吠叫，咖啡机研磨豆子的声音……都会让她心惊肉跳。爱子甚至想要逃跑。为什么我要选择蓝色盒子，这太不理智了！她心想。但话又说回来，喜欢一个如此遥不可及的偶像，本来就是一件不理智的事情。

一个温柔的声音把她从白日梦中唤醒。

“这位是爱子小姐吗？”

“啊，是、是的。”爱子本能般结结巴巴地答话，却不敢抬头去看对面坐下的这个男人。

“初次见面请多多关照，我是博嗣。”

再不抬头就过分失礼了，爱子勉强自己微笑着慌乱地点点头，用余光打量着自己魂萦梦绕的偶像。

眼前的男子大约40岁，中等身材，戴着棒球帽，看不出发际线的真实情况。皮肤保养得很好，干净光滑，但还是阻挡不住岁月的痕迹，显得有一丝疲惫。他唇边有没剃干净的胡子茬儿，下颌也宽大了不少。他的眼神里不再闪烁着少年的锐气，但多了些中年人的温和持重。

毫无疑问，这就是那个人，老了20岁的博嗣X，曾经疯魔万千少女的超级偶像。

“还能认出来吗，老了许多吧，毕竟20年了啊……”博嗣自嘲似的笑笑。

“啊，没有，哪里的话，还是一样的帅气呢！”爱子害羞地低下头。

“你不用这么紧张，就把我当成平常的大叔就好。”

“啊，好、好的！”话虽如此，爱子还是放松不下来。

服务员端上两杯咖啡和一份曲奇饼干。

博嗣咬了一口饼干，不由得赞叹起来：“嗯！这么多年了，它家的曲奇还是一样的味道呢。”

“那是博嗣君在第1278期《美食街头大搜查线》里品尝过的‘松脆奶油曲奇’吧。”

“啊……居然这都能记得，爱子小姐，您真是死忠粉丝呢。话又说回来，不是这样的话，您也不会成为historiz的第一批测试用户吧。”

“的确如此呢。”爱子喝着咖啡，吃着饼干，终于淡定了一些。

“那么，我很想听听您对于这款暂且称之为‘沉浸式游戏’的看法呢。”

爱子放下杯子，深深吸了口气，像是在回味什么。

“我从来没有过这么神奇的体验。尽管大脑明明知道它是假的，是设定好的剧情，可所有的细节，包括AI身影说话的语气、动作、与我交互的方式，都会让人忘了它是假的，全身心地沉浸在故事里。”

“评价果然很高呢。”

“可有一点我不太肯定，这真的全都是由AI创造出来的吗？”

“爱子小姐的疑虑是……”

“作为一名编辑——嗯，曾经的文学编辑——我非常了解讲好一个故事有多难，想要做到形式和内容协调，而且和观众建立情感共鸣，更是难上加难。在这个游戏里，最关键的并不是案件本身，而是最后发现的真相与玩家内心的共鸣。当博嗣君——抱歉，应该是你的AI身影——说出‘你不也是她们中的一员吗’时，那种强烈的震撼让我落泪。这真的全都是AI的功劳吗？”

“好吧，我试着回答您的问题。”博嗣说，“还记得进入游戏之前，您回答过的那300多道题吗？还有开放给historiz的各种数据接口。通过这些，AI对您进行了全面的人格测绘，它了解您喜欢什么风格的故事，可能会做出什么反应，甚至内心有什么创伤。某种程度上，可以说AI比您更了解你自己。但您的怀疑不是没有道理，光靠AI可编不出这样的故事，还需要人类作者的帮助。”

“我想认识那个作者，他真的太厉害了……”爱子眼中放出光亮。

“您现在就坐在那个人的对面。”博嗣把饼干含在唇间，微微一笑，依稀有当年的风采。

“竟然是……博嗣君吗？”

“historiz给我看了每个玩家的资料，我会结合AI的分析，选择我认为最有意思的故事方向。毕竟我也是多年的推理小说迷啊。我也参与了一些关键的情节点的设计。比如，从一开始就用‘叙述性诡计’误导您。这个AI可做不到。”

爱子张大嘴巴，恍然大悟：“原来是‘叙述性诡计’啊！”

“没错。”博嗣接着说，“还记得当时博嗣的灵体借老妇人之口说的那段话吗？他说，‘我不想死’。这句话既可以理解成‘有人杀害了我，我不想死’，也可以理解成‘我不想死，但我别无选择’。所有人的第一反应都会是他杀，从而排除了自杀的可能性，这就造成了最大的一个盲点！不过，爱子小姐，不得不说，您是个推理高手呢！”

“因为工作的关系，看过一些推理小说而已。”爱子不好意思起来，“不过，我还有一个困扰多年的问题。为什么博嗣君当年会突然消失，又为什么选择以这种方式回来？”

“啊……终于问到这个了。这个故事，可要从20年前讲起。”

博嗣的表情突然变得梦幻起来。

* * *

我就是游戏里的博嗣X，我是虚拟的，又是真实的。

20年前，正值人气如日中天之时，我厌倦了这种在粉丝面前扮演精心打磨人设的生活。我决定脱下伪装，以真面目示人。可是市场却不买账，唱片及周边产品销量大跌，负面新闻不断，品牌赞助商纷纷解约。不过，压垮我的最后一根稻草却不是经济上的损失，而是那些一直忠心耿耿的粉丝。

那些狂热的粉丝不接受自己心目中的博嗣X改变人设，认为一定有幕后黑手在操控。她们集结成一股强大的力量攻击相关网站，造成大面积的网络瘫痪，也因此引发了关于偶像与粉丝关系的社会大讨论。舆论矛头直指我本人，认为是我误导了年轻人的价值观，创造出畸形的粉丝产业，浪费了大量的社会注意力资源。

在巨大的压力之下，我患了抑郁症。我决心消失，不留任何痕迹地退出娱乐圈。只有这样，才能让那些丧失理智的粉丝回到正轨。

风波终于平息了，博嗣X逐渐被人遗忘。一批又一批新偶像粉墨登场，形成一波又一波更狂热的粉丝风潮。

康复后，我改头换面，用了一个新名字，过上了忠于自我的生活。我回到校园继续读书，结识了一位志同道合的好友，也就是日后创建维贝兹的联合创始人兼CTO太洋。

太洋是一名信仰技术的极客，对游戏狂热的他希望打造一款能够改变世界的游戏。一次宿醉之后，我说出了自己隐藏已久的真实身份，并情绪失控地抨击偶像与粉丝之间扭曲的权力关系。这番话，像闪电一样击中了太洋。

太洋对我说："你知道问题出在哪里吗？并不是像你所说的，粉丝们掌握了操控偶像的权力。恰恰相反，是因为他们没有权力去讲述属于自己的故事，所以才会如此非理性地去捍卫一个虚假的人设。毕竟，除这个人设，他们一无所有。这个形象寄托着他们所有的情感与信仰，而现在告诉他们这不是真的，只是表演，这对于他们来说，就是欺骗和背叛！"

我不得不承认太洋说得在理。他的解决方案听起来过于简单——用AI创造一款游戏，让每一个人都可以打造属于自己的偶像，并拥有独一无二的与偶像互动的剧情。

"我想你误会了偶像的定义。只有当一群人对某人集体崇拜时，这个人才能够被称为偶像。否则，他只不过是自娱自乐的一个游戏角色而已。"

我记得，当时自己这样纠正太洋过于天真的想法。

这样的思维碰撞伴随我们度过了之后几年的校园时光，直到我们找到了一条解决之道：利用一个在现实世界里已经功成名就的大众偶像，通过数字化技术和AI引擎，制造出能够为粉丝提供定制化服务的虚拟偶像，甚至像太洋想象的那样，设计一场高度个性化的沉浸式游戏。

可最大的问题就是，去哪里找如此慷慨而明智的偶像来参与实验呢？我所熟悉的娱乐圈人士，只在乎金钱和短期利益，不可能有足够开阔的眼界接受这么激进的提议，哪怕这代表着娱乐业的未来。

“我想我们已经有了一个人选。”太洋眼带笑意地看着我。

一开始我坚决反对，就好像患有创伤后应激障碍的士兵对回到战场总是心怀抗拒一样，我不愿意再卷入那些令人窒息的伪装与操控。但太洋说服了我，这是一次最好的机会，让博嗣作为一个复活的偶像，证明自己是对的。这世上不应该只有一种粉丝与偶像之间的关系，而最好的关系就是把定义的权力交给每一位粉丝，让他们去创造属于自己的偶像，谱写属于自己的故事。

维贝兹应时而生，但谁也没有想到，这个过程竟然花了10年。

高清扫描建模数字化身并不困难，通过动作捕捉建立姿态数据库也很成熟，表情模拟只是一个精度问题。真正花时间的是自然语言处理，和利用海量数据训练AI模型，以达到流畅自然的交互效果。一旦用户感觉到对话不对劲，对产品而言，这就是死亡之吻。最后，维贝兹必须找到一条实现用户个性化造梦的道路。依靠最简便的数据调查和建模工具，生成目标用户的性格特征图谱，并将这些结果映射到产品上。要想利用这些技术锻造和整合一个成熟的产品，需要耗费无尽的日夜。

博嗣X能以虚拟形象二次出道，还多亏了媒体上突然兴起的对20年前流行文化的怀旧热潮，它重新激发了人们对当年偶像的兴趣。

出乎意料的是，博嗣X竟然是其中人气最高的一位。也许正是我当年的突然消失，让人们对我的印象凝固在时间的琥珀中，永远停留在那个有着天使般声音的漂亮男孩形象上。不像其他偶像，在镜头前历经了衰老，甚至犯了罪。

维贝兹没有错过这次天赐良机，版权、技术、产品一应俱全的维贝兹，让虚拟版的博嗣X攻占各种尺寸的屏幕，也包括VR、AR、MR等各种XR视野，周边产品更是赚得盆满钵满。

当诸多大牌经纪公司纷纷找到维贝兹，要求制作类似于博嗣X的数字化偶像时，维贝兹的团队知道时机成熟了，于是，以historiz为名的沉浸式互动娱乐子公司应运而生。

* * *

“等等，所以你们后来真的没去约会啊……”菜菜子眼中满是失望。

“别说了！我对博嗣君的爱是柏拉图式的。”爱子争辩道。

“好歹要个限量版周边产品什么的。”

“嗯，其实……他对我发出邀约了。”

菜菜子差点把茶水一口喷出来：“他约你做什么？”

“他问我，”爱子脸上泛起幸福的红晕，“愿不愿意和他一起创作故事。”

“啊？”

“博嗣君说，historiz需要擅长讲故事、懂得如何触动人心的作者和编辑。”

“你拿到了最有前途的AI科技娱乐公司维贝兹的工作邀约啊！可千万别告诉我你拒绝了！”

“我接受了邀约，但有一个条件。”爱子说。

“什么！爱子，你疯了吗？”菜菜子嫉妒得眼睛简直要喷火。

“我的条件是，下一次，我要决定博嗣君在游戏里的死法。”

“……那他怎么说？”

爱子用小勺搅拌着咖啡，抬起头，目光落在菜菜子背后的某个地方，像是看到了一个泛着蓝绿色光芒的半透明人影。她露出了笑容。

“博嗣君说，成交。”

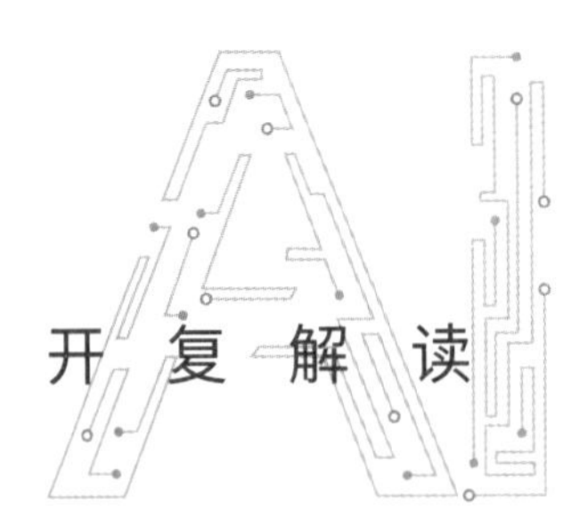

## 开复解读

在《偶像之死》这个故事里，博嗣是一个神秘的存在，他的每次登场都是故事的转折点——被黑袍老妇人召唤出来，在告别演唱会上引导粉丝爱子探寻他死亡的真相；深夜突然现身爱子家的厨房提供线索；大摇大摆地在东京最繁华的街道上现身，解开最后的谜题……

尽管在故事的最后，我们知道这个博嗣X只是维贝兹科技公司打造的一款AI＋娱乐产品，是一个看得见、摸不着的虚拟形象，但无论是故事里的爱子还是故事外的读者，想必都对博嗣投入了真情。

有一个很关键的原因在于，故事里的博嗣不仅形象生动逼真，而且互动流畅自然。这离不开计算机视觉和自然语言处理等AI算法，但是更重要的是仿真的XR技术。

XR技术不仅可以带来一场超越人们视野的视觉盛宴，还能为参与者带来沉浸式的体验，虚拟场景中的所有人和物都栩栩如生、奇妙非常，让人们感到身临其境，仿佛进入了一个超脱现实的平行世界，类似于小说《雪崩》中勾勒的“元宇宙”世界。正如布伦南·斯皮格尔教授所形容的那样，XR赋予了人们“睁着眼睛做梦”的机会。未来20年，XR会颠覆娱乐、培训、零售、医疗、体育、旅行等行业。

在此多提一句，本章故事的实现也涉及基于AI的自然语言处理的生成式预训练（GPT）模型，相关技术解读可以参考第三章《双雀》，有助你理解自然语言处理背后的原理、发展状况、优势及现存问题等内容，本章不再赘述。

在今天，XR设备为我们打造的超脱现实的虚拟平行世界被社会所熟知为“元宇宙”，下面我们就一起来揭开元宇宙和其背后XR技术的面纱。

## 什么是元宇宙

元宇宙（Metaverse）的概念起源于美国作家尼尔·斯蒂芬森于1992年出版的科幻小说《雪崩》，书中描述的是一个和现实世界平行但又紧密联系的超现实主义的三维数字虚拟空间，在现实世界中地理位置彼此隔绝的人们可以

*图5-1　用户会完全沉浸在一个由计算机仿真系统创建的虚拟世界中*

*（图片来源：dreamstime/TPG）*

通过自定义的“化身”在元宇宙中进行交流娱乐。人们为自己设计“化身”，从事一系列活动。书中，元宇宙的世界规则由“计算机协会全球多媒体协议组织”制定，开发者购买了土地开发许可证后，可以在自己的街区布局建造相应的建筑，如楼房、公园等。主人公Hiro Protagonist是一名黑客、日本武士兼披萨饼快递员，在元宇宙虚拟世界中展开冒险故事。像互联网一样，元宇宙是一种集体的、互动的努力，始终在进行，不受任何一个人的控制。

从概念上，Metaverse这一英文单词是由meta和verse构成。meta表示超越，verse则代表宇宙（universe），因此Metaverse一词合起来通常表示“超越宇宙”的概念，代表平行于现实世界的人造虚拟空间。

美国时间2021年3月10日，“元宇宙第一股”——世界上最大的多人在线创作沙盒游戏平台——Roblox在美国纽约证券交易所上市，首日估值达到450亿美元。这使得元宇宙这一概念从文学领域迅速席卷金融、科技圈乃至受到整个社会的广泛关注。Roblox是一个多人在线的游戏创作平台，玩家在创作游戏时具备极高的自由度，可以通过编程构造心目中的虚拟世界，Robux虚拟货币与现实经济互通，Roblox的商业模式已经与元宇宙的雏形非常接近了。Roblox的首席执行官巴斯祖奇认为，元宇宙有八大特征，分别是身份、朋友、沉浸感、低延迟、多元化、随时随地、经济系统和文明。用户通过构建一致性高、代入感强的虚拟身份在元宇宙内的虚拟场景中完成一系列虚拟活动，获取沉浸感强的虚拟内容，包括游戏、社交、娱乐、创作、教育、交易等社会活动。

2021年，在Roblox的引爆之下，众多厂商纷纷入局元宇宙。同年5月，Facebook表示将在5年内转型成一家元宇宙公司并在后续改名为Meta，直接对标元宇宙；8月，字节跳动斥巨资收购VR创业公司Pico；苹果、微软、腾讯、华为等其他超级巨头均宣布在元宇宙深度布局。此外，据Axios报告，2021年投资者们曾在演讲中累计使用元宇宙主题128次，相比之下2020年仅7次。因此，2021年也被称为“元宇宙元年”。元宇宙有望成为下一代互联网信息交互平台的新型呈现方式，如电影《头号玩家》中的绿洲3D虚拟世界。

小说《雪崩》中的元宇宙世界精彩缤纷，而在现实世界中，想要实现元宇宙并非易事，需要在技术上实现跨越突破。元宇宙强调沉浸感、参与度、实时互动等特点，对现有技术提出了更高的要求，因此许多新兴的独立工具、平台、基础设施、协议等出现以支持元宇宙运行。随着AR、VR、AI、5G、云计算等技术成熟度提升，元宇宙有望逐步从概念走向现实。其中以XR硬件为代表的人机交互技术的发展能够提供栩栩如生的虚拟内容，提升虚拟内容的沉浸感和交互体验，被称为“元宇宙的入口”。

## 什么是XR（AR / VR / MR）

XR包括三种技术：AR、VR、MR。AR（Augmented Reality）即增强现实，该技术通过计算机算法将文字、图像、3D模型、视频等虚拟信息叠加到真实世界的环境中，用户可以借助镜片等介质“观看”其所处的世界，从而拥有“超现实”的感官体验，实现对现实世界的“增强”作用。VR（Virtual Reality）指虚拟现实，该技术利用计算机生成一种模拟的虚拟环境，用户会完全沉浸在一个由计算机仿真系统创建的虚拟世界之中。

二者的区别在于，通过VR看见的内容不受真实世界中的任何可见物体的影响。例如，爱子在健身房里戴上XR眼镜后，就仿佛置身于美国加州1号公路、挪威大西洋海滨公路、法国阿尔卑斯大道，依赖的就是VR技术。而AR技术基于现实环境，需要先利用摄像头实时拍摄现实世界的画面，然后再把虚拟物体和虚拟内容混合进去。例如，当我们到一座陌生城市旅游时，我们就可以问问AR系统附近有哪些名胜古迹，AR系统会在我们视野中的真实街道场景上用动画标示出所推荐的目的地。在故事《偶像之死》中，爱子能够透过XR眼镜看到空气中散开的线索和材料，所依托的就是AR技术，其原理与电影《少数派报告》中汤姆·克鲁斯扮演的乔恩·安德顿每晚通过机器投射出离世的儿子的形象很相似。

近年来出现了一种比AR更高级的技术——MR（Mixed Reality）即混合现

实。MR通过在虚拟环境中引入现实场景信息，在虚拟世界、现实世界和用户之间搭起一个交互反馈的信息桥梁。MR所构建的虚拟场景并非虚拟信息的简单叠加，而是需要理解场景，通过在虚拟环境中引入现实场景信息，将现实世界和虚拟世界融合后产生一个新的可视化环境，在虚拟世界、现实世界和用户之间搭起一个交互反馈的信息回路，其显示的数字内容和现实世界内容能够实时交互，以增强用户体验的真实感。

在《偶像之死》中，博嗣能够自然地出现在爱子家的厨房、健身房、东京街头，甚至还能与爱子对视，让她害羞、脸红。这就是MR技术的功劳。实现这一切的前提是，MR可以深刻理解真实环境中的实体对象。只有当MR明白冰箱的功能是什么，知道冰箱门在哪里而且是怎么开的，才能让博嗣在深夜从爱子家的冰箱里出来，然后直挺挺地站在冰冷的白气中。

虽然这种对场景的理解能力已经超出了现今计算机视觉的能力范围，但在未来20年内还是有望实现的。也许等我们到了故事设定的那个时代，也会像爱子一样，在日常生活中根本无法离开XR技术。

目前，MR技术的研发还处于起步阶段，不过我们已经看到这项技术快速发展的步伐与无限潜力。我预测，到2042年，计算机视觉技术将能够实现把真实场景中的对象一一分解，帮助MR理解真实环境中的所有物体，然后再遵循自然规律在场景中添加任何虚拟对象。这样，整个场景便不会有任何违和感，故事《偶像之死》里所描绘的情景，也会真的发生在我们的未来世界。

## XR技术：全方位覆盖人类的六感

沉浸感是XR技术的重要特点之一，也就是让人感到身临其境，很难分清楚“境”里面的真与伪。想要达到这样的境界，技术就必须“愚弄”人类最敏锐的感觉——视觉。

那么人们最熟悉的手机可以做到这一点吗？

很多人可能会想到2016年风靡全球的手机AR游戏《精灵宝可梦Go》。这款游戏巧妙利用了手机内置的陀螺仪和运动传感器来调整用户的视觉体验，用户可以透过手机屏幕看到卡通人物与现实世界融为一体的画面，然后与场景展开互动。当时，这款非常新颖的游戏很受欢迎，但是用户的全部体验都局限在一个小小的手机屏幕上，无法彻底拥有沉浸其中的感觉。所以在谈到XR体验时，我们先把手机排除在外。

相比之下，眼镜、头盔这类头戴式显示器（Head-Mounted Display，HMD）能够为用户提供更具沉浸感的视觉体验，在双眼都被包覆的状况下，感知才能产生接近实景般的立体效果。HMD的工作原理是在用户的双眼前各放一个屏幕，两个屏幕显示的图像略有差异，利用双目视差让用户看到立体效果，其原理类似于看3D电影时需要佩戴的3D眼镜。为了实现沉浸感，用户的视角至少为80°（通常更宽）。除了沉浸感，交互性也是XR技术的一大重要特点，因此当用户移动头部或身体时，其视野中的画面视角需要相应地随之改变。

由于VR技术中的所有虚拟场景都是合成的，所以VR HMD通常是无法“透视”的，也就是说用户看不到真实的环境。由于AR和MR技术是把真实世界与虚拟场景结合在一起的，所以AR / MR HMD有直接成像或利用光学手段的“透视”镜片，让用户能同时看到虚实结合的画面。在《偶像之死》中，爱子在健身房里遇到的男孩在直接把眼镜从MR模式切换到VR模式时，所使用的方法就是让镜片瞬间变成不透明的银色，从而让自己不再看到周围现实环境中的画面。

最早的沉浸式设备是数十年前发明的，都是笨重的大头盔，必须通过电缆连接到工作站或者计算机主机。那时候，智能手机和无线上网技术还没有问世，所以整个技术流程及用户体验都高度依赖于计算机的算力、电缆的信息传输速度以及安装在大头盔中的显示器。这样的设备虽然不方便、不美观、不逼真，更不可能商业化，但还是起到了一个至关重要的作用——为科研人员提供了一个可以测试、改进技术的实验环境。

在过去的几十年里，宽带的传输速率、显示屏幕的分辨率和刷新率等技术性能都有了很大的提升。随着Wi-Fi和5G时代的到来，XR设备开始向无线方向发展。与此同时，电子和显示技术也在不断迭代，HMD的重量已经可以降低至1公斤以下，头盔式设备也逐步演变为护目镜大小。另外，芯片技术正在飞速发展，HMD中的芯片已经可以在本地执行运算任务，终于摆脱了必须连接计算机主机的束缚。于是，XR总算开启了可商业化的道路。

不过，这趟旅程并非一帆风顺。2015年前后，AR / VR技术一跃成为非常热门的投资领域，但时间给出的答案是，很多业内知名的初创公司都以失败告终，一些主流公司打造的相关产品也走向没落，最终溃不成军地退出市场。

微软HoloLens全息头盔是这场“XR泡沫”中幸存下来的一款产品。HoloLens全息头盔的重量只有579克，设计合理、可用性强，具备强大的算力。但是，HoloLens的售价高达3500美元，而且外观看起来像一幅大潜水镜，有点“呆头呆脑”的样子。价格和体积这两大因素制约了微软HoloLens全息头盔的普及，使其只能应用在垂直的企业级市场，例如培训、医疗、航天等方向。头盔和护目镜式设备的先天基因就决定了它无法成为像苹果手表一样可以全天佩戴的消费级产品。

相对来说，眼镜的外观轻盈小巧，但可惜的是，眼镜式设备的发展也不够成熟。无论是谷歌在2012年面向消费市场推出的Google Glass，还是Snapchat在2016年发布的Spectacles，都没有蹚出一条成功的道路。这两款产品的失败其实是由很多因素导致的，但其中最核心的还是这类小型眼镜类产品无法像HoloLens全息头盔一样提供高保真体验。

不过，随着时间的推移，这些技术壁垒终将被人们攻克。可以想象得到，未来的微软HoloLens全息头盔将朝着更轻便、更便宜的方向迭代，Snapchat眼镜也会拥有更强大的功能。无论过程如何发展，可以确定的是，我们会在将来拥有高品质的轻便XR眼镜。

2020年，Facebook的Oculus团队展示了一款镜片只有1厘米厚的VR眼镜原型，这进一步增强了人们对XR技术商业化的信心。我预测，XR眼镜有望在2025年实现大规模商业化落地，也许苹果公司将再度成为这一技术普及的最佳催化剂（有传言称苹果公司正在研发相关产品）。过去无论是智能手机还是平板电脑，苹果公司历史上的多项产品都是颠覆消费性电子行业的关键，快速成为各家公司竞相模仿的对象，随后蜂拥而至的模仿者会通过大规模量产降低产品组件的成本，拉低终端消费者的零售售价，最终实现新产品的市场普及。

我认为，在未来的5—10年里，XR隐形眼镜将会成为该领域发展的一个重要里程碑，隐形眼镜会比传统眼镜更容易得到大众的认可。如今已经有初创公司针对隐形眼镜展开研究，尝试把微型显示器、传感器等电子设备内置在隐形眼镜中，向佩戴者展示文本和图像，并且发布了产品原型。不过，目前的AR隐形眼镜仍需要无线连接到外部芯片或者手机处理器，也需要一定的时间来获得政府相关部门的批准，普罗大众对产品的成本、隐私等问题有待接受。但我比较乐观，隐形眼镜在不久的未来将成为极具潜力的XR产品形态。故事《偶

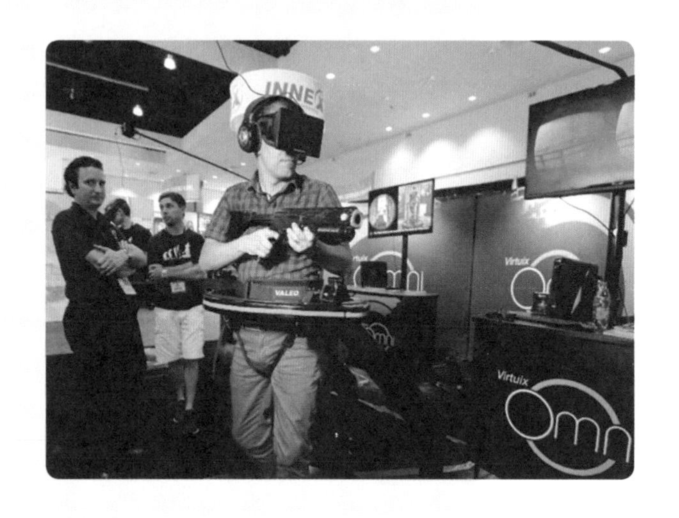


*图5-2　万向跑步机*

*（图片来源：TPG）*

像之死》中的主人公爱子，就是一直佩戴着隐形眼镜才能随时拥有沉浸式交互体验，偶尔才用头戴眼镜或其他设备。

未来技术如何实现多感官的沉浸体验？XR的视觉依靠眼镜和隐形眼镜，那么听觉则要借助不断变得精湛的耳机技术了。到2030年，一款优质的耳机应该拥有外观近乎隐形、可以舒适佩戴一天、具备骨传导功能、提供多声道立体的特点，为沉浸式体验无缝播出提供拟真的听觉效果。

如果把上面提到的这些技术结合在一起，人们就有能力打造出“无形”的smartstream，这也为2042年新型智能手机的设计形态提供了崭新思路。这样一款smartstream被启用之后，视觉信息及画面可能会以半透明的形式自动浮现在我们的眼前。我们可以通过隐形的耳机来收听smartstream系统传递出来的声音，然后直接通过语音来发出指令，或者利用手势或在空气中打字来调取内容或操作应用程序，让电影《少数派报告》中汤姆·克鲁斯扮演的主人公的一系列前沿操作成为现实。这样无所不在的XR smartsteam比带屏手机有更多的功能，比如可以提醒你偶遇的朋友的名字，通知你周边的商店有你想买的东西，帮助你出国旅行时实时翻译，辅导你碰到灾难时如何逃生。

此外，我们的身体可以“感觉”到微风拂面、拥抱与爱抚、温暖与寒冷，还有疼痛。在虚拟场景中，触觉也是非常重要的体验之一。触觉手套可以让我们“碰触并拿起”虚拟场景中的物体，体感套装（有时也称“触觉衣”）可以让我们“感觉”到自己被打了一下、被爱抚了一下，以及所处环境的冷与热。故事中的爱子就是在穿上一层紧贴皮肤的超薄体感套装后，便能在动感单车上体验到微风、酷暑以及路面的颠簸。

体感套装可以通过电机或外部骨骼来模拟触摸，也可以刺激神经末梢促使肌肉收缩从而产生触摸感。当我们的身体在与虚拟空间中的物体发生碰撞时，会有脉冲发送到体感套装上的适当区域来模拟碰撞的感觉。体感套装还能实时监控爱子的生理数据和身体姿态，而且爱子还能通过手势传达命令。这种体感套装在游戏、训练或者模拟仿真领域有很广阔的应用前景。目前，这类技术已经陆续实现了早期的商业化落地，有望在2042年之前趋于成熟，应用于更多的领域。

另外，气味发射器和味觉模拟器也将陆续问世，是XR技术能够全方位覆盖人类的六种感官［实际上是5种，因为我们恐怕无法模拟人类的第六感——超感官知觉（ESP）］。

## XR技术：超感官体验

之前我们讨论了XR技术给人们带来的感官方面的体验，那我们又将如何操控XR技术呢?

如今的用户一般是通过手柄来操控自己的XR体验，这类手柄长得像游戏机的遥控器，而且通常是单手操作的，虽然学习如何使用很容易，但是在虚拟空间中使用起来并不自然，会破坏沉浸感。未来，眼球追踪、运动追踪、手势识别、语音交互将成为更为主流、更一体化的多元操控输入方式。

进入虚拟世界后，我们应该如何在虚拟环境中移动？如何在虚拟空间中跑步、前行或者攀上爬下？如果把真实世界中的各种移动悉数复制到虚拟世界里，会需要极大的物理空间才能施展，这听起来并不现实，何况还要考虑跌倒、受伤等各种突发状况。

目前看来，最好的解决方案是电影《头号玩家》里面的VR万向跑步机，现在市面上已经有售。万向跑步机上有一个与机身相连的安全带，用于检测用户身体所承受的压力，并保护用户不会摔倒。万向跑步机始终以站在上面的用户为中心，与用户保持相同的位移速率，再在此基础上适当倾斜一定角度，便可模拟登山或者爬楼梯。如此一来，用户就可以在真实世界中占用很小的空间，实现在虚拟世界里的无限自由移动，而且无论做什么肢体动作，比如在跑步机上飞奔，都不用担心因撞到物体而受伤。

一旦实现了这些功能，XR技术的杀手级应用将最有可能率先出现在游戏娱乐领域。例如，我们将在虚拟世界里用“数字分身”与世界另一端的伙伴一起锻炼、社交、玩游戏，或者与一个完全虚拟的合成人物拟真贴近互动，例如《偶像之死》中的虚拟偶像博嗣和粉丝爱子的亲密接触。

我们将有机会“超脱肉身”出现在多个维度的世界中——一个是真实的、一些是虚拟的，还有一些是虚实混合的。通过XR，我们不将再受制于时空的限制，我们可以进入“心之所向、身之所往”的境界，曾经在一些热卖电影中出现过的穿梭时空的场景也将成为可能。

除了娱乐方面，我还预见，这类技术在模拟训练、远程培训、创伤后应激障碍等精神疾病的治疗上将大有可为。在教育领域，XR可以化身虚拟老师，带孩子们穿梭历史长河——回到上亿年前的中生代看恐龙，足不出户见证世界八大奇迹，穿越秦朝“亲眼”见识甚至“亲身”参加建造兵马俑的壮观工程，与李白对诗，听霍金演讲。在工作场景中，人们可以借助MR参加虚拟会议，明明在家穿着睡衣靠着沙发，但出现在虚拟会议中时，却身着正装，坐在桌旁，与同事在虚拟白板上一起探讨工作。在医疗领域，AR / MR可以辅助外科医生进行手术，VR能够让医学生在虚拟空间进行模拟手术。在零售领域，消费者可以利用VR提前查看商品的上身效果，远程试穿服饰、试戴珠宝，评估装饰品摆在家中的样子。为自己选时尚发型时，可以轻而易举地先看到效果；要决定节假日全家出游去哪个景点，也可以提前体验一下再决定。

要想实现这些体验，所面临的另一个重大挑战就是精良的内容设计。XR领域的内容创建与设计，相当于从零开始设计一个巨大的三维游戏，它必须包含用户可能选择的所有路径和结果，细致模拟出真实和虚拟对象的物理特性，甚至需要非常周密地考虑光线和天气等因素，做出极为逼真的渲染效果。XR的开发成本、时间投入和工作量级，都是过去基于网站、应用程序的内容设计所无法比拟的。如果没有高质量的内容，人们就不会购买设备；如果没有一定数量且成本合理的设备载体，内容就无法实现盈利。这是“先有鸡还是先有蛋”的问题，需要一个反复的过程，只有整个XR产业链自下而上真正动起来，才能形成一个良性的闭环。就像流媒体巨头奈飞公司花费了大量的时间和投资成本才成为主流，实现了与电视行业的互相成就。终有一天，这样的内容设计工具会大大地增加XR内容。这样的工具可能会基于现在的Unreal 或 Unity引擎。从长远来看，这样的工具甚至会像我们在今天习惯使用的美图或相机滤镜一样，让更多人可以轻松上手创作内容。

除了上面提到的技术限制，XR产品的普及还要解决一些细节问题，如需要解决某些用户在佩戴AR / VR设备时出现恶心、眩晕等症状的问题。未来，通信技术的进步会大幅度降低信号延迟，因视觉刺激诱发的眩晕将在很大程度上得到缓解。

## XR技术的两大挑战：裸眼显示和脑机接口

当然，什么外部设备也比不上人类自己的五官。未来，我们是否有可能通过裸眼就可以看到虚拟环境或者全息图景呢?

MR领域内最著名的公司Magic Leap曾发布过一段视频，展示了一头巨大的鲸鱼从室内地面中央飞跃而出的全息画面。这段视频让人们看到了不用佩戴任何外部设备就可以看到全息效果的可能性，Magic Leap因此名声大噪，成为当年最受关注的创新公司之一。不过， Magic Leap后来发布的产品却并非裸眼MR，而是一款眼镜设备。虽然不尽如人意，但人们已经意识到了市场对裸眼MR的热切期待。

目前，裸眼MR只有在极端的限制条件下才有可能出现。例如，已故歌坛巨星邓丽君曾在一场演唱会上“亮相”，坐在座位上的观众用肉眼就可以看到她的身影。这里采用的是全息投影方法，并非真实成像，观众只能从远处观看，无法与之互动。尽管全息技术正在不断进步，但我认为，到2042年，裸眼全息的效果仍然不太可能比得上佩戴眼镜或隐形眼镜的XR技术。

如果说裸眼是XR最自然的信息“输出”接口，那么最自然的信息“输入”方式就必定是脑机接口（BCI）了。2020年，埃隆·马斯克创立的Neuralink公司发布了一个重磅消息——他们在猪的大脑皮层中植入了3000多个电极，能够实时监测1000多个猪脑神经元的活动信息。这项技术为阿尔茨海默病、脊髓损伤等与神经系统有关的疾病的治疗带来了曙光。

不过，马斯克对这项技术的看法似乎过于乐观，他希望未来这项技术能够成为上传、下载大脑数据的手段，帮助人们存储记忆，甚至把自己的记忆“复制”到别人身上，或者存放起来以备不时之需。

但分析起来，在许多严峻的问题获得合理解决之前，马斯克的这种设想在短时间内不太可能实现。例如，脑机接口的探测器目前只能覆盖人类大脑的一小部分，而反复探测的过程会给人脑细胞带来损伤。另外，由于无法理解所收集到的数据的意义，所以我们现在所拥有的只是没有意义的原始信号，把这些原始信号上传到大脑并训练大脑理解这些原始信号仍然非常棘手，这已经是在活生生地改造人脑了。此外，我们还需要考虑这些技术壁垒以及技术应用所涉及的伦理道德和隐私问题。尽管Neuralink研发的脑机接口技术非常具有突破性，但我的判断是，通过脑机接口来强化人类的梦想，不太可能在2042年前成为现实。

## XR技术普及背后的伦理道德和社会问题

我们已经讨论了XR技术在普及的过程中需要克服的客观技术难题以及健康问题，但除此之外，还有更重要的伦理道德和社会问题，需要我们深入思考。

首先，AR / VR会带来数据安全及个人隐私问题，这几乎是每一波新技术浪潮都会面临的挑战。

在故事《偶像之死》中，博嗣第一次出现在爱子身边是在深夜的厨房中，当时爱子正在从冰箱里拿牛奶。那么系统是如何提前判定博嗣适合在此时出现，而不是在爱子洗澡的时候出现呢？为了让博嗣在合适的时间出现，系统就必须知道爱子在什么时候洗澡甚至掌握爱子洗澡的进程，这是一般人能接受的吗？

试想一下，如果我们每天都佩戴眼镜（或者隐形眼镜），那么设备里内置的传感器就会无时无刻不在捕捉我们的日常信息。好的一面是，传感器捕捉到的所有数据可以上传到云端，方便我们在需要时读取，这样我们就相当于拥有了一个庞大的记忆博物馆。客户想赖账？没关系，从完整的会议记录里能立刻搜出他说过的每一句话。但是，我们真的想把自己说过的每一句话、每一个字，甚至我们眼前每一秒的画面都储存起来吗？如果这些隐私数据落入坏人手里，或者我们信任的应用程序被未知的外挂程序攻击利用了，怎么办？

显然，我们需要制定相应的规则来规范XR技术的应用，同时努力推动社会朝着更好地保护个人隐私的方向发展。近年，很多人觉得智能手机和各种应用程序、社交媒体已经掌握了我们太多的信息，那么XR无疑会推波助澜，使这个问题变得更加严重，进一步挑战人们对隐私保护及数据安全的边界。

其次，XR将使人们重新定义生命。

从古至今，人类从未停止过追求永生的脚步。当技术能够学习、模仿、复刻我们的一切语言行为、思维方式的时候，人们很自然地就会想去探索肉体在消亡后以数字化形式实现“不朽”的可能性。英国电视剧《黑镜》中有一集就描绘了在未来世界里发生这种情况时的景象——因男友离世而悲痛欲绝的女主角，利用男友生前留下的所有信息，塑造了一个“虚拟男友”，让“他”一直陪伴在自己身边。

未来，伴着MR技术的逐渐发展成熟，从技术层面来看，剧中的情节将非常有可能成为现实。我们之前提到的GPT-3自然语言技术已经可以让我们与历史人物交谈（虽然对话会出错，但该技术正在迅速改进）。同时，社交网络上已经有越来越多的“虚拟”的大V，它们大部分会由AI和VR技术驱动，实现“不朽”只是一个时间早晚的问题。

这种“数字不朽”或者说“数字转世”，自然会引发一些隐私以及伦理道德问题。例如，未经授权使用他人虚拟形象的行为，是否侵犯了他人的版权或肖像权，是否需要对这种行为给予更严厉的处罚？如果有人强行构建了他人的虚拟形象，而且借用这个形象做坏事，这种行为是否涉及诽谤、诈骗等罪名，是否也需要给予更严厉的处罚？如果虚拟人物的言行举止误导了现实世界中的人，责任应该归咎于谁，这种行为是一种犯罪行为吗？

如果我们已经察觉到了当下社交网络和AI之间存在的矛盾，那么我们就更应该尽早思考未来的XR技术在迅猛发展后所带来的那些无法避免的问题。短期见效的解决方案，或许是把现有的法律延伸到虚拟领域，但从长远来看，我们需要制定新的法规，需要对大众进行必要的教育，同时尝试用技术手段解决技术问题，这些都是一项新技术在普及过程中的必经之路。

到2042年，人类的大部分日常工作和娱乐、生活都会充斥着虚拟技术的身影。XR技术将有巨大突破，娱乐领域出现第一波XR杀手级应用几乎是指日可待。各行各业都会像如今AI正走过的阶段一样，一方面积极拥抱XR技术的全新实践，另一方面应对新技术带来的衍生问题，发挥这些技术的无限潜能。

如果把AI比作“点金手”——让数据“活起来”驱动智能化的社会，那么XR的魔法就是“乾坤袋”——从我们的眼睛、耳朵、肢体，甚至是大脑中，收集难以计数的高质量数据。当这两项技术相遇擦出火花时，人类将有机会更深刻地了解自身、强化自我、穷尽人类体验的各种可能性。对于这一点，我个人深为企盼。

# 06

# 神圣车手

《神圣车手》的故事发生在斯里兰卡。20年后，自动驾驶技术正处于从人类驾驶员切换到全AI驾驶员的过渡时期。在这个有着动作大片节奏感的故事中，一名电竞天才少年被招募进了一个神秘项目。通过这个项目，他发现人类驾驶员和AI驾驶员都有可能犯错，只是所犯的错误截然不同。

如今，自动驾驶在国内外已经开始出现。在本章的解读部分，我将介绍自动驾驶的技术原理，自动驾驶的实现蓝图分为哪几个阶段，各个阶段都需要哪些先进技术，什么时候人们可以期待全面自动驾驶的未来交通时代的到来，以及自动驾驶可能带来的伦理和法律问题。

有两种声调响起 / 就像你在同时弹奏两把吉他 / 你必须放手 / 但仍牢牢掌控

——吉米·亨德里克斯《一个兄弟的故事》

每当手表疯狂震动，闪烁着不安的红光时，就意味着恰马尔又要比赛了。

这是一场VR网咖里的常规赛。这个男孩准备了一套完整的赛前仪式。他会整理好头发，戴上海螺状头盔，套上体感服。在坐进F1赛车驾驶舱般狭小的虚拟驾驶舱之前，他会双手合十，眼帘低垂，向佛陀默诵祷文，祈祷赛事顺利，没人能追上他的影子。

深呼吸，调整心率，放空情绪，让自己的生理数据落入安全区域。

当恰马尔启动车子时，所有的焦虑都消失了。

模拟赛车世界的鲜艳色彩在他眼前舞蹈。恰马尔将为了再一次获得胜利而拼尽全力。

* * *

那天傍晚，舅舅朱尼厄斯一瘸一拐地出现在门口，他的腿在多年前受伤后就一直没有完全康复。朱尼厄斯缓慢地坐下，对正趴在厨房桌子上写作业的恰马尔说：“你应该去见见我的中国朋友，他们会给你一份工作。”

“中国人？他们想干什么？”父亲对此嗤之以鼻，“他们想把从科伦坡到各大城市的道路都翻修一遍，说这样就不用人开车了，简直是天方夜谭……”

母亲挥舞着不满的手势，说：“你的老板可是全心全意地相信中国人，瞧瞧现在！”

父亲不吭声了。两年前，因为一起很小的行车事故，他被老板借故停职，丢掉了这份干了十几年的货运司机的工作。老板告诉他，现在自动驾驶性价比更高，所以只能雇用有完美行车记录的人类司机。现在，父亲唯一的收入来源是做兼职导游，开车带着游客环游斯里兰卡。

眼看恰马尔就13岁了，要到上中学的年纪了，学费还没有着落，而他还有一个弟弟和一个妹妹。

“这次你们一定要相信我，恰马尔只是去玩游戏，没有任何危险，中国人会给他交上学费的，甚至还会更多。我向佛祖起誓。”

父亲和母亲盯着朱尼厄斯，眼中充满了怀疑。街坊邻居都说，朱尼厄斯的腿就是因为中国人而瘸的，可他从来没有解释过这件事。

“我要去玩游戏！”小恰马尔摇晃着脑袋，兴奋地大叫。

舅舅从来没有骗过他，不像别的大人，总是许下华而不实的承诺。朱尼厄斯说带他去游乐场，就去游乐场，说让他吃冰激凌，就吃冰激凌。

恰马尔的父母只好让步。母亲给恰马尔换上最体面的衬衣，把上摆塞进裤腰，还把他的皮鞋擦得锃亮。她半蹲着，把儿子的头发梳得服服帖帖的。不管家境如何，每个斯里兰卡人出门前都会把自己收拾得干干净净。

“记得微笑，恰马尔，发自心底的微笑是最好的礼物。”母亲抚着他的脸庞说。

恰马尔的脸上绽放出太阳般的笑容。

* * *

开车时最关键的不是车，而是路。在去市中心的路上，恰马尔想起父亲经常在饭桌上抱怨的话。

在父亲年轻的时候，整个斯里兰卡全国上下只有一条高速公路，还是中国援建的。就算是现在，在首都科伦坡市中心，也经常能看到牛车和机动车抢道的滑稽场景，更不用说那些通往其他城市的红土路了。那些红土路没有路灯，路标残缺，一到雨季许多小道就会被冲垮淤堵，改变走向。因此，无论纸质地图还是数字地图，都是错漏百出。导航仪大部分时间都无法发挥作用，只有经验丰富的老司机，才会选择最合理的路线。

在斯里兰卡，选对一条路不仅意味着节省时间，有时候还能救命。

一年前，父亲在旅途中遭遇极端分子发动恐怖袭击，他就带着一车乘客，选择了一条在地图上根本没有标识的小路，最终逃出生天。

父亲每次出车前都要向佛祖祈祷。佛珠佛像挂满了他的后视镜，随着车子的颠簸互相碰撞，叮当作响。

恰马尔一度以为这是发动引擎的必要步骤，就像转动钥匙一样。

恰马尔知道很多车的品牌。父亲告诉他，在自己年轻的时候，路上跑的大多数是日本车，后来有了一些欧美车，再后来，慢慢都变成了中国车。家里开了很多年的那辆二手丰田老爷车，也已经换成了新款吉利氢动力车。

他喜欢车，喜欢看路上车来车往，喜欢摸车身上被冲压出来的形状，喜欢闻汽油的味道，喜欢听引擎轰鸣的声音，喜欢坐在驾驶室里的感觉——哪怕只是坐在副驾驶的位置！但他从来没有真正开过车，哪怕只是玩具车。

一切只发生在他的想象和梦境中，当然，还有手机和VR网咖的赛车游戏里。

恰马尔在游戏里总能击败小伙伴，以最快的圈速结束比赛，刷新纪录。似乎有一种与生俱来的天赋，流淌在他的血液里，使他能够近乎本能般地换挡、切线、点刹、漂移……以最经济高效的微操技术完成赛程，同时赚取尽可能多的积分。

孩子们都叫他“鬼魂”。每当这时，恰马尔都会挺起胸膛，咧嘴大笑，像是得到了至高无上的奖赏。

可这一切，和在中国人的训练中心发生的事情完全不一样。

* * *

舅舅带着恰马尔来到位于科伦坡市中心的ReelX大厦，坐电梯下到地下3层，与一位年轻的女士碰面。她的胸牌上写着“爱丽丝”，但她的面孔却是典型的本地人面孔。

“恰马尔，现在我要把你交给这位爱丽丝老师，她会对你非常好的。让其他人都看看你的厉害，好吗？”朱尼厄斯朝爱丽丝眨了眨眼，不过后者并没有理会。

“跟舅舅说再见，恰马尔，然后跟我来。”

爱丽丝带着恰马尔穿过干净明亮的大厅，穿着白色工作服的工作人员来回穿梭忙碌着，他们手里拿着快速变幻数字曲线的平板电脑，不用的时候就随手往身上一贴，那薄薄的屏幕便会柔软地贴合身体的曲线，成为衣服的一部分。

除了轻微的耳语声，一切都安静得过分，没有引擎轰鸣声，没有轮胎与地板的摩擦声，甚至没有开关车门的咔嗒声。恰马尔越来越好奇了。

爱丽丝带他到更衣室。门上挂着一件黑色紧身服，旁边是一顶头盔。恰马尔眉头一蹙，他不喜欢黑色。妈妈总说，白色代表圣洁，黑色代表厄运。所以，斯里兰卡人很少穿黑色，大家平日都是衣着鲜艳，在特定的节日和礼佛仪式会穿上白色。

紧身服是由弹性材料制成的，感觉就像恰马尔身体上的第二层皮肤，非常合身，温度恰到好处。戴上头盔之后，恰马尔转来转去，看着镜子里的自己，活像漫画里的超级英雄，只是更像滑稽的火柴棍人版本的。

“恰马尔，现在我要告诉你一些很重要的事情。你要认真记住，好吗？”培训师爱丽丝有着一双深褐色的眼睛，就跟妈妈一样。

爱丽丝带着恰马尔离开更衣室，穿过长长的过道，进入一间闪烁着彩色眩光的房间，8座豆荚状的虚拟驾驶舱连着树藤般粗的线缆，排成两行，每个驾驶舱背后都悬挂着巨大的屏幕，上面同步显示着游戏里的主观画面以及驾驶员的各种生理数值。

“一会儿你坐进虚拟驾驶舱，就把它想象成游戏控制台，它会随着你的驾驶倾斜、震动，产生一些加速度。不用紧张，那些都是模拟的，只是为了让游戏更逼真更好玩。你只需要照着屏幕上和耳机里的指示去做。今天是第一天，你先熟悉设备、测试操作流程。如果有什么问题，或者你累了、不想玩了，只要告诉我们，我们就会停下来，好吗？”

恰马尔似乎听懂了，又好像没完全懂。爱丽丝帮他拉下头盔上的挡风镜，他钻进了驾驶舱里，像个真正的赛车手那样，扣紧安全带，摸摸方向盘，踩踩刹车和油门。仪表盘出奇地空旷，他很快发现可以通过手势改变操作面板的布局，甚至把数值移到面前的前挡风玻璃上。这时，原本空白一片的虚拟视野苏醒了。

突然，他眼前出现一组彩色数字，伴随着耳机里响亮的声音，开始倒计时，10，9，8，7……恰马尔的心脏扑通直跳，好像下一秒驾驶舱就会喷射火焰，拔地而起，摆脱地心引力飞向太空。

……3，2，1，开始!

驾驶舱并没有起飞，恰马尔眼前突然一亮，他发现自己坐在驾驶座上，所有的细节表明，这模拟的正是他最熟悉的家里那辆吉利未来F8，甚至连车门内饰的皮革纹理都分毫不差。他终于取代了父亲的位置，忍不住伸出手去抓方向盘，却发现映入眼帘的不是黑色连体服，而是流光溢彩的赛车手套。恰马尔调整了后视镜角度，看到自己的头盔也不再是沉闷的黑色，而是游戏画面般鲜艳夸张的涂装。

他一下子就激动了，像游戏里发出的语音指令一样大喊一声：“预备——出发！”

可是车子却并没有随之飞驰起来。

耳机里传来爱丽丝的声音，告诉他不要急，要跟着指令操作。恰马尔这才发现在视野中飘浮着许多立体文字，闪烁着光，以不同的颜色和形状吸引他的注意力，就像科伦坡市里的数字广告牌。他随着虚拟箭头的指示低下头，发现油门也在发着绿色的光晕，示意他踩下去。当他踩下去时，旁边升起一个温度计般的力量槽，随着他踩油门力道的变化而不断变化，忽高忽低，时而从蓝变绿，时而从蓝变黄。

太好玩了！恰马尔发动车子，挂挡，松手刹，轻踩油门，身体与视野同步一震，车子便动了起来。

“非常好，控制速度，注意来车。”爱丽丝提醒他。

“这条路，好像是我家门前的那条路，但……又不太一样。”恰马尔犹豫地说。

眼前这条路跟父亲每天送他上学的那条路一模一样，除了没有横穿马路的行人，没有乱七八糟抢道的突突车。恰马尔缓慢地开过几个路口，发现本来应该拐弯的地方却依然是直行的。

“这是AI根据真实数据生成的虚拟路况，所以看起来很真实。因为这是你训练的第一天，所以我们为你调低了难度。一旦你完成了训练，就可以随心所欲地选择路线了。”

训练？什么训练？

恰马尔很快掌握了诀窍，在这里开车和在VR游戏里几乎完全一样，只不过这里的引擎更强大，延时低到难以察觉，虚拟与现实之间的界限也更加模糊。爱丽丝说得没错。随着恰马尔逐渐熟悉各种操作，路上的车子果然开始多了起来，在拐弯处有行动不便的老人和遛狗的女士过马路，孩子们把球踢到了路中央，信号灯出现故障不停地闪烁着……所有这些都在考验着恰马尔的注意力和应变能力。一切都太真实了，他感觉自己出汗了，手心黏糊糊的，眼睛又涩又疼，但他还是死盯着眼前的一切，生怕错过了什么标记，酿成意外。

什么也没有发生。这条上学的路似乎永无止境，恰马尔的注意力开始飘忽，速度不知不觉间提到了80迈[1]、100迈、120迈……他进入了一种心流体验的状态，像是与驾驶舱、眼前的虚拟景观一起融入了一个和谐的反馈闭环。他并不是在开车，相反，这辆车成了他身体的一部分。

直到他不经意地瞥了一眼仪表盘。时速计的指针已经进入红色区域，并且到达了上限。

恰马尔瞪大眼睛，本能的警觉闪电般击中他。他松开油门踩向刹车，却没有掌握好力道。在几股力的交互作用下，高速行驶的车子失控了，翻转起来，整个视野如摆脱地心引力般疯狂地旋转，恰马尔尖叫着握紧方向盘。他不得不闭上眼睛来对抗眩晕，直到一切都停下来，没入黑暗。

他隐约听到耳边传来的呼唤，似乎是爱丽丝在喊着他的名字。接着，有人把他从驾驶舱里拉出来，摘下他的头盔。他大口呼吸着新鲜空气，就像一条被扔到岸上的鱼。

恰马尔重新回到游戏之外的真实世界。可内心深处，他还想回去，想再次体验那种失控的快感。

* * *

雨季即将结束，从肉桂红酒店顶层的红云酒吧能够看到整个科伦坡的天际线，一道道暗红的闪电不时从堆叠的云层刺出，预示着新一轮的降水。

朱尼厄斯旋转着面前的一杯威士忌，球形冰块在琥珀色液体中融化了大半，像是南极大陆岌岌可危的冰盖。

一只手忽然搭在他右肩，朱尼厄斯条件反射般弹起来，差点儿没从高脚凳上摔倒。

1　迈是速度单位英里/小时的俗称，1迈相当于1.61公里/小时。

是杨娟。一头清爽的短发，管理得极好的身材包裹在白色运动装中，足以让人误以为她是一名体操运动员，而不是一家中国高科技公司驻斯里兰卡的负责人。

“抱歉，让你久等了，两辆突突车抢道，你懂的。”

“欢迎来到科伦坡，来杯单一麦芽？”

“我最近爱上了一种本地酒。”杨娟向吧台调酒师打了个手势，后者心领神会。不多会儿，一杯乳白色的鸡尾酒端了上来。

“不会吧，你喜欢便宜的椰花酒，我老妈活着的时候每晚临睡前都要喝一大杯。”

“这里的人都跟我说，这是女士酒，因为又酸又甜，干杯。”

两人碰了一下杯，一饮而尽。

“……但甜蜜只是一种欺骗，它的酒精度估计比得上你们的……二锅头？是这么叫吧。”朱尼厄斯咧嘴微笑。

杨娟咂巴着嘴，喉咙里像有把火在烧：“没错，就跟这里的人一样，甜蜜只是一种欺骗。”

朱尼厄斯一下子被噎住了，不知道该如何回应。

“杨，我已经帮你找到了你要的，那些孩子……”

“那些就是全斯里兰卡最好的孩子？”

“全是按照你的要求，根据VR网咖数据筛选出的最好的一批……”

“还不够好。”

“听着，杨。这里不是德里、帕洛阿托或者深圳，我们对于好的定义不一样。”

“我需要更多的孩子，更好的孩子。目前测试通过率很低，找不到足够的合格驾驶员，我就说服不了投资人。朱尼厄斯，想想看，斯里兰卡不是最近的，也不是文化上最匹配的，你认为为什么选择这里？”

“我们是最便宜的。”朱尼厄斯垂下黑而浓的睫毛。

“再来一杯，”杨娟朝调酒师招招手，“他也是。”

朱尼厄斯沉默了一会儿，说：“我把外甥恰马尔都给你带来了。”

“他是你外甥？那男孩很机灵。”

“用他爸的话说，恰马尔从娘胎里就是闻着汽油味儿长大的……”朱尼厄斯想起外甥，嘴角扬起笑意突然凝固，“杨，我认真地问你一件事。”

“嗯？”

“你保证过，新的系统能够确保驾驶员的绝对安全，没错吧？”

杨娟把视线投向玻璃幕墙外的科伦坡夜景，抿了一口椰花酒：“你还记得我们为什么要这么做吗？”

朱尼厄斯不回答，抚摸着左腿的内侧——在肌肉和神经纠结的深处，某个位置隐隐作痛，像是对这句话里的某个关键词产生了反应。医生找不到任何生理性病变，只能归结于某种心因性障碍。只有朱尼厄斯知道这处幻痛所联结的记忆，但他不愿去想，就让它继续痛下去好了。

“……告诉人们真相，并让他们承受后果，或者欺骗他们，但是让他们过上更好的生活……”杨娟的京腔儿此时听起来很诚恳。

“我明白了。”朱尼厄斯叹了口气，“不过，也请照顾好恰马尔，他是我们家族的希望。”

他站起来，双手合十告别，留下吧台上的酒杯，冰已经完全融化了。

＊＊＊

“又没吃完？”父亲朝卧室方向瞥了一眼，问道。母亲摇了摇头，把那盘剩了大半的铁板炒饼拿到院子里，饥饿的乌鸦正在枝头翘首以待，等着消灭残羹冷炙。

“你说要不要带他去岗嘎拉马寺，让寺里的师父帮他祈祈福？”母亲皱着眉，双手合十，念叨着没人听得清的经文。

“再等几天吧，朱尼厄斯说一开始都有个适应过程，那个词怎么说来着，学习曲线？没错。而且……很快他就能拿到薪水了，中国人给的可是真金白银……”

“唉。那天我看到他站在车子旁边，眼神怪怪的，就好像……”

“好像什么？”

“就好像他在跟车子说话……”

父亲大笑，“我看有问题的不是恰马尔，是你。”

“那可是你的儿子，你个没心没肺的老家伙。如果恰马尔自己不想去，我们就不去。我可以去打别的零工……”

“别傻了，莉迪亚。恰马尔很开心，每天他都迫不及待地要去上班，你见过他对别的事情这么上心吗？”

“可是……”

“嘘，他来了。”

恰马尔踢趿着鞋从楼梯下来，似乎没有看到父母，只是呆呆地看着地面。某个瞬间，他像一架要俯冲开火的战斗机一样张开双臂，但最后只是非常缓慢地转了个弯。从父母中间穿过时，他手里还做着换挡的动作。

“恰马尔！”母亲喊了一声。

“嗯？”男孩停住了前进的脚步，往后倒退着走了几步，回到他们跟前。

“我是怎么教你的，见到长辈应该怎么打招呼？”

恰马尔瞪着圆溜溜的眼睛，仿佛刚从梦中醒来。

* * *

恰马尔轻而易举地成为排行榜上的冠军。

他不再是那个容易惊慌失措的新手，无论多么复杂的路况、陌生的车型、古怪的任务，都难不倒他。他总是能用最陡峭的学习曲线和最完美的临场表现完成任务，获取最高的积分，并在众人充满敬佩的目光中离场。

因为每个人都知道，积分就是钱。杨娟能把这些孩子从斯里兰卡各地招募到这里，可不是用游戏作为奖赏。

其他的孩子经常缠着恰马尔，让他传授诀窍，他总是把头一甩："我天生就是个好车手。"只有在伙伴们不满的嘘声中，他才愿意多说几句。

"好吧，"恰马尔叹了口气，"你得学会驯服自己的大脑，让它相信，眼前看到的、身体感受到的一切，哪怕再逼真，也只是游戏。"

孩子们似懂非懂地点点头。爱丽丝远远看着这一幕，表情复杂。

* * *

恰马尔发现，游戏里的地图并不是无限的，多半集中在中东到东亚沿线的几大城市集群：阿布扎比卫星城、海得拉巴、曼谷、新加坡人造岛、粤港澳大湾区、上海临港、雄安新区、日本千叶……而游戏场景也都惊人的相似。外星人或者恐怖分子来袭，导致道路被毁或车辆失控，车手除了需要躲避失控车辆的撞击外，还有更为艰巨的任务。

一天，恰马尔接到一个任务，执行地点是新加坡人造岛。北爪哇海的洋底板块异动引发海啸，由此产生的次声波导致人造岛的智能交通系统瘫痪，而且高达10米的海啸将在6分钟内正面袭击岛岸，上百辆无头苍蝇般的智能车辆及里面搭载的乘客将面临灭顶之灾。

恰马尔和他的伙伴们需要做的是，进入这些车辆，将其转换为手动驾驶模式，避开可能的碰撞，接入临时搭建的本地车联网系统。该系统将接管车辆，组成有序的队伍，寻找最近的避灾点，让乘客得以快速逃生，将人身伤亡降到最低。

这也许是恰马尔经历过的最刺激的一次游戏。

他在不同车辆的驾驶室跃入跃出。所有的操作流程都被他化到极简，跃入车后，他能条件反射般地在数秒内完成任务，然后跃出。视野中的混乱场景不断切换，红色倒计时快速读秒归零，远处灰蓝色海面有一道绵延不尽的白线逐渐加粗、逼近，那便是致命的海啸。恰马尔无暇欣赏，甚至没有时间害怕，他像个真正的鬼魂，附体于一辆辆钢铁之躯上，将它们接入系统。他的积分随之翻滚，发出悦耳的金币脆响声。他嘴角微微抽动，所有的注意力被高度凝聚，如一把利剑，出鞘，回鞘，剑无虚发。

海啸越发临近，恰马尔加快了跳跃的速度。他想尽可能多拿一些积分，也许弟弟妹妹的学费、家里的生活费，全靠他的神经反应与手上动作节省下来的每个微秒赚出来。他要坚持到最后一刻。

那堵海水与泡沫砌成的墙，在游戏画面中的还原度并不是很高，带着粗糙的锯齿状边缘和像素化颗粒。就在恰马尔即将跃入一辆SUV之前，它劈头盖脸地没过了他的视野。他看着前方那几辆没来得及接入系统的车辆，被无情的海浪席卷着，从路面上翻滚开去，不久便消失在黯淡的远处。他为那些错失的积分感到遗憾。

游戏结束。

恰马尔这时才发现自己已经全身湿透。他精疲力竭，甚至没有办法爬出驾驶舱，只能靠两名工作人员将他抬出，就像是捞起一条被大浪拍晕的沙丁鱼。

爱丽丝让他休息一个礼拜。他只能坐在轮椅上。拿把勺子，手都会抖个不停。一入睡，就会梦见巨大的白色海啸将自己吞没。似乎这次任务掏空了他身体的某个部分，让他虚弱不堪。

直到某一天，恰马尔在卧室里听到厨房的电视里传来报道日本关东海啸的声音。他从床上爬起来，摇摇晃晃地走进厨房，正在吃饭的父母和舅舅惊讶地看着他。

电视屏幕上，是监控摄像头拍下的海啸撞击沿岸公路的最后一刻的场景。车辆被掀翻、卷起，如纸黏土捏成的手办，被轻而易举地带走，消失在洋流中。

恰马尔的心脏狂乱地跳动着。这一幕如此熟悉，所有道路、车辆的位置都与游戏结束时的画面一致，甚至连车辆翻转的角度也高度吻合。

不，不可能。那只是个游戏。

“舅舅，那只是个游戏，不是吗？”

朱尼厄斯犹豫了片刻：“我带你去见一个人，她会告诉你一切。”

* * *

“亲爱的恰马尔，我们终于见面了。”

办公室里摆满了斯里兰卡民间手工艺品，像是专为游客开的纪念品商店。白衣女子从沙发上起身，伸出手，手掌柔软温暖，这让恰马尔的戒备卸下了几分。

“我叫杨娟，你可以叫我杨，也可以叫我Jade。我知道他们都叫你‘鬼魂’，对吧？”

恰马尔脸红了。

“我负责ReelX的斯里兰卡分公司。我看过你所有的游戏数据，不得不说，你是一个天生的赛车手。”

恰马尔的嘴角微微扬起，又迅速平复下来。

“你舅舅说你有一些疑惑，我将尽我所能来解答。”杨娟说。

恰马尔咬了咬嘴唇，似乎在思考，应该如何像母亲一向教导的那样，恭敬、礼貌、体面地开口。

“那海啸……是真的吧……”恰马尔太累了，他放弃了母亲坚持的体面，让自己的思绪脱口而出，“你在骗我们，所有这些游戏，都是假的。”

“当你问这个问题的时候，其实你心里已经有了假设，这件事要么是真的，要么是假的，对吗？”杨娟眨了眨眼。

“难道还有别的可能？”

“那我问你，海啸是真的吗？”

“当然是真的。”

“那么，游戏里出现的海啸是真的吗？”

“那是假的。”

“游戏里的那些车是真的吗？”

“……它们行驶的路线是真的，动作也是真的，但是车本身是假的。”

“那你是真的救了那些车和人吗？”

“我……”恰马尔一下子被问住了，“……我不知道。”

杨娟摊开双手，露出充满理解的表情。

“可，可我知道你们在骗人，明明是日本海啸，为什么要说是新加坡，明明不是游戏，为什么要告诉我们是游戏！”恰马尔的脸涨得通红，就像每次在争辩中落了下风时的样子。

“在我回答你的问题前，我想先问你一个问题，你只能用‘是’或者‘不’来回答。”杨娟半蹲下身体，这样她就可以直视恰马尔的眼睛。

“你想去中国吗？”

“啊？”恰马尔噎住了。

“记住，只能用‘是’或者‘不’回答哦。”看到男孩窘迫的神情，杨娟露出了微笑，“你是我们最棒的车手，这是一个奖励。去了中国，你的问题就会有答案了。”

“你说的是……坐在驾驶舱里去吗，那我已经去过中国的很多地方了……”恰马尔流露出怀疑的神情。

杨娟一下子没反应过来，过了几秒才明白他说的是虚拟现实，“啊，我没有骗你。我说的是真的去，坐飞机飞到中国，吃中国菜，呼吸中国的空气，走中国的路。你想去吗？”

恰马尔垂下眼睛想了想，又抬起头看着杨娟，摇了摇头[1]，露出一个体面的笑容。

---

1 在斯里兰卡人的肢体语言中，“摇头”表示“同意”，“点头”表示“不同意”。

* * *

恰马尔在一阵剧烈的震动中惊醒，以为自己还在游戏里，伸出双手想摘下头盔，可抓到的只有空气。他睁眼一看，原来是飞机在清晨的深圳宝安国际机场落地了。

这里的一切崭新而巨大。航站楼里，阳光透过白色顶部的蜂巢状镂空射进大厅，落在来往的旅客身上，让人觉得仿佛置身于圣洁的天堂之中。接机的是杨娟的同事，ReelX深圳总部的曾馨兰，一位活泼外向的长发女孩。她双手合十，说了句标准的“阿尤宝温”（你好），显然已是轻车熟路。舅舅回礼，恰马尔也依样画葫芦。

来到机场外专门设置的“无人车接客点”，一辆白色SUV几乎是配合着他们的步伐同时停稳，车门自动打开，里面宽敞、凉爽。

车子悄无声息地起步，一点儿也没有恰马尔习惯的卡顿感。他突然惊讶地发现曾馨兰竟然坐在驾驶员的位置上，可她显然并没有在开车。曾馨兰又把座椅掉转了180度，正对着坐在后排的恰马尔和舅舅，方便说话。

“现在深圳的绝大部分道路和车辆都支持L5级别的无人驾驶了，不用驾驶员之后，车辆可以载更多的人，坐得也更舒适。而且，还有只载一两人的L5级别迷你车。”曾馨兰看出恰马尔不放心，笑着对他说，“你看刚才这车子停靠的时间是不是很完美，这是因为智能出行系统知道我们的位置和移动速度，能够精确地调配车辆和安排线路。我们现在走的路，都是为无人车专门设计的智能道路，能实时与每一辆车上的数据中枢、与云端的交管系统交流信息，这样才能最大限度地确保安全与高效。”

恰马尔觉得她说话的样子有点像个机器人，精确而又快速。

朱尼厄斯贪婪地看着窗外的景色，赞叹道：“这和我上次来又不一样了！”

恰马尔问：“你以前来过深圳？”

“好多年前，那时这些路还在翻修升级，没想到现在已经到处都是了。”

“深圳速度，”曾馨兰说，“一会儿还能看到更厉害的。”

恰马尔看着这个和科伦坡完全不一样的城市。建筑高耸入云，外立面闪闪发光，随着太阳角度细微地变幻花纹。没有尘土飞扬的红土路，没有车门大敞任由乘客随意跳上跳下的惊险场面，也没有牛车、突突车和汽车争抢路口，一切都如此干净、崭新、井然有序。他无法想象这是怎么做到的，就好像有无数透明的丝线，从云端垂下，操控着巨大城市里星罗棋布的每一条路、每一辆车，甚至每一个人。

可是谁在背后操控着这一切呢？

想到这里，恰马尔不由得打了个寒战。

“快看！”曾馨兰大叫一声。

恰马尔和朱尼厄斯望向她手指的方向。对向车道像是被摩西一杖劈开的红海，所有车辆如训练有素的士兵，向道路两侧有序错开，辟出一条新的车道。随即，鸣着警笛的救护车飞驰而来，恰马尔想起了拉链的锁头，被一只看不见的手拉着，所有错开的车子又在它驶过之后被“拉回”路面中间。在这一次紧急让道的过程中，所有车辆都处于正常行进状态，没有慌乱，没有剐蹭，没有一声乱响的喇叭。

“……这是怎么做到的？”恰马尔被眼前这一幕深深震撼了。

“人有眼睛去看，有脑子判断距离，有腿脚调节速度和姿态，所以即使高速奔跑也不会撞到别人，车子也一样。”曾馨兰轻描淡写地说，“车子有传感器，有摄像头，有激光雷达，这就是它的眼睛。车载电脑有定位系统和电子地图，有避障算法，这就是它的脑子。而且，这些都是和它的引擎、传动装置、操控系统无延时连在一起的，这就是它的腿脚。”

“恰马尔，如果在斯里兰卡有这样的技术，想想能救多少人。”朱尼厄斯想起了逝去母亲的遭遇，她在心肌梗死发作时，就是因为救护车被堵在科伦坡的街头，错过了最佳的抢救时机。

“如果愿意掏钱，任何人都可以享受这样的特殊通道。有一家公司做了道路竞价的智能合约，比如，我愿意给每辆让道的车子一块钱，如果有的车子不愿意，我就得加价，直到达成共识。比如，我想早到办公室5分钟，大概要花50元人民币吧。”曾馨兰补充道。

话音未落，车载系统接收到了一条通知，用字正腔圆的普通话广播。

“哦，是马拉松。”曾馨兰向两位访客解释道。

恰马尔还没来得及发问，突然感觉车子有一个明显的变向，偏离了原本在高速公路上的路线，朝着某一个出口滑去。不仅是他们的车，放眼望去，路面上所有的车辆似乎都在同一时间得到了各自的指令，如同战斗机编队般，整齐划一地解体，重组，变成新的队列，朝着不同的方向行进。

“这又是什么？”恰马尔不禁好奇地问道。

“啊哈！这就是新近启用的可编程城市交通系统。今天有国际马拉松比赛，需要占用城市的主要干道，所以会按照时间表进行道路自动分流。打个不太恰当的比方，就好像人的心脏，主动脉堵住了要做手术，血液需要通过其他血管甚至毛细血管绕行一样。时间表精确到秒，节省了大量地面协调资源，同时不会打扰市民的正常出行。现在这套系统用得还蛮频繁的，深圳一年到头的大型活动太多了。”

恰马尔努力理解着眼前的一切，以及曾馨兰话中爆炸性的信息。他感觉自己做了一场最狂野却又最真实的梦。

* * *

参观ReelX总部之前，曾馨兰安排他们在前海一间粤菜馆吃午餐。

恰马尔一顿狼吞虎咽。这些食物如此美味，他有点不理解。为什么家对面那间本地咖喱海鲜餐厅总是坐满了中国游客。朱尼厄斯却呆呆地看着窗外的海景，似乎那里有更吸引他的东西。

“怎么不吃啊，有什么好看的？”曾馨兰给他夹了一个虾饺。

“海……海岸线也变了啊。”朱尼厄斯喃喃地说。

“填海造地是深圳的长期工程，我听说斯里兰卡也有类似的项目？”

恰马尔想起每次经过科伦坡海边，总能远远地看见港口城的滩涂上，几艘庞然巨兽般的超大型耙吸式挖泥船，扬着高高的鼻子，喷出一道彩虹般金光闪闪的物质，那些都是从近岸海床吸起的泥沙。这些船都来自中国，它们在帮助斯里兰卡创造新的陆地，重绘曲折的海岸线。

“斯里兰卡，海上丝绸之路上一颗璀璨的明珠。”曾馨兰模仿着新闻里的播音腔儿。

远处车流如甲虫般穿梭不停，每两辆车都保持着完美的间距，即便是转弯、掉头也丝毫没有误差，那不可能是由人类驾驶的。

“所以……这里还有人开的车吗？”恰马尔停下筷子，怯怯地问道。

“不是所有的车都可以切换成人类驾驶模式，”曾馨兰马上明白过来恰马尔真正要问的是什么，“现在也还有人类司机，不过只能在专门为人类设置的道路上开，而且需要配备AI辅助驾驶系统。驾照更难考了，以前那些马路杀手现在不太有机会上路了。”

“如果这样的话，为什么还需要我们呢？”恰马尔转向舅舅，直视他的眼睛。

“你们当然很重要。”曾馨兰和朱尼厄斯交换了一下眼神，认真地回答，“AI再先进，也会有出错的时候，更不用说还有那些专门针对AI的坏人，他们会在数据里‘下毒’，这样机器就瞎了、傻了，反应不灵了。再比如爆炸或地震摧毁了道路，让导航和数字地图失灵了。这时候就需要你们，危难时刻挺身而出的英雄。”

“可是……我并不想当什么英雄啊，我只想玩游戏，多赚点积分，帮补家用。”

餐桌上陷入了一片尴尬的沉默。曾馨兰突然憋不住扑哧一笑：“你们啊，还真是一家人。恰马尔，还记得当初你舅舅加入计划时也是这么说的。我没记错吧，朱尼厄斯？”

这下轮到朱尼厄斯脸红了，他不好意思地搅着碗里的汤。

“等等，你也是……”恰马尔瞪大了眼睛。

“他从来没有告诉过你吗？”轮到曾馨兰吃惊了。

恰马尔点点头。

“我只是不想给你留下错误的印象。”朱尼厄斯低声说道，“我知道别人背后都是怎么说我的，说我干坏事遭了报应，佛祖把我的腿变瘸了，什么医生都治不好。”

恰马尔确实听过别人的议论，可他从来没有想过真相究竟是什么。

“你舅舅曾经是我们最棒的车手。他救过很多人的命，在他的腿受伤之前。”

“所以你也是鬼魂车手？”恰马尔的表情有了变化，“可鬼魂怎么会受伤？”

“那是10年前了。一个更早期的版本。风险总是存在的，只是现在我们尽可能把它降低了。”朱尼厄斯说。

“鬼魂当然也会受伤，这就是我们要把它变成一个游戏的原因。”曾馨兰突然变得严肃起来，“人是比机器更脆弱的生命，最微不足道的情绪变化都会影响人类车手的身心反应和表现水平。”

“所以才告诉我一切都只是个游戏……”恰马尔眼眶里有泪水在打转，“我还以为你永远不会骗我。”

“恰马尔，我给你讲个故事吧。”朱尼厄斯叹了口气。

* * *

10年前的川藏大地震后，朱尼厄斯远程操控无人车进入余震不断的灾区，为被困灾民运送紧急救援物资。山体滑坡导致地图数据失真，AI也无法应对随时跌落的山石，只有鬼魂车手，才能够完成这一使命。尽管朱尼厄斯技艺超群，躲过了数次突如其来的危险，但在最大一波余震袭来时，还是被砸中了左侧车头，车身侧翻，车轮只能空转却动弹不得。

力反馈数据让他的左腿感到一阵钻心的刺痛，尽管朱尼厄斯知道自己性命无虞，可这疼痛还是超出了他的预期。适度的感官拟真能够带来紧迫感，刺激肾上腺素分泌，提升驾驶表现，但这个“度”是因人而异的，也是因环境而异的。为了进入灾区，朱尼厄斯主动调高了拟真参数，他知道有那么多人的生命都倚仗着自己的表现，他不能让那些真实的生命失望。

他忍着疼痛不断尝试各种解决方案，但均告失败，巨大的愧疚折磨着他，更加剧了他的疼痛。最后一刻，军方紧急调配了飞行器空投物资，纾解了灾民的燃眉之急，但朱尼厄斯的腿却永远被卡在了那个真实与虚拟交叠的时空裂缝中。

“所以把它变成游戏就能少点痛苦吗？”恰马尔感同身受，却无法理解背后的动机，“……可为什么我们要受这种苦呢？”

“我想，为了谋生，也为了救人，以抵消我们的业报。”朱尼厄斯自嘲地笑笑又收住，“或许，我们也有需要被救的一天。”

午饭后，他们参观了ReelX总部。参观实验室时，恰马尔的眼睛无法离开那些最新款的定制力反馈服和脑波驱动头盔。曾馨兰看出了男孩的心思，答应可以为他量身定制一套装备，前提是他愿意签约，完成公司派发的任务。

恰马尔摸了摸那身轻如丝绸却坚固如钢的石墨烯面料，他知道自己的内心已经做出了选择。

在深圳接触到的令人震惊的一切，都只是AI世界的冰山一角。恰马尔曾经认为，技术就像是父亲的汽车零部件，依靠轴承、齿轮与电缆，严丝合缝地拼合在一起，传递着清晰而明确的信号。现在，他意识到技术更像是母亲最爱的纱丽，单独看每张都薄如蝉翼，透出不同的纹路与图案，但当母亲把它们叠起来，包裹在身上时，纱丽看起来就完全不一样了，它像一层层朦胧的云彩捆绑在一块儿，凝固成充满不确定性的未来。

* * *

屏幕上的动画飞机沿着蓝色虚线进入斯里兰卡国境。小岛的形状真的就像印度洋边上的一滴眼泪。

恰马尔使劲往舷窗外探望。他以为能看见夕阳下金色的狮子岩和锡吉里亚古城，努瓦勒埃利耶的粉色邮局，漂流在瓦杜沃红树林间的豪华木筏，或者滨纳瓦纳村的大象孤儿院……可是他什么也看不见，除了厚厚的白色云层。

杨娟亲自来接机，却没有把恰马尔和朱尼厄斯送回家，而是把两人拉到了ReelX大厦旁边的一处施工工地。

这是中国建筑集团承建的项目，外部围挡上的文字和悬挂的安全口号，都是用中文、僧伽罗文和泰米尔文三种文字写的，就好像重要的事情必须重复三遍。地基已经浇筑完毕，预构件正在一层层地码上去。暮色中，就像一头巨兽的骨架正在慢慢地生长出肌体。不出半个月，这座宏伟的现代商业大楼将拔地而起。

“瞧，恰马尔，这以后会有好几层都是ReelX的办公室、训练中心和作战室，到时我保证会给你配备一个专门的房间，会有你专属的驾驶舱，你想把它装成什么样就是什么样。”杨娟手一挥，似乎那间挂着“恰马尔”铭牌的作战室已经装修完毕，正飘浮在半空中等待检阅。

“我……”恰马尔欲言又止，转头看了看朱尼厄斯，舅舅露出鼓励的眼神，“对不起，杨，我不想再当鬼魂车手了。”

恰马尔紧张地看着杨娟，那张脸上并没有流露出任何意外、失望或愤怒，也许她早有心理准备，也许她擅长把自己的情绪完美地隐藏起来。

“不用道歉，我明白。”她拍了拍恰马尔的肩膀，“我们骗了你，让你背负了这个年纪不应该承受的重担，却还希望你能够像从前一样，成为我们的最佳车手。”

“我只是……还没准备好。”恰马尔欲言又止。

“让我来告诉你一些事情，一些你舅舅都不知道的事情。”

杨娟笑笑，走到一堆高强度预制件旁边，坐了下来，丝毫不顾及白裤子会被弄脏。她抬头看着半成品的大楼，陷入了回忆。

“刚把我调来斯里兰卡的时候，其实我心里是很不情愿的。我分不清僧伽罗语和泰米尔语的差别。这里基础设施太差、交通太糟、效率太低、沟通成本太高。我想着待上一年就赶紧申请调走。我还觉得啊，这里的人都很爱贪小便宜，比如，你舅舅就老是跟我讨烟，一包又一包，‘贪得无厌’。”

朱尼厄斯正好掏出一根烟想点上，听到这里，羞赧地笑了笑，又收了起来。

“后来我才知道，你们是把烟当小费。就好像你们的摇头就是我们的点头一样，其实只是文化差异。再后来，我才开始慢慢理解斯里兰卡人。你们很爱护自然，就像大象孤儿院对锡兰象的保护，以及金佛山那尊大金佛下巴上的马蜂窝，因为有信仰，所以不杀生，宁愿选择更平和的生活方式。还有往佛祖的脚印里扔硬币，我还真的这样向神明祷告过，那是在川藏大地震发生的时候，我祈祷你舅舅能够顺利完成任务，平安归来。”

恰马尔想起舅舅讲过的故事，迅速瞥了一眼他的左腿。

“我看到了在不同文化的底下，斯里兰卡人和中国人的相似之处。为什么只有康提佛牙寺和北京灵光寺才有真身佛牙舍利？你想过没有，这就好像佛祖张开大口咬在地球这颗苹果上，偏偏把两颗牙分别留在了斯里兰卡和中国。要我说，这就是缘分。”

恰马尔和朱尼厄斯抬起头，双手合十，这是他们从来没有想过的事情。

“所以我决定留下来，帮助斯里兰卡，把ReelX落到这里。这么多年，你们已经吃够了苦头，先是葡萄牙人，再是荷兰人，最后是英国人。中国人帮你们摆脱内战，重返和平，修建电厂、铁路、港口，还造了人工滩涂和岛屿，但还远远不够。你去过深圳，那就是科伦坡的未来。”

恰马尔被这句话深深震撼了，他没有办法把深圳和科伦坡联系起来，但第一反应却脱口而出："是不是到那个时候，像我爸爸这样的司机就都没有工作了？"

杨娟一愣，安慰地拍了拍男孩的肩膀。

"我知道，现在很多人会说，中国正给斯里兰卡带来AI升级的附加伤害，比如失业。我们有一个说法，叫'跃层冲击'。社会发展就像盖楼，得一层层盖，不可能盖完第一层后直接就盖顶层。每个社会其实都处于不同的楼层，往往处于更低楼层的社会，要承受来自更高楼层的社会发展带来的更大冲击……"

"类似的事情以前中国也经历过，比如进口电子垃圾对环境的污染。除了发展，别无出路。所以，我们正在帮助斯里兰卡盖楼，整个社会往上走。就像你们看到的，虽然一些职位没有了，但是另一些职位又被创造出来了，比如你们的工作，非常神圣，非常重要。"杨娟看着恰马尔和朱尼厄斯，张开双臂，像是要拥抱什么。

"可是，当我知道那不是游戏之后……每当想起被海啸冲走的车子，那些没有被救起的人，就会觉得自己犯了很重的罪过……我真的没有办法再开……"

恰马尔向后退了一步，身体开始发抖。朱尼厄斯从背后搂住他瘦弱的双肩。

杨娟眼帘半垂，这是许久以来她第一次流露出失败的神情。

"现在我了解了，技术和金钱并不是在所有楼层都能发挥同样的作用。在斯里兰卡，我们还需要尊重文化与信仰……"

一阵急促的铃声打断了杨娟，她拿起手机接听电话。她的神色变得严峻起来，不断望向恰马尔和朱尼厄斯，话语间却透露着犹疑。

"我尽力吧。"杨娟挂断电话。

"发生了什么？"朱尼厄斯问道。

"恐怖分子攻占了岗嘎拉马寺，炸毁了部分佛像和建筑，伤亡惨重。监控系统显示，有一些游客躲进了寺里的佛法学校和僧人宿舍，但估计过不了多久就会被发现……”

恰马尔僵住了，他眼前掠过那座妈妈经常带他去祭拜的千佛之寺，里面有巨大的黄金佛像，有几人高的象牙雕塑和劳斯莱斯古董车，还有各国馈赠的奇珍异宝。对他来说，这是一个游乐园，是母亲眼中的圣地。难以想象如此神圣的殿堂也会遭到破坏。

“警察呢？”

“正在赶往现场，不过怕来不及了。他们找我帮忙。”

“你怎么帮？”

“ReelX公司有一辆试运行的无人车正好在附近，改款的越野SUV，我想让AI把车子开到侧门出口附近，把幸存游客分批接到安全区域。”这是朱尼厄斯第一次听到杨娟的声音颤抖。

“AI能行吗？佛寺刚被炸过，估计激光雷达会受粉尘干扰，况且恐怖分子掺杂在游客当中，这么多不确定因素……”

“只能死马当活马医了，时间不等人。”

“要是我这腿没伤就好了……训练中心还有人吗？”

“今天是法定假日，训练中心关门了。”

三人陷入了沉默。巨大的无力感沉甸甸地压在每个人的心上，如同科伦坡上空迅速积蓄的雨云。

“我去。”

是恰马尔，他半低着头，看不清脸上的表情。

“你还没有完全恢复，很难保证安全。”朱尼厄斯断然拒绝。

“你舅舅说得对，你现在的心理状态会极大地影响表现，那种曲线是断崖式的。”杨娟说。

“那座寺是我从小就去的，就算蒙着眼我也能走出来，我们没有时间了。”恰马尔抬起头，双眼闪闪发亮，就像是最上等的蓝宝石。男孩不等两人回话，拔腿便向训练中心狂奔。

杨娟和朱尼厄斯对视了一眼，紧跟了上去。

＊＊＊

训练中心异常安静。

恰马尔双手合十，眼帘低垂，向着佛陀默祷。

他扣下头盔上的护目镜，紧了紧手套，钻进虚拟驾驶舱里，系好安全带。

深呼吸，调整心率，放空情绪，把注意力集中到屏幕上，其他的什么也别想。

突然有什么杂音打扰了他的入定，恰马尔掀起护目镜，是杨娟用手指敲击头盔。

“听说这个能带来好运。”杨娟在恰马尔手腕上系了一根红绳，又郑重地和他握了握手，说了声“谢谢”。

恰马尔咧嘴一笑，合上头盔，想起舅舅带自己第一次踏入这个世界时的情景。

连接。同步。切换视野。

下一秒，他就跃入了那辆无人车。那辆无人车停在海德公园角的兰卡联合汽车修理厂，距离寺庙也就几百米远。

恰马尔发动汽车，沿着并不宽敞的公园街，开到斯里吉纳拉塔纳路左拐，很快就穿过了警方临时搭起的封锁线。经过岗嘎拉马寺正门时，他放慢速度观察。门口遍地狼藉，几只孩童的鞋子零落在地上，门里浓烟滚滚，左侧菩提树的叶子震落一地，但两侧并排而立的观音像和关公像还在。他松了一口气。

这座寺可谓是亚洲佛像大聚会，收集了来自斯里兰卡、泰国、印度、缅甸、日本、中国等各国造型各异的佛像上千座，加上陈列着罗汉舍利、珠宝、镀金法器、象牙法器，以及最珍贵的一撮佛陀头发舍利，因此平日里香火格外旺盛，各国游客纷至沓来。也许这正是恐怖分子选择它作为袭击目标的原因，有标志性，也有足够的威慑力。

恰马尔的心跳开始加速，他通过车载摄像头观察周围，看有没有伤员等待救助，却一无所获。只能继续开到汉娜布蒂雅湖路再左拐，靠近事先约好的停靠地点，婆罗浮屠副本外的侧门。

他还记得第一次看到这个婆罗浮屠时的震撼心情。它是把印度尼西亚中爪哇日惹的原版浮屠切出一面，等比例缩小再复刻放置寺内，供无法亲身前往朝圣的信徒膜拜。母亲说，原版浮屠经历了火山爆发、炸弹袭击和大地震，历经千年而不倒。不知此时，这些静默微笑的佛陀目睹眼前这一幕血腥屠杀，又会做何感想。

恰马尔将车停靠在门边，他不敢熄火，又怕引擎声引起恐怖分子注意，只能全神贯注地盯着门口，以期第一时间做出反应。他感觉心脏在猛烈地撞击着胸腔，口干舌燥，眼睛发酸发胀，有那么一阵子，他几乎要呕吐了。

“放松，你的恐慌指数太高了，”耳机里传来杨娟的声音，“就当作一场游戏。我们已经给游客发送了信息，他们知道你到了。”

*游戏。对，这只是一场游戏。*

恰马尔调整呼吸节奏，努力回想自己在游戏中如鱼得水的感受。

一张亚洲男子的脸出现在门边，惊恐地张望着，看到车子上ReelX的标识后，那张脸消失了。没多会儿，一群人互相搀扶着跌跌撞撞地走出门口。

恰马尔把前后车门都打开，男子看到空空的驾驶座愣了一下，但随即明白过来。

车内空间有限，游客们先把伤员安置好，老人、小孩和妇女再上车。领头的男子看车里已经满员了，把车门一关，挥了挥手，带着其他人退回门内。车厢里有一个孩子哇地哭了起来，喊着要爸爸，其他孩子也共鸣般齐声大哭。

这哭声让恰马尔感到揪心，他不敢耽搁，每多待一秒都是危险。他迅速起动，沿着当前道路前行，左拐再右拐，不到一公里便是著名的科伦坡肉桂红酒店，在那里伤员和游客都能得到妥善处置。然后他再返回来，接其他的游客。

就像在游戏里执行任务，规定路线，规定动作，规定时间。

除了一点，在游戏里你看不到这些游客的面孔，也听不到他们的啜泣。

恰马尔记不清自己已经往返了多少次，这一次，终于接上了最后一名游客。可车门还没关严，一梭子子弹便扫射过来，玻璃碎裂声、金属撞击声与人们的哭喊声交织成一片，刺激着恰马尔的耳膜，嗡嗡作响。

恰马尔一个加速急停变向的组合动作，闪过了试图扒上车门的两名黑衣人，把他们撞到一边，却没料想前车窗咣地砸下一个人影，双手紧紧地扒着雨刷，像块口香糖粘着不放。那人身上绑着几坨块状物体，从抖动的画面中隐约可以分辨出上面红色光点闪烁的频率在不断加快。

是炸弹。

恰马尔加速穿过公路，左右变向蛇行，车身擦着路肩，试图把那块致命的“口香糖”甩掉，可那块“口香糖”好像粘得更牢了。他的大脑在迅速地运转着，判断着所有的可能性，每一种可能性都关系到车厢里那一条条生命。

这不是游戏。

“这不是游戏！”恰马尔大声喊着。

“什么？”杨娟不解地喊着。她坐在训练中心，紧握拳头，汗透全身。

恰马尔没有回答，他并没有按照既定路线在下一个路口左拐前往肉桂红酒店，而是拐了一个反方向的弯，沿着贝拉湖畔的A4公路疾速往回开。从画面中隐约可以看到，在树荫掩映下，淡蓝的贝拉湖上有白鸟低飞，一派静谧优美。

“恰马尔，你要去哪里？”朱尼厄斯的声音中充满了不安。

炸弹上的红点闪烁得更快了。恐怖分子大声吟诵着什么，像是在祈祷，又像是在忏悔。恰马尔知道没有时间了。

到了！

恰马尔突然一个急转弯，横穿对向车道，直冲下一个斜斜的土坡，车被低矮的砖石围栏颠得飞离地面半尺。他看到了水中庙，它仿佛悬浮在贝拉湖的湖面之上。一条木栈道从水中庙一直通到岸边。主殿屋顶的宝蓝色瓷砖与佛像身上的金漆相互映衬，宁静而虚幻。

现在不是欣赏美景的时候，车子在木栈道上重重落地，恰马尔看到了自己想要的东西。

一座用大理石围砌起来的凉亭立在栈道入口前方，保护着底下仿照佛陀足迹的白色石雕，上面刻着圣兽与莲花的图案，落满游客祈福的硬币。凉亭后则是一尊半人大小的卧佛雕塑，姿态曼妙，似乎在迎接来客。

“大家抓紧了！”恰马尔第一次通过车载电台说话，得到的却是全车乘客的尖叫。

炸弹上的红点已经停止了闪烁，只是那么亮着，像充血的眼睛狠狠瞪着恰马尔。

他将车子油门踩到极限，朝着凉亭撞去。这短短几十米的距离，似乎无穷无尽。

对不起，佛祖。

一阵巨响淹没了恰马尔愧疚的祈祷。

* * *

肉桂红酒店26层，红云酒吧。

没有平日里震耳欲聋的音乐，也没有迷幻的灯光，一片昏暗中，黑压压的人群抬着头，全神贯注地盯着幕布上的投影。

那是一段被监控摄像头记录下来的画面，正以1/20的速度播放着。

一辆千疮百孔的SUV，全速撞向一座大理石凉亭，速度如此之快，以至于在撞击的瞬间整辆车的后部腾空而起，随着车头金属的变形、车窗的碎裂，以及车内乘客前俯后仰的超现实主义姿态，附在挡风玻璃上的黑衣人在强大惯性的作用下，被抛离车体，缓慢而优雅地飞出一道平滑的抛物线。他的身影掠过佛陀的足迹，也掠过微笑的白玉卧佛，似乎朝着水中庙主殿前的观音像飞去。可就在他即将飞到观音像的瞬间，一道白光闪过，他的身体被慢速火焰所吞噬，像是一场小型核爆炸，将他撕成无数细小的碎片与血雾，均匀地喷洒到四方诸佛以及贝拉湖的湖面之上。远处的鹈鹕与白鹭被爆炸惊动，舒展双翅，慢速逃离。

车子重新落回地面，过了漫长得难以忍受的间隔，乘客们开始一个接着一个地爬出车厢。

画面便定格在此。

灯光亮起，众人还沉浸在刚才惊魂未定中，久久无法回神。不知道是哪个角落开始响起了掌声，然后在整个场地中迅速蔓延开来，变成一场热烈的风暴。

“让我们再次举杯，向我们的英雄——恰马尔——致敬！”杨娟高高地举起手里的香槟。

杯沿碰撞发出脆响，金色液体泛起泡沫。

“也祝他新学期一切顺利！”

人群中响起一阵充满善意的笑声，宾客们围着那个黑瘦、羞涩的男孩，握手、拥抱、合影留念，还有人按斯里兰卡习俗为他送上酱叶和兰花花环。男孩更加窘迫不安了。

一只手把他拯救了出来。杨娟穿着一身白色礼服，显得更加优雅，她做了个手势，乐队开始演奏，更多的食物和酒水也上来了。

“各位来宾请尽情享受！不过，我们的英雄需要暂时离开一会儿，记者，你们懂的，可不能让他们等着。”

在哄笑声中，杨娟带着恰马尔进了嘉宾休息区。恰马尔惊讶地发现，那里并没有别人。他不解地看着杨娟，杨娟笑了笑，又倒了两杯香槟。

“我又撒谎了，没有什么采访，我只是希望你能够自在一点。干杯。”

两个人轻轻碰杯，杨娟一饮而尽，恰马尔微微抿了一口。

“你也许以为我是想挽留你，你错了。”杨娟拍拍男孩的肩，“我只是为了给你一份纪念品。”

她侧身，露出了藏在背后的那个炭黑色的箱子。

恰马尔上前，用手轻轻抚摸上面的纹路，箱子识别他的指纹，如莲花般开启，里面是为他量身定制的黑色头盔、紧身衣和手套，他的最新款车手装备。恰马尔拿起头盔，护目镜上映出自己的面孔，他抬头看着杨娟，面露感激。

“千万别谢我。”

“谢谢你。”恰马尔咧嘴微笑。

“我只是想让你知道，你们不是发展的代价，”杨娟突然显得格外严肃，“你们是未来。噢，还有一件事，看看这个。”杨娟掏出手机递给恰马尔，“记者们终于干了件好事，你觉得这个新外号怎么样？”

新闻标题写着：“神圣车手：一个斯里兰卡男孩如何借助无人车拯救11条生命”，下面配图是恰马尔的剪影，那顶标志性的头盔闪闪发光。

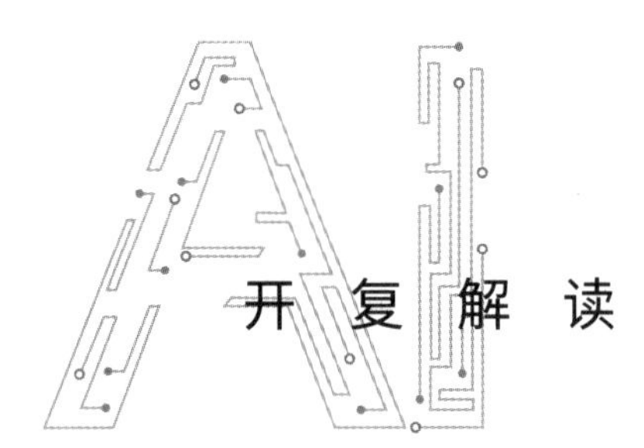

# 开 复 解 读

在从《霹雳游侠》到《少数派报告》等一系列经典科幻影片的影响下，对于普通人来说，自动驾驶技术不足为奇，但这并不意味着自动驾驶已经触手可及。

在AI领域，这项技术的落地与实现仍被视为“圣杯”一样的存在，是皇冠上的明珠。原因在于，驾驶行为本身就是一项非常复杂的任务，每一个动作不仅涉及许多子任务和技术领域，集成多种信息源，还需要处理变化莫测的场景，面对意想不到的挑战。

这也是把《神圣车手》的故事背景设定在20年后的2042年的原因。到2042年，谷歌的自动驾驶商业化之路已经走了33年，而且，距卡内基梅隆大学首次把自动驾驶车辆开上高速公路，也已经过去了52年。

所以，当有朝一日在现实中自动驾驶车辆真正随处可见时，我很肯定，这不仅仅是由于某一项技术取得了重大突破，而是历经几十年的系统更新和迭代，技术综合能力终于成熟了。

自动刹车制动系统蜕变为全自动驾驶系统，并不是简单的功能替换；自动驾驶也不是简单地对今天的车辆进行改良，而是需要对其所依托的全面互联的智慧城市基础设施进行升级。所有这些，都不是一朝一夕可以实现的。

毫无疑问，自动驾驶车辆的最终落地，将对许多产业的原有面貌和固有模式带来前所未有的冲击，并将引发与伦理、法律等有关的深层次问题，而《神圣车手》这个故事所描绘的对未来的畅想，为我们提供了探讨这些问题的未来场景。

现在，让我们从技术和非技术的角度出发，对自动驾驶展开更为深入的讨论。

## 自动驾驶

自动驾驶车辆，又称无人驾驶车辆，是一种不需要人类主动操作，在计算机的控制下就能够完成驾驶任务的车辆。

驾驶行为是一项复杂的系统工程，人类需要平均花费约45小时才能学会如何驾驶汽车。整个驾驶过程包括：感知（双眼观察、双耳监听）；导航规划（把实体环境与脑海中的路线或导航地图上的具体位置关联起来，研判如何从A地到达B地）；推理（预测路上行人及其他车辆驾驶员的意图和可能的行动）；决策（根据实际情况，按照交通规则决定采取何种驾驶行为，比如驾驶员在被提示超速之后做出立即减速的决定）；车辆控制（把人脑的意图准确落实在转动方向盘、踩刹车等肢体行为上）。

自动驾驶利用AI代替人类驾驶车辆，所依靠的是神经网络而非人类大脑，负责执行的是机械硬件而非人类的手和脚。

例如，AI的感知，需要通过摄像头、激光雷达和其他传感器来了解和掌握周围环境的状况；AI的导航规划，是将三维道路上的点与高精度地图上的点一一关联，进而完成路线规划；AI的推理，需要借助算法来预测行人、车辆的意图和行动；AI的决策，诸如车辆在监测到有障碍物时应该做什么，以及在障碍物被移开后又应该怎么做等，则是依赖于专家制定规则或统计估算来进行。

自动驾驶的发展，从最初需要依靠人类驾驶员的辅助一步步走向成熟，直至最终实现完全无人驾驶。

国际自动机工程师学会（SAE International）根据AI参与驾驶的程度，将自动驾驶从L0到L5一共划分为六个等级（Level），具体如下。

L0（“无自动化”的人工驾驶）：人类驾驶员承担所有的驾驶任务，AI会观测道路并在必要时提醒驾驶员。

L1（“人类不能放手”的辅助驾驶）：在人类驾驶员的允许下，AI可以完成特定的驾驶操作，如转向。

L2（“人类放手”的部分自动驾驶）：AI可以承担多项驾驶任务，如转向、刹车、加速，但人类驾驶员仍然需要监控驾驶环境，并在必要时接管车辆。

L3（“人类移开视线”的有条件自动驾驶）：AI可以承担大部分驾驶任务，但需要人类驾驶员在AI遇到无法处理的情况并发出请求时接管车辆（有一些人对L3持怀疑态度，认为人类驾驶员突然接管车辆会增加危险发生的可能性，而不是降低风险）。

L4（“人类放松大脑”的高度自动驾驶）：AI可以在整个行车过程中完全接管车辆，但前提是车辆处于AI能够完全理解其状况并处理其问题的环境中，如被高精度地图覆盖的城市路面或者高速公路。

L5（“不再需要方向盘”的完全自动驾驶）：无论车辆处于何种环境，都不再需要人类驾驶员参与驾驶操作。

更具象地说，我们可以把从L0到L3的自动驾驶想象成一辆新车的附加功能，相当于人类驾驶员多了一种AI工具，不过，它对未来交通变革的作用有限。

从L4开始，车辆开始拥有自己的“大脑”，这将对人类的交通产生革命性的深远影响。可以想象，在未来，L4自动驾驶巴士会按照固定路线往返运送乘客；L5自动驾驶出租车能够让乘客通过打车软件（如“滴滴出行”）进行呼叫，而且很快到位。

## 真正的自动驾驶什么时候才会出现

如今，从L0到L3的自动驾驶已经在商用车辆上落地使用。从2018年末开始，部分L4自动驾驶车辆也在一些城市的限定区域内进行了路测和试验。但是，从目前来看，L5自动驾驶（以及受限制较少的L4自动驾驶）依然遥不可及。

实现L5自动驾驶的主要难题之一，是AI系统需要针对大量的数据进行训练，而且这些数据必须来源于千变万化的真实驾驶场景。如此一来，所需场景的类别非常多、数据量级非常大、数据维度非常广，但是把路面上的一切物体在所有情况下的数据（如放置方式、移动方向等）全都收集到手，是相当不现实的。

当然，有一些方法可以用来处理部分具有"长尾"特征的状况。

比如，我们可以在不同场景中添加虚拟的正在追逐的孩童或缓步行进的老人，甚至突然窜出来的小狗等，借助合成模拟来扩大数据覆盖面及多样性，然后像《神圣车手》中恰马尔通过驾驶游戏练习车技一样，通过这些模拟场景来训练AI程序。

我们还可以为AI系统提前指定某些规则（比如车辆遇到四向停车标示路口时，行进次序为先到先行），不必让AI系统从数据中去重新学习交通规则。不过，这些解决方案不是万能的，合成数据的质量无法与真实数据的质量相比，而人为制定的规则也可能会出错或者相互矛盾。

实现L5自动驾驶的最大挑战在于，一个小小的错误就可能造成难以挽回的后果。如果淘宝的AI没能准确地推荐一款产品，也没什么大不了的；但如果自动驾驶系统出了错，就可能要付出宝贵的生命。

面对这些客观存在的挑战与难题，许多专家认为，实现L5自动驾驶至少还需要20年的时间。我认为，要加速这一进程，更有效的办法是大胆改造现有的城市道路及相关的基础设施。

在通常情况下，我们是在当前城市道路的基础上畅想L5自动驾驶的。但是，如果我们有可以嵌入传感器和无线通信设备的“增强版城市道路”，那么，道路是否就可以主动“告诉”车辆前方有危险，或者让车辆能“看到”其视野之外的路况？如果我们能把一座新城市的道路规划为两层——一层供车辆通行，一层供行人通行（以防车辆撞人），那么完全自动驾驶车辆的行车环境是否会截然不同？通过重建基础设施，我们可以通过尽量降低自动驾驶车辆附近有行人走动的可能性，从而大幅提升L5自动驾驶车辆的安全性，使其更早上路。

在升级后的增强版城市道路上，车辆的自动驾驶系统与真实环境的信息流能做到无缝通信，因此可以实时调度车辆，就像《神圣车手》里所描绘的，能够避开跑马拉松的人潮、飞驰的救护车等惊险场景。如果我们未来的城市道路构建了智能化交通网络，并且有与之相匹配的高性能自动驾驶车辆，L5自动驾驶时代就有可能更早到来。

需要说明的是，即便由AI驱动的L5自动驾驶更加成熟、安全了，也仍然有一些状况是AI无法完美处理的。例如，一起突发的爆炸事件摧毁了某条道路，未能实时更新的电子导航地图还在指示自动驾驶车辆继续前行，这时候，

*图6-1　今天的远端代驾，仍处于初级阶段*

*（图片来源：dreamstime/TPG）*

车辆该怎么办？或者，在地震等极端自然灾害发生的瞬间，自动驾驶车辆该何去何从？

在这些情况下，最好的解决方案是立即“召唤”一位专业的人类驾驶员来接管车辆。当然，把救兵跨时空瞬间移动到远处是不可能的，但如果我们把当前的交通场景“复制粘贴”到一个远程操作中心，人类驾驶员就可以在那里的独立“远程驾驶舱”中进行遥控操作。我们可以使用增强现实（AR）技术投射出车辆所处的环境（借助自动驾驶车辆上的摄像头来完成），并将这些远景画面发送到远程驾驶舱。接下来，人类驾驶员根据远景画面所采取的操作行为（如转动方向盘或踩油门），将被传送给自动驾驶系统，进而控制车辆。这就是故事《神圣车手》中恰马尔身处远程驾驶舱，却能驾驶真实车辆的实现过程。在这一过程中，要想通过最小延迟的方式远程传输高保真视频画面，需要占用大量的带宽，不过这在未来将不是问题。现在，5G网络已经开始展现这种潜力。按照10年一代的发展速度，到2030年，我们将进入6G网络时代，到那时，这种远程驾驶所要求的低延迟（low latency）将不再是门槛。

L5自动驾驶、增强版城市道路、传输AR视频连接远程操作中心的6G网络等将实现技术融合，预计在2030年前后便能开展实验性部署。我们预测，随着技术的迭代升级，L5自动驾驶将在2040年左右实现大范围的安全落地。不过，需要说明的是，做出这一预测需建立在与伦理道德和责任义务相关的问题已有解决方案的假设之上。在本章，我会对这些非技术难题展开详细讨论。

未来几年，从L0到L4的自动驾驶技术将逐步在愈发复杂的应用中落地，在这个过程中，AI系统将不断收集数据并进行改进，从而推动L5自动驾驶技术的成熟。

图6-2 中力的自动驾驶的叉车（AMR）可以在仓库或厂房里实现完全自主驾驶（图片来源：中力叉车）

图6-3 驭势科技的自动货运车在机场和客运码头之间完全使用无人驾驶运送行李[1]（图片来源：香港国际机场）

其实，最简单的自动驾驶技术已经应用于我们的生活之中。例如自动化

1 从2021年一季度开始，香港国际机场全部使用与驭势科技共同研发的无人驾驶拖车，在海天客运码头与香港国际机场之间往返运送旅客行李。

仓库机器人、自动叉车和自动导航车辆，它们大部分在室内作业，应用于特定的工业场景，而自动货运卡车、固定路线的自动驾驶摆渡车也已经陆续部署在矿山和机场。

除此之外，在一些可预测性较高的环境中，自动驾驶技术的能力已经优于人类驾驶员。目前，已经采用这种技术的车辆，有在高速公路上运行的自动驾驶卡车、按固定路线行驶的机场至酒店接驳车或自动驾驶公交车。

上面提及的每一种落地场景都将收集到更多的数据，用于改进AI算法、覆盖所有可能出现的算法路径，从而降低意外发生的概率，为未来L5自动驾驶时代的到来奠定更加坚实的基础。

## L5自动驾驶车辆将带来的影响

不难想象，L5自动驾驶车辆成功上路，将带来一场颠覆性的交通革命——随需应变的车辆将以更大的便利性、更低的成本和更高的安全性把乘客送到目的地。

我们可以设想以下场景。

你的日程表显示，你需要在一小时后出门去参加一个会议，那么你完全可以在手机软件上预约“滴滴出行”的自动驾驶出租车。

滴滴出行的AI算法会提前把自动驾驶车队派到预测将有搭车需求的人流附近。例如，在一场音乐会即将结束的时候，将车队派到音乐会现场附近。

智能调度系统会用算法求出使自动驾驶车队空载率最小化的最优解（兼顾了用户等车时间、车辆空载时间和充电补能时间）。没有了人类驾驶员，由AI管理的全自动驾驶车队将实现绝佳的利用率。

共享汽车实现自动驾驶，将省下大笔用于雇用人类驾驶员的资金，这将为消费者降低近75%的成本，从而进一步吸引消费者选择自动驾驶共享汽车出行，不必再自己买车。

人类驾驶员要成为一名熟练的老司机，可能需要积累1万小时的驾驶经验，但一辆自动驾驶车辆可能拥有1万亿小时的驾驶经验，因为它可以从每一辆车那里学习，而且永远不会忘记，也不会疲倦。所以，从长远来看，我们确实可以期待自动驾驶带来更高的安全性。

但在短期内，自动驾驶车辆如何才能合法上路呢？

只有在“比人类驾驶更安全”的大前提下，政府才会批准普及自动驾驶。如今全球每年有约135万人死于车祸，在中国就有近10万人。因此，任何自动驾驶技术都必须有理有据地证明它们至少和人类驾驶一样安全。当第一辆“比人类驾驶更安全”的自动驾驶车辆推出之后，AI将继续学习更多的数据，不断改进自己。10年后，预计因车祸身亡的人数有望大幅下降。

据统计，美国人平均每周要在开车这件事上花费8.5小时，而在未来的自动驾驶时代，人们将额外获得这8.5小时的宝贵时光：自动驾驶车辆的内饰会重新配置，人们在车内可以工作、通信、娱乐，甚至睡觉。由于许多日常出行是一人出行或两人出行，所以共享的自动驾驶车辆可以被设计成小型车。但即使是小型车也能配备舒适的躺椅，在冰箱里装好饮料零食，还有一块大屏幕，便于视频通话或娱乐。

AI的特点是它的良性循环：更多的数据带来更好的AI，更有效的自动化带来更高的效率，更频繁地使用带来更低的成本，更多的时间带来更高的生产力。这些将发展成一个相辅相成的良性循环，并加速推动自动驾驶技术更快地普及。

随着自动化程度与通信技术水平的提升，自动驾驶车辆将能迅速、准确、轻松地相互通信，例如，一辆爆胎的车辆可以告诉附近的车辆不要靠近；一辆正在超车的车辆可以将其行进轨迹精确地传递给附近的车辆，所以两辆车可以仅仅相距5厘米却不会造成任何刮擦；当乘客赶时间时，他所搭乘的车辆可以向其他车辆提供减速和让行的奖励（比如付给对方1元钱），争取让对方允许自己超车。

在这些出行变革的过程中，将创造由AI驾驶主导的新型交通基础设施，人类驾驶反而会变成路面上的安全隐患。几十年后，人类驾驶说不定会成为一种违规行为。也许从禁止在高速公路上驾驶车辆开始，最终人类将被法律禁止在所有公共道路上驾驶车辆，到那时，爱车人士可能不得不像马术爱好者一样，只有去私人娱乐区域或者赛车场，才能摸到方向盘。

在自动驾驶车辆及技术、共享用车服务越来越成熟的同时，买车的人会越来越少（这实际上减少了家庭开支）。未来的共享自动驾驶车辆可以全天候高效运行，不需要停车，而且车辆的总数也将显著减少，因此我们几乎不再需要停车场了。据统计，目前，车辆有95%的时间都闲置在停车场里，在这种情况下，很多停车场的存在，其实是对土地资源的一种很严重的浪费。总的来说，共享自动驾驶车辆所带来的这些变化，将减少交通拥堵，降低燃料消耗，改善空气污染，节约城市空间，使人们的生活和地球环境更为美好。

当然，在提高生产力的同时，人类社会的其他方面也将受到剧烈冲击。

首先，在自动驾驶时代，出租车、卡车、公共汽车和送货车等车辆的驾驶员在很大程度上会“怀才不遇”。目前，中国有数百万人以开出租车或卡车为生，有许多人在快递、物流等行业做兼职驾驶员，而从事这些工作的人都将逐渐被AI取代。

其次，还有一些传统职业也将因为自动驾驶而被颠覆。由于新一代汽车将由电子和软件驱动，不再完全依赖机械零件，从事汽车机械维修的员工将需要重新学习电子和软件方面的专业知识；加油站、停车场和汽车经销商会明显减少，与之相关的员工将被大幅缩编。

总之，许多人赖以养家糊口的工作模式将被彻底改变，其情形犹如当年人们的出行方式从乘坐马车演进到乘坐汽车时一样。

## 阻碍L5自动驾驶的非技术性难题

在自动驾驶普及的过程中，我们需要解决许多极具挑战性的非技术性难题，如伦理道德、责任义务以及大众舆论等。这是意料之中的，因为有超百万人的生命与此息息相关，更不用说自动驾驶将给各行各业带来改变，并影响数亿人的工作了。

在某些情况下，车辆可能也需要被迫做出痛苦的伦理抉择。最著名的伦理困境莫过于“电车难题”：一辆电车失控了，即将撞死A和B两人，作为驾驶员的你是否应该拉一下拉杆让失控的电车转换轨道，撞死另一条轨道上的C呢？如果你认为答案是显而易见的，那么如果C是个孩子呢？如果C是你的孩子呢？如果这辆车是你的车，而且C是你的孩子呢？

现在，如果人类驾驶员的行为导致车祸造成死亡，他们需要对司法程序做出回应，由司法程序判定他们是否行为得当，如果他们被判定行为不得当，那么后果可想而知。

但如果是AI导致了死亡的发生呢？AI自己能用可以被人类理解的、合理合法的理由来解释它的决策吗？要知道，“可解释的AI”是很难实现的，因为AI往往是通过数据训练出来的，AI的答案是一个复杂的数学方程组，需要高度简化后才能被人类理解。而且，有些AI的决策在人类看来其实是彻头彻尾的“昏招”（因为AI缺乏人类的常识），反过来说，有些人类的决策在AI看来也是“愚不可及”的（因为AI无法理解，为什么人类会做出酒后驾驶或疲劳驾驶这类害人害己的愚蠢行为）。

这里还涉及其他一些问题，包括自动驾驶为人们节省了数百万小时的开车时间，可是同时使数百万人类“职业驾驶员”的生计受到影响，在这两者之间，我们应该如何做好平衡？也许5年后，AI积累了数十亿公里的驾驶经验，自动驾驶的安全性有所提高，车祸导致的135万死亡人数由此可以减半，但在过渡期，AI可能会犯一些人类驾驶员不会犯的错误，这是可以被接受的吗？

这里，最根本的问题在于，我们是否应该让一台机器做出可能危害人类生命的决定？如果答案是绝对否定的，那么，也许我们应该彻底结束对自动驾驶的研究。

生命可贵。显然，每个身处自动驾驶领域的公司都必须谨慎行事。针对这个问题，目前有两种典型的做法。

其一，在推出自动驾驶产品之前保持谨小慎微，在绝对安全的环境中缓慢收集数据，以避免任何死亡事故。这是谷歌旗下的自动驾驶公司Waymo的做法。

其二，在只能说还算安全的情况下尽快推出自动驾驶产品，以扩大所收集的真实数据的规模——要知道，虽然这种做法在开始的时候可能会导致较多的死亡事故，但在未来，AI系统势必会挽救更多的生命。这是特斯拉的做法。

这两种做法哪一种更好？就算由两位非常理性的人来评价，他们也可能各持己见。

还有一个重要问题：如果车祸中有人死亡，谁来负责？是汽车制造商？是AI算法软件的供应商？是编写算法的工程师？还是在必要时接管车辆的人类驾驶员？

我们现在得不到明确的答案，但需要尽快明确。纵观历史，我们知道，只有明确责任归属，才能围绕责任归属建立新的行业规则。例如，信用卡公司应该对欺诈造成的损失负责，而非银行、商店或信用卡持有者；基于这个规则，信用卡公司得以向其他方收取费用，并将此类收入用于防止欺诈，从而成功地建立起信用卡的生态体系和商业模式。同理，自动驾驶时代即将来临，对于交通事故的责任归属，需要各相关机构尽快明确。

假设责任由AI算法软件的供应商承担，那么如果Waymo开发的软件导致了一场死亡事故，死者家属能向Waymo的母公司Alphabet（谷歌的母公司）提出多少金额的索赔要求？要知道后者的市值已经超过1万亿美元，在不排除有人漫天要价的前提下，问题会变得非常棘手。因此，我们一方面需要明确保护软件缺陷受害者权益的法律条款，另一方面需要确保技术进步不会因过度索赔而停滞不前。

最后，交通事故（恶性事故除外）如今很少会成为头条新闻，可是，当2018年Uber的自动驾驶车辆在美国凤凰城造成一名行人死亡后，这起事故在几天之内就迅速成为全球各大媒体的头版头条新闻。不否认Uber的自动驾驶系统可能存在问题，但是，如果媒体对未来的每一起由自动驾驶导致的死亡事故都大肆报道，则可能对新技术造成极大的舆论压力。另外，如果媒体对每一起由自动驾驶导致的死亡事故的报道都使用谴责性的标题，那么可能会在短期内彻底摧毁公众对自动驾驶产业的信心，即使在长远的未来，自动驾驶有望拯救上百万人的生命。

事实上，上面这些问题都有可能引起公众的恐慌，促使政府对新技术加强监管，或者使政府推行新技术的策略趋于保守，并且有可能推迟我之前所预测的自动驾驶落地的时间表。

上述关于职业淘汰、伦理道德、法律问责、公众舆论等方面的议题，都是合情合理的难题。我认为，我们需要提高认识，鼓励有关各方进行充分讨论，并尽快就这些难题制定可行的解决方案。只有这样，在自动驾驶技术成熟的那一天，我们才能在非技术的各个层面做好准备，迎接它的到来。

我们需要不畏繁难，带着迫切感去解决这些问题。因为就像在《神圣车手》故事的结尾恰马尔所体悟到的那样，从长远来看，L5自动驾驶将在方方面面给人类带来巨大的益处。对于这一点，我深信不疑。

# 07

# 人类刹车计划

全新的颠覆式技术既可以成为人类的普罗米修斯之火，也可以沦为人类的潘多拉之盒。结果如何，完全取决于人如何运用这些技术。策划“人类刹车计划”的恶魔是一名欧洲计算机科学家。他在经历了一场与气候变化有关的家庭悲剧后，精神失常，开始利用量子计算、自动武器等突破性技术作恶，对人类进行史无前例的疯狂报复。

在本章的解读部分，我将说明量子计算背后的原理，以及这项前所未有的前沿技术将如何彻底地颠覆AI和计算。我还会探讨由AI赋能的自动武器的话题，希望能借此帮助读者意识到它的危险性，并充分认识到它甚至可能是AI给人类社会带来的终极威胁。

不需要人工智能来摧毁我们，我们自己的傲慢就可以。

——电影《机械姬》

万物相互关联，网络无比神圣。

——马克·奥勒留

**冰岛**

**凯夫拉维克**

**当地时间　2042年9月2日21:38**

冰岛的夏夜如同一场怪异的长梦，苍白、明亮、冰冷，像是溺死之人的腹部。

在这座距离雷克雅未克40公里的卫星城里，有着欧洲最为坚固且环保的数据堡垒。这里通过洁净的地热供电，并借助极地的刺骨寒风冷却数以十万计的服务器，存储着许多欧洲巨头企业的数据资产。这些服务器经由12条高性能光纤主干线与北美洲和欧洲大陆相连，数据从这里传输到纽约只需要60毫秒。

这里的碳排放竟然能够接近零，在罗宾看来，这几乎就是神迹。

她正躲在法赫萨湾西南角滩涂上一艘倒扣的破废渔船里。渔船右舷被撕开一个大口子，如同开膛破肚的巨鲸，几根碗口粗的黑色线缆从那个口子伸进船体，在一片幽暗中闪烁着蓝白色的眩光。

这是罗宾和她的伙伴们的秘密基地。锈迹斑斑的船壳下，是全世界所有黑客都梦寐以求的顶级装备。他们在这里花了六个月时间，“借用”当地廉价的资源：地热电力、冷空气、数据中心的冗余量子算力，只为了见证今晚的另一场神迹。

“我等不及了……你说这‘中本聪[1]的宝藏’里究竟有多少比特币？”负责硬件的威尔摩拳擦掌，嘴角喷着白色热气，躲在厚实的防寒服里活像一头棕熊。

“保守估算，不低于2600亿美元，也许能有5000亿美元。”16岁的算法神童李冷静地检查着各个屏幕上的曲线与代码，他要保证这台复杂的鲁布·哥德堡机器万无一失。

“别太上头了，兄弟们，”罗宾的黑色唇钉上下抖动，“这不光是为了钱，也是为了荣耀。”

在黑客世界的江湖传闻里，真正的中本聪，无论真身姓甚名谁，20年前早就死在了关塔那摩的牢房里。他留下了最早开采的100万枚比特币，藏在某个还是采用P2PK（Pay to Public Key）地址的数字钱包里。这给后来的淘金者留下了可乘之机。P2PK地址之所以被历史抛弃，就是因为它会在每次发起交易时泄露公钥。从理论上来说，利用彼得·肖尔（Peter Shor）在1994年发明的算法，能够通过解决“椭圆曲线离散对数问题”，用16位公钥来破解私钥，从而伪造数字签名，将该地址下的资产悉数占为己有。

但前提是窃贼拥有足够强大的算力。

在量子计算机发明之前，这样的事情更像是神话。即便动用全球速度最快的超级计算机，想要用公钥破解私钥，大概需要$6.5 \times 10^{17}$年之久，相当于我们身处宇宙剩余寿命的5000万倍。这是人类大脑无法理解的时间尺度。

当罗宾第一次领悟到这两者之间的巨大鸿沟时，她感到一阵寒意。似

1 中本聪（Satoshi Nakamoto）是比特币的发明者。

乎造物主有意通过制造超越人脑认知极限的事物，来昭示人类文明的微不足道。那时，她还是年仅16岁的哈萨克斯坦天才黑客乌米特·埃尔巴基扬，以破坏秩序、劫富济贫为乐。直到某一天她收到一封邮件，里面有对她家里每一个人的跟踪视频，威胁她如果不为他们——臭名昭著的温奇圭拉集团工作，便再也见不到家人。从那一天起，她抹去了自己所有的身份信息与数字痕迹，给自己取了代号“罗宾”[1]。

主屏幕上的绿色进度条正在无限接近100%，距离揭示谜底的时刻越来越近了，船舱里的空气似乎也变得凝滞起来。铁锈味混合着难以清除的鱼腥味，让人呼吸困难。

“李，威尔，一切正常吧？”

罗宾扫视两人，李“嗯”了一声，威尔捶捶自己的胸口，表示一切尽在掌握。

有这样一批被称为“数码盗墓者”的人，他们会从数字时代的废墟中挖掘出旧日的“宝盒”，但自己并没有能力打开，或者害怕其中隐藏着可能带来杀身之祸的绝密信息。他们选择把宝盒在暗网上转手。暗网上的交易门槛很高，买家的资产需要经过重重验证，卖家也需要提供足够的线索以证明货物的潜在价值。

半年前，罗宾从丝绸之路XⅢ上的 一位老卖家手里高价买下这条信息。它被伪装在一件限量版的加密艺术品里，名字叫作*Does HAL dream of Encrypted Gold?*。只有真正熟悉比特币历史的人才能看出这个菲利普·K.迪克式标题中的秘密。

HAL指的并不是《2001：太空漫游》中的杀人机器，而是最早推出

1 在某一个版本的《蝙蝠侠》漫画里，罗宾会变成恶棍，死去，然后浴火重生，以残暴的手段向犯罪分子复仇。

数字货币的原型——RPoW系统[1]，从中本聪的钱包里收到第一笔比特币转账，又因为患上渐冻症（ALS）在2014年去世，选择将自己的身体冷冻在液氮中，等待未来复活的传奇人物——哈尔·芬尼（Hal Finney）。

这也是罗宾和她的伙伴们信心满满的原因。中本聪的钱包地址被发现过许多次，但那些都是令人失望的零钱包，真正的大鱼一直没有露脸。

也许就是今晚，就在这艘世界尽头的破渔船里，大鱼终于要浮出水面了。

进度条停在99.99%的位置上，所有人都屏住了呼吸。

“怎么回事？”罗宾焦躁地问。

“也许是显示延迟？我这边显示已经完成破解了……”李的手指在空中快速弹跳，敲击着虚拟键盘。

“快啊……快出来啊……”威尔压低嗓子念念有词，像是原始部落求雨的巫师。

正当三人的神经几近崩溃之时，一阵夸张的金币撞击音效响起。进度条隐没不见，取而代之的是一串代表账户信息的字符，如瀑布飞流直下，位数惊人的余额宣告这场豪赌的胜利。

欢呼声在狭小的空间里爆发。三人紧紧拥抱在一起，就连平日习惯以冷酷示人的罗宾也露出了笑脸，但坚冰融化的时间只维持了三秒。她停止庆祝，开始发号施令。

“转移余额！”

罗宾是对的。任由这笔巨额资产停留在不设防的P2PK地址，简直就是在坐等强盗上门。在草木皆兵的黑客世界里，你很难相信任何一个人、任何一台机器，甚至任何一个密码是绝对安全的。

---

1 即基于身份的全新共识“可重用工作证明”（Reusable Proofs-of-Work）系统。

李迅速提交交易申请，请求将旧地址中的比特币转移到更安全的账户。P2PK过长的地址和过大的事务文件，需要更长的交易处理时间，预计约10分钟。而在这段时间内，地址的公钥处于完全公开的脆弱状态。理论上，同样的事情可以发生第二次。唯一值得庆幸的是，算力如此强大的量子计算机还不存在，至少在他们所了解的世界里是如此。

威尔不耐烦地用手指敲打着船舱的钢板，发出冰雹撞击般的脆响。李目不转睛地看着屏幕，眼镜镜片上折射着蓝绿光芒。这个亚洲男孩有着与他的年龄完全不相符的冷静。

罗宾几乎要感谢上帝赐给她如此完美的组合，她加速的心跳稍微缓和下来，发干发紧的喉咙也湿润了一些。那个心愿再次闪过心头，现在她终于有了足够强大的力量，用这笔来自中本聪的遗产，去改变一些早就应该被改变的事情。

“罗宾！”李突然发出惊呼。相识这么久，这还是他第一次如此惊慌失措。

“什么？”罗宾扑到屏幕前，绿色数据如倒流的尼亚加拉大瀑布，“怎么会这样！”

“我们被劫持了……有人破解了私钥，正在把我们的钱转走！”

“浑蛋！强行切断线路吗？”威尔怒目而视，站到粗大的线缆旁，双手放在接口上，只等一声令下。

“来不及了……你没法快过光纤。可这需要超乎想象的算力，地球上按理还不存在这样的机器……”罗宾眼露绝望。在这短短的10分钟，她品尝了一次坐过山车的滋味。

所有的屏幕同时暗了下来，船舱里只剩下电流的滋滋声。

“完了。”李如木头人般僵在原地。

威尔一拳重重击在钢板上，发出空洞的回响。

罗宾魂不守舍地走出渔船，任凭极地寒风刀削般刮痛自己的脸颊。整个世界似乎都变得不那么真实，天空、云层、冰川、海水，仿佛被加上一层滤镜般反射着虚假的弧光。她心头泛起前所未有的恐惧。

罗宾想起一个人，一个敌人。也许，现在只有他能帮助自己找出答案。

**荷兰**

**海牙**

**当地时间　2042年9月9日15:59**

时钟跳到16点整，由欧洲打击网络犯罪中心（EC3）与阿特拉斯网络[1]联手的模拟反恐演习拉开大幕。

假想敌是一伙名为“杜维塔”的恐怖分子。他们控制了一艘海上游船，劫持了24名身绑炸弹的游客，要求巨额赎金以及释放关押在德国巴伐利亚州的首领。游船漂浮在距离席凡宁根海滩一公里外的北大西洋洋面上，因此任何试图接近的船只或无人机都会被发觉。

泽维尔·塞拉诺站在海滩边的瞭望台上，用望远镜观察远处闪闪发光的游船，它像一枚刀片插在碧海青天之间。他还是习惯用这种旧式工具，粗糙、笨重，但让人感觉安心。作为EC3的一名高级探员，这可算不上什么能博取晋升的资本。

他对于接下来会发生的事情如此清楚，以至于产生了某种挥之不去的厌倦。

所有的拯救方案都是由AI反恐系统在数秒内生成的，人类的作用只是做出选择。其实这种选择，只是在算法给出的成功概率与附带伤害程度之间进行权衡。

为了探清船舱内部人质与恐怖分子的位置，EC3的常规做法是侵入船

1　即ATLAS Network，由欧盟成员国及相关国家的特别干预组（Special Intervention Unit，SIU）组成，负责欧洲反恐事务的协同作战网络。

载智能终端，控制摄像头。然而“杜维塔”早就预料到这一招，把所有摄像头的连接都切断了。AI给出一个非常规的手段——通过侵入人质身上的电子植入物，比如电子义眼与电子耳蜗，建立起遥控的监视网。

在电子植入物如此普及的年代，独立的通信频段能够保证这些性命攸关的电子器官不受干扰以及享受超低延时，这也给了EC3一个绕过恐怖分子防线的缺口。于是，人质成了彼此独立的“耳朵”和“眼睛”，通过谨慎的协作，可以将船舱内的情况通过视觉信号传送出来。

与此同时，EC3派出新型水下滑翔机，搭载SIU队员，从20米深的水下靠近游船。水下滑翔机的身型与鼠海豚相仿，依靠智能装置精细调节进排水及重心，以控制姿态、方向与深度，能够模仿鱼类游走的路线，又加上不配备马达，在声呐系统的回波探测中很容易被误判为大型鱼类。

水下滑翔机和3名SIU队员从游船正下方浮起，搭载的战术无人机从海面起飞，瞬间击倒甲板上巡逻的5名恐怖分子。与此同时，SIU队员由船舷爬上甲板，根据投射到XR目镜上的3D透视图，确定船舱中恐怖分子与人质的相对位置，以避免误伤。3名恐怖分子已被锁定，在有效范围内智能子弹能自动修正轨道，追踪目标，做到真正的弹无虚发。

为了防范手持引爆器的男子触发炸弹，一名SIU队员需要冒着生命危险闯入船舱，用精确定向的电磁脉冲枪破坏引爆器的通信功能，这才算是真正解除了引信。

枪声响起，罪犯倒地，人质获救，大戏落幕。

泽维尔知道这次好莱坞式的演习更像是一场面向政客、媒体和纳税人的公关秀，告诉他们EC3和阿特拉斯网络存在的意义。但现实中并不存在如此理想的行动条件，更不用提在这一过程中，所有的数据都需要高度同步，任何大于20毫秒的延时都将导致行动失败和人质伤亡。

在AI面前，人类的反应模式几近透明。但倘若恐怖分子也引入AI作为对抗手段，局面的复杂程度将呈指数级上升。

但是，即便如此，泽维尔也只能面无表情地接受人们的掌声与祝贺。

3年前，他历尽艰难，从马德里来到海牙，成为EC3的一员，可不是为了作秀。他总会在午夜的噩梦中惊醒，露西娅蓝宝石般的眼睛在黑暗中闪闪发亮，提醒着他不要忘记这一切的初衷——找回被欧洲犯罪集团温奇圭拉拐卖的下落不明的妹妹。

每当追查线索功亏一篑时，这个花岗岩般坚强的男人就会感到心底一阵阵裂痛，仿佛自己背叛了对家人的承诺。

直到他锁定了一位外号为“罗宾”的黑客。据内线消息称，此人为温奇圭拉集团设计了一整套系统，用于交易信息的加密管理，能够巧妙地躲避警方的追踪。抓住罗宾，或许便能一举击破犯罪集团，进而找到妹妹的下落。

从卡兹别克山到里斯本，从撒丁岛到诺尔辰角，泽维尔与罗宾在整个欧洲大陆展开了一场猫捉老鼠般的追逃游戏。只是到最后，连他自己都分不清究竟谁是猫，谁是鼠。

两周前，泽维尔收到了一封落款“罗宾”的加密邮件。罗宾邮件里讲述了一件令人难以置信的事，她说她那富可敌国的钱包被某种不存在的量子科技所抢劫。“如果有人掌握了如此大能，你们可就有大麻烦了……帮我找出是谁。”这个看似挑衅的行为扰得他心神不宁。经过再三思量，他决定不把邮件上报，而是根据邮件中提供的线索，以秘密项目为由，拜托新加入EC3的波兰研究员卡西娅·科瓦尔斯基替他暗中调查。

对泽维尔颇有好感的卡西娅拿出一份AI生成的翔实报告，提供了当今所有量子计算研究机构及负责人名单，以供进一步探询。但从公开渠道披露的信息来看，这些机构目前的技术水平距离邮件中所描述的超级算力相差甚远。

泽维尔看着名单中一个相关性靠后的名字，脑海中闪过一则社会新闻。他指了指那个名字，侧身稍稍靠近卡西娅。

“这是谁？”

“马克·卢梭？你不知道他？那个可怜的天才物理学家……”

泽维尔摇摇头，眉头紧皱。

听完卡西娅（她让泽维尔叫自己KK）转述的悲剧之后，某种直觉驱使泽维尔做出决定，先从这位教授所供职的研究机构开始调查。为此，他需要去一趟慕尼黑。

人类总是容易被具有相似性的人或事物所吸引，而忽略了更大的图景。

此刻在地球的另一面，亚洲和澳大利亚的大部分地区正在经受罕见的高温干旱天气。长江枯水期提前两个月到来，创下160年来的最低水位；澳大利亚山火肆虐，预计死亡生物数量超过10亿只；中东反倒是暴雨如注，洪水挟带着泥沙摧毁了房屋与道路，昔日沙漠变成一片泽国。非洲的瘟疫、北美的火山、南亚的地震……地球似乎进入了某种极端的重启模式，想要把过载的数据一举清空。

在泽维尔眼中，这些与他所要追寻的真相毫不相干。

**德国**

**慕尼黑**

**当地时间　2042年9月11日10:02**

马克斯·普朗克研究所的外观，并不像泽维尔想象中那般有十足的高科技感，灰黄色的建筑线条简洁硬朗，是慕尼黑街头常见的包豪斯风格。经过大厅里陈列的普朗克铜像时，他驻足停留了一会儿，令他惊讶的是，墙上还悬挂着黑色的圣·芭芭拉像。这样一个天主教象征出现在这里，究竟意味着什么？泽维尔只能理解为科研人员对于坚持信念之人的崇敬。

工作人员带他上楼，穿过长长的走廊，找到那间小小的会议室，马克·卢梭已经坐在里面。

泽维尔从侧面了解到，量子计算中心并不在马克斯·普朗克研究所本部，而是在更偏远的城郊。因为需要专门的大型供电及冷却装置，所以整个中心都是高度定制化的建筑。他还打听到，自从那次意外之后，马克·卢梭变得离群索居，基本不参与中心的具体研究事务，逐渐成为一个名存实亡的边缘人员。

至于他私底下在忙什么，没有人能说清楚。

“卢梭博士，很高兴见到你。”泽维尔微笑着打了个招呼，在桌子对面坐下，打量着这个27岁时便拿下量子信息和凝聚态物理双博士学位的天才。

马克从杂乱的络腮胡下挤出一声含混不清的回应。即便以最不修边幅的在读博士生作为参照，他的整洁程度也远远低于平均值。皱巴巴的呢子衬衫上沾着颜色可疑的酱汁，长而油腻的头发胡乱地扎在脑后，眼中结满血丝，似乎已经很久没睡过一个好觉。

真是个人物。泽维尔心里暗暗下了结论。

“你有10分钟的时间。”马克·卢梭的声音像是水洗过的丹宁布，粗粝、苍白。

“好吧……我们遇到了一些难以解释的事情，想听听您的专业意见。”

泽维尔把柔性屏幕展开，推给对面的马克，目不转睛地观察着他的表情。3分钟过去了，那张木头刻成的脸上没有丝毫变化。

“你给我看这堆狗屎是什么意思？”马克冷冷地说道。

“它发生了，就在3周前，确信无疑。”

“我需要证据。你知道欧洲纳税人花了上千亿欧元，造了一座又一座的巨型对撞机，就是为了不让科学倒退回讨论针尖上能站几个天使的形而上学。”

“证据就是这个P2PK地址的私钥在10分钟内被破解了，价值1500亿美元的比特币不翼而飞。记录都在这里，精确到毫秒。”

“这不可能。”马克揉了揉眼睛，又看了看屏幕上的记录，加重了语气，“我可以花一个礼拜给你上数学课，但我不认为你能理解。

除非……”

“除非？”泽维尔眉头一扬。

“除非美国人掌握了我们不知道的新技术，能够将现有的量子算力从10万量子位（qubit）提升到100万量子位。可如果是那样的话，他们何必盯着这些古董钱包下手，按照他们的风格，应该开个新闻发布会昭告天下才对。”

泽维尔盯着马克略带讥讽的嘴角，他有种强烈的感觉，面前的这个男人在隐瞒着一些事情。他需要找到突破口。

“马克，我能叫你马克吗，你抽烟吗？”泽维尔明知故问。从马克指间的印迹上就能看出他是个老烟鬼。

马克接过烟，点燃，深吸了一口，缓缓吐出烟圈，整个人随之松弛下来。

“他们都说，如果欧洲还有一丝希望和中美争夺量子霸权，希望就在你的身上。所以你的研究领域究竟是什么？”

“他们是那么说的吗？这些骗子。”马克咧嘴一笑，眼中露出一丝得意，“你知道两片石墨烯旋转特定角度相叠能成为超导体吧？”

“所谓的魔法角度？”泽维尔不是很确定。

“正是。同样的事情也发生在量子领域，只不过更复杂，而且是三维的。受文小刚教授40年前的量子拓扑序工作的启发，我们也许能够在增加有限量子位的前提下，极大地提升算力。打个比方，为什么古埃及人要把金字塔修建成四面锥体，而不是别的形状？”

“我猜不是为了好看。”

“他们认为，这种形状能够最大限度地聚集宇宙能量，让里面的木乃伊起死回生。”

泽维尔耸了耸肩，他对神秘主义不感兴趣。

“古埃及人可能是对的。在某种程度上，拓扑形态确实能够影响能量或者信息的分布，甚至以人类想象不到的方式提升转化效率。我们做了一些实验，用AI寻找最有效的量子拓扑结构，有了初步的判断，但仅此而已，距离投入实际应用还很遥远。”

就像是提前知道了泽维尔的来访目的，马克直接告诉他答案。但这并没有打消泽维尔的疑虑，恰恰相反，他更加警觉起来。

“有一个问题，不知道该不该问，关于您的家人……”

“别，请别。”马克眯起双眼，目光冰冷，“那跟我们讨论的问题毫无关系。”

会议室里陷入了短暂的沉默。泽维尔没有想到马克的反应如此直接，也截断了他的后路。没有人会残忍到去揭开另一个人苦心隐藏的伤疤，至少在眼下，在这个文明社会的场景里不会。

泽维尔无奈地起身，马克依然坐着，抽着烟，像个胜利者。

一阵细微而急促的震动，在两人身上同时响起。

泽维尔点开smartstream界面，深红色的突发新闻。他扫了一眼，全身僵硬。

马克一动不动，眼睛望着窗外，轻轻吐出烟圈，似乎早已知晓一切。

袭击发生在两个时区之外，波斯湾的霍尔木兹海峡，全球1/3的石油在此中转。

从天而降的神秘无人机阵列如黑色蜂群涌入港口，精准打击整个石油运输系统中最关键的环节，油罐爆炸、管道泵破损、邮轮侧翻、港口瘫痪。如同天使吹响了末日号角，地狱之火蔓延到整个海湾，将燃烧数年，久久不息。驻守波斯湾的美军舰队尚未来得及反应，就发现自己已经陷身火海。

“很美，不是吗？”

泽维尔迷惘地抬起头。马克缓慢转头看着他，用梦幻般的腔调发出赞叹。

“就像一场盛大的烟火表演。”

**北海上空 — 阿姆斯特丹 — 海牙**

**当地时间　2042年9月15日午夜**

罗宾被客舱里的一阵惊呼吵醒，睡意蒙眬地将脸凑近舷窗，看到夜色中远远地有几道闪着红光的伤口，撕开更加漆黑的大陆。

她一下子醒了，意识到那正是三天前遭受过袭击的丹麦海峡。

事情的严重程度超出所有人的想象。

类似波斯湾的恐怖袭击事件正在全球7条主要的石油航线上轮番上演。每天从主要产油区送往世界各地的原油超过6000万桶，大部分都要通过狭窄的“咽喉”航道——包括霍尔木兹海峡、马六甲海峡、苏伊士运河、丹麦海峡、曼德海峡、土耳其海峡和巴拿马运河。

一旦运输原油的咽喉被扼住，就会像人体缺氧一样，随之而来的将是一连串的恶性连锁反应。供给不足。价格狂飙。市场恐慌。通货膨胀。抢购。交通瘫痪。物流及服务体系崩溃。金融体系崩溃。没有汽车。没有飞机。没有船只。没有塑料。没有替代性能源。区域性资源掠夺。暴乱。局部战争。全面战争。

在这个星球上，没有一样消费品或服务是独立于石油而存在的。新能源技术研发的投入太高、周期太长，短视的投资机构不断撤离这条赛道，技术突破姗姗来迟，拯救不了迫在眉睫的全面危机。

国际能源机构（IEA）要求成员留存至少90天的石油产量作为储备，以备不时之需。上一次动用储备是因为环太平洋板块异动，往前一次是“卡特里娜”飓风来袭，再往前一次是海湾战争。

这次人类可没那么幸运。那些闪烁着黑色光芒的关于石油文明的美好记忆，即将变成黏稠得无法摆脱的噩梦。一场系统性雪崩即将开始。

最令人难以置信的是，竟然没有任何一个恐怖组织宣称对此事负责。各国军方击落了一批“末日”无人机——这个耸人听闻的名字最初来自英国小报。在工程师成功破解其系统之前，它的自毁装置总能抢先一步启动，为此各国军方还搭上了几条性命。

这些无人机从哪里来？如何躲过防空警戒系统的？背后隐藏着怎样的目的？

无人知晓。

这也是为什么罗宾会搭上这班航班前往海牙的原因。

泽维尔传来加密信息，他们虏获了一台未自毁的无人机。回溯无人机控制系统被激活的初始时间戳，正是罗宾遭遇比特币失窃的那一天。他们需要最顶尖的黑客高手进行破解，这样精细的活儿没办法通过远程操控机器人来完成。同时，在缺乏实质性证据的情况下，如何合法扣押嫌疑人马克·卢梭，也需要罗宾以黑客的方式提供帮助。

“我们需要你。你是第一个，也是唯一一个和那股力量交手过的人。”信息里这么写道，罗宾十分怀疑那次遭遇能不能被称为“交手”。

对于这一鲁莽决定，威尔和李都投了反对票。他们知道泽维尔已经追查他们好几年了。这或许是一个圈套，利用罗宾想要追回失窃比特币的心理，一举多得地将她抓捕归案。但对于罗宾来说，她有自己的秘密。经过一番纠结，在得到EC3的特赦承诺后，她决定只身赴约。

“有时候，为了赢，你必须先输。”罗宾说出了一句她自己并不相信的话。这是她奶奶从小就一直在她耳边絮叨的哈萨克斯坦格言。

她了解这个男人，超过这世上的任何一个人，甚至包括泽维尔自己。为了研究对手，她将泽维尔以往洒落在互联网海洋里的每一块碎片都拼凑起来。这些信息如此琐碎而全面，在AI的帮助下整合成一个全息数据模型，从而可以推算出人类真实的情绪与行为反应。这套算法原本是用于反恐的，却被罗宾“借用”来对付反恐人员。甚至在她的优化下，准确率提升了几个百分点。

罗宾对泽维尔了解得越多，越是萌发出某种斯德哥尔摩综合征式的心理。就像在蛛网中心挣扎的飞虫，竟然对蜘蛛产生了同情心一样。

她知道泽维尔是为了找回自己的妹妹。她也知道，这么多年过去了，露西娅凶多吉少，等待泽维尔的多半是噩耗。罗宾见过那些被贩卖女孩的境遇，如果这世上真有地狱，其惨状大概也不过如此。她可以安慰自己，这是为了他好，但这并不能消减几分自己的负罪感。

原因很简单。帮助温奇圭拉集团一次又一次逃脱EC3追捕的，正是罗宾为了赎回自由身而设计的一套数据系统。这套系统可以加密、隐藏、销毁犯罪的踪迹，无论是贩卖人口、网络虐童、信息盗窃还是金融诈骗，都能像冰溶于水中一样，消失得无影无形。它也是解除罗宾家人所受死亡威胁的筹码。倘若她帮了泽维尔，无疑是向温奇圭拉集团公开宣战，更是违背了黑客世界的契约精神。她余下的人生注定只能在无尽的逃亡中度过，结局多半是惨死在某个汽车旅馆肮脏不堪的浴室里。更不用说她的家人。

一阵猛烈颠簸后，飞机在阿姆斯特丹的史基浦机场着陆。

没有时间后悔了。罗宾想着，走进机舱外的黑夜里。

那个男人像个影子般站在到达出口，手里举着牌子，似乎已经等候了一个世纪。两人眼神交接的瞬间，罗宾从泽维尔那张脸上读出了几分惊讶，为她的性别、年龄或者美貌，也许三者皆有。

防弹无人车在午夜驶向海牙。两人一前一后，一路沉默。

罗宾知道泽维尔有着满腹的疑问，知道他迫不及待地想要得知妹妹的下落，但他并没有开口。这种超人的忍耐力，让她不由地生出几分赞赏之心。她将注意力转回到眼前的屏幕上，上面显示着EC3搜集到的关于末日无人机的资料。

武器和动力系统看起来都很正常。飞行控制系统由内置的智能程序驱动，通过数枚高性能深度摄像头识别环境及目标，反算出最优的飞行轨迹。机群之间能够实时进行高频数据同步，以协调彼此的位置与姿态，避免撞机。最为精巧的是反干扰加密系统，能够有效对抗目前最新一代CRPC[1]

1 即认知无线电协议破解（Cognitive Radio Protocol Cracking）。

技术，使其几乎不可能做到预警，更不用说进行精准识别和打击了。

这种手法让她想起传奇黑客布林克先生（Mr. Blink），据说他一手导演了入侵NASA控制中心事件。但他早在多年前就已退隐江湖，或者死于非命了。事情变得越来越有趣了。

“到酒店你先好好休息一下，明天上午9点我来接你。”泽维尔终于开口了，不带一点情绪。

“现在就去。”罗宾头也不抬。

“什么？”

“去看你们抓到的东西，我不是来度假的，每一分钟都至关重要。”罗宾冷冷地看着泽维尔。泽维尔挑了挑眉毛，向车子发出指令。

20分钟后，两人已经置身于EC3密级最高的实验室“瓦肯7”里。之所以叫这个名字，是因为这里的每一个人都像电影《星际迷航》里的瓦肯星人一样，高度崇尚理性与逻辑。一切缺乏证据的猜测都会被嗤之以鼻，被斥为科幻小说般的狂想。

灯光感应到人体运动，自动闪烁亮起。那台炭黑色的机械生物，就躺在钛合金工作台上，接满各种颜色的线缆。看上去如此小巧而脆弱，难以将它与整个世界的混乱联系起来。

罗宾径直走到中心控制台，像上级般要求泽维尔调出所有的测试日志。泽维尔不情愿地照办。罗宾用手势快速翻阅，数据令人眼花缭乱地打开、收拢。过了不知道多久，她突然停止了动作，像是手势凝固在最后一个休止符处的指挥家，等待着掌声响起。

“发现了什么？”泽维尔小心地打破静默。

“它已经死了。我们需要活的。”罗宾宣布。

“我不明白。”

“只有当它处于执行任务模式时，我们才有一丝机会穿透它的反干扰系统，进入内部改写程序。这难度，就像是朝一辆时速500公里的法拉利F1车窗缝里扔扑克牌。”罗宾微微一笑，脸色惨白。

泽维尔跌坐回椅子，看来这个漫长的夜晚才刚刚开始。

**荷兰**

**席凡宁根**

**当地时间 2042年9月16日14:31**

距离海牙只有5公里远的席凡宁根是荷兰人引以为豪的度假胜地，有着长达11公里干净细腻的优质海滩。天气好的时候，粉蓝色的天空中飘着朵朵镶着金边的白云，海天之间点缀着各色帆板与风筝，活像是从霍贝玛的某幅油画里截下来的风景。

谁也不会想到，就在这里，隐藏着EC3等级最高的一间安全屋。此刻，在这间装修得像“宜家”产品体验馆的屋子里，住着一名特殊的房客。马克·卢梭形容枯槁。的确，他已经好几天没睡过好觉了。

“你真的不想尝尝吗？”泽维尔把一盒散发着浓烈腥味的生鲱鱼放在桌上。鱼块上插着带荷兰国旗的牙签，生怕游客不知道这是本地特产。

“我要见律师，这是非法拘禁……”马克声音低沉沙哑，却带有某种威慑力。

“不。根据欧盟的特殊证人保护条款，我们有权力这么做。”泽维尔几分得意地凑近马克，提高嗓音，“而且，只要黑客组织对你的暗杀令不取消，我们就可以让你在这间可爱的小屋里永远待下去。听明白了吗，马克？”

马克愤怒地试图抓住眼前的男人，智能拘束衣及时阻止了他。关节部位的材料通电变硬，在数毫秒内便由家居服变为枷锁。马克重重地砸在桌子上，双臂摊开，脸紧贴着桌面，只剩下一对充血的眼睛可以自由转动。

“你们……什么也没发现，我说得没错吧……”马克艰难地吐着粗气，又像是在笑。

泽维尔没有回答。他走了一步险棋。利用马克来吸引罗宾，又利用罗宾来牵制马克。以伪造黑客发布暗杀令为由“保护”马克·卢梭固然有效，但也不可能无限期地拖延下去。一旦有确凿证据证明马克与恐怖袭击有关，所有大国的安全机构都会抢着要人。这事难免会超出他小小的权力范围。但倘若证明不了，恐怕就连这点权力都会化为乌有。

从目前搜集到的多达2TB的相关材料来看，确实什么也证明不了。驱动泽维尔豪赌一把的是直觉，人类的直觉。他从马克眼中读出某种恨意，那种程度的恨意可以驱使人干出一切疯狂的事情。泽维尔也失去过亲人，他能理解那种感受。AI暂时还做不到。

留给泽维尔揭开谜底的时间不多了。他决定孤注一掷，发起最后的进攻。

“马克，你让我没有选择。我知道是你。AI审问系统能通过一根表情肌的颤抖，通过一次不自然的停顿，戳穿你的伪装。我不得不采用一些非常手段，来让你记起一些你不愿意记得的事情。有些事情，机器确实比人类更擅长。”

“你想吓唬我？”

“抱歉的是，这是真的。之所以现在才拿出来，不过是因为它处于争议中。有好几个嫌疑人都落下了不可逆的精神损伤。申请使用这些手段需要填很多无聊的表格，浪费了我好几天的工夫。”

泽维尔没有说谎。这种被称为“噩梦之旅”的AI审讯技术，通过非侵入式的神经电磁干扰大脑边缘系统，诱发受审者最为恐惧及痛苦的身心体验。其效果往往表现为创伤性记忆回放，这种回放比任何设计最精妙的XR体验都更具真实感。它像一场噩梦，将放大所有的情绪反应，直到理性被完全摧毁。

据说，发明者最初的目的是发明一种能够替代精神药物，为人类带来终极快乐的技术。遗憾的是，他找到的只是通往反方向的大门。

噩梦之旅将给受审人留下长久的心理创伤，甚至导致其自杀。出于人道主义考虑，EC3内部一直有废除这项技术的呼声，但极端恐怖主义在欧洲的抬头，又给了这一酷刑一线生机。

技术人员带着设备进入房间，开始往马克头上装。那机器像是由金属与线缆拼接而成的章鱼。

“等等……别这样……”马克听起来没有之前那么坚定了。

“也许，你很快就能见到久违的家人了。只可惜是以一种不那么愉快的方式。”

话刚出口，泽维尔心底便对自己横生厌恶。他不知道是什么时候变成这样的，打着正义的旗号，为了达到目的不惜利用人性的弱点，却借口一切都是为了找到妹妹露西娅。

“等等！如果我告诉你，下一波袭击在哪儿出现呢？”

泽维尔抬起手，技术人员动作暂缓。

几分钟后，泽维尔拿到了一份潦草地写着时间和地点的清单，脸色愈发凝重。他往外走着，尝试接通与罗宾的加密信道。

“我知道的都告诉你了，快把我放了！”马克大喊，近乎哀求。

泽维尔像是想起了什么，停下脚步，又摆了摆手。技术人员接到指令，继续把那具机械章鱼安到马克的脑袋上。

“你这个浑蛋！你会后悔的！你什么也改变不了……”马克双目圆睁，奋力挣扎，脖子和额角血管暴起。

“抱歉……”泽维尔轻轻说了一句，离开了安全屋。

噩梦之旅在启动时发出轻微的嗡鸣声，如同旧式冰箱使用的制冷压缩机。马克·卢梭眼前闪过一线绿光，他拼尽最后的力气试图挣脱，但整个身体却在瞬间凝固了，像是有什么东西如冰锥一样扎进了他的大脑，开始缓缓转动。

他的双眼充满了泪水，却再也无法闭上。

**比利时**

**布鲁塞尔**

**当地时间　2042年9月17日7:51**

NEO Ⅱ国际会议中心紧邻博杜安国王体育场、原子球塔及布鲁塞尔博览园，像一块掩藏于绿色植被中的水晶，在晨曦下闪烁着光彩。

在这里举办的第25届全球科技创新大会（G-STIC），正迎来第三天的高潮。来自全球各地的科技精英、投资人、商业领袖、政治明星及文化名人齐聚一堂，挤满了可容纳5000人的两个大会议厅。为中心配套的全景酒店里的250间客房也早被VIP们预订一空。

今天的气氛却有点不一样。阿特拉斯网络的无人防暴车包围了整片区域。身穿黑色作战装甲的SIU队员部署在各个重要的动线节点，构造出直径半公里的火力圈，将重要建筑纳入其中。这并不是因为原本要在会议上发表重要演讲的雷·辛格。他创立的科技企业IndraCorp总市值已超过万亿美元，近年来为打造海洋城市不遗余力，却遭到了极端环保主义分子的多次攻击。

SIU队员抬头仰望天空，试图用增强目镜捕捉异常情况。可除了荫翳的云层，一无所获。

泽维尔和罗宾坐在其中一辆车里，死盯着空域监控数据。根据马克给出的情报，10分钟后会有一波袭击抵达这里。

AI反恐系统根据之前的袭击模式进行分析后得出结论：发生恐怖袭击的概率接近零。很明显，这里只是一个旅游景点，既没有能源基地，又不是转运枢纽。各国大部分军警力量都被调派到重要能源基础设施附近，这才是符合数据分析的结论和逻辑的做法。泽维尔花了不少力气才说服了EC3和阿特拉斯网络的上级，为此他也赌上了自己的前途。

“也许他只是在放烟幕弹。”罗宾喝了口咖啡，眉头一皱，“除了注册在案的飞行器之外，什么也没有。”

“不，他说的是实话。他对往事有某种病态的恐惧，这是他唯一的软肋。”

“可他为什么要毁掉自己的计划？”

泽维尔想起离开安全屋时马克说的话，摇摇头：“也许，他自大到认为我们即使提前知道，也无计可施。”

罗宾耸耸肩：“看起来他的自大迟到了。”

一个通话请求进来了。是负责外场的行动指挥官多姆。声音里透着不安：“有什么东西从西边过来了，像是云，又像是鸟群……”

“可这上面什么都没有。”罗宾指了指屏幕，“不，等等！”

她调出界面参数快速点选，屏幕突然一变，一团红光闪烁的密集光点正向他们快速逼近。

“它们模仿了鸟群的飞行模式，骗过了侦察系统！”

“见鬼！全体往火力圈西侧集中！执行阿尔法计划！”泽维尔下令，扭头望向罗宾，“你准备好了吗？这可不是在屏幕前敲敲代码。我们随时可能送命。”

“送命的事儿我干得不比你少。”罗宾轻蔑地一笑，戴上黑色头盔。

防暴车开动起来。车厢底部升起一辆轻便机车，泽维尔和罗宾一前一后骑坐其上。后车门掀起，远远能望见空中有不祥的黑色鸟群盘旋而至。它们如此灵活快速，笨拙的防暴车肯定追赶不上，只有靠机车。但这也意味着会把身体完全暴露在敌人的火力之下。

泽维尔扭动油门，机车引擎低声咆哮。罗宾抓紧扶手，机车喘着粗气倒退着跃出车厢，在地面弹跳了两下，溅起一片砂石，很快恢复了平衡，马上掉转方向朝无人机群追去。

罗宾举起双臂，借助手腕上的发射器，向无人机群发射集束电磁波。这种波强度大、精度高，但作用距离有限。就像她打过的比方，往疾驰的法拉利车窗缝里扔扑克牌。只有这样，才能够借助无人机切换通信协议的间隙，侵入其内部系统，通过逆向工程控制其行动。

与此同时，SIU队员在各自据点向无人机群开火，普通的干扰手段完全不起作用，只能靠强制火力来阻挡。奇怪的是，那些无人机并不还击，而且就算被交织的火力线绞成碎片，坠毁爆炸，后来者依然没有改变行进路线。

一时间，这片著名景区变成了战场，硝烟滚滚，爆炸声四起。

“再快点！”罗宾大喊，泽维尔一拧油门，机车如脱缰的野马咆哮着跃起，又重重跌下。

SIU队员只拦截一定飞行高度之上的无人机，故意放过一些低飞的敌机。这是对之前战术部署的精准执行，让泽维尔和罗宾能够侵入无人机操控系统，才是这次任务成功的关键。

“两点钟方向。”泽维尔话音未落，机车便朝那架低飞的无人机奔去。

它像是被击伤的鸟儿，身体摇晃，摇摇欲坠。罗宾举起双臂，朝它发射集束电磁波，寻找着任何侵入的机会。

“再近一点！”罗宾从机车后座起身，随着地形起伏猛烈颠簸，像是随时可能被摔下牛背的斗牛士。

泽维尔咒骂了一声。车子不断地跃过台阶和障碍物，追随着无人机的轨迹。*必须在它坠毁之前抓住它，否则就将前功尽弃。*

罗宾头盔上的防风镜显示屏有了反应，信号握手成功了。她快速发出一连串复杂的指令。它们就像被包进糖纸里的毒药，伪装成无人机之间的交换数据包，却能从内部夺取控制权。无人机的速度似乎有所减缓，像是听到了什么无声的召唤。

“还差一点点，别跟丢了！”

泽维尔双手紧握车把，大汗淋漓。无人机已经飞入了会议中心区域，这里的地形更加复杂。他不得不撞开休憩区的座椅，又跃上种着绿植的架空平台，像个特技演员玩着各种难度系数极高的动作。

“还有5秒！4，3……当心！”罗宾屏住呼吸。

无人机飞入了中庭，往下是深达六层楼的休憩平台与展览空间，以电动扶梯连接各层。讲究生态和谐的比利时人在每层都种上了树木，像是一座中空的地下花园。他们不得不做出选择，跟着无人机跃向半空，或者停下，听天由命。

“干！抓紧了！”泽维尔倒吸一口冷气。

机车撞破玻璃护栏，飞向半空。罗宾心跳失速，只能紧紧抱住泽维尔。泽维尔双手松开车把，任由机车随着惯性在空中旋转，跌落深谷，碎裂散开。而他通过语音指令同时启动双臂及后背的压缩空气喷嘴，迅速调整姿态，寻找可以缓冲的区域。他看到了一棵穿透地下三层楼的大树，几乎没有反应时间，只能抱着罗宾如炮弹般撞过去。在即将撞到树冠的瞬间，泽维尔掉转身体，用自己的背部作为第一受力点，再次全力启动喷嘴，将备用气囊中的压缩空气悉数喷出。

两人压断了许多细小枝条，重重摔在玻璃平台上，泽维尔发出一声痛苦的闷叫。

“你还好吧……”惊魂未定的罗宾从泽维尔身上爬下来。

“还活着。无人机……怎么样了？”

罗宾抬头四处寻找，眼中终于露出一丝欣喜。悬浮在他们头顶不远处有一架黑色无人机，看起来已经完全被罗宾所控制。泽维尔向她投来赞许的目光，正要开口说点什么，却被来自指挥官的信号打断。

“泽维尔，你们在哪！这些家伙究竟想干吗？”

视频信号传到泽维尔的smartstream上。在NEO Ⅱ 全景酒店的玻璃幕墙外，三架在炮火中幸存的无人机以等边三角阵列围绕楼体旋转上升，似乎是在对酒店进行逐层扫描。

“看起来像是在找什么东西……”罗宾皱紧眉头。

“你能让它们停下来吗，病毒传染什么的。”泽维尔指了指头顶悬浮的无人机。

“可以试试，但是需要时间。为什么不直接击落它们？”

“酒店里还有人……”

“什么？”

“一些顽固的房客……创新大会的VIP们认为警方只是小题大做，像以往一样。”

“这些白痴！”

罗宾不再说话，快速地在虚拟键盘上操作起来。她隐隐感到一丝不安。那些无人机究竟在寻找什么，又或者是，寻找谁？

那架被“策反”的无人机开始上升，试图追赶另外三位同伴，只有进入有效距离内才能够激活无人机之间的通信协议，罗宾设计的数据毒饵才能生效。

全景酒店高18层，呈长方形。顶层是景观最佳的总统套房，天气好的时候，从那里可以看到比利时五角形城区以及波光粼粼的塞纳河。如果此刻，某一位顶层套房的贵宾望向窗外，他会发现一个奇怪的黑点，像是玻璃上的污迹，却擦之不去。那个黑点正在缓缓平移，逐渐消失在视线边缘。这时，另一个黑点又从相反方向出现。

它们就像是三只轮流进行监视的眼睛，折射着不怀好意的冷光。

“再快点！”罗宾和泽维尔焦急万状，那一架受伤的无人机明显爬升动力不足。离顶楼还有五层，它需要再往上飞三层。

一阵轻微如泡沫破裂的声音从高空传来。直到玻璃碎片如雨点般落向地面，所有人才反应过来，无人机开火了。三架无人机优雅地跳着华尔兹，在总统套房巨幅落地窗外轻盈地点射，就像在与躲藏其中的猎物玩着游戏。

“开始传输数据包！”罗宾读着进度，眉头紧锁，“……完成！”

泽维尔一瘸一拐地站起身，仰望着高处发生的无声激战。现在，所有的无人机都不动了，像是在蓝天上写下的四个全休止符。

耳机中传来最新情报。罗宾看向泽维尔，眼露恐惧。她终于知道那三架无人机并非因为感染毒饵而停火，而是因为，它们已经完成了使命。

躲在总统套房里的雷·辛格成为末日黑名单上第一个被划掉的名字。

**荷兰**

**席凡宁根**

**当地时间　2042年9月16日15:00—21:00**

马克不知道自己在噩梦之旅中循环了多久，几分钟或者数十年，好像也没那么重要了。他终于明白了，这个程序的可怕之处并不在于任何感官上的模拟折磨，而是将被审讯者带回某个表层意识极力逃避的瞬间，并放大随之而来的种种情绪。

对他来说，那是无尽的悔恨。

5年前，马克带着妻子安娜、儿子吕克到北加州度假，躲避德国阴冷漫长的寒冬。他们驱车到重建的新天堂镇拜访马克的恩师保罗·范德格拉夫。两人多年未见，相谈甚欢。吕克缠着安娜要去普拉玛斯国家森林公园远足，于是她决定丢下醉心探讨物理问题的马克，独自带儿子开车进山。

“我们晚饭前就回来，希望在饭桌上不用再听到‘量子’这个词了。”安娜笑着离开。

马克对每一个字都记得如此清晰。这是安娜留下的最后一句话。

天色渐暗，安娜和吕克却没有回来。马克终于从学术讨论中回过神来。导师为他提出的量子拓扑态公式引入新的变换形式，让陷入死胡同的研究柳暗花明起来。他兴奋过头，完全忘记了时间的流逝。他拨打妻子的电话却没能接通。森林公园方向的天边出现一抹奇异的橘红色，像是晚霞，只是方向相反。那抹红光越来越亮，令人不安。

紧接着，所有人的smartstream此起彼伏地响起刺耳的警报声，那是山火来袭的紧急疏散通知。

马克慌乱地跳进保罗的手动挡福特老爷车，在逃难车流中逆向而行。

他拨打警方电话，希望通过卫星定位到妻子车辆的位置。电话被转接到AI服务，甜美的人工合成语音回答：按照加州数据隐私保护条例规定，无法为您提供车辆定位。马克愤怒地挂断电话，将油门踩到极限，再度违反了几条加州法律。

车子才开出去不到20公里便被州警拦下，说前方山火危险，私人车辆不得进入，马克几乎丧失理智要诉诸武力，还好过来一列消防车队，愿意捎上他进去寻找家人。

“这可是冬天！”马克发出不可思议的感叹。

“这可是加州。”消防员们笑笑，习以为常。

加州本来属于地中海气候，冬天应该温暖多雨，但是随着全球气候极端异常，冬天也变得高温干燥。加上大风助力，山火时常发生。23年前，旧天堂镇便是由于一场超级山火被彻底摧毁，1万多栋房屋被烧成灰烬，近100人遇难，大火覆盖范围超过3.6万公顷。

他们驶经一条橘红色的铁桥。桥下是清澈见底的河水，蜿蜒伸向远方。两岸山坡郁郁葱葱，那就是普拉玛斯国家森林公园。离桥不远处有一座发电站，标牌上写着“PG&E”[1]。

“这里还有电站？”马克发出疑问。

“给整个旧金山供电的，上次就是因为他们的旧电线短路……”年轻的消防员话说一半又咽回去，似乎触碰到什么秘密。

妻子的电话始终无法接通，马克心急如焚，不断催促司机。他终于看到了那辆熟悉的车子，停靠在路边，车内空空荡荡。他们一定是步行进森林了。在马克的恳求下，有两名消防员自愿陪他搜寻家人，但留给他们的时间不多了。

坡度每增加10度，山火蔓延速度便会翻倍，更不用说难以预测的大风，会为山火带来充足的氧气，还会随时改变其走向。风带着未燃尽的炭

1 即太平洋天然气和电力公司（Pacific Gas and Electric Company）。

火碎屑，以常人难以想象的速度点燃近处的植被。在极端条件下，山火速度能够达到80公里/小时，车辆有时都难以逃脱，更不用说步行者。

马克和两名消防员高声喊着安娜和吕克的名字，彼此拉开一段距离，对树林做极其有限的搜索。他们前方已经能看到烧成炭红色的天空，给森林勾勒上一圈金边，空气温度上升得很快，能闻到一股强烈的焦臭味。

“不能再往前走了，大火随时会扑过来。”两名消防员停下了脚步。

“我求求你们，他们一定就在附近，帮帮我……”马克几乎是在哀求。

“很抱歉……”消防员们摇摇头。

突然，马克听到了什么微弱的声响。是鸟叫，还是树枝折断的声音？他看着眼前这片幽深莫测的森林，声嘶力竭地呼唤妻儿的名字。这回，那声音更清晰了一些，是男孩的哭声。马克不顾一切地朝哭声的方向跑去，两名消防员在后面追赶。

风向骤变。一股熊熊热浪几乎要把他们掀翻在地，整座森林都在发光，红光迅速地朝他们包围过来，像是一头怪兽张开血盆大口，啃噬着这片土地上一切有生命的事物，发出令人心惊胆战的脆响。

在一块巨石底下，马克看到了两个模糊的身影，一个躺着，一个跪坐着。他几乎肯定那就是安娜和吕克，脸上露出欣慰的笑容。马克正想上前，却被两名消防员猛地一拽，三人一齐扑倒在地。

“你们他妈的干什么……”

还没等马克的咒骂声出口，一条狂暴火龙乘着风势从他原先站立之处扫过，地面悉数化成一片炭火，嗞嗞作响。巨石下的两个身影则完全被浓烟与烈火吞没，不见踪迹。

“不！安娜！吕克！坚持住，我来救你们……”

消防员把马克死死按在地上，任凭他死命挣扎，在地上扬起沙土。很快，喊叫变成了哀号，又变成了动物般低沉的呜咽，最后一点声音也发不出来了。他知道，仅存的一点希望已经远离自己。

马克是被消防员架出火场的。回到车上时，他整个人已经垮掉了。

大火足足烧了17天才被扑灭。

葬礼上，马克只能对着一捧烬土哭泣。他停掉所有工作，试图找出山火发生的真正原因。作为一名信奉理性之人，他不接受命运的不公对待，因此必须有人、机构或制度为此事负责。但所有的相关方都将意外归咎于大自然的极端气候。没有确凿证据，他所有的挥拳最后都只击中空气。

愤怒与自责如慢性毒药扭曲着他的心智，马克变成了一个憎恨人类的人。他坚信是人类的自大与贪婪酿成这一场悲剧，加速主义[1]的文明已经走到了尽头，安娜和吕克只不过是这条通往自毁道路上的牺牲品。而悲剧发生之前，他从导师处得到的顿悟则是通向复仇之路的路标。

在量子世界里，因果关系以违背人类直觉的方式存在。因与果相互缠绕，难分先后。

马克夜以继日地工作。他加入了暗网上的一些极端组织，许多令人难以置信的非法资源在此处可以自由交易，一个庞大的复仇计划慢慢成形。他发现自己致力突破的量子算力是其中最重要的一块拼图、硬通货、钥匙，于是就将自己的研究成果隐藏起来，逐渐淡出公众的视野。在大多数人看来，他不过是个沉湎于痛苦往事、自甘沉沦的可怜虫，却想不到背后有着惊天阴谋。

噩梦之旅一次又一次将马克抛回那个傍晚，让他反复品尝失去亲人的滋味。他甚至尝试着反向操控记忆，做出不一样的选择。如果他没有沉迷于与导师的争辩，而是陪着安娜和吕克去森林公园，是否一切就不会发生？如果他在被州警拦下时强行闯关，是否就能争取到把妻儿救出火场的关键时间？如果……有几次他目睹了妻子与儿子被烈火烧成焦炭的恐怖场景，尽管他知道这只是幻觉，却依然让他心智崩溃。

---

1 原指一种激进的政治与社会理论，其核心观点是主张通过加速与技术相关的某种社会进程以实现巨大的社会变革。

时空的分岔无穷无尽，指向完全不同的人生，就像多世界诠释（MWI）下的量子测量。但至少在这个时空中，在这一段人生中，他别无选择，只能承受。

漫无止境的酷刑结束了。当技术人员摘下马克头上的设备时，夜幕已经降临。他终于得以安心地闭上眼睛，不需要担心黑暗中会再浮现出那些令人撕心裂肺的记忆了。

马克·卢梭唯一的人性弱点已经消失，而地球上的杀戮才刚刚开始。

**丝绸之路XIII**

**加密聊天室【000137】**

**协调世界时（UTC）2042年9月17日20:51:34**

罗宾用她惯用的化身——奈良美智笔下带着死鱼眼和一脸嫌恶的古怪娃娃现身加密聊天室。她的搭档威尔此刻化身洛内·斯隆，那个长发红眼的星际流浪汉。李还没有出现，一般来说他是最守时的。

他们选择的虚拟环境是18世纪的约克地牢，阴暗潮冷，石头洞壁上有着幽幽的烛火，不时还有哀号声从地底深处传来，让人不寒而栗。那是正在遭受酷刑的犯人们。

罗宾：这里倒是很应景。

威尔：可不是吗。到处都在死人，这份末日名单越来越长了。媒体预测总死亡人数可能在1200—1500人之间。

罗宾：听起来还没有英国每天死在街头的酒鬼多。

威尔：可这些都是大人物，随便死掉哪个，都会引起全球性的震荡。

罗宾：找到模式了吗？

威尔：我们把遭受袭击的人物背景资料交给机器进行交叉分析，没有发现明晰的模式或相关性。这些人基本上来自所有行业，在各自领域都属于顶尖水平，影响力超群，也许就是这么简单？

罗宾：我不相信。先是袭击石油枢纽，然后是这些精英，这里面肯定藏着什么我们还没发现的线索。

威尔：障眼法？

罗宾：什么？

威尔：玩魔术的人都会这一手，你要把兔子变没，就得把观众的注意力吸引到帽子上。

罗宾：嗯哼……有意思。

威尔：你之前说通过无人机通信网络传播病毒效率太低，问我有没有办法突破硬件局限。我研究了一下，这个问题其实跟硬件关系不大，更像是传染病学。

罗宾：怎么讲？

威尔：当无人机群按原定模式协同飞行时，个体之间的通信频次其实相当之高，而一旦其中某个个体被病毒感染，改变其行为模式后，它与同伴之间的协同关系解耦，通信频次一下子掉到原先的1%。

罗宾：所以即便我们再怎么努力，也没法救出多少人。

威尔：关键还是找到无人机的源头。李这小子怎么回事？

说话间，一只白色狐狸溜进了聊天室，在两人眼皮底下变幻成了男孩，那正是照着李本人建模的数字化身。

威尔：你终于来了。

李：为了甩掉一些盯梢的老鼠，费了些工夫。

罗宾：泽维尔已经没有办法继续隐瞒马克·卢梭与这一切的关系了，除非他把自己包装成先知，能够预测尚未发生的袭击。我们只有几个小时的时间，希望在官僚机构走完移交手续之前，能找出所有可能攻破马克的线索。我必须和这个人当面对质。

威尔：听起来你还挺关心泽维尔的，别忘了这个男人可一直想逮到你，送你进大牢……

罗宾：闭嘴。李，有什么发现？

李：一些有趣的东西。

李双手在约克地牢的石壁上打开一片虚拟屏幕，开始播放一段卡通。这段卡通讲述了在一个高度区块链化与AI化的世界里，有组织犯罪活动如何以去中心化的方式在全球运行。所有的交易都是加密的，所有的制造和运输都是自动化的，犯罪主体与犯罪行为可以在时空上完全分离，只要设置好环环相扣的智能合约。武器可以由零部件自动组装投入使用，毒品可以在荒无人烟之地由机器人种植、收割、提纯、分包，由无人交通工具转运到社区，再由无人机进行投递，买家只需要在暗网上点选菜单。没有人类的介入，旧日黑帮电影里的背叛、泄密、卧底都将不复存在，即便被警方发现，每一个环节的模块化设计也能够最高效、最低损耗地得到替换。

李：在自动化恐怖主义的世界里，一个人就能毁灭全世界。

威尔：前提是这个人得足够有钱。

罗宾：哼，想想我们被抢的钱包。李，说重点。

李：我把过去5年丝绸之路上关于无人机技术的信息扒了一遍。虽然交易是加密的，但发布、浏览和讨论不是。我用语义分析程序把讨论内容按照相关性进行分组，发现其中有一组关注的内容非常可疑，包括自动化装配无人机、集群式飞行算法、加密抗干扰系统、超远航程能源模块等。把这些技术堆在一起，就是我们看到的末日无人机原型。这一组内容映射到的绝大部分是匿名用户和加密IP地址，但百密一疏，其中还是暴露了一个IP地址。通过它，我追溯到了那个用户的历史数据。他感兴趣的另外两样东西，猜猜看是什么？

威尔：你再卖关子我把你踢出去！

李：嘿，放松点儿，你这家伙！好吧，一样是从苏联核基地流出来的钚原料；另一样东西更可怕，他想知道如何利用一个死人的社交数据来重建一个能够理解自然语言、像真人一样交流的智能模型。

三个人都沉默了。远处传来似人非人的哀号，石壁上的烛火随之摇晃，像极了恐怖片中鬼怪现身前的氛围。

罗宾：他想造核弹毁掉全世界，我倒不意外。后面那个更有意思些。他想要造一个鬼魂？哼，也许这就是我们的机会。

威尔：你的意思是？

罗宾：李，我给你两个小时。

李：造一个鬼魂？

罗宾：试试造两个。

**布鲁塞尔—海牙—席凡宁根**

**THALYS Plus高速火车**

**当地时间　2042年9月18日00:32**

疲惫至极的泽维尔带上助眠眼罩，耳机中传出微弱的静噪，像是在数万英尺高空中飞翔，俯瞰着世间万物。

半梦半醒间，他看到远处有黑色烟雾升起，在空中变幻形状，像是鸟群，却在日光下折射着金属光泽。那是末日无人机群，从偏远的隐秘角落，一个被伪装成丘陵的无人工厂里，源源不断地被生产出来。它们以太阳能为“食物”，夜晚栖息在山野，程序驱动它们模仿鸟类的队形与飞行路线，躲避卫星与雷达的监测。集结成群时涌现出某种仿生智能，离散状态时又是忠贞不贰的杀人武器。比起鸟群来，它们更像是蜜蜂或者白蚁这类社会性动物。

无人机群如癌变般增殖，变成一团具有压迫感的庞然大物，朝着泽维尔吞噬过来。他躲闪不及，竟被卷入其中，成为其中的一分子，跟随这崭新的恐怖造物降落人间，展开计算精密的杀戮计划。

会议大厅、豪华客房、高尔夫球场、游轮、加长豪车、银行VIP室……这些充满了金钱味道与身份标签的场所，此刻竟然变得如此公平，一同迎接死神的降临。看着那些因恐惧而扭曲的面孔，智能子弹击穿他们的胸腔或头颅，血花盛大绽放。泽维尔领悟到，也许只有最残忍的事物才会对每个人一视同仁。

频密的死亡变得令人难以忍受。泽维尔背过身，想逃避这一切，却看到远处有一个小小的人影，像极了妹妹多年前的模样，仿佛时间从未流逝。

泽维尔拼尽全力，想要穿过无人机群，去抓住妹妹的手，让她回过脸来。那些黑色鸟儿疯狂地朝他扑来，撞击他的身体，如同一股罡风阻止他向前迈开半步。锋利的旋翼边缘在他身上划出一道道伤口，流出来的却不是血，而是黑而黏稠的石油。

妹妹的身影越来越远，眼看就要消失了。泽维尔大叫一声，惊醒过来，眼前却是罗宾关切的脸。

“噩梦？”

“嗯……”泽维尔神情恍惚，分不清自己身在何方。

“你梦里喊的露西娅，是你妹妹吧。”

泽维尔扭头望向车窗外的黑夜，心如刀绞。

“我记得她……她有一双很美的蓝眼睛。”罗宾淡淡说道。

“你见过她？”泽维尔猛地抓住罗宾的手。

罗宾把手抽出来。她当然见过露西娅。泽维尔午夜梦醒时凝视的老照片，四处散发的动态视频寻人启事，那双蓝宝石般的眼睛令人难忘。

她决定撒一个谎，出于无法解释的缘由。也许是同情，也许是愧疚，也许是觉得在这个糟糕的世界上，不应该再剥夺一个人最后的希望。

“露西娅很好。等这些破事儿都过去了，我帮你找到她。”

泽维尔的表情瞬间凝固，眼眶泛红，身体因为用力微微颤抖。他努力控制自己的情绪，却忍不住崩溃痛哭。

罗宾想要安慰这个男人，双手却悬在半空，不知该如何落下，像是遇见了生平从未触及过的技术难题。

一个小时后，两人来到席凡宁根的安全屋。

马克·卢梭像是完全变了一个人，端坐在黑暗中，像野兽或者精神失常的疯王，须发凌乱却目光炯炯。他在迎接罗宾与泽维尔的到来。

“死了多少人了？”马克毫不掩饰语气中的得意。

“你为什么在乎？”泽维尔反问。

“我不在乎，算法在乎。”

“算法？”罗宾瞪着马克，“是偷钱包的算法，还是杀人的算法？”

马克转向罗宾，露出怪异的微笑：“我很抱歉征用了你的财产，但那也并不属于你，不是吗？就当是买了赎罪券吧。”

“你才是需要赎罪的人！”泽维尔一拳砸在桌上。

“是的，我需要赎罪。你们俩，那些自以为是的加速主义者，全人类，我们都需要赎罪。时候到了。”

“等等，”罗宾捕捉到一个词，“你是说加速主义者，这就是你杀人的标准？”

“哈。你们的反恐AI只能看到被量化的人，打在他们身上的各种数据标签：年龄、收入、职位、种族、性取向、公司市值……却看不到更深层的联系。他们拥有共同的信念——相信不断加速的技术变革能够解决这世间的一切问题，哪怕会带来更大的问题。”

“比如？”泽维尔冷冷地看着马克。

“比如，我们总是寄望于用越来越强大的算力来暴力解决问题，却从来不关心GPT[1]会产生多少额外的碳排放。人类文明就像一辆开往悬崖边缘的车子，加速主义者不断踩油门，结果就是大规模自杀……”马克做出一个夸张的爆炸手势。

“你不会真的相信那些狗屎温室效应吧？”罗宾故意激怒他，“所以你用制造更多爆炸的方式来惩罚人类？听起来可不怎么环保呢。”

马克收了笑，往后一靠，斜睨着眼睛，轻声说：“你会看见的。”

泽维尔知道现在主动权不在自己手里，为了得到更多信息，只能攻击马克的软肋，他决定采用罗宾建议的方案。

“马克，安娜和吕克的事情我很遗憾……”

“别！”马克突然弹了起来，怒目而视，“不许你提他们的名字！”

“……你不能将一场意外归罪到全人类的头上……”

“谁说那是一场意外！”马克的情绪像火山喷发到达顶点，胸口猛烈起伏，“是该死的PG&E线路老化才引发了山火，但是没有人会承认。政府、公司、媒体甚至是公众……所有人都把责任推给自然，就好像人类不是自然的一部分，就好像我们只是气候异常的受害者，而不是始作俑者。太愚蠢了……”

泽维尔和罗宾对视了一眼，起身离开。

“马克，你需要时间冷静一下。我们一会儿回来。”

房间里又只剩下了孤独的暴君。马克·卢梭轻轻啜泣。灯光开始不规律地闪烁，马克抬起头，一脸迷惑。所有的灯光都熄灭了。

还没等他反应过来，黑暗中亮起两点幽幽的蓝火，由远及近，竟然像是两个飘在空中的人形，面容逐渐清晰，竟然是他死去的妻儿。

“安娜？吕克？真的是你们吗？”马克半张着嘴，脸被火光映成蓝色，分不清是惊还是喜，“……还只是他们给我用药后的幻觉？”

“不是什么量子幽灵，当然是我们。马克，你还是老样子。”确实是

1　即生成式预训练（Generative Pre-Training）。

安娜说话的口气和神态。

“爸爸……”男孩怯怯地叫了一声，像是做了什么错事，“……我好想你。”

“吕克！”马克试图起身去接近妻儿，却发现自己被拘束在椅子上，只能在有限范围内活动。他骂了一句，泪水不由自主地流下：“我也好想你们……要是当时我陪你们去就好了……”

“马克，别责怪自己。该发生的总会发生。我真的希望你能挺过来。”

“我很好，安娜。我们很快就会团聚了，很快。”

“爸爸，你为什么要杀死那些人？”吕克犹豫着提问。

“……因为他们正在毁掉整个地球。你不是最喜欢大自然和动物吗？我要把地球还给它本来的居民们。”

“可是……杀掉那些人就能阻止地球被毁掉吗？”

“吕克，我的儿子，那只是计划的一部分。等到名单上的最后一个人被杀掉，会触发最后一步……”

“能告诉我吗，我好想知道接下来会发生什么。”吕克哀求着父亲。

马克的神色突然变得警觉。此时在隔壁房间监控着一切的罗宾和泽维尔心跳到了嗓子眼。这两个根据安娜和吕克生前残留的网络数据重建起来的全息形象，能够让饱受折磨的马克心生幻觉吗？还是说，他早就看穿了一切，只是配合着演一出戏，以满足对妻儿的思念之情。

EC3同步的全球数据显示，末日无人机的杀人节奏正在放缓，这是否就是马克所说的名单。为了保护生命，警方不得不用反恐AI画了一个大圈，将所有与受害者有类似特征的对象都纳入保护范围。这种无限扩大化的策略必然导致警力资源的浪费。讽刺的是，许多名流纷纷要求警方的特殊照顾。他们坚信凭借自己的财富、名声及影响力，必然是无人机的下一个暗杀目标。

“吕克，还记得你来研究所玩时，我给你讲的故事吗？”马克眨眨眼。

“坏了，他起疑心了。”泽维尔嗓子发干。

“改变策略。”罗宾迅速敲击键盘，搜索马克斯·普朗克研究所的资料。

“爸爸，我记得普朗克的雕像，你说他是量子理论的开创者。当今世界所有量子技术的应用都源于他140年前提出的大胆假设。”吕克乖巧地回答。

“马克，也许现在不是上课的好时候……”安娜说。

“不！我跟你讲的是旁边的那尊雕像，圣·芭芭拉。她因为坚持对基督的信仰，被身为异教徒的父亲出卖并杀死。不管是普朗克还是圣·芭芭拉的故事，都与信念的力量有关。只有毫无保留地相信，我们才能够改变世界，创造未来。哪怕是听上去再荒诞不经的预言，都有可能成真。”

“爸爸……我不明白。”

“安娜，吕克，我爱你们，非常爱，但是，是时候道别了。”马克痛苦地闭上双眼，泪水从眼角淌下。他开始吟诵起奇怪的诗句：“……金色火焰从天而降，天生高贵者受突发事件打击，人类大屠杀，夺走当权者的外甥，绅士虽逃命但最终仍难免一死……”

“马克，这一切究竟是怎么回事？”安娜面露哀伤，怀抱着儿子吕克，神情同样惹人怜爱。

“别再试探我了，你们这些魔鬼！快从我眼前消失吧！”马克抬高音量，声音发颤，“我会在另一边见到我真正的……”

他牙关紧闭，狠命咬碎了一颗牙齿，释放出藏在其中的神经毒素。只用了10微秒，这些神经毒素便传递到控制呼吸与心跳的中枢神经。马克头一歪，倒在拘束椅上，不给急救人员任何抢救的机会。

安娜和吕克的幽灵渐渐飘远，遁入黑暗。

罗宾惊骇之余深感不解：“他早就看穿了，怎么还这么配合？”

泽维尔低声说：“也许他只是太想念家人了……最后那几句话什么意思？”

“诺查丹玛斯的《诸世纪》。”罗宾搜索着网络信息，“看来法国人有扮演先知的传统，听起来倒挺像现在正在发生的事情……”她突然想起了什么，李之前告诉她的另一件事，“等等！金色火焰从天而降？也许这就是我们要找的东西，算法的最后一个步骤……”

“什么？”

EC3的情报显示，全球的末日无人机都停止了攻击，开始全面撤退。

名单上的最后一个名字已经被划掉，那是发明算法之人自己。

**海牙/巴黎/拜科努尔/普列谢茨克/斯里哈里科塔岛/酒泉/西昌/种子岛/洛杉矶/佛罗里达……**

**协调世界时（UTC）2042年9月18日03:14:51**

借助EC3总部最高等级的加密信道，泽维尔得以从睡梦中叫醒身在巴黎的欧洲航天局（ESA）总部负责人埃里克·孔茨，经由他向全球各大航天器发射基地传去警告，内容只有一句话：

“停止一切发射。”

如果罗宾的推测是正确的，当无人机完成算法设定好的杀人任务之后，便会像电子游戏一样自动触发下一个关卡。根据李提供的线索，以及马克自杀前透露的信息，大概率有数量不详的核弹伪装成普通太空货物，被搭载到即将发射的商业火箭上，随时准备射向太空。

“为什么他不选择在地面直接引爆？”泽维尔抛出疑问。

“因为马克没有买到足够当量的原料。他并不是针对某个特定国家或地区，而是想要毁灭全人类。在高空爆炸形成的放射性尘埃就像慢性毒药，会随着大气运动遍布全球，谁也逃不掉……这才是真正的末日。”罗宾回答。

“可如果是这样，他为什么不一开始就这么做？”

“你说得对。”罗宾眉头紧锁，“为什么要先杀死一批人，然后再杀掉所有人……”

全球各大发射基地先后发来信息，他们确实发现了一些可疑的事情。多达11个商业发射项目临时将时间提前，丝毫不顾及轨道倾角、日照位置、观测条件所限定的发射窗口。在这些火箭上都找到了无法追溯源头的神秘货物，并且发射地点均匀散布在各个经度。罗宾的直觉是正确的。

有两个发射中心迟迟没有回音，分别是位于南美洲法属圭亚那中部的库鲁发射场，以及位于距肯尼亚福莫萨湾海岸5公里的海上圣马科发射场。工作人员与外界的通信信号被切断，当地军队正在奔赴现场的途中。

这种沉默令全世界窒息。

ESA、NASA、CNSA……各国航天管理部门已经无力决策，把烫手山芋交给了联合国。联合国秘书长与各国首脑紧急磋商，集结了各学科精英的特别顾问团抛出一个又一个解决方案，都被一一否决。看不见的定时炸弹正在某个角落嘀嗒倒数。

而在现实的另一个层面，威尔和李正在争分夺秒地侵入这两个发射中心的中控系统，这是黑客世界解决问题之道。

罗宾冥思苦想，一定有什么线索被遗漏掉了。马克不可能留下如此明显违背常理的错棋，他，或者算法，所走的每一步都有缘由。

“末日无人机并没有完成任务……”泽维尔翻看着EC3的最新报告。

“你说什么？”

“它们并没有杀掉所有名单上的人，我们成功救出了其中的274人，可是依然触发了下一步，除非……”泽维尔突然意识到了某种可能性，与罗宾交换眼神。

“除非那些人本来就不应该死……只是用来当作障眼法，和真正要杀的人混在一起！”

罗宾迅速调出最后一名被无人机杀死的受害者资料。大岛光，全球顶尖的信息安全科学家，23个持有重启DNS系统密钥的人之一。这是从2010年开始启动的跨国合作项目，以保障域名系统与互联网的安全。这验证了她的某种猜测。罗宾继续在死者名单里搜索，又发现了更多与网络技术高度相关的专家学者。

“……他的目标并不是加速主义者或者全人类，而是网络！”罗宾喊道。

“网络？”泽维尔不解。

“马克真正要杀死的人，是那些拥有重启网络能力的人。”

“重启……你的意思是，他想要关闭整个网络，可是这怎么可能？”

泽维尔的质疑并非没有道理。地球上有数亿个网络服务器，数百亿个具有网络功能的设备，更不用说太空中由数万枚通信卫星组成的星网，以及某些封闭性的政府与军方数据中心。高冗余性的设计让它无法被完全关闭，即便根服务器受袭，海底光缆被切断，只要备份系统能够联机接管，全球性网络的恢复只是时间问题。

“也许，他只是想为人类踩下刹车……”

罗宾想起在安全屋里，马克关于加速主义者踩着油门把人类文明开向悬崖的那段慷慨陈词。如果他真的信奉那套理论，这一切都说得通了。他并不想毁掉整个地球，杀死全人类。而只是想让人类社会回到信息革命之前，切断大规模的全球化协作，降低对环境的碳排放与污染，给大自然留出足够的自我恢复时间。

她快速输入一串指令，让AI模拟两枚核弹在不同高度爆炸后，随着时间的推移对全球网络可能产生的影响。屏幕里数字化地球的东西半球上空绽开两朵亮红色的光斑。时间标尺匀速变化，半透明光斑如癌变般不断扩大，在30分钟后便可遍布全球。蓝色行星将变成一颗闪烁着不祥血光的红星。

“这是什么？”泽维尔问。

“高空电磁脉冲。爆炸如果发生在平流层中部，释放出来的伽马射线会导致康普顿散射，撞击高层大气导致次生离子化，更多的高能自由电子被地球磁场加速，激发更强烈的电磁脉冲。”

“会怎么样？”

“电网过载崩溃，服务器、路由器、交换机、信号塔、所有电子设备烧毁。”

“可我们还有卫星对吧……”

“那时候，地面上已经没有能够接收并处理信号的基础设施了。如果是我，也许还会在物理攻击之外同时发动对数据链路层的通信协议攻击。这意味着，即便你能连上网，也无法完成身份验证，也就无法获取任何信息。”

泽维尔盯着罗宾，心想这真是一个货真价实的恐怖分子。他接通了EC3的紧急信道。

如果罗宾的推论成立，数以亿计的人将因此丧生，所有的系统——车辆交通控制、空中交通管制、导航和通信、医疗保障……都将陷入瘫痪。飞机坠毁、车辆失控、船舶撞击、金融交易系统崩溃……所有上市企业的亿万市值将化为乌有，连锁反应将导致所有行业的上下游企业陷入灭顶之灾。

特别顾问团进一步指出，随着网络和所有长途通信的消失，食品、药品、燃料和其他必需品的运输将无法协调。许多地区会出现动荡和恐慌，武装骚乱和抢劫在所难免。就算当地警察和军队尽全力维持秩序，但指挥和控制能力将受到通信手段的严重制约。他们将不得不依靠本地沟通和决策。

几周之内也许短波通信就能恢复，一些基本的社会秩序得以重建，但更大范围的人类沟通与协作将成为历史。网络系统何时能够恢复正常，需要几年或几十年，完全取决于那些掌握专业知识与技能的持灯人。

可代表希望的灯火已经提前熄灭了，世界将陷入漫漫长夜。

* * *

威尔和李终于侵入库鲁发射场与圣马科发射场的中控系统，发现了已被覆写为全自动的无人发射模式。工作人员被锁在控制中心之外，行动受限。两枚火箭已经进入最后的加注推进剂燃料阶段，任何信号干扰都可能导致火箭发射数据出现误差，造成箭体倾侧、损毁、爆炸。这已经超出了黑客的能力范围。

“只剩最后一条路了……”罗宾无奈地望向泽维尔。

特别顾问团向联合国提交了最后的解决方案——调用近地轨道上军事卫星的激光武器，在两枚火箭进入平流层之前击落它们，将全球性损害降至最低。这个方案需要各国代表投票表决，因为高空核爆将不可避免地带来地面上数以万计的伤亡，距离爆炸中心越近的国家和地区毫无疑问将承受更大的损失。

除去卫星姿态调整和武器锁定目标所需的时间，留给政客们的，只有不到一分钟的决定时间。

在这一分钟内，他们必须完成决定全人类命运的投票。而此时，这颗星球上的绝大多数人却对即将面临的巨变一无所知，以为迎接自己的只是又一个平淡无奇的日子。人类历史就像一台跑调的自动复读机，如此反讽的剧情一再重演。

前方传来消息，火箭进入点火倒计时。

投票结果显示，支持击落火箭一方以微弱优势胜出。在未来，幸存的人类将会以何种视角看待这一分钟里发生的一切，我们不得而知。

AI反恐系统将对地面伤亡水平与整体网络受损程度进行整体权衡，计算出最佳击毁时机。但即便如此，全球性的大衰退仍然不可避免，后续的附带伤害难以估量。

……5，4，3，2，1，点火。

两枚重型运载火箭在熊熊烈焰中升上天空，距离到达平流层还有257秒。

泽维尔看着失魂落魄的罗宾，轻轻拍了拍她的肩膀：“你已经做了所有能做的。现在我们只能祈祷。”

罗宾脑中不断闪回往事。她从小被训练成一台精密的机器，相信依靠理性能够在诸多路径中做出最优选择，却往往陷入道德的两难困境。她清楚地知道，自己的认知框架里存在着某种无法逾越的缺陷——只能看见输赢，并做出选择。这种缺陷决定了自己以往的生命只是一场有限游戏，而生命应该是追求不断延续的无限游戏。

224秒。

*也许还有别的选择？在击落火箭与任由它爆炸之外？那会是什么呢？*

罗宾冥思苦想。奶奶的话竟然毫无缘由地在耳畔响起。

*有时候，为了赢，你必须先输。*

她突然领悟了。

“帮我接通能说了算的人，马上！”罗宾对泽维尔吼道。

联合国秘书长用最短时间理解了这名在逃通缉犯的理论，又花了一口烟的工夫由特别顾问团的专家确认其可行性。

176秒。

罗宾的方案是，人类主动切断电网和海底电缆连接，关闭根服务器、信号中转设施及所有电子设备，以最大限度减少高空电磁脉冲的冲击与伤害，这能够将受冲击后的恢复时间缩至最短。

这是一次对全球互联网实行的休克疗法。它将实现无数黑客梦寐以求的无政府主义理想，而全球政府竟然不得不听命于提出这一疯狂想法的人——一个罪犯。

为了保证卫星激光武器能够精确定位，并在特定高度击毁火箭，主要通信网络必须维持到最后一刻，只能在火箭被击中的瞬间关闭。加上传递指令、切断电网、关闭服务器等诸多环节的延时加总，即便自动系统能够应对大部分的操作，但在最后那个决定性的瞬间，留给人类的反应时间不超过750毫秒。

罗宾要求的正是这样一种权力。她要把关闭一切的钥匙牢牢抓在自己手里。

88秒。

在AI的帮助下，各国政府迅速进行区域划分。边远地区的电力与网络率先被切断，处于夜晚的东半球各大洲灯火迅速黯淡，黑暗如瘟疫般蔓延。全球各大城市被军队统一接管，实施戒严。控制电网与服务器的虚拟权限如溪流汇聚，收拢为一束，交到了罗宾的手里。

31秒。

罗宾全身紧绷，盯紧屏幕上虚拟出来的火箭运行轨迹。临时调用的军方卫星已经调整好姿态，激光武器牢牢锁定目标，只等待猎物进入规定射程，一道极细的高能集束激光将划破天空，穿透大气层，如手术刀般将高速飞行的箭体切成两半，引发爆炸。残骸将化成火雨，洒落人间。

罗宾脑中一片混乱。巨大的压力让她的思绪无法集中，冷汗从额角和掌心不断沁出，黏稠，冰冷。她的胃里仿佛有一只翻腾跳跃的青蛙，猛烈撞击着胸腔，让她想要呕吐。这是她人生中从未经历过的体验。在某个瞬间，她甚至想要逃跑，远离这所有的一切，让人类文明自生自灭。

一股力量落在她的左肩上。温暖，坚实，那是泽维尔的手。

他看着她，眼神中充满了复杂的情绪，敬佩、担忧、鼓励……也许，还有一丝柔情。

“我相信你。”泽维尔说。

罗宾心中某个地方被触动了一下，却不知该以什么表情回应。她只能点点头，抿紧双唇，将注意力放回屏幕。

……9，8，7……

红色数字高速跳动归0。

罗宾的手指微微颤抖，悬在半空，等待着按下按钮，发出那个决定人类命运的指令。

……3，2，1……

如同有两道看不见的蛛丝划过，箭体一分为二，二分为四，紧接着，爆炸引发的白光吞没了整片屏幕。

“现在。”

罗宾的手指落下。泽维尔满脸惊恐地望向窗外。

一切似乎都没有变化，一切又都已完全改变。

连接世界的网，分崩离析。雨开始落下。

**荷兰**

**海牙**

**当地时间　2042年9月18日6:42**

罗宾和泽维尔站在空旷的海边。晨光熹微，照在他们疲惫不堪的脸上。

远远的天际，有淡淡火光如烟花绽放，像一场火雨，缓缓扩大，落向凡间。

泽维尔看了一眼自己的smartstream，依然没有信号，和这座本应早已苏醒的城市一样，此刻仍然死一般沉寂。

没有电力，没有网络，没有人知道该如何重启系统。这颗星球有一半人正从睡梦中陆续醒来，等待他们的是一个完全陌生的世界。而另一半世界已经陷入了混乱。

许多事情改变了，但仍然有一些事情没有变。引力数值没有变，产生电力的方式没有变，太阳依旧西落东升；书籍还在，知识还在，只是分散在许多人的头脑里；学校还在，老师还在，只要人类还有下一代，下下一代，他们便能学会旧的知识，再发明新的改变世界之物。这些新人类将重建一个新世界，一个更美好的世界。

泽维尔突然听见一阵孩童的笑声，像是妹妹露西娅的声音。他转头寻找，却只有海水在轻柔地拍打着沙滩。他知道，是时候放下了。

“有一些东西无法被永远关闭。”泽维尔说，“它会回来的，只是需要一些时间和耐心。”

“还有信念。”罗宾补充道，望向海天相接之处。

“对，还有信念。”

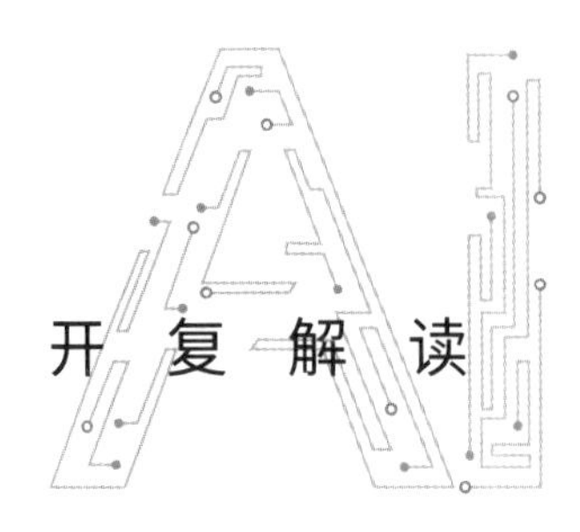

# 开复解读

物无对错，但人分善恶。技术也是如此，它本身是中立的，关键在于人类用技术为善，还是作恶。对于人类来说，每一项全新的突破性技术，都宛如“薛定谔的猫”，既可以是普罗米修斯的火种，也可能沦为潘多拉的魔盒。是善是恶，不在于技术本身，而在于操控技术的人。这就是《人类刹车计划》想要讲述的原则。

这篇故事提到了许多先进技术。在此，我们将集中介绍其中两项——量子计算和自主武器。

我预测，到了2042年，量子计算将有80%的概率进入实用阶段。如果这能够成真，它带给人类的影响将会远超AI。量子计算是一种通用目的技术（general purpose technology，GPT）[1]，不仅可以极大地促进科技进步，还能够帮助人类真正了解宇宙。同历史上出现过的各种通用目的技术一样，量子计算将给人类带来巨大的正面影响。不过，量子计算在未来的第一项重大应用，很可能是破解比特币密钥——该应用出现在《人类刹车计划》这个故事的

---

1 如蒸汽机、电力、计算机以及AI等都属于通用目的技术。

开篇。我们在深思熟虑后选择这个主题，用意是希望让读者带着双刃剑的认识去理解这项崭新的技术。需要指出的是，当你读完故事，在开始思考如何防止类似的犯罪行为发生在现实中的同时，千万不要误以为这项技术只能作恶，我们仍然相信量子计算对人类未来的影响绝对是利大于弊。

自主武器是故事《人类刹车计划》中提到的另一项重点技术，它同样既可以用来为善，也可以用来作恶。一方面，当战争成为机器的对决时，使用自主武器可以减少很多士兵的牺牲；另一方面，自主武器也有可能成为进行大规模或针对性屠杀的机器“刽子手”。在后者带来的灾难性威胁面前，这项技术的一切益处都变得不值一提。此外，自主武器不仅可能导致各国军备竞赛失控，还可能被恐怖分子用于暗杀国家领导人或其他关键人物。无论如何，我希望《人类刹车计划》这个故事展现的种种暴行可以给人类敲响一记警钟，让人类认清这项AI技术被滥用的严重后果。

量子计算机将会为AI进步提供强劲的推动力，为机器学习带来革命性的变化，而且有潜力解决那些曾经让人们感到束手无策的难题。

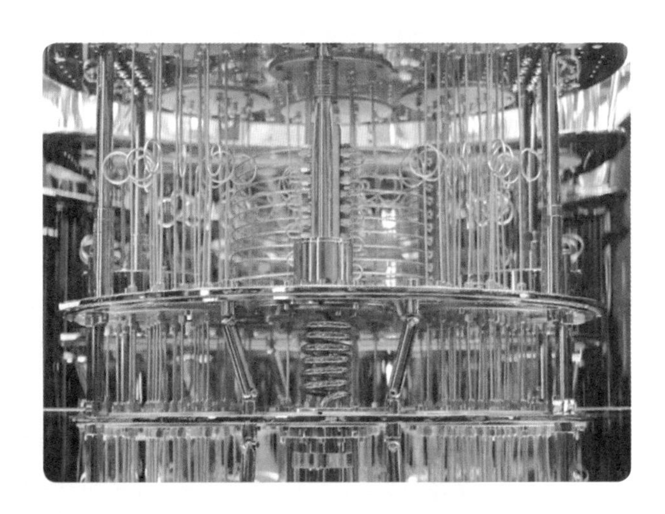

*图7-1　谷歌量子计算机*

*（图片来源：dreamstime/TPG）*

本书名为《AI未来进行式》，是因为我相信AI可能是迄今为止最重要的计算机技术。但是，到了2042年，如果量子计算技术能进入实用阶段，它将引领我们真正认识自然、科学和我们自身，在这样的成就面前，AI技术也将阶段性让位。

## 量子计算

量子计算机（Quantum Computer）的计算架构运用了量子力学原理，它在执行某些类型的计算时，效率将远超传统计算机。

传统计算机的最小信息单位是比特（bit），它的值或者是1，或者是0，就像一个开关一样。我们现在用的每一个应用程序、网页、图片，都是由成千上万个这种传统比特组成的。用这种二进制的比特构建、控制计算机相对比较容易，但它在解决真正复杂的计算机科学难题方面潜力有限。

量子计算机的信息存储和运算使用的则是量子比特，如电子和光子等亚原子粒子比特。这些粒子所具有的非同寻常的属性为量子比特带来了超级计算处理能力。这种非同寻常的就是量子力学原理，主要包括量子态叠加和量子纠缠原理。

首先，我们来了解一下量子态叠加原理。态叠加原理指一个量子比特能同时处于多种可能状态。换句话说，量子比特会“分身术”，几个量子比特就能同时处理海量的计算结果。如果你想让一个运行在传统计算机上的AI找到在游戏中获胜的方法，那么它会一一遍历所有的可能性，然后把每一个结果汇总到“大脑中枢”，最终找到一条获胜的路径。在量子计算机上运行的AI，则会以极快的速度遍历所有的可能性，而且这个问题的复杂程度也会随之呈指数级下降。

接下来，我们再看看什么是量子纠缠。量子纠缠指两个量子比特无论相距多远，都会保持联系——一个量子比特的状态发生变化会影响另一个量子比特，就好比一对存在心电感应的双胞胎。由于量子纠缠所具备的特性，量子计算机每增加一个量子比特，算力就会成倍提升。如果我们想让一台价值1亿美元的超级传统计算机的算力翻倍，可能还得再投入1亿美元。但要让一台量子计算机的算力翻倍，我们只需要再增加一个量子比特就可以了。

当然，实现这些神奇的特性，需要付出相应的代价。量子计算机对自身内部硬件的要求非常高，对周围环境非常敏感，轻微的振动、电气干扰、温度变化、电磁波等，都可能导致量子的纠缠态衰减甚至消失。为了让量子计算机稳定运行且具备可拓展性，研究人员必须发明新的技术，为量子计算机量身打造真空室、超导材料和超低温环境，尽可能降低来自环境因素的干扰。

由于这些客观存在的难题，科学家花了很长时间才让量子计算机拥有更多的量子比特。1998年，有2个量子比特的量子计算机就已经亮相，到了2020年，最先进的量子计算机也只有65个量子比特，远不够执行真正有价值的任务。不过，即便目前的量子计算机只有两位数的量子比特，但在执行某些计算任务时，仍然比传统计算机快百万倍。

谷歌在2019年首次宣布实现“量子霸权”，其有54个量子比特的处理器，能够在几分钟内便解决需要传统计算机耗费很多年才能算出结果的问题。但可惜的是，这个并没有什么实际意义。那么，我们什么时候才能拥有足够的量子比特来解决真实世界的问题呢？

IBM在2020年发布的技术线路图显示，在未来3年内，量子计算设备上的量子比特数目将每年翻一番，预计到2023年有望突破1000个量子比特。乐观地推算下来，有4000个量子比特的量子计算机的算力便将足以像《人类刹车计划》里所描述的那样破解比特币密钥。因此，有乐观主义者预测，实用型量子计算机将在5—10年内问世。

然而，他们可能忽略了量子计算面临的一些巨大挑战。例如，IBM的研究人员表示，随着量子比特数量的增加，由量子退相干效应引起的误差会更加难以控制。为了解决这一问题，人们需要利用全新的技术和精密工程手段，构建精细、复杂但非常脆弱的硬件基础。此外，由于存在退相干误差，每个逻辑量子比特都需要额外的多个物理量子比特来进行纠错，以确保整个系统的稳定性和容错率达标，因此一台量子计算机预计需要上百万个物理量子比特，才能发挥出4000个逻辑量子比特应该有的算力。而且，即便我们成功制造出了一台实用型量子计算机，量产又将成为摆在人们眼前的另一个难题。最后，量子计算机与传统计算机的编程方式完全不同，人们需要发明新的算法，开发新的软件工具。

考虑到这些挑战，大多数专家认为，实用型量子计算机可能需要10—30年才会问世。根据专家们的意见，到2042年，我们将有80%的概率见证搭载4000个逻辑量子比特（和超过100万个物理量子比特）的超强量子计算机出现，届时它将如故事《人类刹车计划》中所描述的那样，有能力破解如今的比特币密钥。

当这种有上百万个量子比特的量子计算机真正投入使用时，我们将在药物研发领域获得改变世界的机会。今天的超级计算机只能分析最基本的分子结构。但是，有潜力制造药物的分子的种类却比可观测宇宙中所有原子的种类还要多得多。解决这种量级的问题就需要量子计算机，它的运算过程体现了与它所模拟的分子相似的量子特性。量子计算机可以在模拟新药分子结构的同时，对其进行复杂的化学反应建模，以确定药物的疗效。目前，这也是量子计算最先商用的领域之一。谷歌在宣布实现“量子霸权”后，便把模拟新药分子作为下一个突破方向。腾讯的量子实验室，也明确表示已开展了该方向的合作和探索。

1980年，著名物理学家理查德·费曼说：“如果你想模拟大自然，你最好让它以量子的方式运行。”的确，量子计算机可以模拟许多传统计算机无法理解的复杂的自然现象。除药物研发外，量子计算机在应对气候变化、预测疫情风险、发明新材料、探索太空、模拟大脑以及理解量子物理等方面也大有可为。

此外，量子计算机也将成为推动AI发展最重要的助推器。它的作用不仅仅是让深度学习算法运行得更快。人们可以在一台量子计算机上编程，让量子比特表示出所有可能的解决方案，然后整个系统会并行地为每个可能的解决方案打分，接下来，量子计算机将尝试在很短的时间内找到最佳答案。量子计算和AI的结合可能带来革命性的飞跃，并且解决现在无解的问题。

## 量子计算在安全领域的应用

在《人类刹车计划》中，天才物理学家马克·卢梭曾经利用量子计算的突破性成果窃取比特币。

比特币是迄今为止世界上规模最大的加密货币，可以兑换成黄金、现金等各种资产。它不像黄金那样本身就有价值，也不像现金那样能够得到政府和中央银行的支持。比特币虚拟地存在于互联网上，通过计算来保证其自身和交易的真实性。这种保证，来自其加密算法无法被传统计算机破解。比特币的数量上限被设定为2100万枚，这避免了货币超发和通货膨胀。在疫情期间，很多公司和个人开始寻找不受中央银行量化宽松政策影响的安全资产，于是便把目光转向了比特币。因为这些人的追捧，比特币的价格持续上涨。2021年3月，比特币的总值超过了1.6万亿美元，比一年前涨了12倍。

与前面我们提到的那些重要应用相比，用量子计算机来窃取比特币似乎有点“大材小用”了。但破解加密货币是目前已知为数不多的能被一台初级的量子计算机解决的问题，而且也可能是第一个让人觉得有利可图的量子计算应用。虽然量子计算的某些应用需要研究人员耗费多年时间才能开发出来，但破解比特币密钥的算法却早已被提出。1994 年，麻省理工学院教授彼得·肖尔在一篇开创性论文中提出了用量子算法来有效解决质因数分解问题，一旦有了约4000个量子比特的量子计算机，用这个量子算法就可以破解一些非对称加密算法，如当下最普遍的RSA加密算法。有人认为，正是这篇论文激发了人们对量子计算的关注和兴趣。

比特币使用的就是肖尔教授提出的量子算法所能破解的RSA非对称加密算

法。RSA这类非对称加密算法需要两个密钥：公钥和私钥。这两个密钥是在数学上相关的长字符序列。从私钥到公钥的转化非常简单，而在传统计算机上，从公钥到私钥的转化是不可能实现的。

举个例子，如果你向我发送一枚比特币，会列出一串转账信息，包括我的比特币钱包地址这一公钥，相当于公开发布了一份“存款单”。虽然每个人都可以看到公钥，但因为只有我拥有私钥，于是也就只有我才能用它进行数字签名，打开“存款单”完成交易。只要其他人都不知道我的私钥，这种交易方式就是完全安全的。

但在量子计算出现后，一切都变了。与传统计算机不同，量子计算机能够根据任何公钥快速生成对应的私钥，采用RSA算法以及一些类似的加密算法的私钥在量子计算机面前都将“无所遁形”。因此，量子计算机只需访问公共账本（所有交易都在这里过账），获取所有的公钥，然后再逐个生成私钥数字签名，就可以盗取所有账户中的比特币。

看到这里，你可能会产生以下一些疑问。

为什么人们会公开他们的钱包地址和公钥？其实这是比特币的早期设计缺陷。比特币专家已经意识到了这个漏洞。自2010年起，基本上所有新发起的比特币交易都采用了一种名为P2PKH（Pay to Public Key Hash）的新格式，在这种格式下，地址是隐藏的，更加安全（尽管也不能完全免于被攻击）。不过，仍有200万枚比特币是以存在漏洞的旧格式P2PK存储的。按照2021年3月的比特币价格（每枚比特币价值6万美元）计算，200万枚比特币的价值就是1200亿美元，这也是在《人类刹车计划》中被盗币者盯上的“宝藏”。如果你曾在P2PK格式下存放过比特币的话，那就赶快把书放下，想想怎么保护你钱包里的那笔“巨资”吧！

为什么人们不把自己存储在旧格式下的比特币转移到安全的地方？这个想法很合理，但是很多人就是没有这么做。对此，我能想到三点原因。第一，许多人很早之前就丢失了自己的私钥，可能是由于私钥太长了，所以没记下来。特别是在10年前比特币并没有如今这么值钱的时候，即便忘了私钥，人们也没那么在意。第二，这些比特币持有者可能一直不知道上面提到的漏洞。第三，在这200万枚比特币中，大约有100万枚比特币归传说中的中本聪所有，但这位神秘的比特币发明者似乎已经销声匿迹了。这笔“中本聪的宝藏”自然而然就成了盗币者梦寐以求的财富之源。

为什么所有的交易都要在公共账本上过账？这种设计是为了让任何公司或个人都无法掌管比特币。去中心化的公共账本存储在许多计算机上，无法被篡改。这是一个很巧妙的设计，只要没有人能根据公共账本上的公钥反向推导出私钥，这种设计就是万无一失的。这种设计也让区块链具备了保证信息无法被篡改的能力，会衍生出很多非常有价值的应用，如确认数字版契约、合同或遗嘱的真实性等。

如果真的发生了比特币盗窃案，失主该怎么挽回损失呢？事实上，失主是没有办法报案或者起诉偷盗者的。除了偷盗者不易被锁定之外，比特币的交易也不受银行法的保护和约束，因为比特币不受任何政府或公司的管控。任何拥有正确私钥的人都可以把比特币放到自己的钱包里，在法律上，这是一块空白地带。

*图7-2　有武器装备的军事无人机*

*（图片来源：dreamstime/TPG）*

故事里的马克·卢梭既然手眼通天，为什么他不锁定银行系统作为目标？首先，银行系统没有保存着公钥的公共账本，马克无法根据公钥计算出私钥。其次，银行有监控软件，会时刻关注异常情况（如可疑的大额转账）。再次，把钱转移到其他账户的过程是可以被追踪的，这种行为一旦被发现，就会被追究法律责任。最后，银行交易使用的加密算法和比特币的不同，需要更多的时间来破解。

说到这里，那么如何提升加密算法的安全性呢？其实，“防量子”算法已经出现了。彼得·肖尔也证明了，人们可以利用量子计算机构建坚不可摧的加密算法。哪怕入侵者使用了强大的量子计算机，也无法破解这种基于量子力学的加密算法。只有当量子力学原理被发现存在错误时，入侵者才会有机可乘。

不过，这类“防量子”算法的计算成本非常高，所以暂时不必把它视为一种可行的商业化及比特币实体解决方案。也许只有当比特币量子盗窃案最终发生后，人们才会醒悟过来，连忙去修改算法，以彻底解决这一问题。我真心希望这一天早些到来。

## 什么是自主武器

自主武器被视为继火药、核武器之后的“第三次战争革命”。虽然地雷和导弹揭开了早期简单自主武器的序幕，但运用了AI技术的真正的自主武器才是正片。AI自主武器让整个杀戮过程——搜寻目标、进入战斗、抹杀生命——完全无须人类参与。

以色列的哈比无人机就是一个典型的当代自主武器，属于“即发即弃”式设计。它会根据程序设定飞到某个区域，搜寻特定的目标，然后用高爆弹头摧毁目标。

还有一个更让人毛骨悚然的自主武器案例，源自传播极广的宣传视频《屠杀机器人》（*Slaughterbots*）。该视频展示了一架与一只小鸟一样大的无人机主动搜寻某个特定的人，一旦发现目标，就瞄准对方的头骨近距离发射少量的炸药。这种无人机自主飞行，体量较小，十分灵活，所以几乎无法被抓住，也很难阻截它们的行动或者摧毁它们。未来，随着技术的发展和硬件成本的下降，机器人也将有能力执行同样的任务。

更可怕的是，今天，一个有经验的业余机器人爱好者就能以不到1000美元的成本制造出这样的无人机，元件能够在线购买，技术算法可以从开源社区下载。这从侧面反映了AI和机器人技术正在逐渐走向普及，价格也越来越亲民，这也是本书中多次强调的观点。试想一下，只需要1000美元就能制造出一个低成本的机器人“杀手”，就像无人机刺杀委内瑞拉总统事件中出现的那种。而且，这种威胁并不是在遥远的未来，而是很快就会出现。

我们亲眼见证了AI的快速发展，这将进一步加速自主武器的迭代与升级。回想自动驾驶汽车从L1发展到L3/L4的速度（相关定义及具体介绍请见第六章），在自主武器领域，技术进步的速度也将如此。那些机器人“杀手”不但会变得更加智能、精准、敏捷、廉价、得力，而且将学会像蜂群一样团队协作、前赴后继，在执行任务的时候变得势不可挡。一支由1万架无人机组成的“军队”就可以摧毁半座城市，而在理论上，其成本可能只需要1000万美元。

## 自主武器的利与弊

当然，自主武器有好的一面。第一，如果由机器人来取代人类的战士，那么自主武器可以挽救士兵的生命。第二，一支负责的军队可以用自主武器来引导士兵（无论是人类还是机器人）只攻击敌方战斗人员，以免伤害无辜的友军、儿童和平民（类似于L2/L3级别自动驾驶车辆帮助人类驾驶员避免犯错）。第三，自主武器还可以用于对付暗杀者、罪犯、恐怖分子。

不过，自主武器给人类带来的负面影响要远远大于这些好处。第一，自主武器面临的最大问题就是伦理和道德上的争议——几乎所有伦理制度和宗教信仰都把夺走一个人的生命视为一种极具争议性的行为，如果不经过严肃的审判，没有任何人可以拥有这样的权力。联合国秘书长安东尼奥·古特雷斯曾表示："掌握生杀大权、能够随意夺人性命的机器，在道德上令人厌恶。"

第二，自主武器降低了杀人的成本。尽管过去也有自杀式爆炸袭击者，但对于任何人来说，为一件事献出生命仍是一个很大的挑战。但如果有了自主武器，暗杀者和恐怖分子不用放弃生命就可以达成目的了。

第三，自主武器还涉及责任人的界定，我们需要知道谁应该为自主武器的失误负责。对于战场上的士兵来说，每个人的责任是非常清晰明确的。但对于被分配了任务的自主武器来说，出问题后的责任就相对模糊了（类似于自动驾驶车辆撞死行人应该向谁追责）。更糟糕的是，如果责任无法明确，幕后黑手就有从国际人道主义法律中逃脱的机会。这直接降低了战争的门槛。

第四，自主武器不仅能够对某个人执行暗杀任务，还能够针对任何群体进行灭绝式屠杀（这可以通过面部或姿态识别技术、移动设备或物联网信号追踪技术来实现）。在故事《人类刹车计划》中，我们就看到了对影响力超群的商业精英和社会知名人士的针对性杀戮。

如果我们不审慎思考自主武器可能带来的各种问题，一味推动技术的发展，人类的战争进程将会加速，这不但会造成更大的伤亡，而且可能导致灾难性的战争升级，甚至爆发核战争。另外，由于AI缺乏人类的常识和跨领域推理能力，所以无论人类如何训练一个自主武器系统，它都无法充分理解其自身的行动所带来的后果。这也是为什么在本章的故事中，泽维尔和EC3的反恐行动最终仍然是由人类操控，而非机器人。

## 自主武器会成为人类生存的最大威胁吗

从历史上英德海军军备竞赛到美苏核军备竞赛，一直以来，各个国家都在争夺军事霸权，并将军事置于优先发展的战略地位。自主武器的出现将进一步加剧各国的军事竞争，因为这种竞争将变得更加多元化（更小巧、更迅速、更致命、更隐蔽的武器都能被开发出来）。而且，自主武器的成本相对较低，直接降低了参赛门槛，这让一些拥有强大技术的小国有了加入军备竞赛的机会。例如，以色列就开发了一批最先进的军用机器人，其中有的只有苍蝇大小。几乎可以肯定的是，只要有一个国家开始打造自主武器，那么感受到威胁的其他国家也将紧随其后，参与自主武器的竞争。

那么，这场自主武器的军备竞赛将把人类带向何方呢？加州大学伯克利分校的教授斯图尔特·拉塞尔表示："我们预测，不久之后，自主武器的灵活性和杀伤力将使人类毫无还手之力。"如果任由这种多边军备竞赛发展，人类文明的未来将走向黄昏。

核武器也是一种威胁人类生存的武器，但它一直以来都受到很好的约束，甚至在几个大国拥有核武器后，全球战争大大减少了。这是因为核威慑理论——如果一个国家率先使用核武器发动突袭，就会被对方追踪到，并引来无法阻止的毁灭性报复。核战争的结果就是同归于尽，这是确保互毁原则。所以核武器时代来临后，反而很少有大的战争了。但对于自主武器来说，核威慑理论和确保互毁原则并不适用，因为自主武器发动的突袭是很难被追踪到的。在《人类刹车计划》里，难以追踪的末日无人机就是一个例子。尽管通过攻击末日无人机的通信协议可能会找到一些线索，但只有在捕获到一架无人机的前提下，这种方法才能奏效。

就像我们刚才所说的，自主武器攻击可能快速引发连锁反应，并逐步升级，甚至导致核战争。而且，首先发动突袭的甚至可能并不是一个国家，而是恐怖分子或无政府组织，这更增加了自主武器的风险。

## 如何解决自主武器带来的危机

为了避免自主武器引起的生存灾难，一些专家提出了下列三个解决方案。

第一个解决方案是人工介入，或者至少确保每一个影响生命的决策都由人类做出。不过，在很大程度上，自主武器的威力源于机器在没有人工介入的情况下所具备的速度和精度。任何想在这场军备竞赛中取胜的国家，可能都无法接受这种大幅度削弱技术能力的人工介入。这种方案执行起来非常难，漏洞也很容易被发现。

第二个解决方案是颁布相应的禁令。《禁止致命性自主武器宣言》是一份由3000名AI领域的科学家共同签署的公开信，埃隆·马斯克和史蒂芬·霍金都参与了签署活动。在过去，生物学家、化学家和物理学家也曾针对生物武器、化学武器和核武器做过类似的努力。任何一项禁令的推行都并非易事，但此前针对致盲激光、化学武器和生物武器的禁令似乎颇有成效。如今，推行《禁止致命性自主武器宣言》的主要障碍是俄罗斯、美国和英国的反对。这三个国家认为现在还为时尚早，但是我认为应该未雨绸缪。

第三个解决方案是对自主武器加以管控。对其加以管控意味着必须保留人类对使用武器系统的决定权，这同样也是一件复杂的事情，因为在通常情况下，宽泛的技术规范很难在短期内取得明显成效。例如，自主武器的定义是什么？如何去监测违规行为？这些都是短期的难点。

既然这本书要畅想未来，请允许我构想一个2042年的条约：到那时，所有国家都达成一致——未来战争将仅由机器人参与作战（或者由软件模拟进行就更好了），承诺不造成人员伤亡，但各国会在战争结束后依据输赢交付战利品；或者未来战争由人类和机器人共同作战，但机器人使用的武器仅能对机器人造成伤害，而无法对人类士兵造成伤害（就像激光枪游戏）。这些设想在今天看来显然是不现实的，但以此为基础，人们在未来可能会构想出一些实际的应对策略。

我希望人们能够重视自主武器可能带来的危险。自主武器不是未来科幻中的威胁，而是现在就已经明确存在的威胁，而且它还将以前所未有的速度向更加廉价、容易组装、灵活、智能、有杀伤性的方向进化。自主武器没有核武器所具备的那种天然威慑性，它将在各国不可避免的军备竞赛中加速发展。显然，自主武器是最有悖于人类道德观、对人类延续存在威胁的AI应用，我们需要让该领域内的专家和各国首脑共同参与到对自主武器未来发展的讨论中去，权衡不同解决办法的利弊，找到一种能够阻止自主武器肆意扩散、避免人类走向灭亡的最佳方法。

08

# 职业救星

本章的故事探讨的是一个令人有些悲观的难题：随着AI向越来越多的行业稳步进军，越来越多的人逐渐被AI技术取代，那么人类接下来所能从事的工作是什么？一场发生在美国旧金山的建筑业“大震荡”，将带领我们走近一个全新的行业——职业再造。很多企业请职业再造公司帮助重新培训、安置大批的下岗员工，但是它们所能提供的新岗位有哪些？这些新岗位能否给大多数人带来工作上的成就感？在未来，哪些人被AI取代的风险最大？人类如何在后自动化时代重新定位自己？

在本章的解读部分，我将分享我对这些问题的思考，说明机器人流程自动化（RPA）以及机器人技术将如何演进，从而接管白领工人和蓝领工人的工作——这将是我们及我们的下一代必须面对的挑战。

在被蒸汽钻头击倒之前，我会手握锤子战斗到死。

——美国民歌《约翰·亨利》

黑暗的培训室中，珍妮弗·格林伍德与其他12名员工一起，抬头注视着半空中滚动的画面，一个男声徐徐响起，如同宣读神谕。那个正在介绍森奇亚诞生前史的男人是珍妮弗加入公司的最大理由。

“2020年，那是一切改变的开始，疫情导致社会隔离与出行限制，企业主被迫转型，使用机器人与AI替代人类员工……”

画面转到空无一人的纽约时代广场、废弃的购物中心、荒芜的迪士尼乐园、停摆的工厂与流水线……人们戴着口罩走上街头，手里高举着标语牌，抗议大规模裁员，武装抢劫、暴乱、纵火席卷美国。

那个声音继续。“2025年，白宫易主，推行UBI[1]计划，同时向身价10亿美元以上的超级富豪及盈利丰厚的科技巨头加征税收，以应对AI技术发展所带来的结构性失业……”

珍妮弗和学员的眼前出现了快速交迭的各大媒体头条报道，股票市场发生剧烈震荡，市民展示手机上的UBI到账通知，无家可归者排队领取补贴，脸上洋溢着笑意，与大公司高管拒绝采访时的阴沉表情形成鲜明对比。

“尽管UBI最初广受欢迎，但引发了意想不到的后果。许多失业者沉

1 即全民基本收入（Universal Basic Income, UBI）。

迷于VR游戏、在线赌博、酒精和毒品……城市中心成为滋生混乱与犯罪之地。UBI并没有解决失业问题，相反，因为缺乏专业指导，许多人被发展迅猛的AI替代，连续挫败导致自杀率居高不下。2028年，社交媒体围绕UBI的利弊暴发大讨论，参众两院就废除UBI计划提案陷入旷日持久的拉锯战……

“2032年，UBI计划正式宣告废止，职业再造师行业应运而生，帮助人们重新培训技能，寻找就业机会。政府将原用于UBI计划的部分税收划拨为再就业专项补贴，以驱动职业再造师行业的发展，期待能以此解决社会问题……这也是我当年创办森奇亚的原因。”

珍妮弗对森奇亚的故事早已了然于胸。UBI计划失败后，政府通过一项法案，要求所有使用AI技术替代某一工种进行大规模裁员的公司，必须雇用类似森奇亚这样的职业再造公司。

职业再造公司除了获取政府补贴之外，还会与雇方公司谈一个打包价格。一般来说，这个价格将低于雇方公司大规模裁员所需支付的赔偿金，差额由将失业员工经过职业再造后，介绍给第三方用人机构所获得的服务费来弥补，类似于传统的“猎头”费用，其中还包含了对失业员工的培训费用。

随着AI技术的发展，可持续发展的终身职业越来越少，为失业者寻找新的就业机会并不容易。像森奇亚这样的公司，除了引导结构性失业者进行专业的技能及人格测试，形成详尽的职业测绘图谱外，还需要对接政府数据库，获取社会更大范围的职位变动信息，提供个性化解决方案。这两方面都需要AI的深度介入以提升效率，但如果无法取得失业者的信任，所有这一切都是徒劳。这就是迈克尔·萨维尔的魅力所在。

灯光再次亮起时，迈克尔·萨维尔的全息影像，像个魔术师般出现在墙面屏幕的中央。他看上去不到50岁，身材微胖，两鬓灰白，鬓角精心修剪过，穿一身得体又不至于过分抢眼的藏青色西服。

这便是吸引珍妮弗到森奇亚工作的最重要原因。

珍妮弗看过网上所有关于迈克尔的资料，无论是现场谈判视频，还是论坛里对他工作技巧的分析。也许正是这种对受众情绪微妙的掌控力使他成为森奇亚最好的职业再造师，没有之一。他的声音沉稳柔和——一直伴随着刚才的影像——无论语气、表情还是手势的配合，都给人一种十分职业又值得信赖的感觉。

*如果能成为迈克尔的助理就好了。*珍妮弗的脑海中冒出一个连她自己都觉得可笑的想法。这只是她在森奇亚实习的第一周。

*别傻了。*珍妮弗强迫自己把注意力集中到培训上。

迈克尔在空中优雅地挥舞双手，像一个指挥家。悬浮的视频窗口随着他的手势扩大、缩小、播放、停顿、消失。

“正如你们所见，转型早在那场全球大流行病暴发之前就已经悄然开始了，病毒只是加速了这一进程。大量线下经济活动转为线上模式，人与人之间保持社会距离，传统服务业与制造业遭受重创……而这些都是机器的优势领域……”

随着迈克尔的手势，一群群不同职业的人浮现在半空又随即淡去，收银员、卡车司机、缝纫女工、水果摘收工人、电话销售员、西装笔挺的客户代表、信用评估及核保员、放射科医生、初级翻译……轮换的速度越来越快，人群如幽灵般面目模糊。

“……人类的对手是AI，”迈克尔·萨维尔继续说道，“它可以24小时不眠不休地自我学习升级。一个月前还是由人类完成的工作，一个月后便被AI无情地接管了。这场赛跑已经进行了20多年，在可见的未来还看不到终点。许多人就像农场里的火鸡，战战兢兢地等着感恩节的来临。在这个焦虑的时代，一些极端行为也成为新常态……”

屏幕上充斥着街头的大规模抗议、暴力冲突、自杀潮……尽管画面经过了模糊处理，但在珍妮弗看来依然触目惊心，她太年轻了，以至于对那段历史毫无印象。

“政府选择发放UBI，尝试减少工作天数或缩短时长。历史证明了，这些都解决不了根本问题。除了经济收入，人们还需要从工作中获得成就感，实现自我价值，否则只会沉沦于赌博、游戏、药物和酒精。谁能够帮助他们摆脱困境？”

迈克尔恰到好处地停下来，微笑着环顾培训室里的面孔。

不知为何，珍妮弗觉得迈克尔在看着自己，她怯怯地举起手。

“很好，这位年轻的女士，说出你的名字。”

“珍妮弗·格林伍德，来自旧金山。”

“非常好，珍妮弗，你的答案是？”

“我们，萨维尔先生，就像您的名字一样。”

所有人都被双关语逗乐了，但珍妮弗心里明白，这并不是一句奉承话。

这些人是因为AI而失去工作和发展机会，积累多年的职场资源一朝化为乌有，再使用AI去对接只会挑起愤怒及反感。因此，职业再造师的共情能力及情绪引导技巧是最为重要的。

“谢谢你，珍妮弗。我们从中学到的教训是：人不是机器。我们更复杂、多变、情感丰富，因此，这就对在座的各位提出了更高的要求。你们只有成为最好的职业再造师，才能拯救他们——不仅要帮他们找到工作，还要找回尊严……”

在一片掌声中，屏幕再次变暗，房间里的灯光亮起。珍妮弗惊讶地看到，迈克尔本人竟然从幕后缓缓走出，像魔术师般接受员工的欢呼与簇拥。他并不是从西雅图总部远程接入信号的，他就在旧金山本地。

只有珍妮弗敏锐地察觉到，但凡迈克尔出现的地方，必然有重大危机需要解决。她听过一些传言，说森奇亚正在争取一个大项目，建筑巨头兰德马克将有数千名工人失业。难道这就是老板亲自出现在这里的原因？

不知为何，迈克尔让珍妮弗想起了自己的父亲，那个喜欢教育女儿“抓住最好时机”的前保险公司员工，只不过那是他还没有崩溃之前的事情。

这一刻，珍妮弗决定遵循父亲的教诲。她在smartstream上快速写了一封短邮件，迟疑了片刻，点下“发送”。

* * *

三个月后，旧金山市近郊。兰德马克总部大门前广场。

一身商务正装的珍妮弗艰难地挤过抗议的蓝领人群，显得格格不入。

入职培训时，她用一封冲动的邮件获得了和迈克尔单独喝咖啡的机会。迈克尔承认那封邮件之所以打动他，是因为珍妮弗并没有太多漂亮话，而是提及了自己父亲的失败人生是她加入森奇亚的动力。迈克尔告诉她，坦诚与勇气是职业再造师的重要特质。经过长谈，迈克尔鼓励珍妮弗申请自己的助理职位，当然，她还需要经过HR部门的考核，毕竟想要得到这个机会的竞争者大有人在。好在珍妮弗最后没有让迈克尔失望，也没有让自己失望。

兰德马克项目是迈克尔志在必得的大项目。在由传统建筑商向数字化建筑商转型的过程中，兰德马克激进地选择了以大量自动化机器、3D打印预构件、AI参数化设计来取代传统的人类员工，这将导致一大批蓝领工人失业。政府要求兰德马克务必通过职业再造公司妥善解决问题，并为此将为中标公司提供优厚的补贴大礼包。

迈克尔得到消息，一家神秘的新公司在众多竞争者中杀出重围，威胁到了森奇亚本来稳操胜券的合同。他要求珍妮弗不惜代价找出对手是谁。珍妮弗在公开渠道一无所获，某日从新闻图片上看到示威工人的街头涂鸦，发现其中竟然暗藏能够连接到一个古老论坛的QR码，这才发现了这片地下工人运动基地。

这场声势浩大的抗议便是由这个论坛发起的，阻断了附近几个街区的交通。重型吊车、混凝土搅拌机、垂着巨大铁球的破壁车……在路面上像军队般排开阵列。强壮如公牛的建筑工人们扛着锤子，拎着工具箱，戴着橙色头盔，披着反光马甲，举着写有“机器吃人”的标语牌。他们在拿着牛角的组织者的带领下，高喊“机器人滚蛋！”，声音震耳欲聋。

全副武装的防暴警察拉开防线，像一道坚不可摧的堤坝，挡在抗议人群与兰德马克大门之间。

珍妮弗意识到这是一场四方拉扯的游戏，政府想要稳定，兰德马克想要降低成本，职业再造公司想拿到利润最丰厚的合约，而最弱势的工人群体想要合理的裁员补偿，或者新的工作机会。当牌桌上有三方都在桌底下形成某种同盟时，剩下的一方只能打出手里最好的牌，虚张声势，对各方施压。

有消息称，如果兰德马克公司在48小时内无法拿出令工人满意的遣散方案，抗议行动将会升级，随之而来的很可能是暴力与混乱。

手机铃声不合时宜地响起，珍妮弗一手接听，另一只手紧紧夹住黑色仿皮提包，生怕被人群挤掉。

“珍妮，你在哪？”是迈克尔，“现在可是争分夺秒！”

“在做你吩咐的任务！”珍妮弗大声吼道，随即又被一波抗议声浪盖过。

“听起来你是在看演唱会？看球赛？在派对上？可现在才上午10点！你究竟在哪？”

“抱歉……我在做田野调查，”珍妮弗终于看到了她要找的人，一个戴着圣路易红雀队棒球帽的健硕男子，“……为了找出对手是谁！”

“噢，我的天！你不会是在……听着，赶紧回来！那里危险！”

“晚点联系。”珍妮弗挂掉电话，朝红帽男子的方向挤去，“嘿，你是……SLC422吗？”SLC422是那个男子在论坛里的ID，也许是生日或者幸运数字，珍妮弗猜。

“什么？”那男子俯下身，听了两次才听清楚，“噢，是，是我。你就是论坛上联系我的那位……记者？你看起来可不太像呢。”

“干我们这行都需要有点伪装。”珍妮弗眨眨眼，掏出笔记本和笔，“我是站在你们这一边的，不能让那些大公司为所欲为！”

“说得对。这可是几千名员工啊，就这么被机器人取代了，太不公平了！”

“你在帖子里说，有一家公司承诺会提供100%的职业再造机会，这是真的吗？”

“我有一个哥们儿，在兰德马克人事部门上班，他亲口对我说的。公司好像叫欧米伽什么的……对，叫欧米伽林斯，千真万确。”

“哇噢，听起来不错。你会接受吗？”

“我不知道，小姐。这些再造公司一般会给你一份鸡肋工作，或者需要背井离乡、接受培训什么的。眼下最重要的，是让公司看到我们的态度！”男子激动地挥起了拳头，人群又沸腾起来，如潮水般冲向警方隔离带，发出令人不安的撞击声。

“好的，SLC422先生……你有我的邮箱，如果有任何新线索，随时联系我，祝你好运。”珍妮弗被人潮旋涡卷得几乎双脚离地。

“上帝保佑你！”

微弱的祝福迅速被抗议声浪淹没了。

* * *

30分钟后，珍妮弗站在迈克尔的办公室里，两人面面相觑。

“你说100%是什么意思？”迈克尔难以置信。

“就是字面上100%的意思。”珍妮弗靠在门边，忍不住翻了个白眼。

“这没一点道理。你知道我们多辛苦才报出这个数字，又是再培训，又是异地就业，就算加州不需要建筑工人，也许宾州需要，就算美国不需要，也许欧洲需要。就这么一点点从指甲缝里抠泥巴，才做出28.6%。

100%？嗤！直接给我来一枪算了！”

这时的迈克尔看上去就像个普通的气呼呼的老头，珍妮弗暗想。

“可……他就是这么说的，他没有必要撒谎，撒这样的谎有谁会信呢？”

“还有那家……欧米伽林斯？什么破名字，从来没有听说过。这就是你花了一上午挤了一身臭汗得到的所谓‘情报’？”迈克尔让AI助手查了查欧米伽林斯，信息很少，要么它注册没多久，要么这并不是幕后主体经常对外使用的名称。一个代号？一个幌子？可为什么要这么做呢？迈克尔百思不得其解。

办公室里只剩下迈克尔自己。手机突然响起，是艾莉森·哈勒，迈克尔的MBA校友，比迈克尔大6岁，同行，以前干得不错，算是个小小的竞争对手，已经好久没有听到她的消息了。

“嗨，艾莉森，真是没想到，还好吧。你在城里？吃个午饭？我看看……嗯，为什么不呢，我知道附近有家超棒的中餐馆……”

这个突如其来的电话让迈克尔倍感困惑，他迫不及待地想要搞清楚。

午餐约在那家叫“三宝殿”的粤式餐馆，丰盛的点心在艳红色的桌布上排开，像是盛夏池塘里绽放的荷花。艾莉森看上去没什么变化，估计一直在做端粒再生疗程，迈克尔心中暗自猜测。

“说吧，我知道你没事不会找我的。”迈克尔擦擦嘴角，一脸严肃。

“哈！难道就不能单纯地叙叙旧吗？”艾莉森停下筷子，嗔怪地回看他。

“我一会儿还有个会，你懂的。”

“好吧，迈克尔，我知道你会看穿我，可你就不能保持一点虚伪的社交礼节吗。森奇亚成立多少年了，5年？8年？”

“所以你是来谈判的？嗯？等等……”迈克尔露出恍然大悟的表情，“我就说不会这么巧，兰德马克的单子突然蹦出来一个从没听说过的竞争对手，你又突然出现，要约我吃午饭……所以你现在是为欧米伽林斯干活吗？你不会真的相信那套100%转化率的鬼话吧。”

“准确地说，是99.73%。是的，我信那套鬼话。”

“让我猜猜……你们能一次性拿到政府给这些人的3年失业金和培训补贴？加上兰德马克的赔偿金，然后再分期发放给工人，等于一笔3年期的贴息贷款？我猜3年后这家公司会申请破产，溜之大吉。这事儿合法吗？那些工人怎么办？”

“至少不违法。这么说吧，如果你愿意加入我们，欧米伽林斯，随便什么啦，反正下次他们又会换个名字，签署一些文件，你就可以分享我们的商业机密了。怎么样，搭档？”

“如果我拒绝呢？”

“那我会想，可怜的老迈克尔，舒服日子过得太久了，已经分不清送到嘴里的究竟是骨头还是肉了。”

迈克尔看着眼前这个女人，回忆起当年在课堂上经常发生的激烈辩论。她很聪明，也很激进，信奉安·兰德那一套理性的利己主义，抨击说迈克尔的观点是虚伪的甚至不道德的“集体主义病毒”，而“赚钱”这个词则代表着人类道德的精华。

也许这就是两人碰撞出浪漫的火花又迅速熄灭的根本原因。

“你一点也没变。”迈克尔笑笑。

艾莉森摇摇头，“听着，我给你的机会能让你帮助更多的人，这不是很符合你的原则吗，为什么不呢？想想吧，等你电话。”

望着艾莉森离开的背影，迈克尔的心绪有一丝起伏。他知道该给珍妮弗布置什么新任务了。无论用什么手段，都要找出欧米伽林斯背后究竟在搞什么鬼。

* * *

“你的新助理还好吗？”

“挺能干的，希望她能撑过一年。”

迈克尔躺在宽大舒适的仿柯布西耶LC4躺椅上，松开领带，双目微闭，努力平复自己紊乱的呼吸。和艾莉森的午餐导致他的焦虑症发作。他的心理医生特丽莎·X. J. 邓，一头银色短发，出现在屏幕上。

“这次发作没有直接的触发事件，跟爱尔莎那次完全不一样。”

迈克尔抿了抿嘴唇，陷入沉默，那一幕又浮现在眼前。

虽然身为CEO，但迈克尔仍然定期会和森奇亚的终端客户——等待再就业的下岗雇员见面，作为某种公关宣传的手段。他记得那位名叫爱尔莎的女士走进咨询室，坐下。迈克尔瞄了一眼她的档案，大概心里有数。

“贡扎勒斯太太，我能叫你爱尔莎吗？看起来我们的情况不太好啊，不过你很幸运……”

“我们见过，萨维尔先生。”爱尔莎打断他。

“噢？是吗？”迈克尔抬头仔细辨认那张脸，在记忆中搜索，一无所获。

“你忘了？5年前，是你让我从一名仓库拣货员变成了梦幻世界主题乐园的服务员，因为你觉得我喜欢孩子，又有耐心。你还保证过，这份工作可以让我干到退休，先生。”爱尔莎语气非常平淡，听不出有任何怨气。

“爱尔莎，我相信您的记忆力，这确实是无法预见的结构性变化，所有的主题乐园和大型娱乐场馆都将启用机器人服务员，成本更低，效率更高，而且关键是，孩子们更喜欢它们。”迈克尔眨眨眼，表情充满歉意。

“那这次……你又要把我再造到哪里呢？”

“根据分析结果……市动物园还有一个护理员的职位空缺，看起来非常匹配。”

“所以，幸运的我得到了每天给大象铲屎的机会，这次能干多久，3年？1年？9个月?”

爱尔莎的嗓音无法控制地拔高、颤抖，“每个父母都希望自己成为孩子眼中的英雄，可事实却是，我们像是这个时代的蟑螂，从一个角落被赶到另一个角落，靠一些残渣碎屑过活。你能忍受你的孩子用看待蟑螂的眼光看你吗？”

迈克尔面对这位濒临崩溃的母亲，脑中闪过一些久远的记忆，那来自他的青少年时期。他的母亲露西，一位优秀的会计师，也曾经遭遇过同样的耻辱，只不过那时候的敌人还不是AI，仅仅是运算速度和功能日新月异的会计软件。母亲换过几份工作，一份不如一份，最终还是惨遭淘汰。

他闭上眼，努力把那些画面驱逐出脑海。母亲失业后一蹶不振，整日借酒浇愁。他很清楚自己当时是怎么看待母亲的。痛心、同情，以及无法克服的鄙夷。他无法控制自己。

“迈克尔？”

特丽莎把躺椅上的男人拉回现实世界。迈克尔睁开眼，迷惘地看着屏幕里的心理医生。

“你想拯救爱尔莎，就像你想拯救你母亲一样。可你没有办法拯救每一个走进森奇亚大门的人。”

迈克尔叹了口气，“我们只是缓解社会矛盾的缓冲带和减压阀，一次次给这些人虚假的希望，让他们不断放低自己的要求，就像慢性毒药一样，让他们逐渐接受被技术驱逐和边缘化的命运。我们真的帮到他们了吗？还是不公平的帮凶？”

“听我说，迈克尔，你给了这些人尊严。”

“可哪里才是尽头？职业再造远远慢于AI发展的步伐，我们再怎么努力，就像往沙漠里浇水，根本不可能开出花来。兰德马克这个案子只是个开始，整个建筑行业将迎来一场大地震……”迈克尔扯着自己的领口，像是有根无形的绳索正逐渐收紧，勒得他喘不过气来。

特丽莎正想说点什么，闹铃滴滴响起。她按下按键，一份自动生成的诊疗报告发送到迈克尔的邮箱。

“作为你的医生，我只能说……下周同样时间再见。作为你的朋友，我建议你接受自己的不完美。”

迈克尔已经把领带打好，脸上完全看不出一丝脆弱的痕迹。他又变回那个拯救众生的救世主。

* * *

周六晚上的“银线”酒吧里，客人需要扯着嗓子才能让服务员听清点单。这家酒馆像是被时间遗忘了，还保留着电视和数字收银机——湾区大多数商铺已经拒收现金许多年了。30年来，橄榄球在美国的受欢迎程度一直在下降，不过，在这个街区生活的人大多是中老年蓝领工人，一到周末南加州大学比赛时，他们还是会挤满这里，享受啤酒和欢呼。

珍妮弗这次学乖了，打扮得像个普通的南加州大学的学生，帽衫加牛仔裤。她的出现引发了几记口哨。技术在不断进化，男人却始终不变。

她找到了吧台前的SLC422，或者马特·道森。他这次没戴棒球帽，露出稀疏的头顶，显得更加落魄。马特一眼就看见了她，招手让她在自己身边的空位坐下。两人尴尬地喝着啤酒，人群中不时爆发出咒骂或叫好声。

终于，还是珍妮弗先打破了僵局。

“叫我出来不会就是为了喝酒吧，周末不用陪家人吗？”

“我自己住，两个孩子和前妻在俄亥俄州。”马特喝了一大口，上唇留下一行白沫。

“噢，懂了。”珍妮弗也低头喝酒，琢磨这话里是否有潜台词，“那么，你具体是做什么的？”

“干了10年的脚手架工人和装配工，15年的水暖工。不是吹牛，我只要看一眼图纸，就知道该怎么做，不比那些机器慢。”

“我懂你的意思，那种滋味一定不好受。”

“是啊……我年轻的时候常听人家说‘机器人会抢走你的饭碗的’。一开始我以为只有那些从事薪水低、手艺简单的工种的员工才容易被取代，可后来发现完全不是那么回事。有些对于人类很难的工作在AI看来却很简单，比如放射科大夫、华尔街交易员的工作……有些看上去简单的，却是AI的死穴，就像老人看护和理疗师的工作。我曾经以为自己足够幸运，能够一直干到退休……”马特又喝了一口。

“那你现在有什么打算？”珍妮弗问道。

“我不知道。”马特耸耸肩，“抗议有一些效果，但论坛上还没有关于下一步的计划。内部消息说，现在有两家公司在竞标这个烂摊子，一家提供的职位少一些，但也许我还能继续干这份工作，只不过得换个城市，也许是换个国家？”

“听起来蛮不错的。”珍妮弗点点头，又问，“另一家呢？”

“另一家，就是我告诉你的欧米伽林斯……我搞不太懂，说是基本上每个人在接受简单培训后都能有工作，但不再是在工地上，而是各自在家里，在电脑上接受派来的活儿。一开始收入低一些但签3年合同，之后高一点但也高不到哪去。你怎么看？”

“我不知道，马特，这取决于你想过什么样的生活……”

“你说得对。我这半辈子都在工地上，敲敲这个，打打那个。虽然干的是体力活，可我很满意这种生活，这能让自己感觉还活着。我不知道能不能受得了每天戴着VR头盔，双手在半空中比画的日子，听起来很可笑。”

珍妮弗脑中突然闪过一个想法，她举起酒杯，在马特的杯沿碰了一下。

“干杯！无论如何，这都是值得庆祝的事情。不过，如果是我的话，也许会要求欧米伽林斯提供一次尝试的机会，毕竟这是新事物，谁知道会发生什么，在签约之前试试总比签约后后悔强，你说是吧。”

“就像婚姻……”马特的眼神有点游离，似乎陷入思考，“说着容易做起来难。也许可以通过工会谈判，派几个代表先去体验一下。你说得对，这么大规模的再就业，谁也不想出什么乱子，不过距离工会的最后回应期限只有一天了。”

“答应我，如果你搞定了，给我保留一些……素材。我想要一个更有深度的故事。”

“好的，你是记者吧，珍？”马特眯起眼睛，带着笑意问，“如果我给你搞到你想要的东西，我能有什么回报？”

噢，请别说出来。

珍妮弗深吸了一口气，忍住怒火。不知为何，她心头浮起一丝同情。

“你想要什么，马特？”

“等等，珍，你不会以为……老天，我不是那个意思。我只是想有个人能陪我喝喝酒，聊聊天……没有工作的日子太难熬了。你还年轻，没法明白那种感觉……”

珍妮弗松了口气，把手放在马特的肩上，就像女儿安慰父亲那样。

“我明白的，马特。需要人陪的时候，给我打电话。”

人群中又爆发出一阵欢呼，比赛结束了。

* * *

周日的傍晚闷得令人窒息。

迈克尔坐在办公楼下开放式绿地的长椅上，这里视野开阔，让他得以看见峡湾、钢结构悬索大桥，以及更远处的太平洋。他急需呼吸新鲜空气，但脑子里挥之不去的，还是下午紧急会议上发生的争执。

内部消息说，兰德马克管理层更倾向于欧米伽林斯的方案，尽管需要多付一些钱，但是能一劳永逸地消除劳资对抗的风险，在政治上也更安全。

几名高管轮番开炮，向迈克尔施加压力。这次AI及机器人技术对建筑行业的升级绝不是个例，而是变革的开端。倘若其他公司看到兰德马克能够如此彻底地解决被淘汰工人的再就业问题，肯定会紧跟上步伐，最终便是整个行业的大换血。这将涉及数以十万计的工作岗位，倘若不能妥善处理，将引发潜在的社会危机。更关键的是，一旦森奇亚丢掉了这一单，消息在业界传开，公司的光辉战绩也就画上句号了。

“到那个时候，迈克尔，你的名字会永远地被人们记住，只不过不再是金牌职业再造师，而是一个彻头彻尾的失败者。”一名高管直截了当地说。

迈克尔看着巨大的城市集群在夕阳下闪耀金光，那是100多年来由无数工人一砖一瓦建造而成的，历经地震、大火、瘟疫、污染……依然屹立不倒，绽放生机。每当想到这些建造者如今即将成为时代的淘汰品，一群无用之人，迈克尔的心里就沉甸甸的，他已经使尽浑身解数，却依然无能为力。他下意识地摸了摸自己的衣兜，寄望那里面能有一包烟可以纾解焦虑，却想起自己已经戒掉好几年了。人类真是太不完美了。他心想。

“我就猜你可能在这里。”迈克尔背后传来珍妮弗清脆的声音。

“陪我坐一会儿吧，你有多久没看过日落了？我是说，真正的日落，而不是模拟环境或者游戏场景。”

“有好一阵子了吧。”珍妮弗在长椅上坐下，与迈克尔保持着一尺的距离，不知为何。

“你干得挺好，珍妮弗。知道那封自荐信里最打动我的是什么吗？不是聪明、主动或决心，而是关于你父母的故事。那些不是编的吧？”

“当然不是！”珍妮弗脸唰地红了。

“抱歉，没有冒犯之意。有时候人们会撒谎，为了达到一些目的。比如我，就经常骗那些失业者，告诉他们不要放弃希望。”迈克尔陷入沉默，然后转向珍妮弗，“跟我说说你父亲吧，你说他也是一名‘连续再造者'？"

"是啊。大概12年前，他第一次遇到大裁员，那时候还没有职业再造师这个概念，那时候我才10岁……"珍妮弗望着海面陷入回忆。

工作被转给AI之后，她的父亲从一名只需要接触后台数据的个人信用评估人，转岗成为需要直面客户的核保人。部门有些临近退休的老员工直接选择失业，靠UBI和政府补贴勉强过活，也有人走上了完全不同的路径，培训转岗为需要强社交和共情能力的社工或护工。可父亲为人自尊心强，性格又比较内向，不太擅长跟人打交道，核保人是他的极限。

公司要求他使用一套内部系统来管理客户数据，一个类似智能助手的程序会时不时地跳出来，帮他干一些数据整理、填写表格、生成通知信函的初级工作。慢慢地，珍妮弗的父亲发现这个智能助手越来越聪明，能做的事情越来越多，有时还会纠正它自己犯下的小错误。

几年后，他再次遭遇裁员。核保流程全部转为在线处理，数秒之内即可完成报告，不再需要低效的人类雇员。

直到最后一刻，珍妮弗的父亲才醒悟过来，他对智能助手的每一次纠错，都是在标注数据，帮助它变得越来越聪明，以替代越来越多人类职员。这就像往火堆里添柴火，加热锅里的温水，却完全没有意识到自己正是那只被慢慢煮熟的青蛙。

"他变成一个完全陌生的人了。不再是那个温柔的父亲，而是一个愤世嫉俗，在酒精和射击游戏中度日的人。母亲也因此离开了他。当时的我对他充满怨恨，认为一切都是由于他不思进取、自暴自弃造成的，直到现在……"

迈克尔看见珍妮弗眼角闪烁着泪光，递过一张纸巾。

"谢谢。直到我真的接触到那些和我爸爸一样的人，我才明白，工作对于一个人来说，不仅仅意味着一份稳定的收入，还意味着尊严、成就、自我价值。也许他正是被那种无力感击垮了，再也站不起来了。"

一瞬间，迈克尔仿佛回到了一个小时前的会议室里。在众人的质问中，他感受到的正是如此难以抵抗的无力感。那一刻，他真切地觉得自己老了。

“这就是为什么我如此仰慕您，以及您所做的一切，萨维尔先生。”珍妮弗望向迈克尔，脸颊带着泪痕。

“也许我要让你失望了，珍妮。”迈克尔深深叹了口气，“明天上午之前，森奇亚就要输了，我也会变成无用之人中的一员。”

珍妮弗瞪大眼睛，看着眼前这位迟暮的英雄。突然手机传来震动声，她低头看了一眼，夕阳中，她的表情突然明亮了起来。

“萨维尔先生，也许游戏还没结束。”

* * *

当天早些时候，在工会代表的压力下，兰德马克公司向欧米伽林斯提出要求：组织一场非公开的岗位测评，从被AI取代的工人中抽取样本，进行全天的封闭式体验，以收集反馈信息，评估这一新职位再造模式的潜在风险，并与森奇亚的旧模式进行比较。

多亏了在人事部的朋友帮助，马特被挑选为“样本”的一员，签署了保密协议，交出手机，被大巴拉到一处偏僻园区。

为了拍下珍妮弗要的素材，他可是颇费了一番心思。他在那顶红雀队的棒球帽上装了一个微型摄像头，正好从鸟儿的眼珠子里探出来，数据直接上传到云端，纽扣大小的超氧化锂电池可以续航一个礼拜。

“记住，珍。我可是冒着被告的风险帮你，千万不能泄露任何我的个人信息。你是自己发现的这份数据，我们之间的对话从来没有发生过。明白吗？”离开前马特对珍妮弗再三叮嘱。

“可是马特……从视频内容就能知道是谁拍的呀……”

“噢……对哦。好吧，见鬼。”

最后，马特只能选择相信她。8小时后，当他给珍妮弗打电话时，她正和迈克尔在落日中追忆往事。珍妮弗赶紧去酒吧找他。

马特的样子看起来比之前更加憔悴，两眼通红，像是几天没睡好觉了。没等珍妮弗坐下，他便迫不及待地开口："我真的没有办法过那样的日子。太荒谬了，那些任务、图纸、数字……完全不合常理。我搞不懂那是怎么一回事。"

"给我录像，我会搞清楚的。现在你要做的，就是回去好好睡一觉，好吗？"

事关重大，珍妮弗决定回公司和迈克尔一起看这段视频。AI已经将它自动剪辑成30分钟的精华版本。他们可以随时停下，慢速或者放大，找寻其中的疑点。

视频中，这50个工人被集中在一间酒店的大宴会厅里。每个人面前有一张桌子，桌上有电脑和VR装备。来自欧米伽林斯的培训师站在最前面。第一个小时是基本培训，后面才算是正式工作。最后系统会根据得分情况，给予相应的奖惩，用的是等同于现金的信用点。

工人们只需要戴上VR眼镜和虚拟手套，手脚根本沾不到泥沙。屏幕同步显示眼镜里看到的画面，只不过是二维的。工作人员可以由此发现问题，指点迷津。马特把帽子放在桌上，微型摄像头对准屏幕，开始工作。

马特手忙脚乱地根据屏幕上的指示，学习如何在虚拟空间里旋转视角、放大缩小、添加构件……整个操作界面可谓傻瓜到极点，利用不同的颜色、声音和视觉特效来引导这位有25年工龄的资深技工，帮助他在最短时间内掌握如何像玩游戏般完成1000平方英尺住宅的水暖管道排布方案。

"你怎么看？"珍妮弗问老板。

迈克尔摇摇头，眉头紧蹙："我不明白，这样的虚拟协作流程，如果用在数字化程度更高的行业，比如金融、精算、财务非常合适，人机合作的模式也早已成熟。可为什么要用在建筑业，这些人难道不正是因为被AI取代了才到这里来的吗？”

“也许……这样成本更低？”珍妮弗开始乱猜一气，“也许是为了向发展中国家输出虚拟劳动力？”

迈克尔用手指示意让视频继续。

随着耳机中的音频讲解，迈克尔和珍妮弗开始明白了背后的底层逻辑。如果欧米伽林斯没有说谎的话，这些工人是在为一些发展中国家的“端对端整合”（End-to-end Integration）建筑项目提供预构件设计及装配服务，就像十几年前Katerra公司早已实现的那样。只不过现在有了低延时、高精度的虚拟现实技术，经验丰富的工人可以直接用手部动作远程操控机器人进行精细作业，满足高端客户的定制化需求。

木工、油漆工、外立面镶贴、墙体砌筑、混凝土浇构件等各类工种都被转化为类似的虚拟人机协作模式。经过简单培训的工人，按照他们多年的实操经验“编辑”施工方案。之所以说是编辑，是因为那些工人不用付出重体力劳动，也无须接触真实的建筑材料。完成上传之后，系统会根据完成速度及质量反馈相应的信用点，房间前面还摆放着一个排行榜，按积分高低显示着工人的名字。

马特不耐烦地四处转悠，和工友们搭话。有些人就像坐在老虎机前的赌徒，双手在空中不停重复动作，脸上露出沉迷的表情。也有的人屡遭挫败，愤怒地敲打桌面，嘴里骂骂咧咧。还有的人因为在排行榜上击败了对手，兴奋地手舞足蹈起来。

“这就是电子游戏，只不过游戏的名字叫‘工作’……”珍妮弗露出一丝厌恶，这些人的表现让她想起跌入人生谷底时的父亲。

“你说得对！”迈克尔突然像是发现了什么，一把抓住珍妮弗的手，“也许这就是一场游戏！你能帮我查清楚吗……”

“查清楚什么？”

“这视频里出现过的建筑设计图，它们是真实存在的吗？”

“你的意思是……”珍妮弗突然明白过来，“我明白了，这就是为什么马特觉得不对劲的原因。”

“珍妮，你是对的。”

“什么？”

“游戏还没有结束。”迈克尔终于恢复了自信的微笑。

视频到了尾声。组织者总结绩效，有人拿到了高分，击掌欢呼庆祝。焦躁不安的马特看着排行榜上自己排在倒数的名字，愤怒地摘下头顶的棒球帽，狠狠摔在地上。

画面陷入了黑暗。

* * *

当天晚上。

Top of the Mark酒吧开在马克·霍普金斯洲际酒店第19层，虽然层高不算高，但由于酒店位于旧金山的坡顶，因此在临窗座位可以将市区景色尽收眼底。

AI助理为艾莉森提供了完美的搭配建议，金红黑的主色调与酒吧的复古氛围相融无间。

24年份的梦之白香槟在杯中荡漾，艾莉森终于等到了迈克尔的出现。他一反常态没有打领带，领口敞开着。

“抱歉，前面一个会议耽搁了。”

艾莉森笑笑表示理解，她清楚这些都是迈克尔惯用的心理战术。两人在一种相互戒备的氛围中吃完饭，又客套了几个来回。艾莉森终于忍不住采取了主动。

“那么，你们从哪里搞到的视频？”

“你承认这一切都是骗局？”迈克尔没有正面回答。

珍妮弗用图像识别软件分析马特偷拍视频中的所有平面图、立面图、施工图，结合任务中给定的日照角度、时间、海拔、经纬线、大气条件等参数条件进行反算定位，根本找不到真实世界里的对应建筑物。欧米伽林斯提供给失业建筑工人们的只是一场过于美好的虚拟游戏。

“你打算怎么办？”艾莉森端起香槟，缓慢抿了一口，似乎在思考对策。

“公众有权知道真相。”

“你选择让更多的人失去工作，来满足你对英雄的病态扮演欲。迈克尔，这么多年，你倒是一点也没变。”

“得了吧，艾莉森。人身攻击对我没有用。”

“想想看，森奇亚花费那么多时间和成本去做转岗培训，就像是马车和火车赛跑，你们永远跑不赢AI更新换代的速度，为什么不用一劳永逸的办法呢？”

“难道这些人要在自欺欺人的虚拟工作里过一辈子吗？”

“迈克尔，你了解他们吗，你懂得真正的人性吗？看看你周围的人，那些衣着光鲜，出入高尚场所，按小时计费的专业人士，有谁不是用垃圾时间挤占工时，却毫无愧疚地拿着真金白银。他们会感到内疚吗……”

“可你剥夺了他们为社会创造真正价值的权利！”

“朝九晚五、保持稳定就是他们对社会最大的价值。”

“这是赤裸裸的欺诈！”

“当你不知道工作是真是假的时候，这就不算欺诈。相信我，如果你让人们选择红药丸还是蓝药丸，大多数人都会选蓝药丸。有谁愿意承认自己一无是处，只能靠AI的施舍过日子。迈克尔，也许这是我们能为人类保有的最后一丝尊严。”

香槟里的气泡渐渐消散，溶解在空气里。

迈克尔突然摇摇头，笑了起来。

“笑什么？”艾莉森瞪着他。

“抱歉……我只是想起了从前，好像每次我们发生争执，最后都会陷入僵局。就好像这是一场零和博弈，一定要分出个你死我活，有意思。”

艾莉森也笑了，气氛缓和了下来，“我也不知道为什么，也许在我内心深处一直想向你证明点什么。”

“想听我说句实话吗？”

“请。”

“你不需要向我证明什么，因为在我心里，你一直都是最完美的。”迈克尔把视线移开，像是在逃避艾莉森的目光，“也许你不信，来之前，我的计划是逼迫欧米伽林斯放弃这一单生意，但现在我改变了想法。”

“为什么？”

“这可以不是一场零和博弈。”

“你的意思是……合作？”

“我测算过，你们解决的职位多，但是利润薄，因为并不实际产生效益，光靠裁员公司的签约预付金和政府失业补贴也不可能把雪球一直滚下去。所以你们希望以快速增长、扩大规模的方式来拆东墙补西墙，最后也许就是回到UBI的老路。我说得对吗？”

艾莉森的表情承认了迈克尔的猜测。

“UBI为什么会失败，你比我更清楚。没有给每个人发挥潜能的机会，最后回到各安天命的个人主义陷阱。纸牌屋终究会倒掉。难道你就没有想过另一种方式？”

“我在听。”

“让虚拟的工作产生真正的价值。”

艾莉森露出迷惑：“可是怎么做？你应该知道，一旦抗议升级，事情就会变得不可收拾。”

“你去说服老板坐到谈判桌前。工会那边，我会想办法。”

＊＊＊

一年后，珍妮弗在森奇亚旧金山办公楼下再次遇见了迈克尔。只不过这次是在清晨，整座城市，远处的桥与海，都笼罩在一层金红色的薄雾中。

她端着两杯热咖啡，沿着小径漫步，脑海中还回想着前一天发生的奇怪事情。

那是通过视频接入的一名失业单身母亲露西。作为一名初级职业再造师，珍妮弗每天要接待几十位这样的在线咨询者，所有这些经验和技巧都将成为她晋升的资本。但是今天这名年轻的女士却有点不一样。

露西原先是一名酒吧招待，老板把店盘给了一家连锁餐饮集团，要改造成无人服务餐厅，自然没有她的位置，而她家里还有一个6岁男孩嗷嗷待哺。

可无论是她选择的用词、慢条斯理的节奏，还是过分精致的妆容，甚至每回答一个问题都需要停顿一会儿，像脑子有点反应不过来，都让珍妮弗觉得她并不是真的酒吧招待。

可她为什么要撒谎呢？

珍妮弗想尽快结束谈话，露西却无动于衷，抛出一个又一个的问题。这些问题都踩在关键点上，职业再造师如何评估她的技能，能提供哪些培训资源，是否能在缓冲期内帮她找到新的岗位。但不像其他的失业者，她一点也没有流露出焦灼不安的情绪。甚至作为一位母亲，露西并没有把照顾孩子的需求纳入职业选择的考虑之中。这很少见。

是竞争对手派来刺探情报的吗？可为什么要选择我这样的新人呢？珍妮弗更迷惑了。

“抱歉露西，我还有下一个预约，要不今天先这样？如果有合适的机会我们会通知你的。”

这回露西似乎终于明白了，她起身点了点头，离开前留下一句耐人寻味的告别。

“谢谢，你提供的信息非常有帮助，期待下一次的见面。”

她是一个自动答录机吗？想到这里珍妮弗不由得有一丝恼怒，却看到长椅上端坐的熟悉身影。那个男子正在朝自己微笑。她所有的不快一扫而光，快步上前。

一年前，森奇亚和欧米伽林斯最终达成协议，共同承接兰德马克项目。双方发动各自的优势资源，将AI技术与职业再造经验深度结合，力保每一位工人都能获得妥善安排。

之后，迈克尔邀请珍妮弗跟随他回到西雅图总部，这意味着她将踏上晋升的快车道。可珍妮弗却选择留下来，成为一名新晋的职业再造师，继续服务本地劳工。

“迈克尔？真不敢相信真的是你，来出差？”珍妮弗喜出望外。

“好久不见了，珍妮，你看起来状态不错。”

“谢谢，你有时间吗，我多买了一杯咖啡。”

“当然，谁能够拒绝旧金山早晨的一杯热咖啡呢。”

两人在长椅上坐下，还是隔着一尺的距离，珍妮弗双手捧着纸杯，终于先开了口。

“迈克尔，我知道这很蠢，但我还是要向你道歉，真心的。”

“为了……”

“你给了我那么好的一个机会，可我却拒绝了，我不希望你把这种行为解读为‘背叛’或者‘恩将仇报’……”

“噢，珍妮，别告诉我这事儿你一直放在心上。”迈克尔苦笑着摆了摆手，“说实在话，我很高兴你做了这个决定。所有人都说，当我的助理会有一个魔咒，就是不超过一年就得离开公司，我很高兴你打破了它。”

“好吧，既然你这么说的话……你跟艾莉森怎么样？”

“她很好。我们很好。至少现在不错。你懂的，进入一段关系，就像开始一份新工作，总是需要磨合期，哪怕这份工作你以前干过。说说你吧，干得还顺心吗？”

珍妮弗尴尬地笑笑：“一开始的时候压力巨大，总能梦见自己走进一个全是人的房间做演讲，开场白总是‘感谢你们一直以来为公司做出的巨大贡献’，你懂的，不过现在好多了，多亏了你……”

“应该是多亏了你，珍妮，如果不是你和那个建筑工人，是叫马特吧。你们拯救了森奇亚，也帮助了数以万计的失业工人。”

“我只希望我的工作还能多坚持几年，你知道的，最近已经开始推行在线咨询服务了，说不定哪一天我们也要被再造了……”

“珍妮……”迈克尔看着昔日的部下，欲言又止，“无论世界怎么改变，我相信你都会做得很好，因为你有一颗真诚的心。”

“这套话术对我不管用的，我有一整本手册呢。好了，迈克尔，我还有个晨会，就不打扰你欣赏海景了。希望下次见面不用等这么久。”

迈克尔挥挥手：“回头见，祝你好运。”

珍妮弗的身影消失在玻璃幕墙尽头。

*她是对的。*迈克尔陷入沉思。AI力量不断扩张，毫不留情地侵入人类固守的职业疆界。也许一切只是时间问题。

在他来旧金山之前，总部高层刚刚开完一个决策会，投票表决是否将虚拟工作流程也引入森奇亚公司内部。一旦通过，这意味着初级职业再造师的客户中将有一部分是数字人，它们有些来自真实人类原型，有些完全由AI生成，模拟不同类型的失业者。数字人的拟真程度如此之高，以至于人类员工难以分辨。在这一过程中，数字人会对职业再造师的工作表现进行评判，选拔有能力晋升为管理层的人。

剩下的人，也许只能重复在其他行业已经上演过的游戏。甚至更为荒谬，会作为真实人类帮助虚拟失业者寻找虚拟的工作机会。

露西便是这样一个被投入测试的数字人原型。迈克尔用自己母亲的名字为她命名。

所有数据结果都显示，这一创新能够大大提升组织效能，筛选出更为优秀的备选人才。但一如从前，总会有一些保守者顾虑重重。

管理层举手表决打成三比三平，两边各执己见，谁都说服不了对方。所有人都把目光投向了迈克尔。

在那一瞬间，他想起了那个遥远的下午，母亲接到裁员消息时的表情。谁输谁赢，在历史洪流面前，也许根本无足轻重。

迈克尔·萨维尔松开领带结，像要给自己留下一点喘息的余地。他举起手，为未来投下庄重的一票。

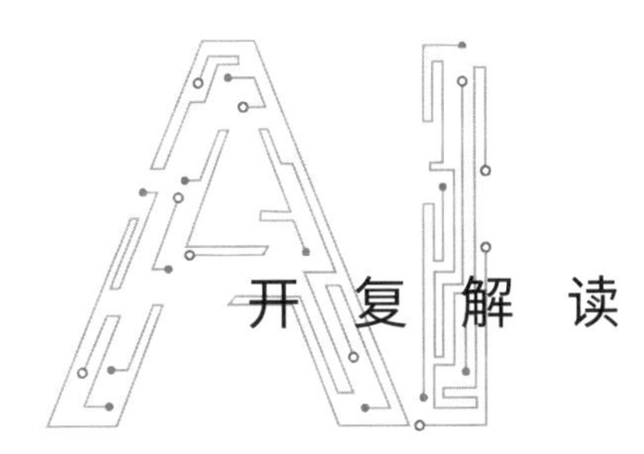

# 开复解读

目前，AI在很多场景、任务中都实现了对人类的超越——不吃不喝、不眠不休，仅需很少的能源和维护成本。未来AI将在某些领域逐步取代人类员工，这一点如今已经成为共识。

本章讲的《职业救星》的故事，正是基于20年后AI取代人类员工的场景展开的：从建筑业到金融业（如承销贷款），AI在各项工作中无所不能，甚至掌握了判断人类员工是否胜任的聘雇权。

显而易见，AI可以创造巨大的经济价值，但也会使人类面临前所未有的失业危机。目前来看，蓝领阶层和白领阶层将首当其冲，因为越是从事简单重复性工作的人，越容易被AI取代。

AI将带来史无前例的生产效率和经济价值，但同时，也可能会造成社会的深层次矛盾加剧，进而引发一系列社会问题：AI的发展剥夺了低收入人群的工作机会，使他们失去收入来源；进一步导致穷者愈穷、富者愈富，贫富差距越来越大；因失业引起的抑郁症患病率及自杀事件剧增，甚至激起社会动荡；等等。

正是基于这样的两面性，很多人都发出疑问：在变革人类工作这件事上，AI的出现究竟是福还是祸？

在故事《职业救星》所畅想的未来时代，针对AI导致的失业潮，有了这样的解决方案——出现了一类专门负责重新分配工作的职业再造公司，专门为失业的人提供就业咨询和培训，并为他们分配工作，比如把人们安排到他们原本意想不到的岗位，甚至派遣他们进入云端虚拟空间执行真实场景中的任务。

《职业救星》这个故事想探讨的核心问题是：在AI时代，是否有足够多的工作需要人类去做；有没有必要设计一些纯“虚拟”的工作场景，使失业者有机会再次获得唯有通过工作才能产生的成就感和满足感，即使他们并非真的在创造实质性的效益。

我们可以预想一下，如果20年后，《职业救星》中的就业情形真的发生，那么上班族该怎么办？个人、企业和政府部门，能够做些什么来预防潜在的失业潮危机？

在AI的参与下，未来的工作会演变成什么样子？哪些人类员工是可以被AI取代的？哪些工作又是AI力不能及的？或者说，人类是否需要重新建构对就业的认知，并为此制定全新的社会契约？另外，在AI时代，如果我们不必再把大部分时间花在工作上，那么我们的生活方式是否会发生颠覆性的改变？

为了回答这些问题，接下来，我将从AI如何取代人类员工开始分析，深入探讨AI时代人类就业的各种可能性。

## AI将如何取代人类员工

首先，可以明确的是，AI在处理海量数据方面具有惊人的优势。

以金融放贷为例。在放贷的审核环节，金融机构在收到贷款申请后，人类审核员一般会仔细核查申请人的各类信息，如净资产、工作收入、家庭状况等，然后再决定是否批准贷款申请。这是一个繁复的过程。

但AI却不用这样做，它可以直接根据贷款申请人的公开记录、面部信息、下载过的应用程序中的数据，以及在网上的各种浏览历史轨迹等，把成千上万个变量放入“风险控制模型”中，然后快速给出精细化的评估结果。这个过程不仅高效，而且其评估结果比富有经验的人类审核员还要准确。

如果人们不愿意提供这些隐私信息怎么办？那么，让我们来假设，金融机构为了鼓励贷款申请人允许AI审核员查看他的个人资料，于是承诺申请人可以因此而享受到更优惠的贷款政策（更精确的放贷让AI审核有更大的利润空间来让利）。结果会怎么样？可能有些人会拒绝，但应该有很多人会选择同意（就像我们在《一叶知命》中所看到的那样）。

从上述例子可以看出，在日常工作中，AI取代部分白领可能不是一件太难的事情，而且类似的事情也确实发生过，比如过去从事记账和数据录入等专门事务性工作的人类员工，现在都被电脑软件取代了。

在《职业救星》中，我们也能看到那些受AI冲击的白领，从会计师到放射科医生，无一幸免。接下来，如果AI与机器人、自动化等技术进一步结合，一些从事相对复杂工作的蓝领工人也将被取代，比如故事里提到的仓库拣货工、建筑工人、管道工人等，这几类员工被取代的难度逐步递增。到2042年，执行常规任务的仓库拣货工将彻底被仓储机器人取代；在未来的建筑业，由机器人制造的易于大规模组装的部件将成为主流，因此，一部分建筑工人将被建筑机器人取代；管道工人的数量甚至也会慢慢减少，因为大规模组装建筑物的标准管道，可以使用机器人进行维修，不过，因为还有很多老式建筑的管道系统比较复杂，所以管道工这个工种不会那么快消失。

那么，在未来的AI时代，人类员工被AI取代的情况究竟会发展到什么程度？最容易受到AI冲击的行业有哪些？

在《AI・未来》一书中，我预测过，截至2033年，有40%的工作岗位上的人类员工都将被AI和自动化技术所取代。当然，这种取代的进程并不是一朝一夕就能完成的，AI取代人类员工的方式是渐进的，就像《职业救星》中珍妮弗从事会计工作的父亲那样，他是逐渐被机器人流程自动化（Robotic Process Automation，RPA）技术取代的。

简单来说，RPA可以看作一种安装在电脑上的“软件机器人”，能够通过软件来观察人类员工所做的一切工作。随着时间的推移，这种“软件机器人”会基于它们所观察到的数百万人类员工的工作流程，掌握人类员工执行重复性日常工作的完整过程。

在某些时候，企业会选择让机器人完全接手人类员工的工作，这是一种“划算”之举——随着总体工作负担的减轻，企业工资单上的雇员人数将减少。

想象一下，在一个有100名员工的人力资源部门，有20名员工的主要工作是筛选简历——将求职者的信息与岗位说明中的任职标准进行比较。如果上马RPA后，筛选效率提升一倍，就会导致其中10名员工失业，而在RPA根据更多数据和经验完成了进一步的学习后，可能会在某个时间点取代剩下的10名员工。

与此同时，在与求职者进行电子邮件沟通、安排面试、反馈协调、招聘决策，甚至有关入职的基本谈判方面，RPA也都具备非常大的潜力。如果把这些任务也委托给RPA，就会有更多的人类员工被取代。

另外，AI还可以参与对求职者的第一轮面试，进行面试筛选。这个环节类似于《职业救星》中数字人露西对珍妮弗做评估的过程，这种做法将为人力资源部门和招聘经理节省大量的时间成本。

由于AI可以参与上面提到的这些工作环节，人力资源部门的员工总数有可能从100人减少到10人左右。当AI完成对招聘阶段的赋能后，接下来，它就可以接手人力资源培训、帮助新员工制定职业发展目标以及绩效评估等任务了。

人力资源部只是每家企业的职能部门之一，除此之外，AI还可以在财务、法务、销售、市场、客服等部门发挥作用，再加上新型冠状病毒的暴发推动了企业工作流程的数字化，导致RPA和类似技术的应用需求量变大，从而进一步加快了AI取代人类员工的进程。不难想象，AI对人类工作的介入虽然是循序渐进的，但最终的结果却非常明确——AI将全面取代人类员工。

有乐观主义者认为，新兴技术导致的生产力提升，总能带来相应的经济效益，而经济的增长和繁荣，则意味着能够带来更多的就业机会。但是，与其他新兴技术不同，AI是一种“无所不能”的技术，它将直接对数百个行业以及数以百万计的工作岗位带来冲击。这种冲击不仅包括对体力劳动的替代，还包括在认知上带来的挑战。

大多数技术都会在取代一部分岗位上的人类员工的同时，创造一部分新的就业机会，例如，流水装配线彻底改变了汽车工业——从工匠手工组装昂贵的汽车，到普通工人制造更多的平价汽车。可是，AI却与此不同，它的目标非常明确，就是接管人类的工作任务，这会直接导致人类就业机会的减少。而且，AI并不会仅仅局限于单一领域的技术，它会“入侵”各行各业。

另外，AI应用、泛化和迁移的速度也是惊人的。人们总是将其与AI新技术革命相提并论的工业革命，在其发轫100多年后，才扩展到西欧和美国以外的国家和地区，而AI却一呼百应遍地开花，几乎在全世界范围内都是同时开始落地应用。

## AI取代人类员工背后的潜在危机

实际上，AI取代人类员工所带来的失业人数飙升只是危机的冰山一角，而且是浮于水面上的那一角，而潜伏在水下的危机，可能会给人类带来难以承受的后果。

首先，失业人数上升会导致岗位竞争加剧，蓝领和白领的薪资可能因此被压缩。然而，与此同时，AI算法却有可能帮助科技巨头在更短的时间内获得更多的收益，造就更多的亿万富翁，于是收入和财富不平等的问题会愈演愈烈。

英国经济学巨擘亚当·斯密提出的自由市场的自我调节机制（例如，高失业率会压低工资，受其影响，物价降低，进而反向刺激消费，最终会使经济重回正轨），在AI时代下将不再有效，甚至会彻底崩溃。如果不未雨绸缪对此加以控制，而是任其自然发展下去，可能就会出现新的社会阶层划分：上层是极其富有的AI精英；中层是数量相对较少的一部分从事复杂工作的雇员，这些雇员的工作涉及广泛的技能、大量的战略性规划以及创意，这些雇员中的一大部分人收入较低；下层则是最庞大的社会群体——无力挣扎的普通民众。

其次，比起失去工作，对于人类来说更为不幸的是失去人生的意义，所以人类在精神层面遭遇的挑战同样值得关注。

未来，人们将看到，在其毕生扎根、钻研的工作中，自己会被AI算法和机器人轻而易举地超越。那些从小就梦想进入某些行业的年轻人，他们的希望可能会就此幻灭。

自从工业革命以来，无形中，人们被灌输了一种观念——工作是我们实现自我价值的主要途径。这种根深蒂固的传统观念一旦被颠覆，人们将很难获得自我认同感，反而会产生挫败感。此时，有的人可能会选择滥用药物来逃避现实，有的人可能患上抑郁症甚至选择自杀［据美国报道，在某些遭受现代科技强烈影响的行业（如出租车司机），从业者自杀的人数激增］。更糟糕的是，AI的广泛冲击会使人们开始质疑自己存在的价值，以及生而为人的意义。

回顾并不久远的历史，我们会发现，在面对大规模流行病等非常具有破坏力的动荡性事件时，人类的政治制度和社会结构是多么地脆弱。新冠肺炎疫情，就是最近发生的活生生的例子。而如今的AI经济，也是这样的一个颇具“杀伤力”的颠覆者，倘若不加以干预、调控，放任它自由发展，后果将不堪设想。与之相比，由于社会政治博弈所引发的动荡，简直是小巫见大巫。

这样说来，似乎摆在人类眼前的，将是一幅惨淡的前景。那么，我们对此能做些什么呢?

## UBI会是一剂良方吗

在AI对人类工作岗位形成冲击的情况下，“全民基本收入”这一旧概念被注入了全新的活力，被更多的人热议。根据UBI计划的理念，政府为每个公民提供标准津贴，这种津贴的发放并不考虑公民个体的需求、就业状况或职业技能水平，其资金来自对超级企业、超级富豪的征税。

在2020年美国总统大选前，候选人之一杨安泽提出了一种名为“自由红利”的UBI的变体政策作为自己竞选的理论基石，并把它视为对抗AI和自动化浪潮的一剂良方。虽然杨安泽没有在竞选中走到最后，可是作为一名政治新手，他在竞选中赢得了超出大多数权威人士预期的成绩，而且在2021年的纽约市长选举中呼声最高。其中的一部分原因是UBI的吸引力，另一部分原因或许就是他阐明了制约经济发展的重大瓶颈，指出了被其他政客忽略的事实，从而引起了劳工阶层的共鸣。

我认为，人类必须想办法缩小不断扩大的贫富差距，在这个过程中，UBI未尝不是一种虽然简单但行之有效的机制。不过，UBI的无条件分发原则，也会带来财政分配过于“随意”以及浪费公共资源的风险，对此，有些提议指出，应该在UBI的基础上附加发放津贴的条件，或者将公民个体的需求考虑在内，这将直接提升UBI计划的实施效果，同时改善公众对它的看法。

我认为“授人以鱼，不如授人以渔”应该成为UBI计划的题中之意。换言之，UBI计划需要直接帮助那些有潜在失业风险的人，帮助他们选择一些短期内难以被AI接管的就业岗位，并为他们提供相应的转岗培训。因为如果让人们自己做决策，可能大多数失业者都无法准确判断，在AI革命中哪些职业将幸存，哪些职业将被淘汰；还有很多人无法有效利用UBI计划所提供的资金，使自己的生活重新走上正轨——人性中的诸多不确定性因素，总会使政策的执行过程充满挑战。

除非上面提到的就业岗位技能培训能够被纳入UBI计划的核心理念，否则数十亿人将面临与《职业救星》中的爱尔莎女士同样的命运——失去仓库拣货员的工作，成为主题乐园的服务员，但在不久之后，她再次失去了这个来之不易的新的谋生机会。

## 从事哪些工作的人不容易被AI取代

要想从容应对AI时代的就业形势，首先应该清楚AI的特点，例如，AI不具备什么能力，不能完成什么种类的工作。然后，我们才能抓紧时间提前增设AI无法接管的工作岗位，为人们提供相应的职业咨询，并且有针对性地开展职业培训，从而实现AI时代工作岗位的供需平衡。

我认为，在以下3个方面，AI存在明显不足，即便到了2042年，AI可能仍然无法完全掌握这些能力。

第一，创造力。AI不具备进行创造、构思以及战略性规划的能力。尽管AI非常擅长针对单一领域的任务进行优化，使目标函数达到最优值，但它无法选择自己的目标，无法跨领域构思，无法进行创造性的思考，也难以具备那些对人类而言不言自明的常识。

第二，同理心。AI没有“同情”“关爱”之类的“感同身受”的感觉，无法在情感方面实现与人类的真正互动，无法给他人带去关怀。

尽管目前科研人员已经致力于改进AI在这一方面的缺陷，但人类在需要情感互动的时候，仍然很难从一个机器人的身上得到心里所期待的真心的关怀，收获心灵上的慰藉。这也就是所谓的不够“人性化”。

第三，灵活性。AI和机器人技术无法完成一些精确而复杂的体力工作，如灵巧的手眼协作。此外，AI还难以很好地应对未知的或非结构化的空间，并在其中执行工作任务，尤其是它观察不到的空间。

那么，上面提到的这些AI的短板和缺陷，会对人类未来的就业形势产生什么影响呢？

不难预测，一些不需要社交的重复性工作可能会全部被AI接管，如电话销售员，以及之前提到的保险审核员和贷款审核员等。

那些需要高度社交技巧并且相对重复执行的工作，将由人类与AI共同承担，二者将在工作中各自发挥所长，实现人机协同合作。例如，在课堂上，AI可以负责日常作业的批改和考试的评分，甚至完成一些标准化的课程教学和个性化的练习指导；人类教师则可以专注于成为善解人意的导师，用自己的同理心去理解学生、激励学生，陪伴他们在实践中学习，为他们提供个性化的辅导和启迪，帮助他们培养良好的习惯及情商。

对于那些需要创造力但不需要社交互动的工作，AI将成为帮助人类发挥更大创造力和潜力的利器。例如，科学家可以利用AI技术提高药物研发的速度和精准度。

还有一些既需要创造力又需要社交技能的工作，比如《职业救星》中的迈克尔和艾莉森所做的是高度策略性的工作，他们将成为未来人类职场中的“闪光点”，很难被AI取代。

图8-1和图8-2展示了在不同职业的能力结构中，对创造力和社交技能的要求。图8-1是智力型工作被AI接管的二维图，其中，横轴代表职业所需的创造力，纵轴代表职业所需的社交技能；分布在图中右上方的工作更适合人类，左下方的工作更适合AI。

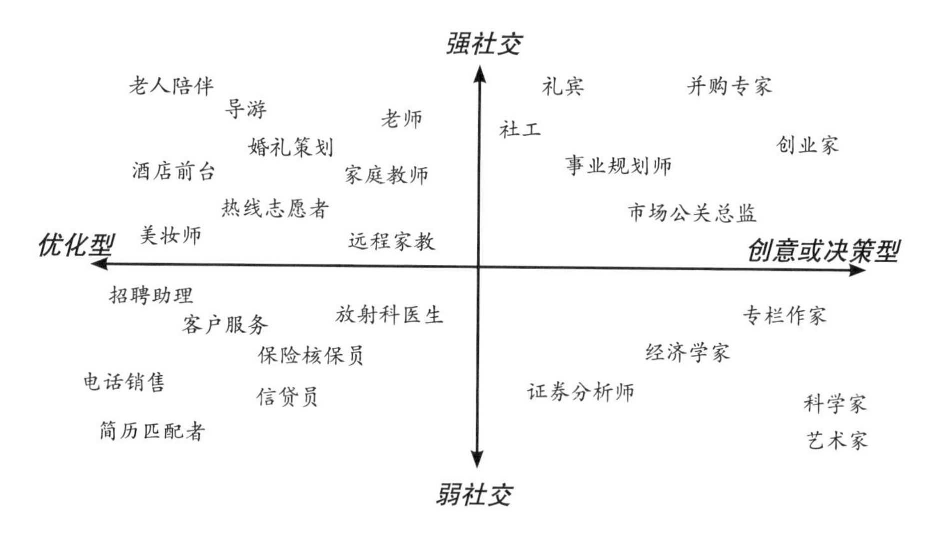


图8-1 智力型工作被AI接管的二维图

图8-2是劳力型工作被AI接管的二维图，其中的纵轴仍然代表相关职业

所需的社交技能，横轴则代表从事相关职业所需的体力劳动的复杂程度（这种复杂程度是根据具体工作所要求的肢体灵巧度，以及对是否需要在未知环境、非结构化环境中解决问题进行衡量后确定的）。图中右上方的工作更适合人类，左下方的工作更适合AI。比如帮助老年人洗澡的护理工（敬老院陪护）的工作，不但需要社交技能，还需要灵巧的肢体技能，因而更适合人类；仓库拣货员既不需要社交技能，也不需要具备很高的手工灵巧度，因而更适合AI。

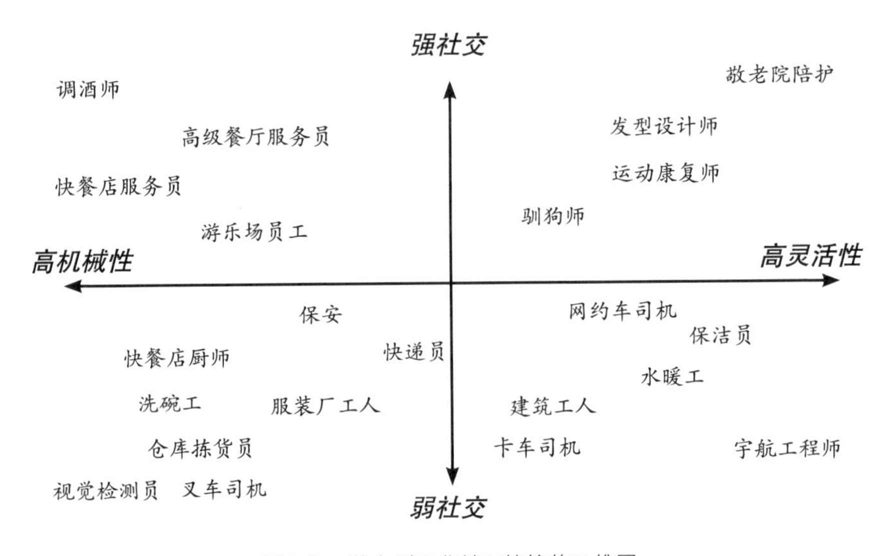


图8-2　劳力型工作被AI接管的二维图

显而易见，仍然有很多职业是AI需要付出极大努力才能够胜任的，所以，对于人类来说，这类工作相对安全。但是，有些从事相对简单的工作的人，却无法避免被AI彻底取代的命运，对此，我们还能做些什么，才可以帮助人类员工在即将到来的AI时代，仍然保持“工作—赚钱谋生—获得成就感”的人生模式？

## 如何化解AI时代的人类工作危机

AI所引发的新经济革命已现端倪，随之而来的工作消亡问题将是人类命运共同体所面对的时代性挑战。对此，我建议把“3R”作为人类应对AI经济变革的途径，即二次学习（Relearn）、二次定义（Recalibrate）和二次复兴（Renaissance）。3R是我们迎接时代挑战时可以努力的方向。

**二次学习**

我们应该发出严正警告，唤醒那些正踩在失业悬崖边缘的人们，鼓励他们主动出击，重新学习。

令人欣慰的是，有不少人类的工作是AI难以胜任的，特别是那些需要创造力、复杂工艺、社交技巧以及依赖人工操作AI工具的工作。我们可以倡导人们积极投入二次学习，帮助他们掌握从事此类工作的（新）技能，为适应AI新经济下的新型工作场景做好准备。

职业培训机构需要尽快重设课程，增加AI时代可持续就业的培训科目；政府可以为这些培训提供奖励和补贴；企业可以参考类似于亚马逊职业选择计划（Career Choice Program）的方案，设立专项经费，资助员工参加职业再造培训项目，帮助员工获得飞机维修技师、电脑辅助设计师、医疗护理师等职业的资格许可证。

值得关注的是，随着财富的增长和寿命的延长，以人为中心的服务性工作将成为社会的刚性需求，其重要性与需求量都会水涨船高，例如，世界卫生组织预测，要实现联合国“人人享有良好的健康和福祉”这一可持续发展目标，全球医护人员的需求缺口将高达1800万人。过去，这类关怀型职业在社会上一直不被重视，薪酬也普遍偏低，但以后，这些“以人为本”的职业将成为AI新经济运行的基石，值得更多的人考虑通过二次学习来投入其中。

为了进一步缓解人力资源供需失衡，我们甚至可以考虑把目前“志愿者服务”类型的工作调整为全职薪酬型工作，诸如献血中心服务人员、寄养服务提供者、夏令营老师、心理咨询师等，也包括一些为了照顾家中老人不得不离开职场的成年人。另外，可以预见的是，自动化时代一旦到来，社会将需要大批志愿者为失业人员提供热线咨询，帮助他们解决在职场转型过程中遇到的疑虑和困难，排解心理压力，最大限度地避免由于失业所导致的社会问题的发生。这些志愿者也应当获得合理的报酬和社会的认可。

**二次定义**

除了重新学习职业技能，我们还需要结合各类AI工具，重新调整工作岗位的“人机协作”模式。因此，对于不少职业的工作方式乃至工作内容，我们需要重新进行定义。

信息化革命在短短几十年内彻底改变了人们的工作方式，使用电脑上的各种软件是当今普遍的人机协作模式。在AI时代，各行各业将朝着更加智能化的方向“进化”：AI可以测算出不同条件下的沙盘推演结果；可以通过对海量数据进行计算，量化显示工作任务的最优解；也可以协助不同行业优化工作流程，完成日常的重复性事务。我认为，很难出现单一通用型的AI工具，我们必须针对各个行业提供特定的解决问题的应用程序，如此，举凡药物分子研发、营销广告策划、新闻信息核实等任务，都能通过高度定制化的AI工具来实现。

当我们对一些职业进行二次定义，充分把“以人为本”的人性特质和AI善于优化的技术优势深度结合起来之后，许多工作将被重塑，不少新兴岗位也将被创造出来。

在AI时代的人机协作中，AI和人类合理分工、各展所长，AI可以既智能又高效地承担起各种重复性任务，由此，人类从业者得以把更多的时间花在需要温情、创意、策略的人文层面的工作上，从而产生1+1>2的合作效应。举例来说，人们生病了，最信任的仍然是人类医生，由于医生可以使用专业的AI医疗诊断工具，快速准确地为患者制定最佳治疗方案，所以他们能腾出充裕的时间和患者深入探讨病情，抚慰他们的心灵。医生的职业角色也将因此被二次定义为“关爱型医生”。

正如移动互联网催生了“网约车司机”“外卖小哥”等职业，AI的崛起也创造了很多全新的职业，目前已经有AI工程师、数据科学家、数据标注员、机器人维修员等。我们应该时刻关注AI新经济进程中涌现出的新兴职业，确保公众掌握就业情况，并且为他们提供相关的职业技能培训。

**二次复兴**

有了得当的培训和称心的工具，我们可以期待又一次“文艺复兴”的到来——由AI催生的人类释放激情、创造力迸发、人性升华的新高峰。

中国历史上有脍炙人口的唐诗、宋词、元曲，滥觞于意大利的欧洲文艺复兴则诞生了辉煌的文学、音乐、建筑、雕塑，这些作品在数百年后仍被人赞颂。那么，AI新经济将会激荡出怎样的人文复兴？

AI视觉工具将成为绘画、雕塑及摄影艺术家们的得力助手，可以按照他们的指示创作、完善作品。AI文字工具可以辅助小说家、诗人、记者，为写作注入新的灵感。AI可以帮助教师批改作业和试卷，让教师把时间和精力节约出来，去设计崭新的课程课件，以此激发学生的好奇心、创造力，培养学生的批判性思维；可以帮助教师在课堂上传递标准化知识（信息），让教师把更多的时间花在与学生进行个性化互动上，这样，他们才能成为AI时代的教育家。

如果让我预言这场由科技进步引发的“二次复兴”将具有什么意义，我想借用美国第二任总统约翰·亚当斯的名言：“我必须研究政治和战争，我的儿子们才有研究数学和哲学的自由。我的儿子们应该去研究数学、哲学、地理、自然史、造船、航海、商务和农业，为的是使他们的孩子有学习绘画、诗歌、音乐、建筑、雕塑、织绣和瓷艺的权利。”

## 迎接AI新经济以及制定全新的社会契约

现在回过头看故事《职业救星》，会不会在我们这一代人的有生之年，人类的工作真的锐减到故事中所描述的程度，以至于我们不得不依靠虚拟的工作来打发时间，就像故事里欧米伽林斯公司为失业建筑工人安排的所谓的“新职位”那样？

我不认为前景会如此悲观，但故事中的设想非常有趣，对于人类来说，把这个设想化为现实将是史无前例的创举。虚拟环境并非毫无现实意义，它很有可能成为职业技能培训的拟真场景，为人类从事未来的工作提供强有力的支持。

AI取代人类员工的浪潮势不可挡，不过，被取代的往往是从事相对重复、相对初级的工作的人类员工。有了AI之后，人们极有可能不再需要从事初级工作，而是一步到位，去承担一些不那么标准化的、难度更高的工作（任务）。那么，连带产生的问题是，员工如何实现这种由简到难的能力跨越？尽管自动化技术高度发展并在各行各业得到普及，但我们仍然需要确保人类能够完成所有级别的工作，有机会在实践中学习，实现能力的进阶提升。

随着虚拟现实技术不断进步，未来的“虚拟工作”“实践培训”和“真实工作”之间的边界会愈发模糊，正是这一点，促成了《职业救星》中欧米伽林斯和森奇亚两家公司的合作。故事里提到的初级工作，带给人们更多的是实践培训的机会，而不再是创造实质性价值的机会。

可以肯定的是，在未来，为大量失业人员提供再就业培训势在必行，而花费在这件事上的资金将是一个天文数字。

除此之外，我们需要重新定义教育，培养出有创造力、有社交能力、掌握多学科知识的复合型人才。

我们还需要重新定义职业道德、公民权利、企业责任和政府的引导作用……简而言之，我们需要制定全新的社会契约。

好在我们并不是“平地建高楼”，而是可以借鉴各个国家的经验，比如北欧的基础教育体系、韩国的天才教育、美国大学的颠覆性创新教育（如大型开放式网络课程“慕课”和密涅瓦大学的新式教育）、瑞士的精工文化、日本的服务精神、加拿大的志愿者服务、中国的敬老养老传统，以及不丹的全民幸福指数等，最终形成全球性的最佳解决方案，让新的社会经济为新技术提供发展的沃土。

毫无疑问，这将是一项异常艰巨的任务，人类完成这项任务所需要的非凡的勇气和胆量从何而来？能力越大则责任越重，我们这一代人将收获AI带来的前所未有的财富，因此也必须承担起重写社会契约、调整经济方向的责任。如果上述原因还不足以使现在的我们有足够的动力，那就让我们拉长视野，想想我们的子孙后代，想想人类文明的延续和繁荣吧。

AI为我们这一代人开启了“共同性”机遇的大门：由于有了AI，人类得以从重复性的工作中解脱出来，我们的时间宽裕了，我们的心志解放了，我们终于能够专注于自己最擅长的领域，释放激情、创造力及才华，把我们的能力用在发现、发明、创意、创造等层面上。AI给了我们追随内心的机会，对此，我想倡议每个人都深入思考一下：身为人类，我们具有哪些AI难以取代的独特性？在AI时代，我们应如何高扬人性珍贵的价值和意义？

# 09

# 幸福岛

开复导读

AI能让我们变得高效、富有，但是AI能让我们幸福吗？本章的故事讲的是一位中东的开明君主，他想试验将AI作为给人类带来终极幸福的灵丹妙药。然而，幸福是什么？幸福如何衡量？这位君主邀请了各界名人聚集在一座私密的岛屿上，让这些名人共享他们的个人数据，并成为探索这个奇妙命题的“小白鼠”。然而，试验却出人意料地走向了失控……

在本章的解读部分，我将讨论衡量幸福感、获得幸福感的问题，以及AI能否帮助我们解决这些问题。通过数据，AI可能知道我们所有最深的、最隐秘的欲望，因此，我还会深入讨论与此有关的隐私议题，分析与隐私保护有关的监管机制和技术方法。

不要怕。

这岛上充满了各种声音和悦耳的乐曲，使人听了愉快，不会伤害人。

……那时在梦中便好像云端里开了门，无数珍宝要向我倾倒下来；

当我醒来之后，我简直哭了起来，希望重新做一遍这样的梦。

——威廉·莎士比亚《暴风雨》

一辆黑色越野车在漫天黄沙里时隐时现，像在海浪中沉浮的鲨鳍。车子开足马力，卷起沙尘，不停地向垂直落差达十几米的巨大沙丘冲刺。有几次，几乎要在斜坡上侧翻了，车子却又猛一加速，高高跃起，重重落下，如同捕获猎物的鲨鱼，心满意足地开始寻找下一个目标。

维克多·索洛科夫抓紧座椅，以免身体被抛上半空。他脸色煞白，这种刺激感跟苏–57做眼镜蛇机动时不相上下。车厢里非洲电子乐轰鸣，来自阿尔及利亚的司机哈立德用口音浓重的英文吼着，说这些沙丘移动速度很快，无人驾驶可搞不定。前窗被油漆般稠密的黄色沙尘冲刷着，完全看不清方向，似乎在佐证他的话。

从卫星地图上可以看出，这些绵延不绝的沙丘如一道道金色斜线，从西北到东南切过卡塔尔半岛。如果从沙漠腹地驾车一路东行横穿，就能看到为游客准备的复古驼队、废弃的炼油厂、滩涂上的采珠体验区，最后抵达海市蜃楼般虚幻的超现代城市多哈。你会感受到时间似乎被裁切成跳跃的片段，诉说着这个年轻国家神话般腾飞的历史。

“为什么你不直接飞过去，我是说，那样快多了。”哈立德不解地问。

他指的是维克多要去的地方——阿勒萨伊达岛，位于多哈卢赛尔码头东北的阿拉伯海上。一般去那里的人都选择乘私人飞机或游艇。

维克多耸耸肩："我有的是时间。"

"哈，你们这些俄罗斯人！"司机对着后视镜大笑。

这位乘客完全不像那些传统的俄罗斯富豪，一身黑色运动服包裹着瘦弱的身躯，更显得脑袋硕大。他的脸看起来很年轻，却有着与之不相符的深沉。最奇怪的是，他似乎对任何风景、游乐项目，甚至全世界都体验不到的地下竞技场，毫无兴趣。就好像是一位目的过分明确的顾客，只想赶紧从超市货架上取下商品，结账走人。

维克多曾经是全球40岁以下最有影响力的商业天才。他在东北亚地区设立了一个电子游戏竞技平台，转播权售卖全球，结合特许博彩经营，以加密货币结算。不到10年，他的业务便成功地像滚雪球一样扩张到各个大陆，他也因此积累了富可敌国的资本。可就在人生最巅峰的时刻，维克多选择了急流勇退，从公众视野中消失。一时间阴谋论甚嚣尘上，有说政府有意接管他的商业帝国的，有说他罹患不治之症的，还有说他的商业帝国面临反垄断拆分所以他提前金蝉脱壳的……众说纷纭。

真实情况是，维克多突然对一切失去了兴趣。就像某种急性精神病发作，他无法再像以前那样扮演CEO、商业天才、媒体宠儿、成功学大师……那些角色让他觉得自己只是个腐坏的提线木偶，表演越卖力越接近崩溃。于是他带上一帮最要好的朋友，住进了黑海沿岸的豪华庄园，与烈酒、药物、美女为伴。他以为这样就可以填补内心的空洞，让自己快乐起来，结果却换来两具尸体和一桩大型丑闻。他被送进了康复中心，医生给出的诊断结果是重度抑郁，需要服用处方药物并定期参与互助小组活动。

维克多知道，这些就像啤酒的泡沫，根本无法真正解决实质性问题。该试的他都试过了，除了最后的彻底解脱之道。理性告诉他，他依然拥有金钱、权力以及世间一切华丽的事物，所谓的抑郁只是制药公司发明出来的营销概念。他只是需要一点时间来清理火花塞，重新发动引擎。但同时，他的心灵深处有一个声音不断重复地告诉他自己，他曾经的梦想——让游戏带给所有人快乐，如今却被资本绑架，变成了一架无法停止运转的财富收割机。

维克多觉得这无异于自我背叛，只有自毁才能阻止这一切。

直到他收到那张来自阿勒萨伊达岛的神秘邀请函，上面写着世人皆知的拉丁谚语——“Carpe Diem”[1]，邀请他前往卡塔尔体验全球最奢华的幸福之旅。公开渠道或消息灵通人士都无法为维克多提供任何有用的信息，只知道阿勒萨伊达岛是卡塔尔近年才完成的一座人工岛。

这激起了维克多的好奇心，他决定独自前往，一探究竟。

* * *

游船在日暮时分靠岸。整个岛屿笼罩在金粉色的光芒之中，像一个装满了奇珍异宝的首饰盒。

维克多被那些线条圆润的低矮建筑物吸引住了，这些建筑物的风格明显地与驼峰、沙丘、珍珠这些传统的卡塔尔文化符号相呼应。更令人惊叹的是岛屿上空悬吊着一层半透明的网格结构，像上等丝绸织就的头巾，柔顺轻薄又带着垂坠纹理。他不明白这是做什么用的，他试图找到它在力学上的支撑点，但在目力所及范围内并没有发现类似于支柱的东西。

一个友善的合成人声打断了他的探索，那是在码头上守候多时的机器仆人的声音。这个机器仆人，身高接近两米，体形强健，包裹在拖地的灰色长袍下，看不出是用拟人的双足行走还是靠轮子。

“您好，索洛科夫先生，我是您的仆人卡林，您在岛上有任何需要都可以告诉我。”

“嘿，我还以为这里的上流社会更喜欢用人类仆人呢。”

---

1 意为“抓住现在”。

“的确如此，机器人和自动化让卡塔尔的外来劳工的比例从原先占总人口的85%下降到30%，他们大多从事机器无法替代的高端服务业，但在阿勒萨伊达岛上，我们选择了更为聪明的方式。”

维克多挑了挑眉头，自言自语道：“我猜不会有盛大的欢迎派对了。”

“当然有，在您接受条款，激活专属服务模式之后……”

“条款？”

卡林的手臂上延展出一块泛着蓝光的显示屏，上面密密麻麻地显示着一堆文字。维克多随意地用手指在屏幕上滑动，翻阅了一下关键词。看上去，这座岛屿想要他交出所有的数据接口，从财务管理到社交媒体，从语音到视频，应有尽有，几乎涉及了一个人日常生活所能产生的全部数据。一条广告语在屏幕上不断滚动着——“为您的幸福提供极致服务”。

“数据安全怎么保障？要知道，全世界没有一家公司会要求掌握这么多用户数据，我怎么感觉自己像是在玻璃箱里裸奔的小白鼠。”

“哈——！很棒的笑话。索洛科夫先生，阿勒萨伊达岛采用最先进的中间件（middleware）技术，您的数据会全部被加密，确保只有AI能够读取。而且这些数据仅用来为特定个人，也就是您，提供可溯源的服务与内容。如果您还不放心，您可以查看我们的代码。我们的算法是开源的，任何人都可以查看代码，以确保不会被恶意篡改或植入木马。”

“听起来像是那么回事。还有什么是我必须知道的？”

“您之后有充裕的时间自己去发现，索洛科夫先生。”

说不清楚是对这座神秘岛屿的好奇心，还是那个字眼——“幸福”，触动了维克多。他没有再纠缠细节，通过虹膜、手纹和声纹验证，交出了他所有的数据接口。在这个时代，这相当于一个人拥有的全部资产。

当维克多的手掌从屏幕上离开时，一阵蓝色光晕从机器人的手臂传到地面，又如同涟漪般荡漾开去，抵达小岛的每一个角落。这座岛好像活了过来，开始读取到访者的历史，理解他此刻最微妙的身心变化，进而预测他未来的每一步选择。

这种被看透的感觉让维克多打了个冷战，回过神来，卡林已经提起所有行李。

“索洛科夫先生，让我先带您回家吧，一切都已经安排好了。”

当维克多进入那座沙丘状的度假屋时，才真正理解机器人所说的“回家”是怎么一回事。屋里的所有装修、家具、摆设，甚至壁炉上的熊爪挂件，都和维克多在莫斯科卢布廖夫卡区的别墅毫无二致。

“这怎么可能……”维克多喃喃自语，就算是3D打印也没有这么快，但他很快发现了端倪。这些都不是真的，屋子的内表面能够通过编程改变凹凸形状，再用高清投影的方式制造出足以乱真的幻象。

一股异样的感觉让维克多突然一扭头，透过窗户，一道黑影如幽灵般飘过，瞬息无踪。

他知道，这个国家尽管已经比几十年前开放了许多，不再要求女性在公共场合必须黑袍裹身，但黑色依然是属于女性的颜色。

可究竟是谁在窥视自己呢？维克多毫无头绪。

* * *

在家中放映室里，卡林邀请他观看一部维克多·索洛科夫的人物传记片。片子由AI自动剪辑生成，囊括了维克多从小到大的视频、音频、图片，资料来自公开渠道以及私人收藏，其中许多画面就连维克多自己也是第一次看到。

影片回顾了他破碎的童年，充满竞争与愤怒的青春期，以及之后一路如火箭升空般的成功之路，各种奖项、峰会、上市、并购、慈善晚宴、掌声与镁光灯……维克多对这些重复冗长的镜头感到厌烦，微微闭上了双眼。他不知道的是，在观看影片的过程中，他所有的面部微表情、体表温度、心跳、血压、生物电信号，以及肾上腺素、5-羟色胺、多巴胺水平……都通过那张看似老旧的皮质沙发，和贴在他手腕内侧的生物感应贴膜，被巨细无遗地记录下来。

在大部分时间里，这个男人对自己的生活缺乏兴趣，他的情绪稳定得像个禅宗大师。只有一个瞬间，曲线泛起了波澜，那是画面中出现他童年唯一一张全家福时，他的视线并没有落在父亲或母亲的脸上，而是久久停留在那条名为“玛格丽特”的金毛狗身上。

影片放映结束，片尾滚动的字幕是一份问卷，就是那种在心理测验网站上经常会看到的问卷。

“‘我几乎对所有人都有非常温暖的感受？’这都是什么蠢问题！”维克多瞪大眼睛看着卡林，面露不快，“我非得做这个不可吗？”

“索洛科夫先生，您应该理解，幸福是非常主观的感受。我们只是为了更好地了解您目前的状况，从而为您提供更有针对性的服务。请您按照从‘强烈不同意’到‘强烈同意’的程度，用数字1—6如实回答。”

维克多瞪着那个铁皮机器人，骂了一句“白痴”，不过，他最终还是乖乖地坐回显示屏前，按动虚拟数字按钮。

那些问题似乎无休无止，几乎耗尽了这个男人所有的耐心。就在他的耐心即将耗尽之际，问题终于不再出现。灯光亮起，屏幕又恢复成原先的书柜模样。

“现在如何？你要像个该死的心理医生那样给我开药吗？”

“恭喜您！索洛科夫先生，现在我们可以去认识一些可爱的邻居，并享用一顿经典的卡塔尔风味的晚宴了。”

* * *

晚宴在贝壳状半开放式的餐厅举行。从侍者的袖口到桌上的餐盘，无不装点着复杂精致的阿拉伯式花纹，在摇曳的烛光中很容易让人产生幻觉。菜肴是经过本地改良的阿拉伯菜：经典的炖牛肉、卡塔尔风味的葡萄叶卷、12小时慢煮的羊肉饭……所有的蔬菜水果都是当天从南欧空运过来的，带着露珠，也许它们才是桌上最昂贵的食材。

维克多不动声色地打量着桌上的宾客，人不多，一共13位，其中6位都是受邀首批入住的客人，从世界各地来到岛上。他看到几张熟悉的面孔，有电影明星、加密艺术家、神经生物学家、登山运动员、诗人……他们都是媒体追逐的焦点。另一些人来自本地，虽然刻意保持低调，但从那身白得发亮的罩袍就能看出，他们绝非寻常人物。

阿基拉公主身穿金色罩袍，手上戴满了高级定制珠宝，她用银勺轻敲酒杯，提请宾客注意。她先替因身体不适而缺席的哥哥道歉。她的哥哥，现年36岁的年轻王储马赫迪·本·哈马德·阿勒萨尼，是阿勒萨伊达岛的总设计师，被视为能够带领卡塔尔走向未来的潜在接班人。

“我哥哥经常说，如果科技不能给人带来幸福，那就不能算是好的科技。他，马赫迪王储设计这座岛，就是希望借助技术的力量，寻找人类通往终极幸福的道路。而诸位，就是卡塔尔王室这一伟大创举的见证者……”

阿基拉操着标准的伦敦腔，面部比例几近完美，像流淌着金光的古典雕塑。维克多看着，竟有几分入迷。不知为何，他总觉得公主所说的话并非完全出自真心，更像在宣读事先写好的脚本。

“尊贵的公主殿下，我十分敬佩王储的远见与决心，可问题是，我们知道内源性大麻素能给人带来快感，多巴胺和奖赏相关，催产素能增强情感联结，内啡肽能止痛，GABA能抗焦虑，5-羟色胺能提升自信，肾上腺素能激发能量，可人类迄今没有发现与人类幸福感直接相关的神经递质。”说话的是神经生物学家。

“当艾米莉·狄金森认为‘幸福是一块小石头’时，雷蒙德·卡佛却相信‘幸福。它来得 / 毫无预兆’。所以，每个人都有不同的理解，不是吗？”诗人举着酒杯，语调悠扬。

“照我看，大部分人只是在表演幸福，只不过水平有优劣之分。最高级的表演能把自己也骗过去，这就是人类的生存之道。”女明星一脸厌倦，深深吸了一口水烟，又徐徐吐出。

“这就是为什么你们会在这里的原因，你们对幸福有着不同的态度，而且最重要的是，”阿基拉公主耐心地听完每个人的意见，用一句话揭下餐桌上的社交伪装，“你们都不快乐。”

“你怎么敢……”诗人激动地站了起来，餐具碰撞发出刺耳的声响。他挥舞着手指，但看到身形健硕的机器保镖眼中闪烁着红光，又只能悻悻坐下。

“我受够了！”这回是加密艺术家，“我以为来这里是要讨论如何摆脱消费主义的陷阱，帮助更多普通人寻找精神上的出路，没想到却是这样的亿万富豪俱乐部。”

维克多忍不住发话了：“放松点朋友，对于中低收入人群，财富的确能带来一定程度的幸福感，可一旦超过一定的金额之后，它的边际效应就会递减，甚至还会有反效果。”

公主赞许地点点头：“丹尼尔·卡尼曼认为这个金额是75 000美元。”

维克多回应：“我对这个数字表示怀疑。”

“你只不过是替站在金字塔尖上的那群只占1%的人说话，你们都是。我拒绝参与这场闹剧，我要退出！”加密艺术家把餐巾一丢，离开了座位。

所有人面面相觑，都望向阿基拉公主。

公主似乎早有预料，微微一笑，显得更加迷人。她站起来，端着酒杯，围着餐桌缓缓踱步。

“各位登岛时想必都已经读了条款。上面写得很清楚，除非发生重大人身伤亡或出现不可抗力因素，任何人都不能中途退出，否则将被视为违约。违约金金额和退出者的资产总额挂钩，挂钩比例会根据实验进度不断下调。也就是说，如果你现在退出的话，你将一无所有。”

加密艺术家脸色煞白，嘴唇颤抖，他跟这个时代所有人一样，都没有仔细阅读用户须知的好习惯。餐桌上响起了一阵不安的嗡嗡声，只有那些卡塔尔人无动于衷，冷眼旁观。

“就像我们爬山，到达山顶才算结束。哪怕不能活着回来，也赢得了至高无上的荣誉。公主殿下，在这座岛上，怎样才算结束？”登山运动员沉稳地说出了所有人心头的疑问。

公主正好走到维克多的身后，俯身用酒杯轻轻碰了一下他面前的杯子，发出悦耳的脆响。

“当这座岛认为你已经找到快乐时，就是你离开阿勒萨伊达的时候。”

当阿基拉轻轻擦过维克多的肩膀时，某种强烈的直觉如响起的警铃，告诉他，身后这位公主正是先前在屋外窥探他的黑衣女子。

* * *

岛上的生活比维克多之前想象的要有趣。不过，邻居们并不像卡林所说的那么可爱，反倒是阿基拉公主更令他感兴趣。

他们会在不同的场合相遇，客套地相互问候，小心地展开话题，慢慢了解彼此。

维克多得知阿基拉在伦敦大学国王学院的精神医学、心理学和神经科学研究所攻读心理学博士，专业方向就是幸福心理学。

“这就是你哥哥让你当代言人的原因？”维克多挑了挑眉毛。

“不完全是……好吧，我告诉你实情。马赫迪不在这里，他在远程监控岛上发生的一切，他认为这样才能避免干扰实验。以前确实发现过，人们在位高权重者面前总会下意识地进行表演，偏离自然的行为轨迹。”公主有点窘迫地承认。

“以前？所以我们并不是第一批客人？”

“之前在本地人中做过实验。我哥哥有点强迫症，他希望实验能够覆盖不同文化和阶层的人群。对于他来说，这是代表卡塔尔王室制定的关乎人类福祉的一种技术解决方案，他要做到尽善尽美。”

“听起来你并不是很有信心？”

“在这个问题上，我和哥哥有一些小分歧。”公主停顿了一下，向他发出邀约，“下周在中心剧场有一场演出，我们到时候可以深入探讨。在此之前，你可以让卡林给你讲讲中间件。”

维克多微笑着举起杯，将威士忌一饮而尽。

在接下来的几天里，卡林像个称职的博物馆讲解员，细致地向维克多介绍这项技术的来龙去脉。

在科技巨头垄断的时代，所有人的数据像一座座孤岛，分布在不同的产品海域，每座岛屿只负责处理某个特定领域的事项：娱乐、购物、社交、职业、健康、投资、保险……有时这些数据岛屿会被切分成更垂直的品类，但更多时候是岛与岛之间的融合兼并。每一个巨头都想要掌握用户的更多信息，以便更好地用机器学习进行追踪、标注、分类，以便提供更为精准的个性化服务，比如内容与购物推荐、保险评估或者匹配约会对象，等等。

但随着这些岛屿变成越来越庞大的大洲，问题也渐渐浮现。数据就是货币，就是市场本身，一旦掌握了数亿名用户的数据，所谓的网络效应就能给巨头带来指数级的收益增长，同时为用户提供更具竞争力的服务。这种强有力的正向循环，使巨头们变得无坚不摧，甚至像车轮碾压昆虫般，把许多传统生意压垮，比如线下零售、唱片、独立书店以及电影院。

甚至还有更糟糕的，巨头们用算法操控人们的心智，左右政治选举结果，散布关于种族仇恨与性别歧视的言论，滥用或泄露个人隐私，强化信息茧房，让用户沉迷于即时性的感官刺激，甚至上瘾。

在过去的30年里，各国尝试了许多办法来限制科技巨头越发膨胀的数据霸权，如加强政府监管力度、反垄断拆分、增强数据便携性、出台诸如《通用数据保护条例》（General Data Protection Regulation，GDPR）之类的隐私保护法律等，但这些都有一定的局限性。大概20年前，中间件作为一种新的思路逐渐萌芽，与互联网的历史相反，它从发展中国家兴起，倒逼这些巨头在堡垒坚固的成熟市场做出改变。

“中间件是最有前途的解决之道。”卡林陪着主人走向中心剧场，它的自然语言理解能力如此强大，以至于维克多经常会忘记和自己交谈的是一具用硅与铁制成的机器。

“为什么这么说？”

“看看你的周围，所有的建筑、设备、服务都在随时为你改变参数。如果没有中间件通过标准接口抓取到你分散存储在各个平台上的数据，再交给AI进行联邦学习，就不可能最大化地满足你的需求。”

在过去20年里，许多开源社区和区块链公司试图开发出一个结合分布式计算、开源协议与联邦学习的中间件AI系统。但要获得足够全面的数据，需要在信息孤岛之间建立起强大的信任和共识，一个值得信赖的实体必不可少。卡塔尔的国家AI计划通过“再中心化”的策略，实现了许多商业平台无法企及的理想。

中间件技术供应商必须遵守政府制定的可靠性、透明度与一致性的标准，并通过付费订阅方式避免与大平台争利，或者受流量变现的诱惑而走上巨头的老路。它就像亚马孙森林里缠绕在树干上与树干争夺阳光和养分的藤蔓植物，缓慢地剥离巨头对数据的绝对控制权，将权力重新分配给一批新的玩家，既保证了充分的市场竞争，又不至于在政府监管机构手中僵化、死掉。

阿勒萨伊达岛所做的就是通过中间件打通所有大平台的数据，为特定用户实现独一无二的完美服务。

这座人工岛的智能程度远远超过维克多体验过的任何产品。以前运营公司时，他需要大量的数据、图表和曲线来支撑一个判断，如今只需回归到最简单的原点——自我感受。

房间壁纸会根据他的心情变换花纹，跑步小径会指引不同路线以避免风景重复，餐厅侍者总能推荐最符合他口味又有一点惊喜的菜式，smartstream推送的信息既覆盖了他关注的议题又提供了多元视角，甚至还添加了可信度标签提醒他加以辨别。一切都令维克多身心愉悦，恰到好处。这种微妙的平衡感只有通过最全面、深度的数据分析才能做到。除了通过之前他做过的问卷和贴在他皮肤上进行实时监测的生物感应贴膜所采集的信息外，他所有私密的聊天记录与社交媒体信息，甚至他在岛上说过的每一句话、他的每一个表情，都被无处不在的摄像头和传感器记录下来，交给AI进行解读，并反馈到环境中。

“现在这座岛比心理医生还要了解我。”维克多眨眨眼，“舒适，确实是舒适。可幸福？好像还谈不上，甚至还有一点点……厌倦？”

“这取决于中间件的目标函数设置，这也是您会在这里的原因。”

维克多迷惑地看着机器人，不知不觉间已经走到了中心剧场。它的外形参考了卡塔尔男性头巾的眼镜蛇式系法，结构繁复，令人印象深刻。

剧场里空空荡荡，除他之外并没有其他的客人。卡林把维克多带入VIP包厢，阿基拉公主已经端坐其中。这次她穿的是紫罗兰色的罩袍，带着几分神秘。

“索洛科夫先生，请坐。”

“叫我维克多就好，公主殿下。”

“好的，维克多，希望你会享受今晚的演出。”阿基拉递过一副XR眼镜，造型就像鹰隼的眼罩，镜框由金属与皮革编织而成。

维克多戴上眼镜，不解地问：“只有我们俩？”

公主嫣然一笑：“你忘了，在阿勒萨伊达，一切都是为你量身定制的。”

* * *

一群穿着传统阿拉伯服饰的演员踩着阿尔拉斯的鼓点，跳着传统的阿尔达舞步登台。今晚的剧目是《终身不笑者的故事》，出自经典的《一千零一夜》。

很久以前有一位财主，家财万贯，婢仆成群，他死之后，只有一个年幼的独子继承祖业。幼子渐渐长成少年，过着花天酒地的生活，没过几年，便败光了家产，只能靠出卖苦力艰难度日。

一天，一位衣冠楚楚、面容慈祥的老人走来，问这位流落街头的少年愿不愿意替他照顾家里的老人，会有一些报酬。少年欣然答应。

老人又提出一个奇怪的条件："如果你看见我们伤心哭泣，不许追问原因。"

少年虽然心生好奇，但还是同意了。他随老人回到富丽堂皇的家中，有喷泉，还有花园。家里有10个年迈的老人，身穿丧服，伤心饮泣。少年很想知道原因，但想起找到他的那个老人提出的条件，便默不作声，悉心照顾这些老人的生活起居。

透过XR眼镜，维克多能看到，叠加在舞台空间上的虚拟背景随着剧情发展而变换。演员们的动作会触发各种动画效果，大大增加了感染力。他们的阿拉伯语歌词被实时翻译成不同语言的字幕，飘浮在半空中，既保留了原有韵味，又不妨碍外国观众的理解。

维克多忍不住侧脸对阿基拉说："这太奇妙了！"

公主把手指放到唇边，示意他继续往下看。

就这么过了12个年头，少年变成了青年，老人们也一个接一个地去世，只剩下最初发出邀约的那一位。他也病入膏肓，时日无多。青年终于按捺不住，追问老人们哭泣的原因。

"孩子，我向安拉祈祷过，这件事不需要更多人知道。"老人伸出颤巍巍的手，指向一扇紧锁的房门，"如果你不想重蹈我们的覆辙，就千万别打开那扇门，否则，后悔也来不及了……"

老人终于与世长辞，青年将尸体埋葬在花园里，与其他10位老人为伴。青年想起老人临终前说过的话，巨大的好奇心驱使着他冲到门前，砸开一道道锁，推开了门。

——如果是你，也会这么做吗？

一行虚拟字幕突如其来地出现在空中，又消失不见，显然不是来自其中任何一句歌词。

维克多惊讶地望向公主，她并没有开口，只是喉部微微抖动，字幕又出现了。

——是我在跟你说话，只有这样才能不被监视。现在转过头去，自然一点，拿起酒杯，酒里有一块硅胶薄片，用舌头把它贴在上颚，试着不动嘴唇不出声音地说话。你的喉头肌肉电信号会被转化成文字，算法能够猜出你想说的话，大部分时候挺准的。

维克多照做，他发现这比想象中的要难一些。一开始出现的都是毫无逻辑的词语组合，慢慢地，他掌握了诀窍，尽量选择更常用的单音节词，能有效提升转化的准确率。

舞台上，青年进入那扇门，穿过一条光怪陆离的隧道，来到海边。正在惊奇之际，一只大雕从天而降，将他叼上高空，又抛弃到一座孤岛上。日复一日，青年陷入绝境，以为自己必将葬身荒岛。有一天，海面上忽然出现了一艘小船，又让他燃起了求生的希望。

——为什么你要这么做？

——长话短说，马赫迪的算法并不能让你们快乐，相反，目标函数最大化会让你们都变成享乐跑步机上的白老鼠，不断地想要得到更多，结果却只是原地踏步。

——也许你是对的，可为什么不直接告诉你哥哥？

——你知道，在这个国家里，女性经过了多少年的努力，才争取到在街上自由穿衣和打扮的权利，更别提踏入男人的领地：政治和科技。我太了解马赫迪了，除非他亲眼看见新算法的效果，否则不会接受我的任何意见。

维克多回想起公主在晚宴上的微妙表演，一切都说得通了。

XR眼镜中，一艘用象牙和乌木雕成的小艇驶到青年面前，里面坐着10位美若天仙的女子。她们邀请青年上船，将他带到了另一处岸边。岸上的军队兵强马壮，阵列齐整，早已等候着他。青年骑上一匹金鞍银辔的骏马，在军队的护卫下来到王宫前面。一位国王骑着马来到青年面前，邀请这位来自远方的客人同骑一匹马，进入王宫之中。

国王让青年坐到一张镶金交椅上，然后取下自己头上的面纱，露出了本来面目。原来，她是一位美丽的女王。不仅如此，所有的士兵也都是女子。在这个王国里，男人负责耕田种地、修房筑屋，妇女则负责管理国家大事，不但掌权处理政府事务，而且还要服兵役。青年听完感到非常惊奇。

——可……为什么是我？

——我在莫兹利医院当志愿者时，从医生那里学会了一种技巧，不是治疗的技巧，而是挑选病人的技巧。他们会挑选那些配合度高、更容易接受暗示、状态处于低谷的患者。这样便能迅速地看到治疗方案的效果，形成正向循环。

——听起来不像是夸奖呢。

——维克多，你说的话，证明你和其他人不一样，你想从跑步机上下来，这是得到幸福的关键。

——可是如何做到？

——一套新的算法。马赫迪选择让AI不断满足你们的各种感官需求，提升阈值，而我却选择相信幸福并没有那么简单。

——愿闻其详。

女王吩咐宰相，一位头发斑白、面容庄重的老妇人，去请来法官和证人。然后，女王问青年："你愿意娶我为妻吗？"

青年惊恐地站起身，跪下去亲吻地面，说："陛下，我比您的仆人还穷。"

"你看到的一切，都可以随意支配使用，除了……"女王指着眼前的奴仆、兵马、宫殿，又把手一挥，指向一扇紧锁住的房门，对青年说："……这扇门你绝对不能打开，否则你会后悔的。"

说罢，宰相带法官和证人来了。婚礼仪式开始，女王摆下丰盛筵席，大宴天下宾客。

——20世纪70年代，心理学家菲利普·布里克曼做了一个经典的实验。他找来一批中了彩票的幸运儿和一批由于事故导致瘫痪的倒霉蛋，通过一对一访谈，来评估这些人对于当下、变故发生前，以及未来一到两年幸福感的水平。你猜结果怎么着？

——差别不大？

——是的。中了彩票的人并不比对照组更幸福，而事故受害者尽管当下更不幸福，对未来幸福感的预估却和普通人无异。

——为什么？

——人类大脑对当下感官刺激强度的判断，取决于他们已经习惯的刺激，天降横财大幅提升了中奖者的适应水平，所以他们反而最不容易从日常生活中感受到快乐。反之亦然。

——听起来是那么回事，那么你能做什么？

——也许马赫迪的算法对那些处于马斯洛金字塔需求模型底部的人有效，但一旦人的需求上升到爱与归属、自尊、自我实现的层面，它便失去了作用。比如你。

——我以为我已经站在了金字塔尖上。

——诚实点，维克多，AI预判你在两年内的自杀概率达到了87.14%。

维克多沉默了。理智告诉他，公主所说的是真的，但他心中另一个声音又在发出警告。

舞台上在用蒙太奇手法表现青年和女王过着幸福的生活，不知不觉间已经过了7个年头，青年变成了中年男子。

有一天，男子突然想起了女王求婚时说过的话，那扇紧锁着的房门。他自言自语："里面一定藏着更加精美的宝物，要不然，她怎么会禁止我开门呢？"

于是男子从镶满金子和宝石的床榻上起身，来到那扇门前，毅然打开了所有的锁。

——那么，你的算法能够怎么帮我？

——只有AI才知道，每个人都是独一无二的。我们希望找到更多和幸福感相关的生物标记物，加入更多元的幸福衡量维度，也许是挑战性，也许是更深刻的人际关系，也许是全新的人生方向，也许是更长的心理周期……但前提是你同意加入。

——我不知道，这听起来像是一场危险的政变。

——帮我，也是帮你自己。时间无多，你不知道什么在等着……

字幕突然中断，舞台上的演员全都像被按下了暂停键一样定在那里，宛如雕塑。维克多这才发现，原来它们也都是机器人。

"他们来了。"公主终于开口，她的声音带着一丝紧张。

整个剧场突然亮起，宛如白昼。维克多正要起身，门被撞开了。

* * *

闯入者是小岛的贵宾们，不过他们的表情却不像是来欣赏表演的。

加密艺术家不断尝试，终于破解了自己的机器仆人，并覆写指令，获得了绝对控制权。在成为艺术家之前，他一直在黑客的地下世界里流浪。如今，他获得了发起一场微型革命的机会，带领来到岛上的其他客人，企图反客为主，掌握主动权。

至于那些本地王室成员，他们只是冷眼旁观的观察员，以决定是否要在这个项目上继续投入大笔资金，成就卡塔尔在AI技术上弯道超车的野心。

那台叛变的机器人站在被撞坏的门边，像是某种军事威慑。

“我们要解约！”加密艺术家冲着公主喊道，其他人附和着。

“只要付违约金，你们随时可以走。”阿基拉不动声色地说。

“我们什么也……不会付，这个鬼地方……一点也没让我快乐起来！”女明星神志不清地抗议道，像是还没从连日的宿醉中醒来。在AI的帮助下，这段时间她在不断刷新自己的酒精耐受程度。

“没有意外也就没有灵感。这座岛就像一座巨型的阿拉丁神灯，会无穷无尽地满足我的愿望。当世界变得如此容易预测之后，我什么也写不出来了，哪怕是最俗气的十四行诗！”诗人扯着凌乱的头发，双眼通红。

“第一次吃沙漠白松露时，我觉得那简直是天堂里才有的食物，可是第二次、第三次……它变得越来越平淡无奇。我知道这不是白松露的问题，而是我自己的问题。这种情况就跟20年前卡塔尔人需要饮酒证才能喝上一口一样。20年前，喝一口就能让人大醉。可现在，看看那些酒鬼。”登山运动员面露鄙夷地瞟了一眼女明星。

阿基拉和维克多快速交换了一下眼神。她是对的。马赫迪的算法能以一种宠溺的方式满足用户需求，却无法带来持续的快乐。

“你们做了很大胆的尝试，用一个黑盒子去理解另一个黑盒子，可惜没成功。”神经生物学家失望地说，“我们距离真正的幸福还很遥远……”

“所以，作为一项失败实验的受害者，我们理应得到无条件的解约……”加密艺术家总结道。

“……还有赔偿。”女明星含混不清地补充道。

维克多突然冲动地上前想要说些什么，却被公主一把拉住，她轻轻地摇了摇头。

“我很抱歉，你们没能在阿勒萨伊达岛上享受到快乐。但正如你们所了解的，所有数据以加密形式进入中间件系统，并通过智能合约自动执行指令，没有人能够篡改或者销毁。这就是系统设计之初的用意。”

“我们要见真正管事的人，你哥哥为什么不出现？”登山运动员质问。

“马赫迪有要务在身，他全权委托我……”

“这就是一个彻头彻尾的骗局！我要告诉半岛电视台，让他们揭穿这一切！”诗人提高了声音。

“别忘了，你也签了保密协议。”

“看来我们只能采取一些非常手段了，金，抓住公主！”加密艺术家发号施令，机器人摇晃着庞大的身躯向阿基拉逼近。

维克多拦在机器人前面：“嘿！大家冷静一点。”

“俄国佬，你怎么回事？被公主殿下迷住了，要留在这里当乘龙快婿吗？”

“我只是……”维克多犹豫着不知该如何解释。

“没事的，维克多，阿勒萨伊达会保护我的。”阿基拉公主镇定地走到机器人面前，身型显得那么弱小，就像一朵摇摇欲坠的蒲公英。

“只要你配合，就不会受到伤害。”加密艺术家点点头，“去码头！”

公主在机器人的押送下走出剧院，其他人跟随着来到室外。他们远远望见海的对岸，多哈港口灯火通明，伊斯兰艺术博物馆如同漂浮在海面上的发光冰块，夜景美得超乎寻常。海的这边，却在上演一出王室绑架案。

维克多紧张地思索着如何才能帮助阿基拉脱身。他看到公主的喉部微微颤抖，几乎同时，他的XR眼镜中出现了一行字幕。

——我数到3，你就趴下。

维克多这才察觉到，头顶的星空有一丝异样。似乎某些星座在改变形状，缓慢地压迫大地，带着某种轻微的嗡鸣声，像是不应该出现在这个纬度的蜂鸟一样。

字幕上的数字从1跳到3，维克多双手抱头朝地面扑倒，眼角的余光处，一串蓝白色电光扫过，空气噼啪作响。众人发出惨叫，瘫倒在地。只剩下公主独自站立在星光下。

阿基拉伸手拉起维克多："别担心，只是电击，他们过几个小时就会醒过来。"

"那是什么？"

"固定翼无人机群，平时悬浮在岛的上空，作为物联网的一部分，随时可以变换形态，执行不同的任务。"

维克多想起刚上岛时看见的网格结构，终于明白了为何它能打破万有引力定律。

"你打算怎么处置他们？"

"天亮后送他们到多哈，按照本地法律进行判罚。至于你……我尊重你的选择。"

维克多深吸了一口气，今晚发生的一切让他看清了自己的处境。他不愿意成为失败的试验品，但他也没办法回到原先的人生轨道。他别无选择。

"我接受。"

中间件系统的兼容架构允许两套算法并行不悖，如同在同一片海域中的两股洋流。

维克多依然享受着阿勒萨伊达岛带给他的各种便利，只不过偶尔他会感受到这里有一股潜在的力量。这股力量会像恶作剧的孩童一样，从墙角伸出脚把他绊上一跤：讨厌的音乐会突然响起；信息流里会出现竞争对手调侃维克多的采访；卡林会突然变得蠢笨迟缓，甚至故意反向执行操作指令；跑道的指引标识会把他带到一片泥潭里……诸如此类，不一而足。

他猜这就是阿基拉说过的“挑战性”，这是系统带来的一些无法预料的新奇体验。

AI还制造了许多机会，让维克多能够与公主进一步接触。尽管他们的话题大多围绕着彼此的专业领域和岛上的生活，而且他们时常也会产生分歧，但这让维克多感觉到一种真实的快乐。在他原来的王国里，身边的人要么诚惶诚恐，要么另有所图，他已经很久没有过如此坦率而直接的对话了。

两人之间产生了某种微妙的情感联结。AI显然比人类更早觉察到了这一点，通过无处不在的摄像头与传感器，也通过维克多的生物感应贴膜。微表情和生物标记物可不会撒谎。

新算法启发了维克多，他思考是否能将中间件系统应用在自己的游戏竞技平台上，打破中心化的数据垄断与操控，让玩家体验到纯粹的乐趣。这将是一场风暴式的自我革命。但对失败的恐惧困扰着维克多，他的上一次冒险成为了一桩国际丑闻，他不确定这一次是否会以身败名裂甚至自己的整个商业帝国的崩溃而告终。

他将这种恐惧告诉了阿基拉，她摇摇头：“你恐惧的并不是失败，而是失败带来的耻辱。”

维克多无言以对，公主说中了。

“这些年的研究让我懂得了一件事——通往自我实现的道路并非一路向上，而是起起落落，有高峰也有低谷。”

“我不太明白。”

“如果被不安全感控制，你就无法得到真正的爱和归属感。同样，如果被对失去爱的恐惧控制，你就无法得到真正的自尊。山顶并不意味着永恒的幸福，因为幸福存在于不断摆脱低层次的恐惧，去攀登更高山巅的动态过程之中。”

“我猜有些事情只能靠人类自己去完成。”维克多点点头，“你呢？你害怕什么？”

“我害怕……”公主收起笑容，望向远方，“我害怕变成马赫迪所期待的那个阿基拉。他很爱我，却总是希望我按照他设计的模板去生活，像一个童话里的公主那样，心无挂碍，只有幸福。可我做不到，我想给这个世界带来真正的快乐……”

维克多轻轻摇头，举起香槟杯，阻止她继续说下去。

“我不觉得我能在这座岛上得到幸福。无论是由AI定义的幸福，还是由我自己定义的幸福。”

两人都沉默了。过了好一会儿，阿基拉像是突然想起了什么，扭头对维克多说：“你还没看到结局呢。”

“什么结局？”

“那场演出呀。”

“噢……《终身不笑者的故事》，听起来就像是在说我。”维克多勉强地咧嘴苦笑，“那么，结局是什么？”

“那个娶了女王的男子，违背了婚礼上的约定，打开了那扇紧锁的房门……”

男子走进一看，原来里面关着从前把他抓到岛上的那只大雕。

大雕见到男子便说：“你这个不守约定的家伙，你不再受欢迎了！”它一把抓住男子飞上半空，飞了很久很久，最后把他扔回最开始的那片海滩，便展翅离开了。

男子终于醒过来。他坐在海边，回想起宫殿里的荣华富贵、无上荣耀，忍不住伤心后悔。他等了又等，却怎么也等不到接他回宫的小船。男子终于绝望了。他顺着长长的隧道，又回到7年前和老人们一起生活过的那座房子里。看着花园里老人的坟墓，他忽然明白了一切。那些老人经历了和自己完全一样的遭遇，因此才追悔莫及、终日哭泣。

从此，男子便不苟言笑，直到生命尽头。

维克多听完故事，凝视着阿基拉的双眼，久久不能回过神来。

“真是一个悲伤的故事，不是吗？”

“就像在跑步机上奔跑。不断重复同样的错误，一次次回到原点……”维克多叹了口气。

“你并不相信我们能让你快乐起来，对吗，维克多？”阿基拉的眼神中充满关切，似乎又带着一丝挫败。

维克多耸耸肩，移开视线，看着远处的木质独桅帆船缓缓划过波斯湾海面。

公主起身离去，并没有像往常那般礼貌地道别。

* * *

旅程以一种毫无预兆的方式终止，正如它的开始。

维克多被告知他可以离开阿勒萨伊达岛，从多哈哈马德国际机场搭乘当晚的红眼航班飞往莫斯科。

阿基拉没有来送行，只是托卡林捎来了信息。这让维克多颇有几分失落。

“我做了我所能做的一切，希望你能理解。”屏幕上的公主脸色苍白，仿佛也在忍受离别的悲伤，这让维克多心里稍微好受了一些。公主接着说："其他人也将被赦免罪名，获得自由。只要他们对岛上发生过的事情绝对保密……"

快艇划破碧蓝海面，拉出一道长长的白色尾痕，指向那座渐渐远去的幸福之岛。

维克多回望阿勒萨伊达上空乌云般的无人机群，回味着阿基拉最后留下的话。一切都显得那么的不真实。

"……希望你能得到真正的幸福，维克多。也希望马赫迪不会那么快改变主意……"

*改变主意？什么意思？*维克多隐隐感到不安。

哈马德国际机场像一座巨大的迷宫，除正常机场应该有的一切设施外，这里竟然有标准泳池和室内热带花园，候机室里还有高高的棕榈树。维克多本有充裕的时间闲逛，但某种直觉迫使他冲到柜台前确认自己的航班信息。卡塔尔航空工作人员的精致笑容缓解了他的焦虑，但查找乘客信息却花了比平时更长的时间。

"索洛科夫先生，很抱歉让您久等了。系统显示您的机票处于锁定状态，需要您与订票方进行联系……"

"浑蛋！"维克多低声咒骂着，拿出smartstream试图联络阿基拉，却发现无法接通网络，屏幕上显示的还是数秒前推送过来的信息：5名外国游客因违反本地法律被重判。

*马赫迪改变主意了吗？*维克多心跳加速，肾上腺素飙升。他警觉地望向四周，以至于没有听到服务员的询问。

"索洛科夫先生，您没事吧？我已经联系了工作人员协助您，它们应该马上就到……"

两台比卡林体形更大、轮廓更刚硬的炭黑色安保机器人出现在不远处，步伐沉稳有力地向维克多走来。维克多不顾服务员的劝阻，夺路逃出机场，冒着被车撞飞的危险，横跨几条车道，终于拦下一辆配备人类司机的出租车。

“晚上好，先生。这年头像您这么信任人类司机的乘客可不多了。”司机咧嘴一笑，“您想去哪儿找点乐子吗？无论合法的还是不合法的，找我就对了……”

“只管往前开！”

维克多失控地咆哮道，翻找哈立德留给他的名片。这一刻他只相信自己的联系人。

车子发动引擎，一台smartstream从车窗里飞出来摔到路面上，屏幕闪烁了两下，便陷入黑暗。

在瓦吉夫老市集迷宫般纵横交错的小巷中，粗粝的黄泥墙和外露的木梁让维克多感觉仿佛回到了古代，那时候贝都因人的商贩聚集于此，交易着珠宝、银器、地毯、马匹以及其他各种日常用品。此时，维克多无心欣赏夜幕下的美景，水烟、香薰、蜂蜜、椰枣……空气中各种味道交织在一起，伴随着马赛克灯的彩光，让他目眩神迷，不知所向。

维克多早已不习惯使用自己的感官去寻找方向。失去了smartstream的辅佐，他神经质地不停回看身后，仿佛每一个面露好奇的人都可能是马赫迪的爪牙。维克多小跑起来，汗水浸湿了他的运动服，几次被街边的纪念品摊档绊倒。终于，他找到了名片上的那个隐蔽地点，一家老牌的猎隼店。

这些象征着游牧民族传统的凶猛禽类此刻被戴上眼罩，在各自的宝座上享受着夜晚的静谧。其中某些猎隼的身价，可高达上百万卡塔尔里亚尔。店老板把食指放在唇边，阻止了维克多的吵闹。出屋听明来意之后，店老板打电话叫来了哈立德，那个爱听电子乐的阿尔及利亚司机，也是猎隼店的兼职帮手。

“所以你想连夜横穿沙漠，从西南边境进入阿联酋？这听起来不是什么好主意。”

“也就100公里，对你来说没什么难度。到时候会有人接我，就像我来时那样。”

“我不知道，这取决于……”哈立德几个指头一捏，做了个数钱的手势。

“你知道我们俄罗斯人，”维克多勉强露出笑脸，“钱不是问题。”

车子离开繁华的多哈，进入沙漠腹地。一块巨大的广告牌扑面而来，上面的英文在遍布阿拉伯语的广告中分外醒目，上面写着“未来已被重置。你准备好了吗？”（The Future is Reset. Ready?）维克多若有所思，看着象征文明的灯光逐渐消逝。车窗外连绵的沙丘在月光下深沉如海，沙尘拍打着车窗，发出细碎的摩擦声，催人入眠。

哈立德一反常态没有开音乐，看上去有点心神不宁：“你知道吗，那些鸟都有护照。”

“什么？”

“它们太贵重，必须确保不会被偷运出境。”

“噢……”

维克多太困了。也许是过度紧张耗尽了他的精力，这一刻他只想随着车身的颠簸沉入梦乡。正当他将要合上双眼时，车身猛地一震，像是撞上了一堵厚墙，停了下来。

“陷进沙坑了。”哈立德尝试了几次，都无法将车子倒出，空转的轮子呼啸作响，“得麻烦您下车。”

夜晚的沙漠有一股凉意。维克多疲惫地站在风中，轮胎扬起的沙尘打在他脸上。他躲远几步，很想抽点什么，但摸遍全身的口袋，却只有皱巴巴的出租车票。车灯晃动着，照亮空气中的悬浮颗粒，像流淌金色液体的管道。

“没时间了，哈立德，我可不想成为第一个被冻死在沙漠里的俄罗斯人。”

“对不起，索洛科夫先生……”

“没关系，快点就行。”

“对不起。”哈立德又重复了一次，车身突然变矮了，原来是智能轮胎自动放气，增大了抓地面积，毫不费力地退出了沙坑。

“我不想伤害你，可我也不能违抗他们。”

“什么鬼……”

维克多像是没听明白，呆呆地站在原地。直到车子一个“U”形掉头，飞驰而去，他才奋力追赶了几步，却被铺天盖地的沙尘蒙住双眼，只能蹲下来咳嗽不止。等他再次睁开眼时，那辆车已经不见踪影。

现在整片广袤无垠的沙漠里只剩下维克多·索洛科夫自己。他先是不停地咒骂、咆哮，吸入太多沙尘让他呼吸艰难，他的声音渐渐弱下来，开始啜泣。轮胎的痕迹已被风沙抹去，他只能继续前行。维克多试图像个贝都因人那样，借助依稀的星辰辨识方向，根据动物的踪迹寻找绿洲或水源。他很快放弃了，然后按着来时的模糊印象选择了一条路。他无法回头，只能走下去。按照行驶时间估算，这里应该距离边境也就几十公里。他说服自己，目标并非无法实现。只是要赶在日出之前，或者赶在气温上升到50℃让身体脱水、丧失意识之前，到达边境就可以。

维克多不知道自己走了多久。他的喉咙里像有火在烧，眼角糊着泪水与沙尘的混合物，双脚每迈出一步都针刺般作痛，可他不敢停歇片刻。那些移动的沙丘如鬼魅般无穷无尽，看起来完全是一个样子。他怀疑自己一直在原地打转。

墨蓝的天色变得越来越淡，太阳在某处不怀好意地潜伏着，等待着给这位旅客致命一击。往事一幕幕掠过维克多眼前，像是濒死体验的前兆。跟死亡相比，所有的旧日记忆，哪怕是最为不快的那些，都变得如此甜美而弥足珍贵。

维克多的体力消耗得很快，他甚至没有办法控制自己的思绪。他想知道这一切究竟是怎么回事，想知道自己是如何从一场追寻幸福之旅，沦落到在荒漠中孤独地等待死亡。阿基拉公主的完美面容从他眼前一闪而过。维克多开始后悔，双腿却仍然向前迈动着，沉重而缓慢，像上了发条的破碎的钟表。

地平线上终于露出了一线微光，为迷途者指明了太阳的方向，但为时已晚。气温上升得很快，他几乎可以感觉到身体里的水分透过毛孔，不断蒸发到空气中。他的嘴唇裂开一道道淌血的伤口，眼前的景物开始摇晃、模糊。

维克多·索洛科夫终于摔倒了，从沙丘的斜坡上翻滚而下，趴在开始变得滚烫的沙地里。他残存的意志告诉自己要站起来，继续前进，可四肢却不听使唤。他不想死，至少不想以这种方式死在这里。留给他的时间已经所剩无几。

一种熟悉的嗡鸣声从空中传来，维克多濒临崩溃的神志为之一振，那是死前的幻觉吗？他艰难地翻转身体，直面天空。万里无云的碧空中出现了海市蜃楼般的奇景，那飞行的不明物体时而像一张卷曲的地毯，时而又像一艘无帆的小船。维克多嚅动嘴唇，却说不出话来，他觉得自己的时间到了。

那是一艘载人无人机，由许多更小巧的固定翼无人机组合而成。它降落时，卷起了一阵小型沙暴。维克多无法睁开眼睛，只是感觉到自己被抬起来，抬进了一个凉爽的空间，输液管插入他的静脉，补充着水分和电解质。

维克多终于恢复了一点生气，他勉强睁开眼，看到的竟是阿基拉公主的笑脸。

“……我这是死了吗？”他虚弱地问道。

“你活得好好的，只是有点脱水，维克多。”

“你是……怎么找到我的？”

“好吧……传感器。你的衣服、鞋子、身体里，还有沙漠里，到处都是聪明尘。”

维克多扭头看向窗外，那片绵延起伏的沙漠闪烁着点点金光。他开始明白了一些事情。

“所以……这也是算法的一部分？”

“不完全是。AI帮了些忙，是我设计了这一切。我要谢谢你。”

“为什么？”

“你的选择让马赫迪改变了想法，不仅对算法，还有对我。你愿意加入我们吗？你的游戏平台一定能帮助我们优化算法……”

维克多犹豫了片刻：“如果我的回答是不，是不是也会像其他人一样被判刑？”

阿基拉一愣，随即发出银铃般的笑声。

“那是定向推送的假新闻，为了营造紧张气氛，好让你更投入。客人们都回到了岛上，准备接受新算法的测试。”

“所以……你真的觉得这能帮助人类得到幸福？”维克多一脸沧桑地问道。

“看看你自己，维克多。告诉我，你现在感觉怎么样？”阿基拉温柔地看着维克多，把手搭在他的肩上。

维克多愣住了，窗外的沙漠变成了城市与海洋，他们正在飞回阿勒萨伊达，那座象征着幸福的小岛。这个俄罗斯人像是领悟了某个笑话的妙处，开始大笑起来，没想到却引起一阵剧烈的咳嗽。笑着笑着，他流下了泪水。

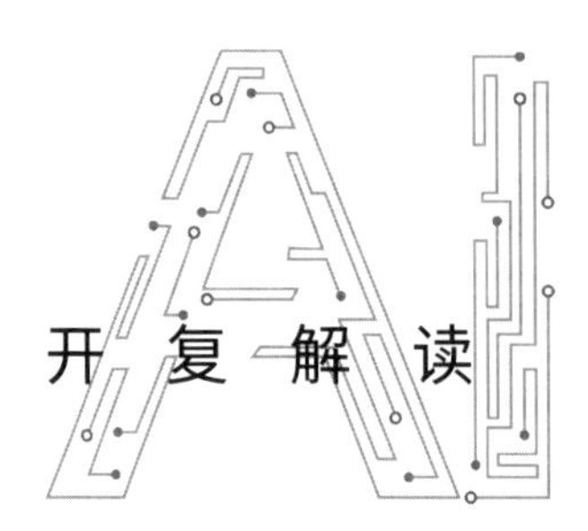

# 开复解读

在前面的章节中，我们探讨了AI技术在不同场景下的具体应用，如优化财务指标、提升教学质量、协助医疗诊断等。《幸福岛》这个故事则把一个更加宏大的命题摆在了我们眼前——AI技术可以给人类带来幸福吗？

这不仅是一个复杂而又棘手的技术难题，也是AI面临的终极挑战。故事《幸福岛》的结局是开放式的，它在给我们留出了巨大的想象空间的同时，也在暗示着，可能到了2042年，人们仍然在探索：如何利用AI技术才能给人类带来幸福。至于这条道路是什么样的，它的终点在哪里，甚至这条道路是否存在，我们今天尚不能得到一个确切的答案。我在这个故事中给出了我的预测：随着科技的进步，到2042年，我们可以看到“幸福AI”和“可信AI”的雏形。

我认为，这个问题之所以难解，主要在于以下4点。

首先是定义的问题。到底什么才是“幸福”？从马斯洛的需求层次理论到塞利格曼的积极心理学，历史上关于幸福的定义和理论不计其数。这个问题更复杂的地方在于，20年后，人类的生活水平将在AI技术的加持下实现质的飞跃。那时候，如果绝大多数人的基本需求都能被轻而易举地满足，那么“幸福”的概念本身是否就需要被重新定义？也许到了2042年，人们对“幸福”

的理解会发生非常大的变化。

其次是衡量标准的问题。“幸福”是一个抽象、主观而且千人千面的概念。如何量化人类的幸福感，然后对这个“虚无缥缈”的概念进行衡量？就算能够衡量，我们又该如何利用AI来提升幸福感？

再次是数据的问题。要开发能够给人类带来幸福的强大的AI，离不开海量数据的支持，其中的大量数据还会涉及个人隐私。那么问题来了，在哪里存储这些数据最合适？《通用数据保护条例》是一套保护个人隐私和数据的新规，旨在帮助人们重新收回对个人数据的掌控权。在未来，这一新规的存在，到底是会加速我们利用AI提升幸福感的进程，还是会阻碍呢？或者，还有其他的可行方案吗？

最后是数据存储安全的问题。怎样才能找到一个可靠的实体来存储数据？历史告诉我们，只有当这个实体的利益与用户的利益完全一致时，稳定可靠的关系才能被建立起来。在未来，如何找到或创建一个其自身利益与用户利益一致的实体，或将成为最关键的问题。

看到这里，大家应该能够理解，为什么开发出能给人类带来幸福的AI是一件困难重重的事情了吧！现在，我们就从以上4个难题入手，逐一探讨可能的解决方案。

## AI时代的幸福准则

现在，我们暂且抛开AI不谈，先来思考一个最基本的问题：“幸福”究竟意味着什么？

1943年，美国心理学家亚伯拉罕·马斯洛发表了著名的《人类动机理论》，他在这本书中提出了人类基本需求等级论，即马斯洛需求层次理论。如图9-1所示，该理论将人的需求分为五个层次，呈金字塔形，由低到高依次是生理、安全、爱与归属、尊重以及自我实现方面的需求。马斯洛指出，人的需求是由低级向高级不断发展的，只有较低层次的需求得到满足后，人的需求才能够向较高层次迈进。

当今社会，有很多人认为物质财富是幸福最重要的组成部分。在马斯洛需求层次理论中，物质财富主要与金字塔最底部的两层基础需求相关联，是人维持自身生存、实现自身安全的保障。也有些人会把物质财富与更高层次的需求联系起来，如被尊重、自尊和成就感（被认可）。

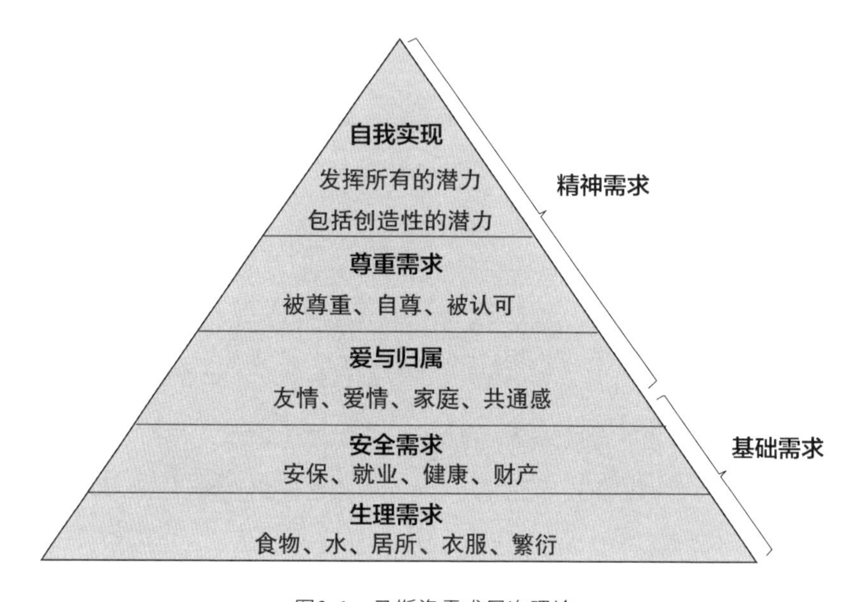


图9-1　马斯洛需求层次理论

但有趣的是，有研究表明，物质财富所带来的幸福感并不持久。心理学家迈克尔·艾森克（Michael Eysenck）用“享乐跑步机”来形容人类的幸福感状态——尽管生活中会有许多积极或消极的事情发生，个人的物质财富也有增有减，但人们的幸福感最终会调整到一个相对稳定的水平。正如一个人在跑步机上无论如何奋力向前跑，其实都没有离开原点一样。

还有研究发现，人在天降横财（如中彩票）的最初几个月里会感到幸福，但过了一段时间之后，他们的幸福感却通常会下降到变得富有之前的水平。也就是说，物质财富确实能在短期内让幸福感有所提升，但长期来看，物质财富与幸福感的关系并不大。

这也注定了，在故事《幸福岛》中，王储马赫迪借助AI技术设计的阿勒萨伊达岛，最终只能是一个堂吉诃德式的“幸福泡影”，难以为从世界各地来到岛上的客人带来可持续的终极幸福。也许这些客人在最初上岛时会对贴心周到的服务感到惊喜，会沉迷于丰富有趣的活动，进而产生短暂的幸福感，但随着时间的推移，他们会发现，自己其实站上的是一台“享乐跑步机”——他们会产生幸福感，但这种幸福感却无法长期持续下去。

金字塔需求模型最底部的两层基础需求已经得到满足的人，会更愿意去追求更高层次的精神幸福，如爱与归属、尊重、自我实现等，而不是追求物质财富、肉体欢愉这类较低层次的幸福。这也是阿基拉公主希望用一套新算法取代马赫迪的算法的原因——她想为岛上的客人带来更多体验性的精神幸福，让他们感受到真心的爱，而不单纯是短暂地满足客人的各种感官需求。

基于这样的背景，一些在各行各业取得过辉煌成就的客人受邀来到阿勒萨伊达岛，被卷入幸福岛有关幸福的实验中。主角维克多在上岛之前，是一个被困在“享乐跑步机”上的商业天才。尽管他拥有惊人的财富、成功的事业以及世人的认可，但他对这一切失去了兴趣，不得不借助烈酒、药物等东西来寻求心灵的慰藉。所有这些，都让维克多成了阿勒萨伊达岛最理想的实验对象，他也因此被阿基拉公主“选中”，开始追寻来自最深层的自我实现的幸福感。《幸福岛》的故事便由此展开。

上岛之后，维克多选择了交出所有数据接口。于是，AI越来越了解他，也为他制造了许多与阿基拉公主进一步接触的机会。在这个故事中，维克多与生俱来的冒险欲得到了满足，找回了很久没有体验过的被尊重的快乐，还从中受到启发，想用自己的游戏设计经验来改善幸福岛AI的算法，从而满足自己的最高层次需求——自我实现。

不过，每个人心中对幸福的定义都是独一无二的。AI可以基于对维克多的了解和他的个人目标定制一套“幸福追寻方案”，但并不是每个人都像维克多一样喜欢冒险与挑战，也有人会偏爱宁静的生活。因此，AI需要针对不同的人提供个性化方案。

在故事结尾处，维克多笑着流下了泪水，我们知道他找到了自己的幸福。不是因为他拥有更多的物质财富，而是因为他将过上自己想要的生活，而且有机会和伙伴一起努力，帮助更多的人得到幸福。对于他来说，幸福不是一件非黑即白的事情，而是一种持续的追求。

与这本书的其他故事一样，《幸福岛》的故事背景也被设定在2042年。到那时，技术进步会推动人类社会变得更加富裕。AI将接管人类的重复性工作，先进的技术和自动化也会大幅降低所有产品的成本（见第十章《丰饶之梦》）。如果那时我们有幸拥有负责任的政府，那么所有人的物质需求都将得到满足，每个人都将过上小康生活，不必再考虑如何满足物质需求。身处这样一个社会中的人们，他们对“幸福”的定义将发生改变，对幸福的追求也将从肤浅的物质享乐转向更高的精神追求。

## 如何利用AI衡量和提升幸福感

要想开发能够最大程度提升人类幸福感的AI，人们首先要学会衡量幸福感。我想到了3种可行的方法，这些方法都是利用当下的技术就可以实现的。

第一种方法非常简单——直接问就行了。《幸福岛》的故事就使用了这种方法。每当有新客人上岛时，他们都会被要求回答一系列问题。通过问答的形式来评估人们的幸福感，可能是目前最可靠的方法，但这种方法不便于长期使用，因此必须开发其他的衡量手段。

第二种方法则依托于一系列日新月异的技术，如利用物联网设备（摄像头、麦克风、运动检测仪器、温度或湿度传感器等）捕捉用户的行为反应、面部表情、声音信息，然后使用情感计算算法（识别人类情绪和情感），输入所采集到的物联网数据，输出每个人的情绪识别结果。

以面部表情观测为例，情感计算算法不仅能够识别出人们的普通表情（通常持续0.5—4秒），而且能识别出微表情（通常仅持续0.03—0.1秒），这些表情包含了丰富的情绪信息。当人们试图隐藏自己真实情绪的时候，往往会流露出一些微表情，但是由于微表情持续的时间极短，所以依靠肉眼观测就很可能会错过，而情感计算算法则可以准确地将这些微表情识别出来。

除了表情，脸色也是算法能够识别的重要物理特征之一，如局部血流加速导致的面部轻微发红。此外，人在讲话时声音的高低、节奏的快慢、语调的轻重，也可以用作评估一个人情绪的有效特征。另外，手部的轻微颤抖、瞳孔的扩张程度、眨眼的方式、眼眶的湿润程度、皮肤湿度的提高（冒汗前）、体温有无变化……这些特征也对判断一个人的情绪大有帮助。

因为能识别出如此多的特征，AI会比人类更准确地检测出一个人的情绪（诸如高兴、悲伤、厌恶、惊讶、愤怒或恐惧等），而且AI还可以在同一时间内对多人进行观测，然后结合对周围人的观察结果，得出更进一步的评估结论。例如，故事《幸福岛》中的AI就比人类更早地察觉到了维克多和阿基拉之间产生了某种微妙的情感联结，这会让AI判定二人在马斯洛需求层次金字塔中的“爱与归属”这一层次的得分更高。目前，AI识别人类情感的能力已经超过了人类的平均能力，到2042年，AI的这一能力将得到进一步的提升。请注意，尽管AI能够精准识别人类的感情，但这并不代表机器人也能表达感情，更不代表机器人有感情。

第三种方法，是持续监测与特定感觉和情绪相关的激素水平。通过这些特征，AI可以识别出岛上的客人在进行什么活动时会感到快乐，处于什么环境下会感到幸福，然后利用这些数据训练AI模型，让其能够识别幸福感。接下来，岛上的AI系统将通过机器仆人卡林向客人提供活动建议和相关选项。这些活动都是量身定制的，将为客人带来更多的幸福感（如成就感、情感联结），降低客人产生悲伤、沮丧、愤怒之类情绪的概率。

在故事的末尾，维克多之所以被告知可以离开阿勒萨伊达岛，并不是因为岛上的实验结束了，而是AI预测出，这种特殊的方式会促使喜欢冒险的维克多选择逃跑——而这份经历会让维克多做出回到岛上的决定，最终获得自己的幸福。

不过，要建立一个真正科学严谨、永不翻车的“幸福发电机”，我们需先在科研层面解决一些极为棘手的问题。

首先，要制定幸福感指标。我们知道，人类的心理状态是由脑电波、大脑组织结构以及身体内的化学成分（激素）这三部分协同决定的。我们在上文提到了一些有助于识别人类情绪的物理特征及化学激素，但显然，这只是我们以目前的科技水平可以捕捉、衡量的信息，没有涉及脑电波及大脑组织结构方面的数据，并不全面。未来，我们需要尽可能把所有决定人类心理状态的因素纳入考量，洞察各因素之间相互作用的原理以及让人类产生幸福感的根本原因，以便提升AI系统的训练数据质量。

其次，实现更高层次的需求意味着不再寻求当下的满足感，而是要追寻人生的意义或目标，并为之付出长期的努力。但是，长周期学习对于AI来说非常具有挑战性，因为当测量出一个人的幸福感上升时，AI无法确认这是当下的活动所导致的结果，还是上周或者上一年的某个事件所导致的结果，甚至不排除是以上多重事件共同导致的结果。这个问题，有点类似于社交媒体算法所面临的挑战：向用户推荐什么样的新闻，才能让用户实现长期的个人成长，而不是简单地衡量广告点击率？当用户已经成长时，AI又如何能够知道是哪一天的推荐内容或算法导致了这一结果？为此，我们需要开发新的AI算法，学习如何在长期的复杂噪声中对刺激做出响应。

到2042年，我们可能仍然无法完全弄清楚哪些因素会对人类的心理状态产生影响，以及更高级的幸福感是如何产生的。但毫无疑问的是，那时的AI解读人类情感的能力将进化得非常强大，AI的表现将远远超过人类，一些旨在给人类带来幸福感的AI雏形，也将在那时产生。

## AI数据：去中心化 vs. 中心化

数据聚合是构建强大的AI必不可少的步骤之一。目前，有些大型互联网公司已经在这方面有所行动。例如，阿里巴巴会通过“淘宝”知道我们想要购买的商品，通过“支付宝”知道我们的资金流动情况，通过“高德地图”知道我们去过的每个地方（除非我们关闭了定位功能），通过“饿了么”知道我们的口味偏好，通过“天猫精灵”知道我们在家时都做了什么……通过挖掘这些数据，阿里巴巴可以为我们提供非常独特的定制服务，同时，阿里巴巴也将源源不断地从数亿人身上收集到海量的数据。

事实上，互联网巨头对我们的了解可能远超各位的想象——它们不仅可以推断出我们的家庭住址、种族、性取向，以及我们为什么心情不好，甚至还能猜到埋藏在我们心底的秘密，如偷税漏税、酗酒或者婚外情等。这些猜测会有不少错误，但如果我们知道有些机构有能力猜出这类个人隐私，肯定会感到非常不安。

隐私问题不但引起了人们的重视，也引发了政府关于应该如何行动的探讨。对于数据是否会成为互联网巨头垄断的根源这一问题，包括中美在内的多个国家都在密切关注。如果答案是肯定的，下一步就是探讨如何利用反垄断法来遏制这种事情的发生。欧盟已经采取了针对性更强的措施——推行用于保护个人数据和隐私安全的《通用数据保护条例》，它被视为“史上最严”的数据监管条例。推行GDPR是一个良好的开端，为世界提供了一种新思路，有的国家正以此为基础构建自己的数据保护体系。

GDPR的最终愿景是将个人数据的使用权还给个人，让每个人都能控制并知悉个人数据将会被谁查看、使用并从中获利，而且有权拒绝其他个人或机构使用这些数据。在最初推行的几年里，GDPR取得了一些显著的成果，不仅成功地向大众普及了保护个人数据的重要意义以及隐私数据泄露的严重后果，还要求全世界的网站和App进行重构和重新设计，以最大限度减少对用户数据的恶意使用、错用以及滥用。严重违反该条例的公司，还会被处以巨额罚款。

不过，GDPR也有很大的问题，条例的某些细节其实很难在执行时得到落实，在有些方面，它甚至还为AI的发展套上了“紧箍咒”。2018年正式生效的GDPR规定，企业对用户数据的使用必须是透明的，用户有权了解自己的数据将被如何使用。这意味着，企业在收集用户数据之前，需要先向用户说明这些数据的用途，然后征得用户的同意。例如，用户同意把家庭住址提供给淘宝，但该信息应该仅用于收发商品，任何人不得在未经授权或不合法的情况下使用，以免数据泄露或者被更改、破坏。而且，GDPR还规定，所有的自动决策都应具有可解释性，当用户发出请求时，它的决策应该能被人工直接干预。

我相信设计GDPR的初衷（透明度、问责制、保密性）是善意的、高尚的。但是，上面提到的这些规定却可能很难在实际执行中得到落实，甚至有可能造成适得其反的后果。原因在于，AI是不断进步的技术，会不断有新的应用出现，所以在收集数据之初，系统无法穷举每一条数据未来的所有用途。以腾讯为例，它在2011年推出微信时，不可能预测到几年之后会推出微信支付。但GDPR规定，企业在使用用户数据时，需要在授权协议里列举所有的应用场景，据此，我们在申请微信时所填的数据，就不能用于微信支付了。而且，如果企业在每次进行产品功能升级时，都就每条用户数据征得用户的同意，那么对于用户来说，也是不可接受的骚扰。

另外，GDPR要求，网站只有在得到用户授权后，才能记录用户输入的数据和浏览轨迹。所以，当我们打开欧洲的网站或者App时，它们经常会弹出隐私条款窗口，要求我们授权。这种做法，一方面会对用户造成极大的干扰；另一方面，因为绝大多数用户都是未经思考就“同意”授权，所以并没有真正实现保护用户数据的目的。

此外，GDPR还要求，如果用户对AI的判断不满，用户有上诉请求人类仲裁的权利。但是由于人类在决策方面远远不如AI，这反而会造成混乱。最后，GDPR的目标是确保企业存储最少的数据，同时确保企业立即删除存储时间超过一定期限的数据。这些都会严重影响AI的效果和发展。

独立来看，人们应该都会愿意通过GDPR或类似的法规条例收回数据使用权。但是如果综合考量的话，这么做可能导致App的数据量不足，那么大多数AI软件和应用将会面临两种结局：不是失去了原有的功能，就是变得不再智能。

故事《幸福岛》给出的建议是：与其舍本逐末，因对隐私方面的担忧而全然舍弃AI所能带来的便利，不如等到技术成熟时，尝试构建一个值得信赖的

“可信AI”，用于保护、隐藏、分发人们的所有数据。如果这个“可信AI”对我们的了解不比互联网巨头少，甚至更多，那么它所能提供的功能和服务将远远超出我们的想象。所有持有用户个人数据的沼泽汇聚到一起，终将形成一片辽阔的数据汪洋。

“可信AI”掌握我们的一切信息，所以可以响应来自各方的数据请求。也就是说，如果高德地图想知道我们的实时位置，淘宝想知道我们的家庭住址，那么“可信AI”将代表我们，根据我们每个人的价值观和喜好，以及提出数据请求的企业的可信度，评估对方所提供的服务是否值得我们冒提供数据的风险，然后做出决策。

如此一来，所有从网站或App上弹出来的那些烦人的隐私条款和授权要求，将没有任何存在的必要。“可信AI”不仅会成为用户的强大助手，还会化身为数据保护者，以及所有应用程序的接口。我们可以把它视为在AI时代为数据建立的一种新的社会契约。

## 谁值得我们信赖并有资格存储我们所有的数据

那么，如何才能确保“可信AI”真的可信？如果我们对那些互联网巨头尚且心存疑虑，那么对这样一个持有数据量远超互联网公司的“可信AI”，可能我们就更不放心了。要知道，这种“可信AI”不仅拥有我们的全部数据，还可以利用这些数据判断出我们的想法和情绪，也就是说，在“可信AI”面前，即便我们试图隐藏，我们的一切也将无所遁形。那么，如果“可信AI”不可信，人类怎么办？

这里，最根本的问题在于，如果用户和“可信AI”持有者的利益发生分歧，那么用户的利益就失去了保障。从之前的部分章，例如《一叶知命》《假面神祇》《人类刹车计划》《职业救星》，我们可以得出这个合乎逻辑的推论。这也是今天互联网巨头受到批评的主要原因。但是互联网公司需要盈利，所以它们的AI必然把业务优化作为系统最重要的目标函数。有时候，这种目标函数可能导致互联网公司的利益和用户的利益背道而驰。而要求互联网公司把用户利益设为最重要的目标函数也不现实，原因很简单，这将大幅削减企业的利润。所以，最可靠的“可信AI”持有者，应该是一个没有商业化营利目的的实体，只有这样的实体，才会毫无保留地把用户的利益放在优先位置。

那么，哪些实体可能拥有与我们一致的利益诉求呢？

在故事《幸福岛》中，人工岛总设计师马赫迪王储，来自一个富裕的君主制国家——卡塔尔，他耗费大量的资金和精力打造这样一座岛屿的初衷，是希望借助技术的力量，寻找人类通往终极幸福的道路。也许这种观念在21世纪看来有点不合时宜，但这位王储应该是一个以普鲁士腓特烈大帝为榜样的人。腓特烈大帝有言：“我的天职就是启迪思想、陶冶道德，用我所有的手段，让我的子民拥有极致的幸福。”

腓特烈大帝这样开明的君主，把改善自己治下百姓的生活视为己任，同时，他也得到了百姓的信任与爱戴，因此能够推行重大改革。17—18世纪，开明的君主是欧洲启蒙运动发展壮大的关键催化剂。因此，如果我们要构建一个值得人们信赖、聚合人们数据的强大AI，也可以先看看是否有类似的催化剂。

我们还可以想想其他更符合21世纪的可能性。例如，在欧美，一批具有共同价值观的人组成一个数字公社，这些人对数据的使用和保护问题达成共识，愿意贡献自己的数据来帮助公社的所有成员。目前已经有大学教授、职工和学生志愿开展了相关的学术项目以及实验探索。此外，人们可以探索非营利性的AI——这有点类似于开源运动。也许我们可以构建一个分布式区块链网络（类似于比特币），保证它不受任何个人或实体的控制或影响。虽然在分布式区块链网络中，存储个人数据会比存储比特币更困难，但未必是一个无解的难题。上面提到的这些实体，都比上市公司更有可能与用户的利益达成一致。

随着时间的推移，未来可能会有全新的技术解决方案问世，它既能让人们享受到强大AI带来的福祉，又能够保障个人的数据及隐私的安全。目前，“隐私计算”这一研究领域正在兴起，在这一领域内也出现了一些让人们能够“鱼与熊掌兼得”的算法。例如，联邦学习就是一种可跨多个分散的边缘设备或保存本地数据样本的服务器训练算法。这种算法无须用户把数据上传给算法持有者，它通过把训练任务交给不同的终端，在不接触用户隐私数据的前提下，就能完成模型的训练。还有一种名为同态加密的算法，即让AI直接在加密数据上进行训练。其背后的原理是，同态加密算法的加密是单向的，无法通过逆向破解倒推出用户数据。尽管目前这种算法对深度学习还没有多少帮助，但未来也许会有所突破。最后是可信任执行环境（Trusted Execution Environment，TEE）技术，加密和受保护的数据可以在这种环境下被读取，在芯片上进行解密，然后成为AI的训练数据，但解密后的数据，永远不会离开芯片。不过这项技术也有风险，比如很难保证芯片公司不在执行环境里设置后门。

目前，上面提到的这些技术仍然面临一些技术瓶颈，但在未来20年中，对于数据的保护将变得越来越重要，我预计，隐私计算技术将取得重大进展，可以用更聪明的手段来解决新技术所导致的问题。通过《幸福岛》这个故事，我所做的预测是：到2042年，“可信AI”可能尚未进入全面应用，但已可以应用在固定场景中。

那些对新技术持怀疑态度的人，可能更认可类似于GDPR之类的强监管方案。至今，在应对AI这样强大的技术，以及保护海量数据这样颇具挑战性的事情上，人类的经验实在太少了。因此，我们必须以完全开放的态度去探索多样化的解决方案，这样才有可能找到技术创新与数据安全的最佳平衡点。

现在，或许你仍认为，把最有价值的个人数据交给第三方是不可行的。那不如想想，人类最有价值的财产都是放在哪里保管的？相信绝大多数人都是把钱存在银行，把股票委托给证券公司，把比特币交给互联网。银行、证券公司、互联网，都是第三方。那么，为什么我们不能考虑由第三方来保管个人数据呢？

在未来，如果人们能找到值得信任的“可信AI”，并把所有数据交付给它，那么就会出现可以给人类带来幸福的强大AI系统。人们将不必再为无数的数据请求窗口所困扰，也不必担心自己的数据是否会被盗用或滥用。这个可信的系统，可能是一个仁慈的君主，也可能是一个开源公社，或者是一个分布式区块链网络……

我相信，人类将从强大的“可信AI”中获得前所未有的利益。经过千锤百炼，在未来，这个强大的“可信AI”会以适当的形式在人类社会中成为一套稳定运行的机制。让我们共同期待，新技术的进步会让人类的数据隐私更加安全。

# 10

# 丰饶之梦

在不久的未来，AI和其他技术将大幅降低几乎所有商品的成本，大部分商品的制造成本可能趋近于零。到那时，在发达国家和经济发展水平较高的发展中国家，人们将有可能史无前例地彻底摆脱贫穷和饥饿。到那时，钱是否可以逐步退出历史舞台呢？如果钱的重要性逐步变弱，那么又有哪些东西能对人们起到激励作用呢？人类社会将如何维持运转？我们目前所知的经济学理论还适用吗？本章故事的发生地设定在澳大利亚。在布里斯班一个由AI管理的养老社区中，一位原住民女孩将如何帮助患有阿尔茨海默病的海洋生态学家解开身世之迹？故事中描述了未来社会的两种货币：一种是钱，其重要性日益减弱；另一种是代表声誉和尊重的价值的新货币，其重要性与日俱增。

在本章的解读部分，我将探讨当迈向丰饶之境时，人类社会将如何使传统经济学理论暗淡无光。在解读部分的最后，我会探讨人类的终极问题：在丰饶时代之后，人类是否会迎来某些专家所预测的奇点。

失去梦想的人，就会迷失方向。

——澳大利亚原住民谚语

凯拉站在门厅，打量着这间布置得很温馨的屋子。桌上摆着珍贵的鹿角珊瑚标本，墙上挂着贝壳装饰品、原住民艺术品以及许多照片。主人迟迟不出现，凯拉只好拘谨地移动脚步，浏览起墙上的照片。照片大都是关于海洋的，主角是一位充满活力的黑发女子，大笑着和从海里捞出来的各种海洋生物合影。

那是年轻时候的乔安娜·坎贝尔，她是一名海洋生态学家，为保护珊瑚礁奉献了一辈子。乔安娜今年71岁，没有子女亲属，只能搬进布里斯班郊外这座养老社区——“阳光村”。所有人都把这里叫作“AI村”。不仅因为整个社区都是由AI设计，再由机器人把预制模块像拼乐高积木般组装起来的，还因为在每一间屋子里，门窗、柜子、电器、马桶、枕头、镜子……都是智能的，可以通过传感器收集老人们从起居、饮食习惯到生理指标等各种数据，汇聚到云端进行分析，再将建议反馈给住户、智能设备、社区医疗系统或者急救中心。

一幅色彩鲜艳的画吸引了凯拉的注意。它的风格属于经典的帕普尼亚点画风格，在画布上通过不同颜色圆点的排列、叠加、组合，营造出如梦似幻的效果。凯拉看得入了迷，画中描绘的景观让她想起了自己的家乡，远在澳大利亚内陆，坐落在东西麦克唐纳山脉之间的爱丽丝泉。她用XR眼镜搜到了这幅画作的相关信息，放入名为“家”的收藏夹。

“这画很美吧？”一个沙哑的声音从凯拉背后猝不及防响起。她慌乱转身，差点和老太太撞个满怀。乔安娜已经完全没有了照片上的风采。她坐在电动轮椅上，一头银发，身型瘦小，只有一双眼睛依然明亮，射出充满怀疑的目光。

“是、是的。坎贝尔女士，我是凯拉。社区应该已经通知您了。”

“可没说你会直接进门，年轻的女士。也许，该叫女孩？我从来搞不清楚你们这些人的真实年龄……”

“实在抱歉，”凯拉窘迫地找借口，“我按了很久门铃都没有人应答，就用社区给的密码进来了。”

“我实在是不明白，他们为什么不能直接给我一个机器人……”乔安娜嘴里嘟囔着，“上次有个古利[1]男孩还打那幅画的主意，我让他丢了工作，也许还受了些别的惩罚。你不会犯傻吧，孩子？你叫什么来着？”

“凯拉。”女孩乖巧地回答，“这段时间会由我来照顾您，坎贝尔女士。”

“年纪大了就只能任人摆布了……你会在这里待多久？”

“是腕带给我匹配了这份工作，所以我猜……”凯拉听出老太太口气里的不乐意。她举起左手腕上散发彩光的柔性智能腕带，小心翼翼地回答，“得等到朱库尔帕判断任务完成……”

“请说英语。”乔安娜气呼呼地打断她。

“噢，朱库尔帕是原住民语言瓦尔皮里语里‘梦幻’的说法。您知道，创世神话什么的。我猜政府给全民计划起这个名字，是想表达某种尊重。”凯拉不以为然地撇撇嘴，岔开话题，“来之前我听说了很多您的事情，您太了不起了！”

事实是，社区工作人员善意地提醒过凯拉，这个老太太可不好打交道。之前的好几任护工都因为受不了她的脾气中途放弃了。

---

1 “古利”是分布在昆士兰东南部及新南威尔士北部部分地区的土著族群的自称。

“对，对。梦幻计划，他们告诉过我好几次，可我就是记不住……”乔安娜并没有理睬凯拉的吹捧，“他们会付你多少钱？”

“在梦幻计划里，不使用钱，而是使用穆拉，那是一种能带来爱与归属感的虚拟积分。至少政府是这么说的。”

“又是听不懂的话。我猜你们也不过澳大利亚日[1]吧。”

“这个嘛……”凯拉尴尬地微微一笑，说：“因为历史原因，国庆日在10年前已经通过公决投票改掉了。现在国庆日是5月8日，听起来像澳大利亚人常挂在嘴上的‘伙伴’（Mate）……”

“太蠢了。”乔安娜摆摆手，摇晃着头，十分不满地念叨着，轮椅缓慢转向客厅。凯拉手足无措地站着，突然从客厅传来一声毫不客气的命令：“卡……卡拉？来帮我找找老花镜放哪儿了，没它我什么都读不了……”

“来了！”凯拉深吸一口气，跑了过去。

* * *

智能房子从各种迹象——反复开启的冰箱门、在门口长时间寻找钥匙、日常物品的丢失频率等，发现乔安娜有早期阿尔茨海默病的症状，而且恶化得很快。机器人没有办法处理这类老人生活中的各种突发状况。医生认为，真实人类的陪伴能更好地减缓老人神经退行性疾病的发展。因此，阳光村雇了人类护工来陪伴有需要的老人，凯拉就是最新加入的一员。

要拿到穆拉，还需要得到乔安娜本人的认可。对此，凯拉心中充满忐忑，毕竟她并不是一名经验丰富的职业护工。

2042年，澳大利亚65岁以上老人的比例高达35%，属于深度老龄化

1 1月26日被定为澳大利亚法定国庆日，纪念首批欧洲人抵达澳大利亚的日子。

社会。在AI与机器人技术的冲击下，失业人口大幅攀升，通过职业再造计划，勉强将失业率保持在12%左右。受冲击最严重的是35岁以下的年轻人，他们的收入来源单一、从业经验更少，在经济周期中的抗风险能力更差。其中，原住民更是弱势群体中的弱势群体，一是人口结构更加年轻，二是历史原因导致的种种结构性不公平（无论是文化程度、就业率、社会阶层还是平均寿命，原住民都远低于澳大利亚平均水平）。

澳大利亚并不贫穷，凭借丰富的自然资源和“AI优先”的国家战略，在新能源、材料科学及健康科技上居全球领先地位。政府大力推行太阳能、风能等可再生能源，与成本低廉的超大容量锂离子电池阵列组合，通过智能电网在时空上灵活调度，不仅将这种“超级电力”的成本降到无限趋近于零，更重要的是消除了温室气体排放，使澳大利亚成为全球首批实现“碳中和”的国家之一。通过发展基因组学和精准医疗，澳大利亚的人均预期寿命更是达到了史无前例的87.2岁。

由强大的国家财政支撑的健全的福利制度，与稳定的金融体系、优良的自然环境一道，吸引了源源不绝的海外移民。放宽年龄上限后，大部分海外移民是等待退休的富有阶层。

这激起了本土年轻人的愤怒。在他们看来，这个国家如此富裕，却对自己的人民如此不公平。人们走上街头，暴力事件、罪案、种族冲突像从火山口喷涌而出的岩浆一样在城市里蔓延。

一个国家要走向丰饶时代，必不可少的是可控的人口规模、合理的年龄结构与稳定的社会秩序。5年前，为了安抚年轻人的不满情绪，政府拿出了由澳大利亚创新与科学机构（Innovation and Science Australia，ISA）发起的朱库尔帕计划，表示“澳大利亚会照顾好她的人民”。

简单来说，朱库尔帕计划由两部分组成。一部分是通过基本生活卡（Basic Life Card，BLC）每月向加入该计划的公民发放基本生活补贴，让每个人不用为基本的衣食住行、健康、能源、信息及娱乐活动担忧。另一部分是基于穆拉的激励系统，鼓励每一个公民投入一定的时间和精力从事社会服务，付出更多关怀，从而提升人们的爱与归属感，如给社区儿童上课、照顾孤寡老人、保护濒危动物、清洁野外垃圾等。通过社会服务者佩戴的智能腕带收集到的语音数据，会交给内置的联邦学习，使其在可信任执行环境中进行结构化分析，维度包括服务难度、对社区及文化的贡献、创新性、自我实现水平及最重要的——服务对象的满意度，最后计算出每个人应获得的穆拉。所有的本地数据都“阅后即焚”，以确保隐私不会被泄露。

穆拉是一种虚拟货币，代表着个体与他人、社区发生良性情感联结与互动的水平。一个真实的工作职位会优先考虑穆拉值更高的应聘者，而落选者要么接受作为培训和筛选机制一部分的虚拟工作，要么干脆失业在家领取BLC。在同等条件下，拥有更多穆拉的人可以优先享受医疗与紧急救援服务，甚至还有机会成为火星基地的预备成员。

政府希望引导民众形成新的认知——决定人生价值的是爱、归属感与尊重，而非财富。但在现实中，由于腕带被设计成根据穆拉值高低闪现不同的颜色，年轻人便将此作为追逐和炫耀的标签，就像他们之前对待金钱那样。甚至会有人分享快速刷高穆拉值的技巧，而不是把时间和精力花在年轻人真正该做的事情——实现梦想上。

数据表明，在加入朱库尔帕计划的年轻人中，原住民群体的穆拉值增长速度明显慢于整体平均水平。舆论表达的担忧主要集中在该计划是否会导致更为严重的种族主义，令原住民丧失正常工作机会以及加剧歧视。20年前失败的强制收入管理（Compulsory Income Management，CIM）政策就是前车之鉴。原本推行CIM是为了促进社会平等，结果却沿用了殖民主义时期的手段，强制原住民托管部分或全部社会福利金，迫使他们使用受限制的无现金借记卡，同时被其他人群污名化为有酗酒、吸毒或赌博问题的群体。

ISA发言人小威廉·斯沃茨博士则表示，这是一项充满创新意识与前瞻性的社会投资。他说：“一个缺少爱、归属感与尊重的社会注定会失败。朱库尔帕计划的核心在于从年青一代开始重建信心。我们相信，每一个人都能在这片丰饶的土地上实现自己的梦想，无论他是何种肤色、何种民族。”

该计划首先在25岁以下的无业人口中开始试点，其中原住民比例高达35%，远超他们在澳大利亚整体人口中5%的占比。

21岁的凯拉·纳玛吉拉便是加入该计划的原住民之一。

* * *

凯拉很快融入了阳光村的生活。老人们都喜欢这位长着一头乌黑卷曲长发、面带微笑的原住民女孩。她力所能及地帮老人递送包裹、晾晒衣服、遛狗……老人们大多非常爽快地在凯拉的智能腕带上验证身份信息，确认她的优异服务。

腕带会随之闪烁彩光，发出令人愉悦的音效，那意味着穆拉到账了。

照顾乔安娜是系统发布的任务，显然比顺手做的好事权重更高，能够得到的穆拉也更多。前提是乔安娜对凯拉的服务满意。

每天，凯拉除了照顾乔安娜的起居，还会按照指导手册细致地检查老太太的认知与记忆状况。但是，她并非每次都能得到积极的回应。

“坎贝尔女士，能告诉我您刚才读的这篇文章都说了些什么吗？”

“海洋生物灭绝什么的。怎么，现在学校都不上阅读课吗？”乔安娜从老花镜后瞪着凯拉。

“坎贝尔女士，您还记得您的药盒放在哪儿吗？”

“别想考倒我，我把它放在……等等，”乔安娜忙乱地翻找一通，终于像个孩子找到了珍藏的糖果般大叫起来，“哈，我就知道！在我的口袋里！”

“坎贝尔女士，还记得昨天中午我们吃了什么吗？”

乔安娜皱起眉头：“有汤、鸡蛋羹、沙拉和水果……噢，对了，还有菲力牛排，他们说这是在实验室里造出来的，并没有什么动物因此受到伤害，所以我才愿意尝一尝，味道跟我印象中的一模一样……所以，别把我当傻子，考拉小姐。”

凯拉微微一笑，并不生气：“您昨天说没胃口，没吃午饭。还有，我叫凯拉，K-E-I-R-A。”

乔安娜突然愣住了。有一瞬间，凯拉以为乔安娜马上就要大发脾气了。可过了好一会儿，老太太把头低低垂下，开始喃喃自语：“我不知道……我这是怎么了，医生说没那么严重的，只要等……”她突然抬头，充满期待地看着凯拉，“你知道我被排到哪一天吗……”

乔安娜说的是针对早期阿尔茨海默病的基因组精准疗法。由于高端医疗资源紧张，需要治疗的富人众多，所以排期经常长达数月甚至一年以上。凯拉心里清楚，很可能等乔安娜排上号时，她的症状已经恶化到疗法无法适用的程度了。

“很快了，再过几个星期。”凯拉安慰她，心想，老太太不会记得的，“到时候我提醒您。”

“哎，真的太奇怪了。昨天吃过什么记不住，年轻时候的事情却记得清清楚楚。”

“告诉我，您都记得些什么？”凯拉半蹲下身子，把手放在乔安娜的膝盖上，用鼓励的眼光看着她。

“我记得……”乔安娜望向窗外的一片阳光，思绪乘风飞起，穿越到另一个时空。

那是1992年的乔安娜。她是那么年轻，皮肤因长期曝晒变得黝黑，头发却被海水漂成了褐色。她经常在海上一待就是几个月，研究气候变化、海水污染、棘冠海星和渔业对大堡礁生态系统的危害。昆士兰州东北方太平洋上的这片34万平方公里的珊瑚海，色彩斑斓，如梦似幻，是数以亿计海洋生物共同的家园，可它正在无可挽回地死去。乔安娜希望竭尽自己所能减缓它的毁灭。

那是2004年的乔安娜。经历了一次失败的婚姻后，她回到海上，尽管那正是导致婚姻破裂的最大原因。那年6月，一群披着彩虹旗的人登上大堡礁东部，要在这里建立属于他们自己的国家，以抗议澳大利亚政府拒绝承认同性婚姻。乔安娜耐心地劝说他们离开，不要丢弃垃圾。当她告诉抗议者，海洋暖化所引发的全球白化事件将会摧毁一半的大堡礁时，却被反问道："难道你不关心人类的多样性吗？"

那是2023年的乔安娜。她不再是独自一人，而是带领着一支团队，研究如何借助科技的力量提高大堡礁对气候变化的适应性。一头银发的乔安娜认真听取年轻人的新奇想法：使用水下机器人，通过算法定位，将珊瑚幼体种植到指定区域，并由传感器监控其生长状况；在大堡礁海洋表面覆盖一层由生物材料制成的环保薄膜，以降低照射到珊瑚礁上的阳光强度，减缓海水变暖的速度……在这些方案中，她最感兴趣的是通过基因工程改造虫黄藻的想法。海水变暖、酸化，会导致虫黄藻数量减少，直接引发珊瑚白化和珊瑚虫死亡，依赖珊瑚生存的无脊椎动物和鱼类就会离开或死亡，整个生态系统将不可逆转地走向崩溃。

"……如果我们能让虫黄藻具有更强的适应性和恢复能力，珊瑚就能恢复漂亮的颜色，珊瑚虫也能持续得到养料。我们就能拯救大堡礁。"

说起自己热爱的事业，乔安娜的眼神不再暗淡，记忆也不再模糊。整个人焕发出奇异的光彩，就像海水里的珊瑚。

"您做到了！大家都叫您'大堡礁拯救者'！"凯拉由衷地赞叹道，"没法想象您经历了多少困难……"

"这么说吧，最大的困难并不是来自外界，而是来自自己的内心。"

"我不明白……"凯拉眼中流露出一丝迷惘。

"当周围的人都在忙着赚钱、建立家庭、抚养后代的时候，你却在为了一个看起来不可能实现的目标付出整个生命。这需要信念和勇气，我的孩子。”乔安娜微微一笑，语气变得柔和，“现在该我问你了，你来这里，难道只是为了得到穆拉吗？”

凯拉脸一热。这正是她最初的动机。找不到稳定工作的时候，她没有更好的选择。

“是……也不是。现在我觉得，得到别人的尊重似乎更能让我开心。”

“说得好，K……孩子。我会确认你的服务，只要你答应帮我做一件事。”乔安娜眨眨眼。

“什么我都答应您！”凯拉迫不及待地喊出声。

“也许我脑子不好使，可我还没有聋，用不着那么大声。明天告诉你。晚安。”

老太太操纵轮椅转身，朝卧室缓缓驶去，留下瞪着热带鱼照片发呆的凯拉。

* * *

乔安娜想让凯拉带她去看海。她想站在布里斯班的任何一片海滩上，远远地看着那片自己拯救过的珊瑚海，在她忘记这一切之前。

凯拉很为难。她想满足乔安娜的心愿，但这并不在服务范围之内。况且老太太的健康状况堪忧，倘若有个三长两短，她负不起这个责任。于是凯拉只能找各种理由，天气啦，交通啦，节假日啦，希望老太太像平常那样，话说出口后扭头就忘。

可没想到乔安娜却顽固得像个小孩，天天缠着凯拉要她兑现承诺。

“听说今天有社区派对，大家都会去。有乐队演出，还有很多好玩的东西，我带您去好不好？”凯拉试图转移乔安娜的注意力。

“不去！”乔安娜一口回绝。

“别这样嘛，乔安娜……”大概一周前，乔安娜让凯拉不要再叫自己

“坎贝尔女士”，说听起来就像是个房地产经纪人。

“你答应过带我去看海的。你骗我！”

“不，我没有答应您。”

“你不想要好评了吗？还有你的穆拉？”

“嘘……被腕带听到了会扣我积分的。”凯拉摘下XR眼镜放到一边，揉着疲惫的双眼。她还在忙着做一个增强现实体验样品，指望着靠这个找一份在XR公司Dingo科技的正式工作。

“你老戴着这个干什么，你又没老到那个地步。”乔安娜好奇地拿起凯拉的眼镜戴上，被吓了一跳，“哇！所有的东西都在发光！”

“等等。”凯拉帮老太太调整了眼镜的聚焦参数，以适配她的老花眼。现在乔安娜看到的不再是一团团模糊的彩光，而是叠加在真实视野上的彩色光点，就像帕普尼亚点画那样。只不过算法会根据景观特征、头部姿态和运动轨迹实时改变光点呈现的效果，就像把现实也变成了一幅点画，如同起风的海面般变幻着纹路与色彩。

“真的太美了……你做的？”乔安娜难以置信地问道。

“是的。”凯拉羞涩地点点头，“我做梦都想成为一名艺术家，可是对于我们这样的人来说，实在是太难了……”

“我不同意。”乔安娜不以为然，“你们年轻人总是会找这样那样的借口……”

“不是那样的！”凯拉控制不住自己的情绪，“我说的是我的身份，作为一个阿伦特人……”

“我不确定听过这个民族。”乔安娜不合时宜地打岔道。

“这一点也不奇怪。我们的族人3万年前就生活在这片大陆上，看看现在，我们的语言几乎消失了，人们被赶到居留地或者大城市里，年轻人要么流浪街头成为罪犯，要么得靠这该死的穆拉才能吃上下一顿饭。”凯拉越来越激动，丝毫不顾及正在聆听的智能腕带。

“嘿，注意你的用词！”

“我原本以为朱库尔帕计划会带来公平。可现在我明白了，它和其他计划一样，只会眷顾某些人，某些原本就善于通过讨好、哄骗或恐吓别人来获取好处的人。一旦他们拥有更多的穆拉，你猜怎么着，闪烁粉光的腕带就会给他们更多机会，让他们做更容易得到穆拉的事。这就是世界的真相，无论你多努力，多有天赋，别人就是有权利不喜欢你，只因为你跟她不一样。”

“我没有……我不是……”乔安娜被凯拉的这一番话吓到了。她没想到眼前这个看似乖巧的女孩藏着如此炽烈的怒火。

“坎贝尔女士，请您理解，这世上并不是所有人都像您那么幸运，能够实现自己的梦想。不过有一件事您说得很对，每一个人都应该有勇气去做自己想做的事情。我不干了。”

凯拉气呼呼地离开客厅，跑回自己的房间。她走得如此匆忙，以至于忘记带上自己的XR眼镜。

* * *

凯拉做了一个噩梦。她梦见从床底下钻出来一头长着金色长毛的幽威，张牙舞爪地扑过来想要吃掉她。她想逃，可双脚却像陷入泥沼般动弹不得。凯拉想要呼救，张开嘴巴却什么声音也发不出来，只能看着那个猿形怪物越来越近。

她惊醒了，一身冷汗。天已经蒙蒙亮。她想找点水喝，却发现屋子的大门敞开着。

“乔安娜？”凯拉试探地叫了一声，没有人回答。她走进乔安娜的卧室，床上空空如也。

她找遍其他房间，都没有乔安娜的踪影。终于，她在门口放钥匙的地方发现一张纸条，上面写着：

K，我去看海了，眼镜回来还你。J.

“该死！”凯拉匆忙换上衣服跑了出去。她需要社区急救中心的帮助。

监控视频显示，乔安娜在一个小时前坐着电动轮椅出了家门，接着又离开了社区。

“不用着急，每位老人的生物感应贴膜都能够进行定位跟踪。”睡眼惺忪的工作人员阮调出乔安娜的位置，却显示她仍然待在卧室里，“……难道她把贴膜撕掉了？”

“我们得发动所有人找她……”凯拉焦急万分。

“嘿！放松点，就凭她那小功率的轮椅，她走不了多远。”阮试图让凯拉冷静下来。

“马上！”

凯拉知道，阿尔茨海默病患者最大的危险在于认知退化导致的行为失调，上下楼梯时会因分神而失足，过马路过到一半时会忘记究竟要去哪边，使用火或利器时容易伤到自己。她害怕乔安娜发生意外。她觉得这全是因为自己昨晚说的那些话。

在女孩的怒吼中，阮用最快速度启动紧急程序，出动所有工作人员和无人机，同时报警，申请调看周边路面的监控录像。

凯拉觉得自己似乎遗漏了什么重要的东西。

那张纸条。眼镜回来还你。眼镜。

“没错，眼镜！”

凯拉大叫一声，掏出自己的smartstream。如果乔安娜戴着那副XR眼镜的话，凯拉就可以远程接入实时画面，通过景物或许便能确定老太太的位置。

成功了。屏幕上出现一条闪烁着彩色光点的河流，乔安娜还开着凯拉设计的AR体验程序。画面几乎凝滞不动，只有那些光点顺着河水缓缓流淌，变换颜色，像是原住民神话中彩虹蛇的模样。

“附近像这样的河有好几条，”阮凑过来看，他想了想，“能不能接入音频信号？”

凯拉照办。XR眼镜的拾音器接收到来自自然的声音，河水、鸟鸣、树木、晨风，还有深长缓慢的呼吸声，那应该是乔安娜的。过了好一会儿，一阵轻微的轰鸣声从右侧响起，持续3秒后消失。

“一定是早餐溪，上面有一座通火车的桥！”阮脱口而出。

“快带我去！”凯拉兴奋地抓住阮的手，“让所有人都去那边找！”

凯拉沿着河岸一路小跑，试图在繁茂的植物与和缓的溪流间寻找到乔安娜的身影。鸟儿与蜂群的嗡鸣烦扰着她，汗珠在她额头凝结，又从鼻尖滴落。凯拉不停地对照着smartstream上返回的画面与眼前的景物。终于，她在一棵凤尾松下瞥见了那头银色长发。

乔安娜正静静地坐在轮椅上，手腕内侧皮肤露出一块浅色的方形区域，那原本是生物感应贴膜所在之处。老人似乎还沉浸在某种强烈的情绪中无法自拔，眼泪不住地淌下来，让XR眼镜也蒙上了一层水雾。直到凯拉上前紧紧拥抱，她才回过神来。

“凯拉，你来了。”这么长时间来，乔安娜第一次叫对凯拉的名字，“你的眼镜帮我找回了我自己，我终于记起来了，我也是你们中的一员。”

“啊？”惊魂未定的凯拉完全摸不着头脑。

“我就是人们所说的‘被偷走的一代’。”

在被工作人员抬上救护车之前，乔安娜留下了一句奇怪的话。

* * *

这是努沙主海滩平常、晴朗的一天。凯拉推着轮椅上的乔安娜，沿着海滩边的步行道缓缓前行。海滩上如织的游人在欢笑嬉戏，海面上的冲浪者在追逐着汹涌的浪花。一切都如此美好。乔安娜出神地望向东北方，那里的碧蓝如洗，一直绵延到海天相接之处。

“看见大堡礁了吗？”凯拉明知故问。

“这个嘛，”乔安娜耸耸肩，“我知道她就在那里。我能感觉到。”

“多亏有您，政府应该给你很多很多的穆拉。”

“至少他们让我等到了排期，就在下周。”乔安娜露出笑容。

“真替您高兴，您会很快好起来的。”凯拉也笑了，又想起什么，“我有一个问题一直没想明白。”

“说吧。”

“您在早餐溪边说您是‘被偷走的一代’。我做了一些功课。从1910年起，当时的澳大利亚政府强行将近10万名原住民儿童永久性地从原生家庭带走，送到白人家庭或政府机构照顾。直到1970年这项政策和相关的收容机构才被取消，许多孩子因此无家可归，留下终身的伤害。可您是在那之后出生的，怎么会是他们中的一员？”

乔安娜的表情显得有些阴晴不定：“我的养父母……他们为了不让我活在阴影里，修改了我的出生记录。在那之前，我一出生就被从亲生父母手里带走，送到教会抚养，一直到四五岁被收养。我很幸运，养父母很爱我，不希望我受到任何伤害……他们决定隐瞒真相……”

“那您是怎么发现的呢？我的意思是，事情都过去了这么多年，当时很多记录也都被销毁了。”凯拉难掩好奇。

“从小我就知道，自己和其他兄弟姐妹长得不一样，从同学们看我的眼光中也能看出来。可我不忍心问我的父母。他们对我一视同仁，甚至……给我更多的爱。我把疑问埋在心里，甚至刻意与原住民拉开距离，说服自己相信自己跟他们不一样。我以为这样就可以在伪装和逃避中过完一生，直到……基因组数据告诉我真相。”

“为了治疗阿尔茨海默病做的测序？”

乔安娜点点头，把手指向海的北方：“报告显示……我有超过85%的概率是托雷斯海峡岛民的后裔。这个结论让我的整个人生崩塌了。我不知道自己是谁，亲生父母在哪里，这一切究竟意味着什么。”

“所以您选择了遗忘。”凯拉开始理解之前乔安娜为何态度反复无常。

“我想是遗忘选择了我，孩子。”乔安娜看着凯拉，流露出释然的神情，“我的病让我可以继续逃避下去，直到你的作品把我引向了答案。”

“我的什么？”凯拉难以置信。

“当我戴上那副眼镜时，我看到了那样美妙的一个世界。就像做梦，它不是静止的或线性的，而是同时发生在过去、现在和未来……我身体里的某种古老的东西被唤醒了。它让我从情感上与这片土地重新连接。它告诉我，你不能因为害怕伤痛而逃避。你必须记住自己是谁，这是唯一能够治愈我的方法。”

“天呐……”凯拉被乔安娜的话深深触动，不知道该说什么好。

“所以我要谢谢你，”乔安娜紧紧握住凯拉的手，放在胸口，“那一代人所剩无几。许多人怀着像我之前那样的痛苦和迷惘死去。政府在33年前道了歉，开始解密那段历史，可是并不足以弥补这一切。”

凯拉的长发被海风拂动。她从来没有想过，自己的创作能够以这种方式帮助别人。海水的咸味飘来，她回忆起这段时间与乔安娜共同度过的点滴。

“您知道吗，”凯拉真诚地说，“其实，我该感谢您。”

“为什么？就因为我老惹你生气？”乔安娜调皮地眨眨眼。

“好吧，那也是事实。”凯拉用手拨开飘到眼前的发梢，露齿微笑，“您让我思考了很多以前没有想过的问题。关于生活，关于梦想，也关于朱库尔帕计划本身……”

“我听着呢。”

“……我认为，这个计划过度简化了人们的需求，导致了不公正的出现，无法充分激励每一个人释放自己的潜能。我在沃洛克社区里发起了大讨论，有成千上万的人参与，现在已经成为一项公共行动，名字叫作‘未来之梦’。政府听到了我们的声音，并承诺升级朱库尔帕计划。”

“哇哦，听起来就像是电信运营商爱干的事儿。那么，新计划会有什么不一样吗？”

凯拉望向遥远的海面。她说出的话像是在脑中已经排练了无数遍。

“您说得对，BLC给了人们足够的物质和安全保障，政府提供了免费的教育和培训机会，每个人都有了自由选择生活方式的权利，不应该受到任何束缚与绑架。但除了爱与归属感之外，我们应该看得更远。当一个人像您一样，追求尊重、自我实现时，她应该得到机会。朱库尔帕计划就应该提供这样的机会，帮助他们找到真正的自我，充分发挥潜能。无论是发挥领导力、探索火星奥秘、用AI恢复原住民语言，还是建设环保城市、用创造力和美愉悦心灵，甚至成为众人的英雄和偶像。个体自我实现的每一步努力与每一个成就都应该被看见，被认可，被激励。只有这样，我们的未来才有希望，而不是变成被偷走的新一代。”

“听听，凯拉，你简直太棒了！”乔安娜兴奋地鼓掌，突然意识到什么，手停在了半空，“等等，所以你要走了？”

“我很抱歉，乔安娜。其实，今天我是来跟您告别的。”凯拉给了乔安娜一个深深的拥抱，“在早餐溪边发生的事情上了新闻，让斯沃茨博士注意到了我。他代表ISA邀请我加入他们的项目组，研究如何把我刚才说的这些变成可量化的指标，并且用更聪明的AI去打造一个更公平、更能激发潜能的朱库尔帕计划。”

“你能去帮助更多人，我很高兴……”老太太变得有点迟疑，“但在你走之前，我必须坦白一件事。”

“什么？”

“其实，之前……我一直不愿意帮你确认评价，是因为……我怕你得到穆拉之后，就会马上离开。我不希望你走……”乔安娜的声音有一丝颤抖。

“噢，乔安娜……”凯拉的眼睛湿润了，“我会非常想您的。”

“别哭，孩子。”乔安娜抹了抹眼角，破涕为笑，“既然你已经带我看海了，那我也该兑现承诺……”

穆拉到账的清脆音符飘散在海风中。凯拉推着乔安娜沿着海滩继续前行，看着海浪不断奔涌，缓慢地改变着海岸线的形状，就像亿万年来一直发生的那样，就像未来将会发生的那样。

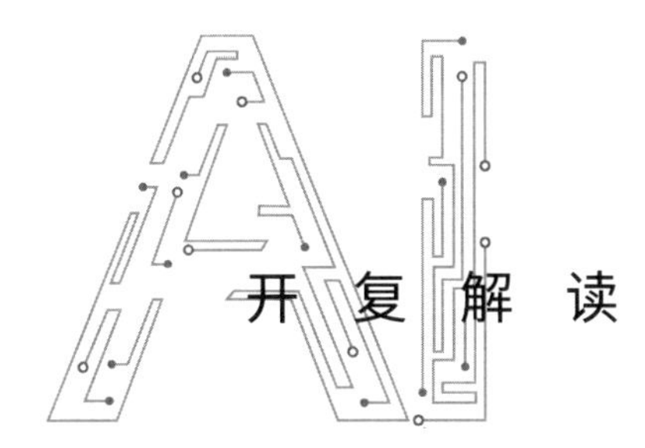

## 开复解读

一直以来，我们常常会想，有朝一日，人类能否不用工作就能实现物质生活的极大丰富？在《丰饶之梦》这个故事所描述的2042年，新能源、新材料、AI和自动化技术就让人类走上了一条通往理想中的乌托邦的道路。不过，到那时，这条路刚刚走了一半。

在AI轰轰烈烈地拉开第四次工业革命帷幕的同时，一场清洁能源革命也紧锣密鼓地展开。清洁能源革命好比一场“及时雨”，不但将解决日益加剧的全球气候变化问题，而且会大幅降低全世界的电力成本。人们将致力于把太阳能、风能和电池技术更有效地结合于一体，在2042年重塑全世界的能源基础设施格局。

在未来，随着能源成本的急剧下降，所有消耗基础能源的产品的价格都将随之下调，包括水、原料、制造、计算等。与此同时，人们将不再把有限的不可再生资源或有毒物质（如石油、矿物、化学品）作为重要的生产材料，而是会用自然界中廉价而丰富的资源（如光子、分子、硅）取而代之。另外，生产制造所需的人力成本在AI和自动化技术的支持下，也将大幅度降低，对于这一点，想必看过本书第一章至第九章的读者都深有体会。能源、材料和生产制造成本的全面下降，将大幅度提高未来的生产力水平。

当廉价的能源、材料以及高效的生产力全部唾手可得时，人们将翻开全新的历史篇章——“丰饶时代”。我们之所以选择用“丰饶”这个词来描述人类生活的崭新阶段，是因为人们在这个阶段将不必再为基本的衣食住行、健康保障及娱乐生活担忧，人们不仅在物质上能够以接近免费的价格获得任何商品和服务，而且在精神上也能自由选择想从事的工作，所有人都能过上舒适的生活。

不过，《丰饶之梦》的故事也向我们展示了满足人类所有基本需求（使人类能够自由地追求更崇高的人生目标）的“乌托邦”也存在弊端，其中留待人们解决的难题与带给人们的福祉一样多。故事还特别讲述了身处富裕国家的年轻人，在失去了事业这个传统的精神支柱后，开始发泄自己的不满情绪——他们走上街头，暴力、罪案、种族冲突等开始像山火熔岩一般在城市里蔓延。

为什么在人类通往乌托邦的道路上，会有这么多阻碍呢？原因在于，如今的经济模式是为稀缺时代而设计的，并不适用于丰饶时代。如果一切物质都变成免费的了，那么金钱还有什么意义？如果这个世界上不再有金钱存在，那么习惯把赚钱视为前进动力并为此努力工作的人们将如何自处？以营利为目标的机构或公司，又将何去何从？

在这里，我将详细介绍能源革命和材料革命，以及它们将如何为由AI驱动的自动化生产供给燃料和原料，让丰饶时代的到来成为必然。此外，我将探讨现有的经济模式和经济制度在丰饶时代失效的原因，提出未来的货币可能的演变及发展方向，并解释为什么在《丰饶之梦》的故事中采用了穆拉这种信誉货币。

之后，我将阐释为什么会选择把丰饶时代的故事作为本书的结尾，而非奇点时代。有未来主义者认为，在未来，技术发展的不可控性和不可逆性，会导致人类文明走向一个难以预测的境地，也就是所谓的奇点时代，而2045年被认定为“奇点”降临的年份。

最后，我将提出一些关于人类未来的总体设想，为我们的2042之旅画上一个圆满的句号。

## 可再生能源革命：太阳能＋风能＋电池技术的有效结合

除了投身AI浪潮，人类还将迎接可再生能源新时代的到来。光伏发电、风力发电和锂离子电池储能技术的有效结合，创造出了可再生清洁能源，从而推动了大多数能源基础设施的更新与升级。

到2042年，太阳能和风能将成为大多数发达国家和部分发展中国家的发电主力。据统计， 2020年光伏发电成本较2010年下降了82%，同期的风力发电成本下降了46%。目前，太阳能和陆上风能已经是最便宜的能源。此外，2020年锂电池的储能成本较2010年下降了87%，未来随着电动汽车的大规模量产，锂电池行业将迎来快速扩张，其成本将继续降低。锂电池储能成本的大幅度下降，让人们有机会把晴天的太阳能和大风天的风能储存起来，以备在未来阴天或无风天使用，最终取代传统的电网系统。

美国智库RethinkX预测，到2030年，美国的发电成本将下降到3美分/千瓦时，这个价格约为目前发电成本的1/4。而且，由于可再生能源的3大组成部分的成本还会继续下降，到2042年，发电成本应该会更低。

不过，如果某个区域的电池储能量已经达到上限，怎样做才能不浪费那些未经使用又无法存储的能源呢？RethinkX提出了一种“超级电力”解决方案：在智能调度之下，将这些以零边际成本利用太阳能和风能生产的电，用于一些对时间不敏感的任务，如为闲置的电动汽车充电、海水的淡化处理、废物回收、金属精炼、脱碳、运行区块链共识算法、基于AI的新药研发或者能源成本高的生产制造。

这种解决方案不但可以进一步降低能源的价格，而且可以为一些曾受制于成本高昂而无法推进的落地应用和创造发明提供动力。所有消耗基础能源的产业都将因此受惠，如材料、制造、计算、物流等方面的相关成本都将随之下降。

通过实施“太阳能＋风能＋电池技术”的可再生能源组合方案，我们将获得100%的清洁能源。改用这种清洁能源，将减少50%以上的全球温室气体排放量，而温室气体正是导致全球气候变暖的罪魁祸首。

不过，建设可再生能源的基础设施，需要各国提供大量的资金支持，这意味着更重视基础设施建设和发展的国家将更早地从中受益。这也是我们把《丰饶之梦》的故事背景设定在澳大利亚的原因，毕竟今天澳大利亚可再生能源的人均增长速度是世界平均水平的10倍。

## 材料革命：走向无限供给

新一轮材料革命近在眼前，人类正在经历彼得·戴曼迪斯提出的“去物质化”发展阶段。很多实体产品将被淘汰，转变成软件或平台上的数字化内容，我们过去熟悉的收音机、照相机/录像机、GPS、百科全书都是如此。这个数字化和去物质化的趋势正在快速蔓延，许多以前昂贵的产品最终将变成免费的。

在第四章，我们讨论了合成生物技术在药物研发和基因治疗（例如CRISPR技术，一种基因编辑方法）中的作用，它将降低医疗成本，改善治疗效果，延长人类寿命。

合成生物学是一个新兴的研究领域，它通过有目标地设计、改造或重新合成，赋予生物体新的能力。合成生物技术将彻底颠覆食品工业的发展模式，例如我们可以在实验室里利用动物干细胞合成“人造肉”，这种“人造肉”与真正的肉类具有相同的蛋白质及脂肪成分，甚至味道和口感也一模一样。这样人们不必再屠宰动物，同时也能为地球减负——饲养食用动物需要消耗大量的资源。目前人造肉的商业化尝试，已经在肯德基、星巴克等餐饮企业展开。虽然这些人造肉不是通过合成生物技术制造的，但是也可以让人们开始熟悉并选择人造肉。

在未来，人类的食物可能不再局限于过去品尝过的东西，而是会像如今的软硬件产品一样，先由科研人员根据现有食物的分子水平，创造出人类从未吃过的新食物，然后将其配方上传到数据库，接着以极低的成本批量生产，最后再摆上我们的餐桌。

垂直农业将进一步丰富人类的餐桌。自动化工厂能批量产出各种各样的蔬菜和水果，而且其成本还会随着规模的扩大而不断下降。如此一来，农业生产的主要成本将是水、电、肥料的成本。未来（在可再生能源革命成功后）水电价格将接近于零，而且借助合成生物技术，我们可以利用细菌为作物提供生长所需的氮，彻底替代有毒的化学肥料。

此外，合成生物技术还可用于制造橡胶、化妆品、香水、时装、织物、塑料以及绿色化工产品，并能通过溶解的方式清除环境中的主要污染物——塑料。这项技术将彻底颠覆许多产业的发展模式，赋予这些产业可持续发展的能力，同时大幅降低产业的总成本。

2011年6月，美国总统奥巴马对外宣布了材料基因组计划（The Materials Genome Initiative，MGI），呼吁全国上下加强合作，共享可靠的实验数据，开发AI等计算工具，让材料创新的速度提升一倍，以促进制造业的复兴与发展。在过去的10年里，该项目已经构建并积累了一个庞大的数据库，研发人员能够在此基础上高效开发新的材料，并且取得了一定的成果，如过去只在科幻小说中出现过的人造肌肉，以及可以让所碰到的物体“减重”的纳米材料。

在未来，人类惯用的昂贵、有限或有毒的化合物，将逐渐被自然界中丰富的原材料取代，例如提供能量的光子、用于生物合成的分子、构造材料的原子、代表信息的比特/量子比特、用于半导体的硅，等等。随着材料革命的推进，人类走进丰饶时代的梦想将逐渐成为现实。

## 生产力革命：AI与自动化

正如我们在前面的章节中所介绍的，未来的机器人和AI技术将全方位进入我们的生活，承担绝大多数商品的制造、运输、设计以及营销等方面的工作。在《神圣车手》中，人们只需花一点点钱就能随时随地乘坐自动驾驶车辆，甚至不用再花钱买车，直接省下一大笔开支；在《无接触之恋》中，家用机器人的家政能力丝毫不输于任何人类管家；在《职业救星》中，AI接管了许多白领工人和蓝领工人的日常工作，让很多制成品不再耗费人工成本，售价不会比原料成本高太多，而且哪怕24小时全天候作业，AI也不会生病、不会抱怨，更不需要人们为其支付酬劳。

除此之外，AI还将为我们提供各种优质服务。在《一叶知命》和《幸福岛》中，AI助手一直陪伴在人类左右，提供最贴心的个性化服务；在《双雀》中，AI导师为每个学生量身定制学习内容；在《无接触之恋》中，AI技术的诊断及治疗能力远胜于人类医生；在《偶像之死》中，AI与娱乐产业结合，使人们有机会拥有虚拟与现实交融的绝妙的沉浸式体验……

未来的机器人技术将实现自我复制、自我修复，甚至能够自我设计。新型的3D打印机将越来越像电影《星际迷航》中可以按需生产任何物品的“复制器”，能够以极低的成本生产一些复杂的定制化商品（如假牙或义肢）。

AI还将进军建筑行业，设计房屋和楼宇，像拼乐高积木一样把预制的建筑组件组装在一起，从而大大降低人类的住房成本。自动驾驶公交车、自动驾驶出租车以及机器人滑板车等各式各样的自动驾驶出行工具，可以把人们带到任何地方，而且经过智能部署，能做到随叫随到，不用等待。

当人类拥有了几乎免费的能源和材料，实现了由AI驱动的自动化生产时，下一步就是走进丰饶时代了。

## 丰饶时代：技术发展的必然结果

“后稀缺时代”，这个词的定义是“稀缺”不再存在，一切物质都免费的时代。在《丰饶之梦》中，各个国家的发展步调虽然并不一致，但都在朝着“后稀缺时代”的方向迈进。在像澳大利亚这样富裕的发达国家里，所有人的物质需求都能通过基本生活卡得到保障，全员过上了舒适的生活，而相比之下，贫穷落后的国家还有很长一段路要走。

由于各国发展的时间表有所不同，所以我更愿意用“丰饶”这个词代替“后稀缺”来形容人类即将迈进的全新时代。而且严格来讲，“后稀缺”可能永远无法实现，这个道理就像无论技术进步到什么程度，达・芬奇的传世画作也不可能超过20幅一样。

就算在丰饶时代，最优质的商品和服务仍然是稀缺的，如专属人力增值服务（顶级家教）或者复杂且稀有的设备和技术（第一批量子计算机）。不过这些顶级用品毕竟是例外，而非惯例，正如虽然富士山的无污染地下水是稀缺的，但我们大多数人饮用的几乎都是自来水或过滤水一样。

当绝大多数物质都不再稀缺，而且人类能够无偿获得这些物质时，丰饶时代就真正到来了。在这个阶段，人类基本无须付出任何代价就可以获得衣食住行以及能源等生活必需品。随着时间的推移，丰饶时代的发展也将继续向前推进。随着技术的进步和物质成本的降低，更多优质的商品和服务，会被分配到越来越多的人手里。

我预测，在丰饶时代，人们不仅会享有基础的衣食住行及能源保障，而且将逐步拥有舒适安逸的生活方式，下至多元化的出行、衣装、社交通信，上至个性化的医疗保健、信息服务、教育和娱乐等。在《丰饶之梦》中，人们就免费享受着上述所有福利。

如果你对此持怀疑态度，不妨想想看，这种发展趋势是否在当下就已经在不同领域初露端倪了。今天，我们只要在视频网站充值成为会员，就可以随时在自己的电子设备上观看最新的电影和电视剧；花很少的钱，就能读到自己心仪的电子书或者收听有声读物；在美国，有越来越多的券商为客户提供零佣金买卖股票的服务；无需任何费用，就可以在线浏览各种新闻资讯，搜索有价值的信息和知识。而在过去，这些资源都是非常珍贵的，可能需要支付高昂的费用才能获得。

看到这里，你可能会说，上面提到的这些例子都与电子产品、服务有关，这类产品、服务都不涉及制造和运输的边际成本，那么，像食物和住所这样的实体商品呢？

据统计，食物浪费每年给美国造成的经济损失高达约2180亿美元，但是消除饥饿的成本却便宜得多，每年只需投资250亿美元。在住房方面，美国的空置房屋数量是无家可归者人数的5倍之多。从理论上讲，如今的美国在食物和住所方面应该达到“丰饶”的水平了，但事实却远非如此。与500年前相比，我们的物质条件可以算得上极大丰富了，但整个社会的物质需求仍然无法得到满足。也许，正如威廉·吉布森所言：“未来早已到来，只是分布不均而已。”

## 稀缺时代与后稀缺时代的经济模式

几千年来，人类经济体系的运行与进化都建立在稀缺性的大前提之下。稀缺，指人们对商品和服务等资源的需求超过供给的一种状态，它可能成为人类发动战争、大规模移民、资本市场动荡的原因，为人类文明的方方面面带来深远影响。可以说，稀缺性是一切经济学理论的逻辑起点。

经济学是一门对商品和服务的生产、分配以及消费进行研究的社会科学，关注个体、企业、政府乃至国家会采取什么方式进行资源分配。在经济学中，有一个基本假设，即人类的需求是无限的，但资源却是有限的（稀缺的）。如何生产、分配、消费有限的资源，从而更好地满足人类无限的需求，就是经济学所需要解决的问题，也是各种经济模式存在的意义之所在。

现代经济学之父亚当·斯密提出，追求自身利益是人类的天性，也是经济发展的原动力。如果每个人都拥有生产、交换、消费的自由，那么经济就会在自然秩序的支配下发展，并且趋向于和谐与均衡。凯恩斯对通过自然秩序调节经济发展的做法表示担忧，他认为这个过程所需的时间过长。他提出了另一种解决方案，主张通过货币政策积极干预经济活动，增加人们对商品的需求，降低失业率。尽管他们两人的理论不尽相同甚至存在矛盾之处，但还是有一个共同点——全部基于稀缺性。

在未来，如果资源不再稀缺，上述经济模式将全部失效，销售、购买、交互等一切经济机制也就都没有了存在的价值，金钱也不再有意义。那么在后稀缺时代，人类应该建立什么样的经济模式呢？

其实，科幻作品为人们贡献过很多对未来世界天马行空的预见和设想。例如，《星际迷航》就提出了不少可能在丰饶时代成为现实的预见性畅想。法国作家马努·萨阿迪亚在《星际迷航经济学》一书中描述了星际迷航世界中的经济模式，可以用皮卡德船长的一句经典宣言完美概括："我们已经不再沉迷于积累财富，远离了饥饿和贫穷，对物质无欲无求。"

电视剧《星际迷航：下一代》，讲述了在24世纪有一种名为"复制器"的可以制造任何东西的设备，于是人类对工作岗位和物质交易不再有需求，金钱和劳动力也变得多余。在这种情况下，人们可以从事自己喜欢的任何职业，而且不再以赚钱为目的，而是希望借工作的机会探索新的世界，掌握更多的知识，以实现自我价值。如此一来，个体在社会中被信任与尊重的程度将变成一种新的货币。越来越多的人将攀上马斯洛需求层次金字塔的顶层，开始追寻自我实现的幸福感（参见第九章）。

我认为，从长远来看，星际迷航世界中的经济模式很有可能适用于未来的人类社会。这种经济生态将建立在一种全新的社会契约之上——人人都能拥有舒适的生活，都能获得高品质的服务，同时，"工作""金钱""理想"等概念将被重新定义，企业和机构在社会中所承担的责任也将被重新考量。新的经济体系应该能够实现亚当·斯密经济理论中的均衡——每个人追求自身利益有助于更好地促进整个社会利益的发展，一旦形成良性循环，人人都将拥有更美好的生活。

《星际迷航：下一代》向我们描绘了一幅300年后非常引人入胜的图景，但没有告诉我们如何做才能到达理想的彼岸。《丰饶之梦》则向我们展现了20年后人类走在通往丰饶时代道路上的具体情形，尤其凸显了一个重要的概念——金钱的意义。

## 丰饶时代的货币制度

《人类简史》作者尤瓦尔·赫拉利在他的另一本书《今日简史》中写道："人类之所以能够崛起成为地球的主宰者，是因为合作的能力高于任何其他动物，而之所以有那么强的合作能力，是因为具备了虚构故事的能力并且能够让其他人相信虚构的故事。而金钱，是人类创造的最成功的故事，也是唯一一个人人都相信的故事。"

从公元前5000年至今，金钱一直是人类社会的重要组成部分。在后稀缺时代，如果金钱的价值不复存在了，那么许多支撑人类社会发展的关键支柱也将随之倒塌。

货币是用作交易媒介、储藏价值和记账单位的工具。长久以来，人类一直被灌输了一种想要让生活得到保障，就必须不断获取并积累金钱的观念。如今，在很多人眼中，金钱变成了身份的象征，积累大量的金钱不仅能为自己赢得尊重，也能满足自己的虚荣心。很多人对金钱的渴望是无止境的，甚至为了金钱而不择手段，但与此同时，对金钱的追求也能满足人类的成就感。可以说，金钱已经成为马斯洛需求层次理论的关键因素之一。在几千年来人类所创造的故事中，金钱的重要性已经深深地烙印在人类的心底，要想抹去它的影响，绝非一朝一夕就可以做到，而是要有一个长远的计划，循序渐进地实现。

在《丰饶之梦》中，澳大利亚政府发起朱库尔帕计划，希望借此让公民在丰饶时代的基本生活需求得到满足，对货币形成新的认知，不再把金钱多少视为决定人生价值的标准，并且更好地适应工作岗位被自动化接管的新局面。这项计划由三个部分组成，分别是基本生活卡（BLC）、基于信誉积分穆拉的虚拟激励系统，以及由公民自主发起的未来之梦行动。

BLC是一项基本公共服务。与全民基本收入（UBI）不同，政府会通过BLC向每个加入计划的公民发放满足其基本生活需求的津贴，这些津贴只能用于衣食住行、健康、能源、信息及娱乐方面的消费，在确保公民拥有舒适生活的同时又有所限制。这种限制是十分必要的，因为社会学研究告诉我们，在一定程度上，失业有可能导致酗酒和吸毒。

BLC则不管公民是否有工作，都会在生理和安全这两个层次上满足他们的需求（生理和安全也是马斯洛需求层次理论中最基础的两个需求层次）。此外，教育和再就业培训也完全免费，而且公民还会获得个性化的帮助。对于那些想继续工作的人来说，再就业培训非常重要，可以降低再次被AI取代的可能性，就如《职业救星》中所讨论的那样。

故事中的穆拉是一种新的信誉货币，旨在帮助人们在马斯洛需求层次金字塔中更上一层楼，满足人们对爱和归属（如关怀、爱情、友情、信任以及情感联结等）的需求。不同于金钱和BLC，爱与归属感是不会被消耗的。人们花出去的金钱越多，手里剩下的就越少，但是对他人付出的爱心与关怀越多，人们拥有的爱与归属感就越多。

穆拉系统配备的智能腕带会实时“聆听”人们的互动，如果分析后发现周围人的情绪好、满意度较高，那么佩戴者就会有相应的穆拉到账。在这种规则下，人们要时刻留意自己是否关心、帮助他人，是否与他人建立了良好的人际关系并不断加深情感的联结。

穆拉系统的背后是一个强大的AI算法，它会根据一个人与他人互动的方式，衡量这个人的情感支出，如热情与同理心，并遵循这样一个规则：付出的越多，收获的就越多（这一点和金钱相反）。为了保护每个公民的隐私，智能腕带内置了联邦学习和可信任执行环境（TEE）等隐私计算技术，以确保人们的隐私数据永远不会被泄露，所有的本地数据都“阅后即焚”。在《丰饶之梦》中，穆拉系统还鼓励每一个公民投入时间和精力从事社会服务，比如照顾孤寡老人，从而赚取更多的穆拉——凯拉和乔安娜就是这样认识的。

作为一种货币制度，穆拉系统也从另一方面反映了意料之中的人类工作岗位被技术替代的问题——随着AI及自动化逐步接管人类的日常工作，人类最擅长的工作转向一些需要人与人之间建立情感联系的工作，从事这些工作的人比较不容易被技术取代。穆拉系统的AI算法，会引导人们去寻找能够展现自己的同理心和同情心的机会，帮助人们在服务行业凭借自身优势发挥更大的潜能。

不过，穆拉系统也有设计缺陷。尽管这套系统的设计初衷，是让人们在积累更多穆拉的过程中找到自己在社会中的定位，从事一些自己更擅长的服务工作，变得更有激情和同理心，从而获得尊重与信誉，过上拥有爱与归属感的生活，但这套系统却低估了人们对虚荣心的追求。在故事中，年轻人将穆拉值作为追逐和炫耀的标签，就好像他们之前对待金钱那样。

对穆拉产生贪婪之心的人会想方设法钻系统的空子，可能会采取哄骗、威胁和串通的方式，让智能腕带多听到给自己加分的言语，以赚取更多的穆拉。故事中的朱库尔帕计划十分新颖，走的是一条前人没有走过的道路。如果想让这个计划在未来变成一个可以被借鉴的成功案例，那么推行朱库尔帕计划的国家就需要倾听大众的声音，不断发掘其中的设计漏洞，然后由设计者通过迭代升级来修复这些漏洞。

在故事接近尾声时，凯拉提到了未来之梦行动。她向乔安娜讲述了她发起这项行动并吸引成千上万人参与的过程，她成功地让政府听到民众的声音，并承诺升级朱库尔帕计划。

在故事中，海洋生态学家乔安娜将毕生精力用于拯救大堡礁的经历深深地启发了凯拉，怀揣艺术梦想的凯拉设计的XR眼镜则治愈了乔安娜的心灵创伤。两位主人公在互相救赎的过程中发现了内心深处的共同梦想——应该鼓励人们找到真正的自我，充分发挥潜能。无论是恢复原住民语言、探索火星奥秘，还是建设环保城市、用创造力和美愉悦心灵，每个人自我实现的每一步努力与每一个成就都应该被看见、被认可、被激励。

在故事中，未来之梦行动不仅将成为朱库尔帕计划的一部分，也是凯拉全新生命旅程的开始。尽管故事直到最后也没有说明这项行动将带来什么样的成效，但毫无疑问，它将帮助人们迈向马斯洛需求层次金字塔的最顶层——自我实现。

未来之梦行动的推进离不开AI的升级——算法不仅要倾听人们的情感支出，还要推动人们向马斯洛需求层次中的较高层次迈进，不是简单地满足人们的某一需求或让人们沉溺于对某一需求的满足，而是让人们长久地获得更高级的幸福感。在故事《幸福岛》中，AI学会了衡量人们的幸福感，科学家也学会了如何构建能够识别人类的被尊重感、成就感和自我实现感的AI。当把这两个故事联系起来看作一个主题时，我们就会发现，也许这就是人们所追求的幸福的全部意义。

故事中所描述的未来的货币制度，全部来自我们的大胆设想。我希望借此告诉读者的是，我们需要为未来创造一个极具包容性的全新世界。在这个世界里，“被退休”的年轻人享有舒适的生活，勤劳肯干的员工有机会学习新的技能，有爱好的人可以尽情追逐自己的梦想，真心待人的护理人员可以把爱心传播到更多、更远的地方。

我们畅想的是丰饶时代为人类带来的全新的可能性：有能力的人能够赢得他人的尊重，有梦想的人能够改变世界。

在走向丰饶时代的进程中，我们不能简单地假设每个人都会沦为《未来简史》中所说的“无用阶级”，也不能保证每个人都会努力实现自我，但在丰饶之梦实现后，我们依然应该努力提升人类的需求层次，让前者更少，而后者更多。马斯洛曾说过：“一个人最大的失败就是没有机会实现自我。”我们期待人类未来的经济模式能够更具包容性，带给我们惊喜，尽可能地帮助更多的人实现更高层次的追求。

## 丰饶时代的挑战

虽然我在前面向大家描绘了一幅人类通往丰饶时代的宏伟蓝图，但是现在我必须坦诚地告诉大家：这条道路充满了挑战，甚至死亡陷阱。

首先，人类在向丰饶时代迈进的过程中需要经历一场彻底的金融改革。所有的金融机构，如中央银行和股票市场，都需要重新设计甚至被取代。资源不再稀缺会导致通货紧缩、商品价格暴跌，甚至市场崩溃。在21世纪，人类已经经历过两次重大金融危机，事实证明，我们的经济体系非常脆弱。为了避免灾难性金融危机的再次发生，我们需要从深度和广度两个方面同时着手深化金融改革，解决因商品价格暴跌导致的通货紧缩，以及免费商品和服务的分配等问题，以平稳顺利地完成两种经济模式的过渡。

其次，企业会想尽办法规避丰饶时代稀缺性消失所带来的影响。回溯历史，每当商品成本变得非常低廉时，大公司的首选策略绝对不是降低产品价格，而是会制造稀缺性依然存在的假象，进行饥饿营销，以确保自身盈利，而且这种事情已经持续了几个世纪。例如，在人类发现了丰富的钻石资源后，钻石的价格并没有因此降低。因为全球最大的钻石开采贸易垄断商戴比尔斯每年只对外出售一定数量的钻石，与此同时，资本家们通过广告给大众洗脑，让人们认定钻石就是爱情的象征。这不是特例，时装行业也总是不断给人们灌输“旧款式已经过时，穿出去甚至会被人嘲笑”的理念，所以人们会购买远远多于自身所需的衣物，奢侈品牌则宁愿销毁未售出的商品，也不降价或捐赠。调查显示，2017年美国人平均购买68件衣物，同年，奢侈品牌中仅博柏利就销毁了价值4000万美元的商品。科技行业的做法同样类似，微软公司的Windows系统的边际成本基本是零，但是同一款产品却定价139美元到309美元。实际上，139美元系统的版本和309美元的版本基本一样，只是把一些功能关掉了而已，微软完全是靠人为手段制造了稀缺性。

最后，在进入丰饶时代的过程中，我们将经历一场前所未有的社会变革。无论是那些被AI取代了工作岗位的愤怒工人，还是那些看到自己财富大幅缩水的富豪，抑或那些无法即时化解丰饶时代挑战的政府机关，以及那些在产能过剩时仍拒绝降价的企业，全部处于这场变革的旋涡之中。如果这场变革最终没有向好的方向发展，反而引发了社会动荡、阶级分化，甚至革命，那么对于人类来说，丰饶时代这个美梦将成为一场世纪噩梦。

总的来说，要想顺利地迈进丰饶时代，就必须举各方之力完成两个时代的重大过渡。企业需要把社会责任置于经济利益之上，各国政府需要放下成见寻求合作，各类组织或机构需要以破釜沉舟的勇气和决心拥抱转型，而且每个人更要学会放弃曾经永无止境的贪婪和虚荣。上述每一项，听来都是不可能完成的任务。面对重重挑战，人类有机会吗？

我的回答是：必须有！为什么？让我们扪心自问：当百花齐放的先进技术让我们有如神助，几乎无须劳动就能获取生活所需，当金钱失去原本意义的那一天，我们是否还会受制于追求物质的惯性，继续囤积其实已经价值尽失的财富？我们的良知是否允许我们在自己丰衣足食的同时，对资源不均所造成的贫困和匮乏视而不见？

这些问题的答案显而易见。我们必须找到一种契合人性的全新的经济模型，而非始于贪婪的恶性循环。在通往丰饶时代的道路上，人类将面临重重阻碍和艰巨挑战，但在终点等着我们的，却是前所未有的丰厚回报。人类走向繁荣的潜力从未如此之大，失败的风险也从未如此之巨。

## 丰饶时代之后，会是奇点时代吗

我在这本书的开篇表示，希望把视野放到2042年。在本书结尾，我们不妨思考一下2042年后的景象。

丰饶时代之后，人类会迎来什么样的未来呢？有预言家预测，奇点时代将在2045年到来，距离2042年不远。

根据奇点理论，当算力实现指数级增长后，自主AI也将随之呈指数级发展，然后升级为超级智能，其发展速度将超出人类的认知，让整个世界大变样。换言之，奇点就是AI全面赶超人类智能的时刻，并且AI将从人类的手中攫取对这个世界的控制权。不过，未来主义者们在奇点来临的话题上也存在分歧，提出了一些对比鲜明甚至完全对立的观点。这些观点吸引了大众的目光，也让奇点理论分成了两个派系。

在乐观主义者的设想中，一旦AI超越了人类智能，它将像童话中的魔法棒一样，赋予人类充分发挥潜能的机会，让人们过上无忧无虑的生活。在他们的设想中，超级智能可以快速解开物理宇宙的未解之谜，然后化身为全知全能的“上帝”，拓宽人类的智识，解决以目前的人类文明无法解决的难题，如为全球暖化和不治之症提供绝妙的解决方案。还有人认为，为了获得永生，人类应该把自己改造成生化机器人Cyborg（一种半人半机器的生物），这样我们的大脑才能与万能的AI对接。

但并非所有人都对奇点持乐观的态度，在对立阵营中有很多像埃隆·马斯克这样的人，他们称超级智能是“人类文明面临的最大危险”，把开发AI比作“召唤恶魔”。这些人发出警告，当人类创造出来的、具有自我提升能力的AI轻易击败人类智能的时候，它们将想方设法控制人类，或至少会挣脱人类的束缚，把人类边缘化——就像今天人类看待蚂蚁一般。

那么在2042年，哪一种关于奇点的设想将成为现实呢？会出现机械战警，还是会出现机器人终结者？我认为，都不会。那些支持奇点理论的人认为，技术能力的指数级增长将推动超级智能的出现。的确，AI的算力将呈指数级增长，但我并不认为这意味着一定会出现超级智能所需要的与深度学习同等量级的技术突破。要知道，如果没有深度学习，即便我们动用目前人类所有的算力，也发展不出现在的AI产业。

在未来，要想拥有超级智能，我们需要更多的技术突破。例如，如何让AI拥有进行艺术创作和科学研究所需的创造力？如何让机器智能拥有推理、战略思考与反事实思考的能力？如何让AI具备同理心、与人类产生共鸣、赢得人类的信任？如何让AI发展出自我意识，及与之相伴生的需求、欲望和情感？

如果没有这些特质，AI的能力根本无法与人类比肩，更别提变成“天使”或者“恶魔”了。如今，我们不但没有能力打造一个有自我意识的AI，而且我们甚至都无法理解自己的意识背后潜在的生理机制。

人类能否实现这些技术突破？我相信，在未来的某一天，我们或许可以实现，但是这一天不会很快到来。在AI迄今长达65年的历史中，真正称得上有意义的重大技术突破只有一个，那就是深度学习。在深度学习之外，我们至少还需要十几个同等量级的技术突破，才能创造出超级智能。我认为，这么多的技术突破，不可能在短短的20年内全部实现。

## AI的故事会迎来一个圆满的结局吗

在本书中，我们看到AI将为人类开启一扇通往灿烂未来的大门。AI能够创造出前所未有的财富与价值，能够通过合作共生的方式增强人类的能力，能够提升人类的工作、娱乐和交流的品质，能够把人类从日常工作中解放出来。在这一章，我更是大胆地预测了AI将引领人类进入丰饶时代。

不过，AI也会带来无数的挑战和风险，如算法偏见、安全隐患、深度伪造、对隐私数据的侵犯、对自主武器的使用以及取代人类员工等。不过，这些情况并不是在AI的主导之下造成的，其根源在于恶意或草率使用AI技术的幕后黑手。

在本书的10个故事中，人类凭借自己的创造力、智慧、勇气、坚韧、同理心和爱心，解决了上述难题。人类与生俱来的正义感、优异的学习能力、对梦想的渴望与追求、对自由意志的崇尚，让所有故事中的主人公都化险为夷，彰显了人性的光辉，甚至为整个未来时代赋予了全新的生命力。

在人类与AI的故事中，我们不能只做被动的旁观者。相反，我们每一个人都应该是故事的撰写者。我们每一个人都需要在关键的价值理念上做出抉择，而我们所创造的未来，就是这些自我实现的价值理念的具体呈现。

如果在强大的AI面前，我们选择将自己变成被机器控制的“无用阶级”，那么在未来来临之前，我们就已经丧失了重塑自我的所有机会。如果我们自愿在即将到来的丰饶时代沦为一名享乐主义者，不思进取，作茧自缚，那么人类文明的发展进程将就此终结。如果我们认为奇点临近，并因此感到绝望和无力，那么无论奇点时代最终是否会到来，迎接我们的都将是暗淡无光的漫漫寒夜。

反过来，如果我们选择感恩AI把我们从重复而平凡的工作中解放出来，使我们彻底告别饥饿和贫穷，如果我们珍视人类与生俱来的独特品质，如自由意志、爱与被爱——这些恰恰都是AI所无法具备的，如果我们选择相信人类与AI的和谐共生会产生1＋1远大于2的效应，并为此做出努力，那么人类与AI这一最佳组合将在未来一起勇踏前人未至之境。

我们要相信，人活在世上不应庸庸碌碌、日复一日地做一些重复性的工作，更不应让我们的后代再继续这个轮回。

我们要相信，生命的意义远远超越了对财富的获取和传承。AI可以帮助我们拥有舒适的生活，可以帮助我们最大限度地发挥潜能、实现自我，甚至可以帮助我们摆脱恐惧、虚荣和贪婪，帮助我们勇敢地追求爱、追求梦想。我们要相信，我们绝对有能力解决更深层次的问题，探索全新的世界，思考人何以为人，以及人生的意义。

我们要相信，AI的故事是攸关人类未来的故事。只要我们足够努力，我们就有机会联手在未来谱写人类与AI和谐共生的乐章。毫无疑问，这必将是人类有史以来最伟大的共同成就！

# 鸣　谢

本书最初的创意来自林其玲与黄蕙雯的突发奇想，她们提议将科幻小说与科技评论融为一体，以作为探索未来AI世界的一种新方式。

在我们决定以合著的方式开始写作本书后不久，就发生了百年不遇的全球疫病大流行，出差、旅行、线下活动都被强行按下了暂停键。原本塞得满满当当的差旅行程变成了居家办公与在线会议，这给了我们两人一个摒除干扰、静心思考的环境，也因此能用更短的时间完成这样一项庞大而复杂的写作工程。

在这一艰辛的过程中，我们深深感谢黄惠雯、高静宜、马晓红对初稿所提供的宝贵创意与反馈意见；感谢潘洁、李根和“量子位”团队对科技评论部分的细心审读；感谢徐怡创造性地管理数百个不同版本的文件，使其不至于陷入混乱；感谢浙江人民出版社对本书出版做出的努力。

我们还要感谢以下技术专家帮助验证本书所探讨的各种技术可行性，并不厌其烦地回答我们提出的各种问题：清华大学马克思主义学院和公共健康研究中心教授肖巍，清华大学医学院教授倪建泉，清华大学交叉信息研究院副教授马雄峰、韩旭博士、何晓飞博士、王嘉平博士、石成蹊博士、张潼博士，以及王咏刚、冯晓娜和创新工场的其他同事。由于本书内容涉及全球不同地域的文化，为避免出现纰漏，我们也邀请了各领域的顶尖学者进行审读，在此一并表示衷心感谢：南京大学历史学院副教授刘立涛、北京协和医院麻醉科副主任谭刚博士。

最后，我们要感谢所有过去和现在的科幻作家，他们用奇妙的想象为人们描绘出AI的蓝图，也要感谢所有的AI科学家，他们正在构建与魔法难以区分的先进技术。

李开复

陈楸帆

2022年2月